住房和城乡建设行业信息化发展报告(2024) 数字住建应用与发展

《住房和城乡建设行业信息化发展报告（2024）
数 字 住 建 应 用 与 发 展 》 编委会 编

U0285558

中国建筑工业出版社

图书在版编目（CIP）数据

住房和城乡建设行业信息化发展报告. 2024：数字住建应用与发展 /《住房和城乡建设行业信息化发展报告（2024）数字住建应用与发展》编委会编. -- 北京：中国建筑工业出版社, 2024. 11. -- ISBN 978-7-112-30493-6

Ⅰ. F299.2

中国国家版本馆 CIP 数据核字第 2024J6V543 号

2024 年 2 月，为贯彻落实党中央、国务院关于数字中国、数字政府建设的决策部署，加强"数字住建"整体布局，深入推进"数字住建"建设，住房和城乡建设部印发了《"数字住建"建设整体布局规划》（以下简称《规划》）。本书基于《规划》共设 8 章内容，以"数字住建应用与发展"为主题，深入解读"数字住建"建设与发展思路，总结当前我国"数字住建"应用现状和经验，研究"数字住建"建设的发展模式与技术创新，整体呈现"数字住建"建设概念体系、关键技术，全面夯实数字基础设施和数据资源体系"两大基础"，构筑信息安全保障体系和政策标准保障体系"两大体系"，推进数字住房、数字工程、数字城市、数字村镇等重点应用，从顶层设计、信息化场景应用、行业数据共建共享、产业数字化应用效果和应用案例。通读此书，可以帮助读者了解目前"数字住建"建设情况和前景展望。本书为住房和城乡建设行业信息化建设提供了重要的参考和借鉴，以数字化驱动住房和城乡建设事业高质量发展，以"数字住建"助力中国式现代化。

本书适合住房和城乡建设行业政府及管理部门、科研院所、企事业单位及个人阅读使用。

责任编辑：刘瑞霞　梁瀛元
责任校对：李美娜

住房和城乡建设行业信息化发展报告（2024）
数字住建应用与发展

《住房和城乡建设行业信息化发展报告（2024）
数字住建应用与发展》编委会　编

*

中国建筑工业出版社出版、发行（北京海淀三里河路 9 号）
各地新华书店、建筑书店经销
国排高科（北京）人工智能科技有限公司制版
三河市富华印刷包装有限公司印刷

*

开本：787 毫米×1092 毫米　1/16　印张：22　字数：544 千字
2024 年 11 月第一版　　2024 年 11 月第一次印刷
定价：**198.00** 元
ISBN 978-7-112-30493-6
（43877）

版权所有　翻印必究
如有内容及印装质量问题，请与本社读者服务中心联系
电话：（010）58337283　　QQ：2885381756
（地址：北京海淀三里河路 9 号中国建筑工业出版社 604 室　邮政编码：100037）

《住房和城乡建设行业信息化发展报告（2024）数字住建应用与发展》编委会

主 任 委 员：

张雪涛　于　静　吴旭彦　吴文君　范宏柱

副主任委员：

张光明　康　颖　王曦晨　孙璟璐　徐国春

马　虹　姜　立　吴　刚　姚昭晖　张爱民

石　磊

编　　　　委：（按姓氏拼音排序）

高　恒　顾　超　韩　青　胡　杰　蒋智勇

尚治宇　宋宇震　王　萍　王　瑶　闫　立

左　权

《住房和城乡建设行业信息化发展报告（2024）数字住建应用与发展》编写组

主　　编：

于　静　吴旭彦　张光明

副 主 编：

康　颖　王曦晨　孙璟璐　徐国春　马　虹

姜　立　吴　刚　姚昭晖　张爱民　石　磊

编写组成员：（按姓氏拼音排序）

安　吉　白大威　蔡文婷　蔡　震　常嘉欣

陈桂龙　陈浩强　陈　杰　陈进利　陈立武

陈　奇　陈　燕　陈扬伟　陈　勇　楚　帅

崔　征　董洪卓　董毓良　杜童飞　樊琳琳

方永华　富　钰　高　恒　顾　超　郭　鹏

郭　祎　郭　真　韩　青　何　琪　何　山

何星亮　贺洛阳　侯龙飞　胡浩然　胡继强

胡　杰　江青龙　蒋智勇　李陶然　李　伟

李　文　李英良　刘柏杨　刘　宇　罗豆豆

吕基业　吕若楠　梅　鹏　孟昭辉　倪莉莉

浦贵阳　钱　赟　秦博文　秦海春　尚治宇

宋宇震　苏　琳　孙沛文　覃　兰　汤福宗

唐荧璐	田华静	佟宇星	涂蓝方	王　超
王　冬	王　芳	王锋堂	王　华	王丽波
王明田	王　萍	王　岩	王　瑶	魏天呈
吴冬冬	吴凡松	吴江寿	武　爽	武新超
谢跃文	邢丽云	熊　洋	徐进生	许丽媛
薛云飞	闫　立	闫　鑫	杨　超	杨瀚霆
杨　涛	杨　艳	杨震卿	印健华	于　露
袁　野	张　宝	张耕玮	张　华	张金鹏
张理政	张明婕	张　鹏	张　琪	张智敏
赵波文	朱峰磊	朱思宇	庄　园	宗国庆
邹　瑾	左　权			

《住房和城乡建设行业信息化发展报告（2024）数字住建应用与发展》编写单位

主编单位：

住房和城乡建设部信息中心

参编单位：（按编写章节排序）

中国电信集团有限公司

中国建设科技集团股份有限公司

北京辰安科技股份有限公司

中设数字技术有限公司

国泰新点软件股份有限公司

青岛理工大学

广联达科技股份有限公司

中外建设信息有限责任公司

住房和城乡建设部政策研究中心

浙江大学

中移（杭州）信息技术有限公司

中国联合网络通信有限公司智能城市研究院

中电鸿信信息科技有限公司

海纳云物联科技有限公司

中国建筑科学研究院有限公司

北京构力科技有限公司

北京建工集团

中建三局数字工程有限公司

中信数智（武汉）科技有限公司

福建省邮电规划设计院有限公司

中国电动汽车百人会

中国城市发展规划设计咨询有限公司

华南理工大学建筑学院

北京数字政通科技股份有限公司

浙江省住房和城乡建设厅

北京建设数字科技股份有限公司

奥格科技股份有限公司

中国城市建设研究院有限公司

中国市政工程华北设计研究总院有限公司

天翼安全科技有限公司

序 言

在当今社会，信息技术的迅猛发展和数字化转型的广泛渗透，无疑给住房和城乡建设行业带来了深远的影响。作为国民经济的重要支柱，其传统的运作模式正经历着一场由内而外的变革。随着大数据、云计算、物联网、人工智能等新兴技术的不断涌现，住房和城乡建设行业的数字化转型已成为不可逆转的趋势。这种转型不仅为行业带来了前所未有的发展机遇，也带来了一系列挑战。机遇在于，通过信息技术的应用，可以极大地提高建筑项目的规划、设计、施工和管理效率，优化资源配置，降低成本，提升建筑质量和居住环境的舒适度。同时，数字化转型还有助于推动绿色建筑和可持续发展的理念，实现环境保护和经济效益的双赢。然而，挑战也同样存在。数字化转型要求行业内的企业和专业人员更新知识结构，掌握新的技能，以适应新技术的应用。同时，数据安全和隐私保护也成为了亟待解决的问题。此外，如何确保技术的普及和公平应用，避免造成数字鸿沟，也是行业面对的挑战。

在这一背景下，"数字住建"应运而生，它不仅是对信息技术在住房和城乡建设行业应用的概括，更是推动中国式现代化的重要引擎。通过"数字住建"的实施，可以促进城市规划和管理的智能化，提升城市服务的效率和质量，实现资源的集约利用和优化配置，推动建筑行业向绿色、节能、环保的方向发展。"数字住建"为行业数字化转型提供了明确的方向指引，它倡导的是一种全新的发展理念，即通过数字化手段，实现住房和城乡建设行业的现代化升级。这不仅涉及技术层面的创新，更包括管理模式、思维方式、政策制度等多个方面的综合变革。通过"数字住建"的推动，未来住房和城乡建设行业将更加智能化、人性化、绿色化，为人民群众创造更加美好的生活空间。

2024年2月，为贯彻落实党中央、国务院关于数字中国、数字政府建设的决策部署，加强"数字住建"整体布局，深入推进"数字住建"建设，住房和城乡建设部印发了《"数字住建"建设整体布局规划》。以习近平新时代中国特色社会主义思想，特别是习近平总书记关于网络强国的重要论述为指导，深入贯彻落实党的二十大精神，紧紧围绕好房子、好小区、好社区、好城区这条主线，加强"数字住建"顶层设计、整体布局，全面提升"数字住建"建设的整体性、系统性、协同性，促进数字技术和住房和城乡建设行业深度融合，激发住建行业新质生产力，以数字化驱动住房和城乡建设事业高质量发展，以"数字住建"助力中国式现代化。

《住房和城乡建设行业信息化发展报告（2024）数字住建应用与发展》（以下简称《报告》）以"数字住建应用与发展"为主题，深入解读"数字住建"建设与发展思路，总结当前我国"数字住建"应用现状和经验，研究"数字住建"建设的发展模式与技术创新，整体呈现"数字住建"建设概念体系、关键技术，全面夯实数字基础设施和数据资源体系"两大基础"，构筑信息安全保障体系和政策标准保障体系"两大体系"，推进数字住房、数字工程、数字城市、数字村镇等重点应用，从顶层设计、信息化场景应用、行业数据共建共享、产业数字化应用效果和应用案例等方面，同时分析"数字住建"建设趋势和前景展望。《报告》的出版发行，有助于推动住房和城乡建设行业信息化建设，促进数字技术和住房和城乡建设行业的深度融合，将对住房和城乡建设行业信息化建设产生积极的影响，为住房和城乡建设事业高质量发展贡献力量。

2024 年 10 月

目　　录

第1章 概 述

1.1 "数字住建"的政策背景

习近平总书记高度重视发展数字经济。党的二十大报告提出"加快发展数字经济，促进数字经济和实体经济深度融合"。2023年，中共中央、国务院印发《数字中国建设整体布局规划》。"数字住建"作为数字中国战略在住房和城乡建设领域的系统承接，已成为推动住房和城乡建设事业高质量发展的重要力量。全国住房和城乡建设工作会议部署"要举全行业之力打造'数字住建'"。

住房和城乡建设领域拥有丰富的数字应用场景，在城市治理方面，城市信息模型（CIM）平台、智慧社区、城市运行管理服务平台、城市生命线安全工程等有力提高治理效能。在产业发展方面，智能建造、智慧城市与智能网联汽车协同发展、智能化市政基础设施建设和改造蕴含巨大发展潜力。2020年以来，住房和城乡建设部大力推进基于数字化、网络化、智能化的新型基础设施建设，在数字赋能城市建设方面进行了积极探索，为推进住建领域相关信息化工作，在CIM基础平台、灾害风险普查、新型城市基础设施建设等方面出台了一系列政策文件。

为指导各地推进CIM基础平台建设，2020年6月，住房和城乡建设部会同工业和信息化部、中央网信办印发《关于开展城市信息模型（CIM）基础平台建设的指导意见》，提出了CIM基础平台建设的基本原则、主要目标等，要求"全面推进城市CIM基础平台建设和CIM基础平台在城市规划建设管理领域的广泛应用，带动自主可控技术应用和相关产业发展，提升城市精细化、智慧化管理水平。构建国家、省、市三级CIM基础平台体系，逐步实现城市级CIM基础平台与国家级、省级CIM基础平台的互联互通"。

为响应2020年国务院办公厅印发的《关于开展第一次全国自然灾害综合风险普查的通知》，住房和城乡建设部编制了全国统一的调查实施方案，并开发了全国统一的调查软件，制备了统一的调查底图，确保全国工作步调一致、标准一致。历时3年，动用260多万人，终于摸清了我国庞大的房屋建筑和市政设施的"家底"。

2020年8月，住房和城乡建设部印发相关文件，加快推进基于数字化、网络化、智能化的新型城市基础设施建设（简称"新城建"），引领城市转型升级，推进城市现代化。2020年10月，组织在重庆、太原、南京等16个城市开展"新城建"试点，其中CIM平台建设是试点的必选内容之一。2022年9月，住房和城乡建设部印发《"十四五"住房和城乡建设信息化规划》（简称《信息化规划》），明确构建大数据慧治、大系统共治、大服务惠民的一体化"数字住建"体系。以强化信息基础设施创新发展能力为核心，以推动数据开放共享、加强新技术创新应用、深化业务融合为重点，夯实信息化基础设施，建设完善"数字住建"数据中心，推进 CIM 平台建设。《信息化规划》提出，住房和城乡建设部信息中心统筹负责部级一体化"数字住建"基础平台建设，推动构建一体化"数字住建"体系。各省、市住房和城乡建设部门统筹落实本级一体化"数字住建"基础平台建设，深化整合业务应用和业务协同。

"数字住建"基础平台是推进住房和城乡建设领域政府履职和政务运行数字化转型的基础性、整合性平台，是住房和城乡建设领域重要的数字基础设施。2023 年 9 月，住房和城乡建设部印发《"数字住建"基础平台技术导则（试行）》，指出以数据汇聚、数据共享、业务协同、分析决策、在线服务为重点，建设住房和城乡建设领域统一数据中心、统一应用支撑、统一业务协同等基础支撑能力，集成整合相关政务信息系统，打造统一服务窗口和统一工作门户，为实现住房和城乡建设领域数据共享服务、业务工作协同、应用集成创新和安全运行维护提供数据和平台支撑。

住房领域，主要政策文件包括《住房和城乡建设部关于加快住房公积金数字化发展的指导意见》《住房和城乡建设部 国家发展改革委 财政部 自然资源部关于进一步规范发展公租房的意见》《住房和城乡建设部关于建立健全住房公积金综合服务平台的通知》《住房和城乡建设部关于提升房屋网签备案服务效能的意见》等。其中，《住房和城乡建设部关于加快住房公积金数字化发展的指导意见》提出，到 2025 年，我国将基本形成全系统业务协同、全方位数据赋能、全业务线上服务、全链条智能监管的住房公积金数字化发展新模式。

工程领域，主要政策文件包括《"十四五"建筑业发展规划》《住房和城乡建设部 中央网信办 科技部 工业和信息化部 人力资源和社会保障部 商务部 银保监会关于加快推进新型城市基础设施建设的指导意见》《智能建造与建筑工业化协同发展的指导意见》《住房和城乡建设部等部门关于加快新型建筑工业化发展的若干意见》等。其中，《住房和城乡建设部等部门关于推动智能建造与建筑工业化协同发展的指导意见》明确提出了推动智能建造与建筑工业化协同发展的指导思想、基本原则、发展目标、重点任务和保障措施，是当前和今后一个时期指导建筑业转型升级、实现高质量发展的重要文件。

城市领域，主要政策文件包括《"十四五"全国城市基础设施建设规划》《住房和城乡建设部 中央网信办 科技部 工业和信息化部 人力资源和社会保障部 商务部 银保监会关于加快推进新型城市基础设施建设的指导意见》《关于推动城乡建设绿色发展的意见》《住房和城乡建设部办公厅关于加快建设城市运行管理服务平台的通知》《住房和城乡建设部关于加强城市地下市政基础设施建设的指导意见》等。《关于全面加快建设城市运行管理服务平台的通知》提出，要以物联网、大数据、人工智能、5G 移动通信等前沿技术为支撑，整合城市运行管理服务相关信息系统，汇聚共享数据资源，加快现有信息化系统的迭代升级，全面建成城市运行管理服务平台，加强对城市运行管理服务状况的实时监测、动态分析、统筹协调、指挥监督和综合评价。

村镇领域，主要政策文件包括《住房和城乡建设部关于加强城市地下市政基础设施建设的指导意见》《乡村建设行动实施方案》《住房和城乡建设部关于开展 2022 年乡村建设评价工作的通知》等。住房和城乡建设部选取河北省平山县等 102 个县（简称"样本县"）开展 2023 年乡村建设评价工作，围绕农村基本具备现代生活条件的目标要求，抓住让人民群众安居这个基点，从农房建设、配套设施、公共服务、县镇辐射带动等方面开展评价，构建包括农房建设、村庄建设、县镇建设、发展水平4方面57项指标的评价指标体系，使乡村建设情况可感知、可量化、可评价。根据通知，样本县及样本县所在地级市住房和城乡建设部门要在住房和城乡建设部乡村建设评价信息系统填报相关数据。

我国处在新发展阶段的开局起步期，今后一段时间是实施城市更新行动、推进新型城镇化建设的机遇期，也是加快建筑业转型发展的关键期。2024年2月，住房和城乡建设部印发了《"数字住建"建设整体布局规划》，明确"数字住建"发展路径，推进建筑业与先进制造业、新一代信息技术深度融合，促进城镇可持续发展，全面支撑建设宜居、创新、智慧、绿色、人文、韧性城市，加速住房城乡建设工作转型升级，不断满足人民群众对美好生活的需要，走出一条内涵集约式发展新路。

1.2 "数字住建"的概念

"数字住建"作为数字中国的重要组成部分，是将大数据、云计算、区块链、人工智能等数字技术运用到住房、城乡建设、建筑业等住房和城乡建设领域中，构建以数据要素为核心的数字综合应用体系，推动住房和城乡建设领域模式变革、方式重塑、能力提升，实现住房和城乡建设业务数字化转型，赋能住房和城乡建设事业高质量发展。

1.3 "数字住建"工作的重要意义

在"数字中国"整体框架下，"数字住建"建设对数字经济、数字社会和数字政府建设都具有重要的意义。

"数字住建"是数字中国战略在住房和城乡建设领域的系统承接，使得数字中国战略在住房和城乡建设领域的落地有了目标和方向，也有了检视的标准。"数字住建"是住建行业在"数字经济"发展规划指引下的必然之路。通过"数字住建"助推住建行业产业数字化和公共服务数字化，推动数字技术和实体经济深度融合。住建行业产业数字化通过数字技术应用和深度融合，提高生产效率，最终实现全链条数字化水平的提升，发展形成融合型新产业、新模式、新业态。住建行业公共服务数字化是推动数字经济时代下公共服务智能化、普惠化和便捷化的重要手段。

"数字住建"是在"数字社会"建设指引下推动住建行业现代化发展的必然选择。住建行业拥有丰富的数字应用场景，"数字社会"对信息化、智能化、数字化需求，将推动住建行业创新公共服务供给方式，提升公共服务品质，为满足人民美好生活需要提供住建行业数字化新场景。

"数字住建"是住建行业贯彻"数字政府"新发展理念的题中应有之义。数字政府建设将新一代数字技术与政府治理创新融合起来，以政府数字化转型驱动治理方式变革，这也为创新和完善住建行业服务方式，加速行业转型，培育新发展动能，激发新发展活力、构筑国家竞争新优势。

打造"数字住建",通过推动互联网、大数据、人工智能等数字技术与住建产业深度融合,大力推进住建产业数字化和绿色化协同转型,发展现代住建产业供应链,提高全要素生产率,促进住建产业节能减排,提升住建行业的效益和核心竞争力。打造"数字住建",通过积极引导数字经济和住建行业深度融合,推进住建产业数字化,将催生一批新产品新业态新模式,壮大经济发展新引擎,推动住建行业高质量发展。

1.4 "数字住建"建设主要任务

"数字住建"建设包括夯实"数字住建"建设基础,推进住房城乡建设行业数字化发展,推进政务运行数字化转型,加强数字化发展支撑等主要任务。

1.4.1 夯实"数字住建"建设基础

"数字住建"建设基础包含数字基础设施和数据资源体系建设两部分。数字基础设施是"数字住建"的底座,要加强住房和城乡建设领域数字基础设施集约建设,融合打造"数字住建"底座,深化信息系统整合,促进互联互通、共建共享和集约利用。数据资源是"数字住建"建设的核心要素,要加快推进住房和城乡建设领域数据资源体系建设,推动数据汇聚治理和共享应用,提升数据资源规模和质量,充分释放数据要素价值。

1.4.2 推进住建行业数字化发展

住建行业涉及多个领域,行业的数字化发展按照业务大致可分为数字住房、数字工程、数字城市、数字村镇等领域,在"数字住建"框架下,对各领域的数字化发展都提出了要求。

数字住房领域,围绕住房全生命周期管理,统筹推进住房领域系统融合、数据联通,促进集分析研判、监管预警和政务服务于一体的综合应用,大力提升住房领域智慧监管、智能安居水平。

数字工程领域,围绕建筑工业化、数字化、智能化,推行工程建设项目全生命周期数字化管理,推进建筑市场与施工现场两场联动、智慧监管,推动智能建造与建筑工业化协同发展,促进建筑业高质量发展。

数字城市领域,围绕实施城市更新行动,打造宜居、韧性、智慧城市,统筹规划、建设、治理三大环节,加大新型城市基础设施建设力度,实施城市基础设施智能化建设行动,加快城市基础设施生命线安全工程建设,推动城市运行管理"一网统管",推进城市运行智慧化、韧性化。

数字村镇领域,深入实施数字乡村建设行动,按照房、村、镇三个层面,整合现有信息数据,统筹推进信息化建设和数字化应用,构建"数字农房""数字村庄""数字小城镇",助力建设宜居宜业美丽村镇。

1.4.3 推进政务运行数字化转型

推进政务运行的数字化转型,一是要构建协同高效的政务运行机制,全面推进住房和城乡建设部门履职和政务运行数字化转型，充分运用数字技术支撑科学决策、市场监管、管理创新，形成"用数据说话、用数据决策、用数据管理、用数据创新"的工作格局。二是要优化利企便民的政务服务，坚持以人民为中心，全面推进住房和城乡建设领域"互联网＋政务服务"，让"数据多跑腿，群众不跑腿"，持续推动政务服务效能和质量提升。

1.4.4 加强数字化发展支撑

"数字住建"的建设离不开关键核心技术的研发应用，科学实用的政策和标准体系建设，以及可信可控的数字安全屏障。

关键核心技术研发应用方面，需要开展新型城市基础设施建设基础理论、关键技术与装备研究，加快突破城市级海量数据处理及存储、多源传感信息融合感知、建筑信息模型（BIM）三维图形引擎、建筑机器人应用等一批自主创新关键技术。建立和完善信息基础数据、智慧道路基础设施、智能建造等技术体系，研究相应的通用标准。集中攻关"卡脖子"核心技术加快建筑领域关键软件研发应用。

政策标准体系构建方面，需加快制定促进住房和城乡建设领域数字化应用和发展的政策文件，健全数字化政策制度体系。研究构建"数字住建"标准体系，编制数字化标准工作指南，加快研究编制一批数字住房、数字工程、数字城市、数字村镇等住房和城乡建设领域急需的数字化标准，加强标准实施监督。

数字安全方面，需全面落实网络和数据安全责任，建立制度规范、技术防护、运行管理三位一体的安全保障体系。严格落实网络安全等级保护、关键信息基础设施安全保护和网络安全审查制度。健全网络和数据安全评估、监测预警、应急演练、事件处置、灾难恢复等机制。推进密码应用和安全性评估，开展对新技术新应用的安全评估。落实数据分类分级保护制度，制定住房和城乡建设领域数据分类分级规范和数据安全管理规范，强化数据全生命周期安全保护，加强重要数据的安全监管。

第2章 "数字住建"调研分析与发展趋势

2.1 概述

2023年,为落实全国住房城乡建设会议精神,响应大兴调查研究之风号召,在住房和城乡建设部网信办的领导下,以摸清现状、挖掘问题、明确目标为导向,开展了多类型、多层级、多主体的"数字住建"相关情况调研。调研主要包括:①住房和城乡建设部网信办对全国各省住房和城乡建设领域数字化建设与应用情况进行了函调工作;②"数字住建"工作小组对天津、上海、内蒙古等地方住建部门进行了走访调研;③针对中国建筑、中国建科等产业主体侧和中国电信、广联达等社会服务侧的不同主体对象,分别进行了实地走访调研交流。近年来,住房和城乡建设领域信息化工作取得了一定的成绩,也存在一些问题和挑战。

2.2 调研总体情况分析

2.2.1 "数字住建"工作有序推进

从各地行业主管部门的反馈情况看,"数字住建"工作总体上有序推进,在组织保障、整体规划、工作机制创新、系统整合等方面都进行了积极探索,形成了一定的经验。

一是组织保障方面。各省级住建部门都高度重视、高位推动"数字住建"工作,整体谋划、统筹推进数字化建设和应用。例如,天津市住房和城乡建设委员会组建信息化建设工作专项小组及工作专班,单位主要领导亲自挂帅,组织专题会议研究整合信息平台、汇聚业务数据、优化服务功能等工作,推动智慧住建平台高质量建设。内蒙古住房和城乡建设厅成立了厅主要负责人任组长、分管厅领导任副组长、各处室单位主要负责人为成员的厅信息化建设领导小组,负责全厅信息化建设工作。调研座谈时,大家一致认为,"数字住建"建设面临前所未有的历史机遇,有基础、有条件、有能力推动"数字住建"全面发展。

二是整体谋划方面。湖北省印发了《湖北省数字住建行动计划(2021—2025年)》,就如何搭建"住建大数据中心"和"CIM基础平台",打造"数字建造""数字住房""数字建设""数字城管"即"1+1+4"的总体框架,勾画了蓝图、指明了方向。河北省住房和城乡建设厅印发了《河北省住房和城乡建设"十四五"规划》,同时制定了数字住房管理、数字工程建设管理、数字城乡建设管理、"互联网+政务服务"4项业务监管服务系统顶层设计方案。浙江、湖南、广东、江苏、安徽等省也都制定发布数字化发展规划、实施意见或行动计划，明确数字化发展思路、重点任务、实施路径，搭建"数字住建"的谱系图和结构树。

三是工作机制创新方面。浙江省建立"一地创新、全省共享"机制，推动地方特色应用上升为全省重大应用；对全省共性需求的系统，采用"统建统用"的建设模式，由省厅统一开发建设，市县分级部署，较快提升县市数字化水平。湖南省探索采用"统建统用""标配＋特配""试点推进""建设运营一体化"等建设模式，尽量避免分头开发、分散建设，推动数字化应用后发赶超。广东省开展"政银合作""政企合作"，与银行、企业合作开展"数字住建"建设，与数字广东网络建设有限公司合作成立了省数字政府建设运营中心住建分中心，推动数字政府建设运营能力向业务纵深融合发展，解决了建设信息中心的改革难题。

四是系统整合方面。海南省住房和城乡建设厅数字化转型以建设大平台、推动大协作、运用大数据为总体思路，推动全厅业务流程重塑，融合形成一个统一的全省住建门户，省、市、县住建领域各部门统一用户体系、统一访问入口，实现"一件事协同办理"。天津市住房和城乡建设委员会重塑业务流程，系统全面使用信创云，建设"住建一张图"为基础的智慧住建平台，具备综合服务功能的政务服务平台。安徽省将原有各自独立的42个应用系统，整合为一个综合管理平台。北京市建成使用建筑工程监管与服务平台、房屋全生命周期管理信息平台、住房保障决策支持与信息服务平台等大平台，推进全生命周期的业务和数据闭环管理。上海、江苏、福建等省、直辖市注重省市县三级部署，大部分已建信息系统实现了数据的上下贯通。

2.2.2 行业数字化应用不断丰富

一是数字化应用覆盖广。经梳理统计，全国省级住建部门共有信息系统489个，平均每个省级部门拥有信息系统14个，基本覆盖各业务领域。从地区上看，广东、天津、浙江、上海、陕西、安徽等省、直辖市已建系统总数位于全国前列，分别为55个、45个、43个、41个、32个、29个，占全国总数的50.1%。从类型上看，业务类系统358个，占比73%；政务服务类系统65个，占比13%；办公类系统66个，占比14%。从领域上看，业务类系统覆盖了各领域。其中，数字工程类161个，占比45%；数字住房类85个，占比24%；数字城市类92个，占比26%；数字村镇类20个，占比5%。从时间上看，2018年至今是数字化应用快速发展阶段，大部分系统运行时间不超过5年，近半数系统为近3年建设。但是，也有一些系统运行时间已经超过10年，最早的已运行近15年，亟需升级改造。

二是数字化应用不断深入。在电子政务方面，各地依托全国一体化政务服务平台体系，基本实现企业资质审批、人员资格管理、住房公积金缴存等政务服务事项的"一网通办""跨省通办""掌上办"，政务服务效能不断提升。浙江省建立智能化审批机制，破解审批慢、规则不统一等问题，实现信息共享申报"零材料"、系统判定办件"零人工"、电子送达领证"零跑腿"、全程留痕廉洁"零风险"。湖南省打造政务服务审批系统，采取在线随机盲审的形式，随机抽取专家、随机发放任务，自动屏蔽关键信息，促使审批更加廉洁。

在数字住房方面，各地基本建成了新建商品房和存量房交易网签系统，房地产市场监测系统基本实现了全国网签数据联网。浙江省建成房地产交易、住房保障业务管理系统，实现全省房地产交易、住房保障业务的全接入和功能的全覆盖。建成浙江省城镇房屋、农村房屋安全管理系统，实施房屋安全隐患排查、跟踪处置全过程留痕的闭环管理。广东省开展"数字住房（粤安居）"一体化平台建设，推动实现全省"住房一张图、监管一张网、服务一平台"。

在数字工程方面,工程审批系统已覆盖全国 336 个地级及以上城市,覆盖全国 2843 个县级地区的 95.99%,可以实时掌握各地工程建设项目审批情况和建设信息,对全流程审批管理发挥了重要作用。全国建筑市场监管服务平台在企业资质、人员资格、项目业绩查验等方面为各级住建部门、建筑市场五方主体和相关注册人员提供便利服务,点击量达 15 亿余人次。全国建筑工人管理服务信息平台实现部省市互联互通,录入经实名认证的建筑农民工 5350 万人,在规范建筑工人管理、保障农民工工资支付方面起到了支撑保障作用。

在数字城市方面,各地基于现有数字城管系统,积极推进城市运行管理服务平台建设,初步建成部、省、市城市运管服平台体系,推动城市治理"一网统管"。安徽省全面建成全国首个省级城市生命线安全工程监管平台,率先实现国家、省和市级平台联网,为省级及各城市生命线安全管理提供有效的信息技术支撑。

2.2.3 企业数字化转型不断深入

部分企业基于自身主营业务和实际经验,大力开展数字化探索实践工作,搭建企业管理平台系统,提升企业内部管理信息化水平、根据自身核心业务推进数字化产品研发等。部分企业以工程建设项目全生命周期管理为主线,实现工程建设项目审批、建筑市场监管和工程项目现场监管工作的融合,全面推动工程建设各领域数据整合与流程衔接,以数字化手段促进建筑市场和工程项目现场的两场联动。

中国建筑集团以"一网三驱动六应用"为总体架构,推动"中建 136 工程"建设。"1"为世界一流的建筑产业互联网的数字化转型目标,"3"为云计算平台、大数据平台和技术平台;"6"为数字智慧决策项目群、产业链数字化项目群、海外信息化提升项目群、企业管理协同项目群、产业互联网奠基项目群、IT 基础设施云化项目群。

中国建设科技集团在业务数字化方面实现"四个一",即"一标准",形成数字化标准框架体系,编制数字化转型标准,范围涵盖基础标准、通用标准、专用标准,为集团业务数字化提供支撑;"一模型",建立与企业级数字化生产和管理相配套的业务模型,包括管理流程、工作流程、组织模式、业务场景;"一平台",打造一套支撑数字化生产与管理的核心业务平台及智能工具系统;"一数据",沉淀一套优质数字资产,实现数据资产化,推动集团内业务数据资源共享。

中国建筑科学研究院数字化转型工作按照 1 个总体思路、2 个目标、5 个重点业务领域和 19 个重点应用场景开展,建立了在管理体系建设、生产经营数字化升级、数字技术创新应用、激活数据要素潜能和重点领域数字化转型等五个方面的工作机制并开展工作部署。在软件业务方面,从支撑生产的主要系统、核心业务软件解决方案和软件国产替代与通用性等方面取得一定成果。

2.3 存在的问题与挑战

在调研住建领域数字化建设取得成绩的同时,也注意到"数字住建"建设仍存在很多现实问题,诸如数字化建设顶层设计尚未落实,部门、行业、区域之间缺乏联动协同,住建领域数字化应用不够深入,相关配套政策文件、标准规范尚不健全,网络安全和数据安全基础薄弱,人才队伍和资金短缺等。

从行业主管部门的角度看,存在业务系统整合程度不够、数据资源分散,无法充分发挥数据价值,数据标准不统一,不同地区、不同部门、不同层级之间的数据不能够相互兼容,网络、安全、计算、存储等多方面基础能力有待加强等问题。

从地方主管部门角度看,存在顶层设计不足,资金支持难以保障,网络安全保障机制不健全,数字化人才队伍短缺等问题。

从行业相关企业角度看,存在企业发展与行业发展协同推进程度不够,缺乏统一的数据管理标准和应用规范,缺乏数字化应用场景创新驱动,缺乏成熟的数据安全与数据产权机制等问题。

2.4 "数字住建"发展趋势

在深入调研的基础上,总结"数字住建"的主要发展趋势,主要可以从产业数字化、数字产业化和公共服务数字化三个角度去分析。产业数字化、数字产业化和公共服务数字化三部分的协同建设将全面覆盖住建行业政府侧和产业侧的数字化转型。

一是推进产业数字化转型。产业数字化是在新一代数字科技支撑和引领下,以数据为关键要素,以价值释放为核心,以数据赋能为主线,对住建行业产业链上下游的全要素数字化升级、转型和再造的过程。产业数字化转型是推动传统建筑产业通过数字技术应用和深度融合,优化城市和乡村建设管理的关键途径。指导各市基于数字化、网络化、智能化的新型城市基础设施建设,加快构建国家、省、市三级城市信息模型基础平台体系,全面推进智能市政、智慧社区、智能建造,协同发展智慧城市和智能网联汽车,通过打造示范基地,加快"新城建"项目落地。完善建筑业综合监管系统,以建设工程项目全生命周期管理为主线,构建"数据全共享""应用全融合""业务全覆盖""过程全监管"的建筑业综合监管系统,加快建立健全与建筑产业互联网相适应的工程质量、安全监管模式与机制。推进城市和村镇管理领域数字化转型,全面构建城市综合管理服务一体化平台体系,实现"智慧化""精细化""网格化"管理。搭建行业信息化交流平台。围绕行业数字化热点,组织产学研联合开展一批信息化数字化领域科技项目。

二是加快数字产业化进程。住房和城乡建设领域的数字产业化通过培育数字产业生态,为产业数字化发展提供数字技术、产品、服务、基础设施和解决方案,形成数字科技产业。在建筑工业化与智能制造协同发展的路径下,建议包含覆盖设计、监管审查、生产制造、施工和运维的数字化技术、产品、服务、基础设施和解决方案,如数字设计软件、政府审查审批软件、智慧村镇和城市解决方案、建筑工业化部品部件库、智能生产制造、智能建造设备、智慧运维和建筑产业互联网。数字产业化显然是推动数字经济发展的重要动力,包括关键技术创新、提升核心产业竞争力和加快培育新业态新模式,从而体现了科技创新在住房和城乡建设数字经济中的关键地位。

三是提升公共服务数字化水平。公共服务数字化在住建行业的政府服务和数字城乡领域推动公共服务均等化、普惠化、高效化和便捷化。公共服务数字化可在建筑许可、房地产交易、城市规划审批等方面提供更高效、透明的政务服务。通过数字化手段，居民可以更方便地获取住房相关信息，参与城市规划和建设的决策过程。具体包括推进住房公积金、房屋交易、公租房等管理服务的数字化和线上化，简化审批流程，提高服务效率；建设智慧物业平台，丰富物业和社区服务功能，提升服务质量；加强住房和城市运营相关数据的开放共享，拓展数据应用场景。这一数字经济时代下公共服务数字化的发展趋势，旨在使城乡居民更容易享受到数字技术带来的便利和智能化服务，从而真切体会到数字经济为生活带来的积极改变。在住房和城乡建设领域推动公共服务数字化，将有助于提高居民的生活品质，推动城市和农村的可持续发展。

第 3 章　建设基础

3.1　概述

随着信息技术的迅猛发展，住房和城乡建设行业也迎来了数字化转型的重要时期。为了顺应这一趋势，推动行业向更高层次、更广领域、更深层次发展，住房和城乡建设行业信息化应按照《"十四五"住房和城乡建设信息化规划》《"数字住建"建设整体布局规划》及《"数字住建"基础平台技术导则》等相关文件要求，围绕全面提升"数字住建"建设的整体性、系统性、协同性进行谋划，在推进行业数字化发展的同时，着力完善住建行业顶层设计，加强数字住建基础设施能力建设。数字住建建设基础主要包括数字基础设施和数据资源体系两部分。

3.1.1　数字基础设施

数字基础设施是数字住建发展的基石，它不仅是信息传输的通道，更是数据处理和分析的重要支撑。具体来说，数字基础设施包括网络基础设施、算力基础设施、应用基础设施和灾备体系。

在行业数字底座方面，应构建由基础数据库、主题数据库和专题数据库构成的数据支撑体系。通过整合各类数据资源，形成全面、准确、及时的数据支撑体系，为住建行业提供坚实的数据保障。同时，结合住建基础底图，以三维可视化方式承载住建行业应用，实现数据的直观展示和高效利用。

在整合共享信息系统方面，应实现统一工作门户、统一业务协同和统一应用支撑。通过整合各类信息系统和资源，形成一体化的信息化工作平台，提升工作效率和服务水平。同时，加强各系统之间的互联互通和数据共享，推动住建行业的数字化转型和智能化升级。

3.1.2　数据资源体系

数据管理机制是确保数据质量和安全的基础，它覆盖数据资源目录机制、数据管理机制和数据运行机制等多个方面。

数据汇聚治理可以将来自不同渠道的数据进行整合和治理，保证数据的准确性和一致性，主要包括数据目录管理、数据归集与交换、数据治理、数据溯源管理和数据管理。

数据共享应用是推动数据价值转化的关键，它使得数据能够在各部门、各组织之间流通和共享，促进信息的透明化和协同工作。具体功能包括数据服务、数据共享和数据应用。

数据运行监测则是保障数据系统稳定运行的重要措施，通过实时监测数据的状态和性能，及时发现问题并进行处理，确保数据的可靠性和可用性。主要功能包括数据归集监测、数据集成监测、数据治理监测、数据目录监测、数据共享监测和日志审计管理。

住房和城乡建设行业信息化建设是一项系统工程，需要注重整体性、系统性和协同性的提升。在推进信息化建设的过程中，应完善顶层设计、加强数字住建基础设施能力建设，落实数字基础设施和数据资源体系等方面的工作。通过这些措施的实施，推动住房和城乡建设行业向更高层次、更广领域、更深层次发展。

3.2　融合发展数字基础设施

3.2.1　集约建设数字基础设施

1）网络基础设施建设

住建行业在信息化建设与数字化转型过程中，普遍存在多数据中心、多云资源池的情况，以满足住建行业单位相对分散的特点。因此在数据中心互联方面，降低不同云连接时的网络时延是技术难点之一，并且还需兼顾考虑东西向流量的安全防护问题，这无疑进一步增加了多数据中心网络互联的技术难度，所以需要在网络建设之前进行合理的统一规划，明确网络架构，防止因架构不合理导致延迟高、安全性低、管理难度大等问题。

另外，依照中共中央、国务院印发的《数字中国建设整体布局规划》中关于"加快网络基础设施建设"以及"形成横向打通、纵向贯通、协调有力的一体化推进格局"相关要求，网络体系建设应做到统一规划，并以云数据中心一张网架构为建设目标。一张网架构是指在现有网络基础上，统一规划，开展全面网络建设改造工作，满足业务高速访问需求，同时符合国家网络安全监管要求。

根据网络的功能定位以及使用场景，云数据中心一张网建设，通常分为云接入、云间以及云内三个部分，三个部分互为补充，相互连接，从而满足云上业务访问、云间数据传输以及云内网络互通的多方位需求。

（1）云接入网络

伴随着云数据中心的建设与发展，为满足各单位日益增长的业务需求，需要构建一个高效、稳定的端到端云接入网络。这个网络不仅作为广域网接入与汇聚平面，更承载着各单位访问云上业务应用和办公应用的重要任务。

云接入网络的设计，首先要确保数据的安全传输。通过先进的加密技术和防火墙设置，我们能够防止外部恶意攻击，保护用户数据的完整性和机密性。同时，网络的高可用性也确保了业务的连续性，即使在面临网络故障时，也能迅速恢复服务，避免业务中断。

在功能上，云接入网络提供了灵活的接入方式，支持有线和无线等多种连接方式，满足不同场景下的接入需求。此外，网络还具备强大的带宽扩展能力，能够轻松应对业务增长带来的流量压力。

为了实现各单位对云上业务应用和办公应用的便捷访问，还需在网络中集成智能路由和负载均衡技术。这些技术能够自动选择最优路径，确保数据的快速传输，提升用户体验。

（2）云间网络

在构建现代化的住建行业云计算基础设施时，常会采用基于多域多中心的总体云数据中心架构。这种架构不仅确保了数据的高可用性，还通过整合不同地域和中心点的资源，实现了业务的高效运作。在此基础上，进一步构建业务网络和容灾网络一体化的广域网络，以形成高速云间网络。

云间网络的设计充分考虑了数据交互与传输的需求，它不仅能够实现云数据中心间的快速数据流通，还通过优化路由和流量管理，确保了数据传输的稳定性和高效性。同时，作为广域网管理平面，它承载着对整个网络系统的监控、管理和调度功能，为业务运行提供了强有力的支撑。

具体而言，云间网络通过先进的网络技术和设备，实现了业务数据和容灾数据的实时同步和备份。此外，它还支持多种业务场景下的网络配置和优化，可以根据实际需求进行灵活调整，以满足不同业务对网络性能的需求。

目前，用于构建云间网络的底层网络链路主要分为以太网专线（MSTP）链路、多协议标记交换虚拟专网（MPLS VPN）链路以及互联网安全协议虚拟专网（IPSec VPN）链路三种，三种链路各有优缺点，主要对比如表 3-1 所示。

底层物理链路对比表

表 3-1

对比项	以太网专线 （MSTP）	多协议标记交换虚拟专网 （MPLS VPN）	互联网安全协议虚拟专网 （IPSec VPN）
网络特性	物理独立的专线	逻辑独立的专网	逻辑独立的专网
服务质量 （QoS）分级	链路本身提供较高的传输质量，但 MSTP 专线本身不提供 QoS 分级，需上层网络提供	网络本身即可提供多种 QoS 等级	可区分服务级别，但其最高等级的传输质量也无法达到 MSTP 专线和 MPLS VPN 普通等级的业务质量
网络性能	提供高质量的数据传输通道，链路本身提供冗余保护	通过轻载提供高质量的数据传输通道，通过 MPLS VPN 专网本身实现冗余保护，可靠性高	数据传输质量完全依赖于公网的阻塞程度，网络性能指标不可控
安全性	采用专用链路实现物理隔离，安全性好	路由隔离，地址隔离和隐藏信息，具备与专线等同的安全性	通过加密算法实现数据安全，安全性低于 MSTP 专线和 MPLS VPN
灵活性	基于点到点配置，灵活性较低	快速实现多点网状互联，灵活性较高	接入互联网即可建立 VPN 连接，灵活性高
管理维护	专线的维护由运营商负责，用户负责整个 IP 层网络的管理维护，可实现全网统一管理，有利于故障定位与协同响应，但对单位网络设计和管理维护水平要求较高	用户仅需维护 CE 侧设备，运营商负责 MPLS VPN 骨干网的管理维护。网络配置、故障定位等工作需要运营商协同配合，对运营商的服务支撑能力与响应度要求较高	客户端软件需要用户人工操作，且对客户端设备的操作系统、软件版本均有要求。在基础网络层面的维护工作量较小，但在 IPSec 服务器以及客户端方面的维护工作量大
组网成本	在星形、树形等拓扑架构下具有成本优势	网状架构下具有成本优势，连接方向越复杂，其成本优势越明显	基于互联网出口，组网成本较低
应用定位	适用于大、中型政企单位。业务流量以汇聚型流量为主，网络拓扑结构简单明晰	适用于大型政企单位，广域网包含多个流量汇聚中心、各中心之间数据交互较多	适用于具有一定流动性特征的单位/机构以及移动办公的相关人员。多用于承载对网络传输质量以及安全性要求不高的基础办公应用

（3）云内网络

云内网络建设主要用于云数据中心内部的数据传输与运维管理，技术选型时建议使用软件定义网络（SDN）技术，采用虚拟化后的链路捆绑技术实现二层链路的负载均衡和备份，构建无环路、无阻塞的云计算数据中心交换网络。云内网络通常分为业务网络、存储网络以及管理网络，并在三网隔离基础上，按照分区分域原则，划分网络功能域并配置相应的网络与安全策略。

云内网络主要用于云数据中心内部的海量数据传输和精细化的运维管理。为了确保网络的高效、稳定和安全，技术选型时建议采用 SDN 技术。SDN 技术以其高度的灵活性和可编程性，为云内网络的建设提供了强有力的支持。同时，在网络构建过程中，充分利用虚拟化后的链路捆绑技术，有效地实现链路的负载均衡和备份，从而确保了数据传输的流畅性和稳定性，构建一个无环路、无阻塞的云计算数据中心交换网络，为云内各项业务提供坚实的网络基础。

另外，云内网络通常被细分为业务网络、存储网络以及管理网络三部分。这种划分方式有助于我们更好地管理网络资源，确保各类业务能够有序、高效地运行。在三网隔离的基础上，按照分区分域的原则，进一步划分网络功能域，并为每个功能域配置了相应的网络与安全策略。这不仅能够提升网络的安全性，还能有效地防止网络拥堵和故障的发生。

此外，还应注重网络的可扩展性和可维护性。通过合理设计网络架构，可以轻松地扩展网络规模，满足不断增长的业务需求。

2）算力基础设施建设

全球算力进入新一轮快速发展期，人工智能、数字孪生等新兴领域的崛起，推动算力规模快速增长、计算技术多元创新、产业格局重构重塑。因此为持续做好对住建行业应用系统的基础支撑，同时为适应新一轮信息化变革与潮流，住建行业应积极推进云数据中心、智能计算中心等智能化基础设施建设。

（1）云数据中心

云数据中心建设是数字化转型的重要一环，在建设过程中，应采用先进、成熟的理念、技术、设备、软件等，旨在全面满足业务上云及未来扩容的需求，确保需求信息处理和传递安全、可靠、及时、准确、完整。

首先，在理念上，云数据中心建设坚持创新引领，以绿色、智能、高效为核心。注重数据中心的可持续发展，积极采用节能减排技术，降低能源消耗和碳排放。同时，充分利用云计算的弹性伸缩特性，确保数据中心能够根据应用系统需求进行快速扩容，为业务的发展提供支撑与保障。

在技术方面，采用行业领先的云计算技术，包括虚拟化、容器化、自动化运维等。这些技术不仅可以提高数据中心的资源利用率，降低了成本，还使得业务的部署、管理更加便捷高效。

在设备和软件选择上，注重标准化、模块化的设计理念。通过标准化的产品选型、模块化的架构设计，实现数据中心的快速部署和扩容。同时，应优先选择自主可控的产品，若有相应的安全可靠名录，则必须选择名录内的产品；若没有相应的安全可靠名录，则优先选用国产化产品。这不仅有助于保障系统的安全性和可控性，更能够推动国内信息产业的发展。

另外，在云数据中心建设过程中，应积极推动多云管理平台建设。因为随着业务的多元化和复杂化，需要通过多个多种类的云资源池为业务运行提供支撑，因此需构建一个功能全面、灵活高效的多云管理平台对云资源实现统一纳管与运营。多云管理平台首先应具备大屏展示功能，通过直观、清晰的界面，展示各个云资源池的运行状态、资源使用情况等重要信息，为管理者提供决策支持。同时，平台还应具备资源开通功能，能够快速、便捷地为各单位开通所需的云资源，满足业务需求。在管理方面，平台应能够实现对云资源的统一管理，包括资源调度、网络策略、安全控制等。这不仅能够提高资源的利用率，还能简化管理工作，提升效率。在运维方面，平台应提供全面的运维支持，包括故障排查、性能优化、安全加固等，通过自动化的运维工具和技术，提高运维效率，降低运维成本。此外，运营功能也是不可或缺的一部分，它能够助力实现对云服务的运营监控、成本控制等，确保云服务的稳定性和可持续性。

（2）智能计算中心

随着人工智能技术、大模型技术的应用与发展，智能计算中心的重要性日益凸显。为顺应这一技术趋势，推动住建行业的创新与发展，需要逐步开展智能计算中心的规划与建设，通过智能计算中心承载各类数据资源，并为大模型的训练和推理提供算力支持。

智能计算中心作为数据处理与计算的核心，承载着各类数据资源的存储、管理和分析任务。在信息化时代，数据已成为最宝贵的资源之一。通过对数据进行深度分析和挖掘，发现数据背后的价值和规律，从而为决策提供有力支持。

目前，在智能计算中心建设过程中，算力的建设与选择是首要任务。当前国产算力具有代表性的 AI 芯片产品包括昇腾芯片、昆仑芯、思元芯片以及云燧芯片等。昇腾芯片主要有昇腾 910 和昇腾 310 两款，其中昇腾 910 采用 7nm 工艺，半精度达 256TFOPs，功耗为 350W，性能对标英伟达 A100。昇腾 310 属于商用 AI SoC 芯片，面向边缘计算等低功耗领域。昆仑 2 代芯片，采用 7nm 制程，搭载自研的第二代 XPU 架构，相比 1 代性能提升 2～3 倍。思元 370 采用 7nm 制程工艺，同时支持推理和训练任务，最大算力可达 256TOPs（INT8）。

虽然国产旗舰级芯片产品已逐步对标国际领先产品，并在内存与互联等方面接近国际先进水平。但是，我国自主研制 AI 芯片与国际领先产品仍存在一定差距，在制程方面，国际已率先到达 4nm，而国内厂商多集中在 7nm；算力方面，国内厂商大多不支持双精度（FP64）计算，且仅在单精度（FP32）及定点计算（INT8）方面与国外中端产品持平；生态方面，国内企业多采用 OpenCL 进行自主生态建设，与国际成熟的生态仍存在一定差距。因此，在进行算力建设时，要从芯片性能、产品生态、技术趋势、厂商服务能力等多方面综合考虑，避免因技术不成熟或技术更新换代速度快导致采购的设备过时或无法满足业务需求。

3）应用基础设施建设

（1）统一赋码能力

建立以项目码、房屋建筑编码（单体码）为基础，以业务码、应用码为深度应用的工程项目全周期编码体系，实现工程建设相关环节数据的整合串联。提高码管理、码服务、码权限、码监控、数据查询、与国家赋码平台同步等能力。

码管理。提供编码分类、编码规则、序列码和多码融合管理功能。对房屋建筑代码的规则进行维护，确保房屋建筑代码按照统一的编码规则进行使用。

码服务。提供服务注册、码生成、码更新、码撤销和码查询服务，方便上层应用调用，打造创新生态服务体系。

码权限。提供应用管理和权限管理功能。将需要使用赋码平台接口的应用注册到系统中，并根据实际需求为应用分配接口权限。

码监控。提供网关配置和调用日志功能。可对接口代理网关进行维护，并通过接口调用日志及时了解接口调用情况及平台运行情况。

数据查询。可通过开放指定权限，查看房屋建筑的业务基本信息。

与国家赋码平台同步。本级赋码平台需要和国家级赋码平台对接，将房屋建筑代码赋码记录在5分钟内同步至国家级统一赋码平台。

（2）统一网关服务

统一网关服务是应用服务托管、开放和共享的控制中心。能快速将应用服务包装成标准应用程序编程接口（API）服务，轻松构建、管理和发布API。并提供服务路由、服务转换、服务治理、安全防护、运维监控等功能，帮助企业实现跨系统、跨架构、跨协议的服务互通功能。

API，可以提供高性能、高可用的API托管服务，是应用系统集成、数据共享开发能力的重要基础支撑，提供统一的API注册、发布、查询、调用，并提供API调用权限控制、认证、流量控制、监控预警等综合功能。

（3）统一签章服务

统一签章服务包括电子签章认证、身份认证、数字签名认证和信息加解密。①电子签章认证，提供用户创建和应用数字签章的功能，支持不同文件类型的签署；②身份认证，实施多种身份认证方式，如双因素认证等，确保参与者的身份真实可信；③数字签名认证，支持生成和验证数字签名，保障签署文件的完整性和真实性；④信息加解密，提供加解密工具，保护敏感数据在传输和存储过程中的安全性。

4）灾备体系建设

随着住建行业信息化基础架构日益云化，灾备体系亦步入云化转型的新阶段。相较于传统灾备方案，云容灾方案以其高效率、高可用性、高性价比、轻运维的优势，成为现代化优选。该方案助力企业轻松实现文件、数据库及虚拟机的安全高效云备份，凭借先进的管理手段、高效的数据备份技术和快速的容灾恢复能力，全面革新并超越了传统的备份模式。

（1）数据级灾备

数据级灾备着重于云端数据的全面保障，包括数据的复制、备份及恢复等方面的内容。在灾备恢复过程中，确保数据的完整性、一致性和即时可用性是最根本任务。

依据灾难恢复的等级标准，数据级灾备可分为低级别与高级别两类。低级别数据灾备通常采用人工方式，将关键数据定期转移至异地或云端存储，如定时将备份磁带或硬盘运送至异地，其恢复时间目标（RTO）和数据恢复点目标（RPO）用时较长，可能达到数天至数周。而高级别数据灾备则利用先进的网络数据传输技术，在生产中心与云灾备中心间实现异步或同步的数据复制，例如借助磁盘阵列的复制功能（包括实时复制、定时复制及存储转发复制等数据库复制模式），显著提升恢复效率，使 RTO 和 RPO 用时缩短至小时级乃至分钟级，主要技术包括连续数据保护（CDP）、副本数据管理（CDM）等。

（2）系统级云灾备

系统级云灾备是一种全新的容灾模式，它不同于传统的双活与高可用（HA）模式。在系统级云灾备模式下，通过将操作系统、应用程序及数据从物理层、虚拟化层乃至基础设施即服务（云 IaaS）层中抽离，并封装成能适配任意目标架构的虚拟机镜像，在无需消耗计算资源的情况下，即可实现与源端业务系统的实时镜像同步，确保数据的一致性。

系统级云灾备具有恢复速度快、恢复过程简单等特点。由于灾备端配备了与生产系统完全一致的操作系统、应用程序和数据，一旦生产业务系统发生故障，只需利用灾备端备份的镜像数据快速生成虚拟磁盘作为数据源，无需在云端重新构建系统环境，即可立即创建并启动云服务器，无缝接替故障的生产业务系统，确保业务连续性，实现高效的应急容灾，其 RTO 可缩短至分钟级甚至秒级。

此外，系统级云灾备在数据验证与测试方面展现出显著优势。在不影响数据复制和生产系统运行的前提下，它能在云端迅速搭建一个与生产环境完全一致的隔离仿真测试环境。用户可以利用这一环境，随时进行灾备演练、数据验证，以及开发测试、大数据分析、补丁升级测试等多种衍生应用，极大地提升了效率与灵活性。

（3）应用级灾备

应用级灾备是在数据级灾备的基础上，在同城或异地中心额外构建的一套全面灾备支撑体系，该体系包括了数据备份系统、备用数据处理系统以及备用网络系统等方面。其核心优势在于提供应用接管能力，一旦主生产中心遭遇故障，灾备中心能够迅速接管应用，最大限度地缩短系统停机时间，确保业务活动不受影响，进而强化业务连续性。

数据级容灾构成了应用级容灾的基石，而应用级容灾则是数据级容灾的演进目标。应用级容灾机制能够在允许的时间阈值内迅速恢复关键应用的运行，最大限度地减小灾难带来的负面影响，尽可能降低用户的负面感受。相较于数据级容灾，应用级容灾提供了更高级别的业务恢复能力，为业务的连续性和可靠性提供了更为坚实的保障。

3.2.2 融合打造数字底座

1）行业数据底座建设

统一的行业数据底座旨在构建开放共享的数据资源体系。宜按照"一数一源一标准"的原则建立全国标准统一、逻辑关联、动态管理的数据目录，全面汇聚数字工程、数字住房、数字城市和数字村镇等数据资源并进行动态更新，形成住建领域全生命周期数据链，以加强住建领域全生命周期数据链各节点数据的质量控制，提高各节点之间的逻辑关联性，实现数据高效共享和有序开发利用。

基于统一的数据标准，对各类住建汇聚数据进行标准化治理，按数据的业务、属性分类聚合、构筑联系，形成基础数据库、主题数据库、专题数据库三类数据资产。

（1）基础数据库

基础数据库主要包括从业企业、从业人员、工程项目、信用（含社会）、电子证照、图档、房屋市政设施、城市市政地下基础设施、机械设备等数据，如表3-2所示。

基础数据库数据类别　　　　　　　　　　　　　表 3-2

门类	大类	中类	类型	备注
基础数据	从业企业	企业基本信息	结构化数据	
		企业资质证书信息	结构化数据	
		企业安全生产许可证信息	结构化数据	
	从业人员	人员基本信息	结构化数据	
		执业注册人员信息	结构化数据	
		安全管理人员信息	结构化数据	
		特种作业人员信息	结构化数据	
		技术工人信息	结构化数据	
	工程项目	项目基本信息	结构化数据 矢量数据	
		单体工程信息	结构化数据 矢量数据	
		线性工程信息	结构化数据 矢量数据	
	信用	企业信用信息	结构化数据	
		人员信用信息	结构化数据	
		社会信用信息	结构化数据	
	电子证照	企业电子证照信息	结构化数据电子文档	
		人员电子证照信息		
		项目电子证照信息		
		起重机械电子证照信息		
	图档	工程项目图纸信息（含 BIM 模型）	结构化数据 电子文档	
		工程项目档案信息（含 BIM 模型）		
	房屋市政设施	房屋建筑调查信息	结构化数据矢量数据	
		市政设施调查信息		
	城市地下基础设施	城市地下工程管线设施信息	结构化数据矢量数据	不含涉密信息
		城市地下交通设施信息		
		城市地下其他工程信息		
	机械设备	起重机械信息	结构化数据	
		物联网设备信息	结构化数据	
	监督机构和人员	监督机构和人员信息	结构化数据	
	法律法规	—	电子文档	

（2）主题数据库

主题数据库主要包括政务服务、工程建设、房地产市场、城市建设、历史文化保护、城市运行管理服务等主题数据，如表 3-3 所示。

主题数据库数据类别 表 3-3

门类	大类	中类	类型	备注
主题数据	政务服务	政务服务事项基本目录及实施清单信息	结构化数据	
		政务服务事项办件信息（工程建设项目、企业资质、执业注册人员等信息）	结构化数据	
	工程建设	工程造价信息	结构化数据	
		工程招标投标信息	结构化数据	
		工程勘察信息	结构化数据	
		施工图审查信息	结构化数据	
		消防设计审查信息	结构化数据	
		建筑工人管理信息	结构化数据	
		工程质量监督信息	结构化数据	
		工程质量检测信息	结构化数据	
		工程质量保险信息	结构化数据	
		建筑施工安全监督信息	结构化数据	
		消防验收信息	结构化数据	
		消防验收备案（抽查）	结构化数据	
		竣工验收备案信息	结构化数据	
		城建档案管理信息	结构化数据	
	智能建造	装配式建筑信息	结构化数据	
		绿色建筑信息	结构化数据	
		建筑节能信息	结构化数据	
		绿色建材信息	结构化数据	
	建筑市场	建筑市场信用信息	结构化数据	
		违法违规行为处罚信息	结构化数据	
		建筑市场检查信息	结构化数据	
	房地产市场	商品房预售许可信息	结构化数据	
		商品房预售资金监管信息	结构化数据	
		合同网签备案信息	结构化数据	
		房地产市场监测信息	结构化数据	
		房屋租赁管理信息	结构化数据	
		房屋征收管理信息	结构化数据	
		物业管理信息	结构化数据	
	住房保障	公租房管理服务信息	结构化数据	

门类	大类	中类	类型	备注
主题数据	住房保障	保障性租赁住房管理服务信息	结构化数据	
		共有产权住房管理服务信息	结构化数据	
		城镇危旧房屋改造信息	结构化数据	
	住房公积金	住房公积金管理服务信息	结构化数据	
	城市建设	城市供水设施建设管理信息	结构化数据	
		城市排水设施建设管理信息	结构化数据	
		城市燃气设施建设管理信息	结构化数据	
		城市供热设施建设管理信息	结构化数据	
		城市市政道路建设管理信息	结构化数据	
		城市市政桥梁建设管理信息	结构化数据	
		地下综合管廊建设管理信息	结构化数据	
		其他城市基础设施建设管理信息	结构化数据	
		城市环境卫生和垃圾分类建设管理信息	结构化数据	
		城市园林绿化建设管理信息	结构化数据	
	既有房屋	房屋定期体检信息	结构化数据	
		房屋质量保险信息	结构化数据	
		房屋养老金管理信息	结构化数据	
		房屋维修处置信息	结构化数据	
	村镇建设	农村房屋建设管理信息	结构化数据	
		农村危房改造信息	结构化数据	
		村庄建设信息	结构化数据	
		小城镇建设管理信息	结构化数据	
		农村生活垃圾污水治理信息	结构化数据	
	历史文化保护	历史文化名城、名镇、名村、街区保护管理信息	结构化数据	
		传统村落保护管理信息	结构化数据	
	城市运行管理服务	城市基础信息	结构化数据	
		城市运行信息	结构化数据	
		城市管理信息	结构化数据	
		城市服务信息	结构化数据	

（3）专题数据库

专题数据库主要包括城市体检、城市更新、安全生产、乡村评价专题数据，如表3-4所示。

门类	大类	中类	类型	备注
专题数据	城市体检	城市自体检信息	结构化数据	
		第三方体检信息	结构化数据	
		社会满意度调查信息	结构化数据	
		分析评价信息	结构化数据	
	城市更新	老旧小区改造信息	结构化数据	
		老旧街区改造信息	结构化数据	
		市政基础设施改造信息	结构化数据	
		城市生态修复信息	结构化数据	
	安全生产	建筑市场监督检查信息	结构化数据	
		房屋市政工程安全生产治理信息	结构化数据	
		城乡自建房安全专项整治信息	结构化数据	
	乡村评价	乡村建设评价指标信息	结构化数据	
		乡村建设评价问卷调查信息	结构化数据	
		乡村建设分析评价信息	结构化数据	

2）住建基础底图建设

为贯彻落实《国务院办公厅关于开展第一次全国自然灾害综合风险普查的通知》（国办发〔2020〕12号）要求，按照《第一次全国自然灾害综合风险普查房屋建筑和市政设施调查实施方案》（建办质函〔2021〕248号）的总体部署，历时3年，260多万人参与了全国房屋建筑和市政设施调查工作，摸清了"家底"，形成了能反映房屋建筑空间位置和物理属性的海量数据，城乡房屋建筑第一次有了"数字身份证"，为中央和地方各级人民政府有效开展自然灾害防治工作、切实保障经济社会可持续发展提供权威的灾害风险信息和科学决策依据。

为充分挖掘数据价值，支持行业精细化、智能化管理，住房和城乡建设部信息中心组织了技术力量，按照"以建促用、以用促建"的工作思路，进行了全国房屋建筑和市政设施数据平台建设，该平台不仅实现了第一次全国房屋建筑和市政设施普查数据（简称"房普数据"）的分析展示，还能作为住建基础底图，倪虹部长在2023年初的全国住房和城乡建设工作会议上指出"要以此次全国房屋建筑和市政设施调查数据为底板，举全系统之力推进'数字住建'建设"。

（1）夯实数据资产，建设数字底图

依托第一次全国自然灾害综合风险普查房屋建筑和市政设施调查数据成果，综合运用GIS和大数据分析技术，具有空间数据和业务数据处理、快速入库、查询检索、提取分发、数据服务及可视化支撑等功能，支撑房普数据的入库、管理、应用和安全管理，以"实景三维底图 + 房屋建筑三维白模 + BIM + 数据高程模型 + 遥感影像"的模式，打造一张住建底图，承载住建行业应用。如图3-1所示。

图 3-1 三维房屋结构类型示意图

①明晰房普数据底数

房普数据分为 2 大主题，9 大专题，共包括 255 个调查指标的统计分析展示。

房屋建筑主题。包括房屋总览、城镇住宅、城镇非住宅、农村住宅和农村非住宅 5 项专题。分别从建筑数量、建筑面积、人均使用面积、建成时间、专业设计、变形损伤、改造情况、抗震加固等多个维度进行统计分析。同时，支持指标和地图图层联动（分层分色、白模渲染）效果展示，包括房屋数量、建筑面积、城镇建筑数、农村建筑数、变形损伤等指标。

市政设施主题。包括市政道路、市政桥梁、供水设施厂站和供水设施管道 4 项专题。平台分别对道路、桥梁、供水设施厂站和供水设施管道等专题属性信息进行多维度统计分析。同时，支持指标和地图图层联动（分层分色等）效果展示。

②房普数据的动态更新

房普数据的实时性关乎风险分析和应用的成败，根据《全国房屋建筑和市政设施调查数据成果更新应用工作方案（试行）》（建办质函〔2023〕201 号）要求，以业务数据自动汇聚实现数据迭代更新为主，综合运用遥感监测变化图斑、社区网格基层巡查录入等多种方式，对基础数据库进行动态更新。针对不同类型数据确定相应更新频率和更新途径。建立更新数据质量审核机制，保证汇聚更新数据质量，避免不合格数据进入基础数据库。

③建立"落图＋赋码"机制

在已获取城乡房屋建筑"一栋一码一图斑"的基础上，建立"落图＋赋码"机制，将房屋建筑单体空间位置矢量信息（图斑）与房屋建筑编码组合，形成唯一标识，对于新增、灭失和变更的房屋建筑同步更新落图和赋码信息。

建立"落图"规则。住房和城乡建设部将全国房屋建筑和市政设施调查数据（含底图）向省、市两级回流，以房屋建筑和市政设施调查数据为底板，各地结合工程建设项目审批管理、建筑市场管理、质量安全管理等业务，在项目建设的适当环节基于底图标绘新建房屋建筑图斑，将项目和单体建筑空间信息归集"落图"，关联相关管理信息、审批结果等信息，实现工程建设管理数据矢量化、地图化。

建立"赋码"规则。在项目首次办理建设工程规划许可、施工图审查或施工许可等手续时，根据《房屋建筑统一编码与基本属性数据标准》JGJ/T 496—2022，对"落图"后的房屋建筑赋予唯一编码，并在全生命周期各个环节全面应用，实现全流程数据串联、归集和共享。

④构建共享共用能力

以房普数据为"底板"，建设国家、省、市三级互联互通的数据枢纽，形成基础底图技术体系和管理体系。以数据枢纽为"转接环"，实现各级基础数据库与已有信息管理系统的互联互通和数据共享。

（2）赋能行业应用，辅助决策分析

赋能行业应用，辅助决策分析是房普数据的价值延伸，通过将业务数据和房普数据空间化、单体化处理，实现以图管业务，进一步体现房普数据作为底图的价值。

①住房保障

协调公租房和廉租房业务数据，基于地名地址的空间分析，与房屋建筑白模进行匹配，并实现楼层的分层数据展示，分析相关租赁信息，便于租赁市场的可视化监管。

②工程数字化监管

将工改[①]、"四库平台"、实名制平台中数据形成统一编码串联，以房普平台为依托，落实倪虹部长在全国住房和城乡建设工作会议上提出的推进工改、"四库平台"、实名制和质安平台互联互通的工作要求。

③房屋安全

基于房普平台提供的空间数据处理与管理能力，打造房屋安全驾驶舱，深度分析、挖掘房屋安全系统数据，结合空间信息数据，构建"一张三维底图"可视化全景展示，实现"一屏"掌握房屋安全情况。

④房屋空置率

基于楼栋居民分户的用电情况，开发数据分析模型，对房屋空置率进行研究。可计算得到区域、街道、片区、地块等不同空间尺度的空置率情况。

⑤地震灾后评估

利用地震局发布的地震烈度图，叠加房屋普查数据，分析不同烈度区内各类房屋建筑的分布情况，为灾害后评估和重建提供数据支撑。

（3）房普激活 CIM，繁荣行业发展

CIM 平台的实践表明，亟需建设权威公开的数据集。多源异构数据的治理过程就较为复杂，CIM 平台的基础性数据是否权威准确，决定了后续各项应用的合法性与合理性；CIM 数据在不同部门、不同行业、不同主体之间流通，才能打破"数据壁垒"，在一定范围内乃至在全社会内的公开性才能带动数据的广泛应用，推动数据资产的形成，实现 CIM 平台的全民共享价值。因此，公开的房普统计数据是 CIM 平台基础数据的合适选择。在一定程度上，这也确保了 CIM 平台数据的权威有效更新。

房屋建筑和市政设施调查基于白模，构建了城市级别的三维建设信息表达；市政线性设施搭建起城市的骨架，形成了基础性的城市系统的信息表达。这种权威的普查信息将会

---

①工改指旧厂房改造。

构成 CIM 平台的基础性公开数据集，普惠全国各地 CIM 基础平台的第一步搭建工作，并形成全国各地可比较的基础建设数据底板。基于这些白模构成的空间单元，一方面根据需求与成本，可逐步汇聚更多可公开的建设更新数据、社会经济数据、物联感知数据等，因地制宜地完善 CIM 平台的数据集；另一方面借助房屋建筑和市政设施普查数据的统一性，快速搭建起国家、省、市县、镇村等不同层级的开放式 CIM 平台体系。

一旦这种权威公开的建设数据及信息经由 CIM 平台体系链接到相关的市场载体，明确这些数据及其更新的确权与确责工作，政府、企业、个人和人工智能平台（AI）都将据此开发相关的场景应用，不断地迭代公开数据集，衍生出市场经济下的新型 CIM 平台应用，加速房屋建筑和市政设施数据的市场流通，挖掘这些数据资源的资产价值，破解 CIM 平台高成本投入的困惑。在这种意义上，第一次全国房屋建筑和市政设施普查数据的公开使用将有效提升 CIM 平台的价值，联通"国家—省—市县—镇村"的 CIM 平台系统也将推动今后全国房屋建筑和市政设施普查工作不断动态开展和更新。因此，CIM 平台的运行不仅仅为政府、企业、个人、人工智能平台（AI）等提供了更为便捷的公开权威数据，而且推进建设老百姓和市场能感知到数字化场景的多元应用，将会给全社会带来实实在在的获得感。

3.2.3 整合共享信息系统

1）统一工作门户建设

当前办公人员处理的事项大多分散在各个独立的应用系统中，需要多次在不同业务系统间切换，同时需要记录不同系统的登录地址和账号密码，繁琐又费时费力；另外移动端建设有待普及，单纯靠登录电脑（PC）端系统进行业务处置也不够便捷。

通过统一单点登录、待办集中推送和消息统一提醒等方式，建设统一 PC 端和移动端工作门户，实现"统一入口、业务通办、数据互通"，提高住建主管部门工作效能，消除应用分散、多头登录、信息孤岛林立等问题。

（1）PC 端工作门户

按照"横向集成，纵向贯通"的设计理念，将住建主管部门各处室的业务系统进行整合，依托统一用户体系、单点登录机制、待办集中推送、数据集成展示等手段，构建一个信息资源展现和业务系统集成应用的工作门户，同时也是政务工作人员访问各个业务系统的统一入口和操作各个业务系统的便捷高效的工作门户，覆盖住建主管部门各处室。

（2）移动端工作门户

统一工作门户需拓展至移动（APP）端，摆脱必须在固定场所固定设备办公的限制，让工作人员能够高效迅捷地开展工作。此项能力的应用，对突发性事件的处理、应急性事件的部署有极为重要的意义。

2）统一业务协同建设

统一业务协同主要通过构建统一的业务协同支撑服务，实现独立系统、单项小功能应用高效集成，同时具备上架统一数据中心、统一应用支撑相关能力，帮助各应用快速接入，支撑住建协同场景。

统一业务协同旨在基于统一编码，以应用场景为驱动，以数据共享为核心，推进业务流程再造和优化，形成覆盖数字工程、数字住房、数字城市和数字村镇等领域的跨部门、跨层级业务协同与闭合处置的能力，提高管理效能和服务水平。打造业务使能平台、统一赋码、统一监管、智能审批支撑、统一数据采集等功能。

（1）使能平台

使能平台包含基础能力、算法能力、模型、智能模块等，提供通用应用支撑服务和住建应用服务，支持应用快速开发，赋能行业应用敏捷创新。基于使能平台的集成整合能力，将各类住建资产、住建应用和第三方应用接入、共享，避免信息系统重复建设，节约信息化资源。

①开放门户。开放门户作为对外提供数字资产的管理窗口，向业务单位、运营人员、开发者及其他平台用户提供应用服务，平台用户可以通过开放门户查看应用、文档等资产、应用详情。开放门户主要包含门户主页、能力中心、帮助中心、平台资讯、文档中心。

②开发者中心。开发者中心面向开发者提供应用、能力开发管理，能力建设完成后，可以通过开发者中心对能力进行上下架，开发者也可以订阅其他开发者发布的能力用于完善自己的能力内容，查看已有的能力详情。

（2）统一监管能力

统一监管能力基于低代码快速搭建住建事项处置场景，包括定义事件的基本信息、业务表单、附件材料、处置流程等。

（3）智能审批支撑能力

智能审批支撑能力配置事项核验点、表单位置和材料等，支撑审批事项智能核验场景。与数据中心对接，快速、一次性给出全部填写的表单数据与附件核对结果，无需打开系统一一进行查询核对。

（4）统一数据采集

统一数据采集是一种用于数据信息收集的工具，可以帮助组织和管理数据采集工作流程。它可以用于自上而下的数据收集，比如公租房项目信息采集、绿色建筑情况采集统计、城建档案工作情况采集统计等各种信息收集任务。

这类信息收集工作通常涉及多个采集对象，需要进行协同采集并涉及多个部门或组织。信息收集任务通常具有突发性，信息维度多样且信息来源分散。采集助手的一般步骤包括制作信息收集表、分发任务、填写数据、核对数据、上报数据和汇总数据。通过这些步骤，原始数据可以被加工处理生成更直观的表和图，以辅助分析和决策。

3）统一应用支撑建设

统一应用支撑体系的建设在住建领域信息化建设中具有重要意义，统一的应用支撑体系能够为各业务部门信息系统提供集中、高效、标准的服务能力，具有标准化、集中化、提升资源利用率、降低建设成本、增强安全性等特点。

因此对于新建、既有或需要升级改造的住建信息系统，应基于统一应用支撑能力进行对接整合，实现统一支撑架构下各类业务与服务应用的统筹集成。主要包括应用集成能力、统一身份认证、统一消息管理、统一门户管理、统一决策支撑、统一移动服务和安全运维服务。

（1）应用集成能力

应用集成能力提供应用类别管理和应用管理功能。应用类别管理对需要整合的应用系统进行分类管理，定义类别名称、描述、排序等，如工程建设类、城市管理类、行政审批类等。应用管理对需要整合的应用系统进行配置管理，包括应用所属分类、应用名称、应用回调地址、应用图标、应用的状态、页面转向方式、订阅用户等。

（2）统一身份认证

统一身份认证提供用户管理、组织架构管理、身份认证及单点登录服务功能，目标是：用户只需一次登录，就可以访问其权限范围内的各种信息资源及服务，并可以方便地在各系统之间切换访问，而不必进行二次登录。

（3）统一消息管理

统一消息管理为用户提供统一接收、提醒和展示多系统消息的功能。为应用提供统一的消息发送接口，减少重复对接，节约成本。

（4）统一门户管理

统一门户管理为构建多终端跨平台、强支撑、多对接的综合性住建工作门户奠定基础。包括界面布局管理、元件模板、布局模板等，满足个性化门户的配置管理需求，同时具备移动端门户管理的能力。

（5）统一决策支撑

统一决策支撑提供指标管理功能，为各类统计分析、预警、可视化提供统一的指标管理服务，包括定义指标分类、指标名称、计算方式（规则计算、接口计算、自定义）、是否启用、所属部门等。

①指标管理为各类统计分析、预警、可视化提供统一的指标管理服务。

②报告助手根据业务需求通过专报创建功能实现专报模板选择、文档表格在线编辑、指标快速插入、快速生成专报，表格类型的专报支持维度及指标的拖拽操作，支持对插入的指标进行图形样式选择及切换，支持直接下载到本地。

③空间融合可视化组件可进行模型数据加载、可视化渲染、场景管理、相机设置、交互操作、视频融合展示、三维实体展示等。

（6）统一移动服务

统一移动服务的通用功能包括统一身份认证、即时通信、工作流、来电识别、消息推送和埋点日志；高级功能包括短信校验、语音识别、地图定位、手写签批和人脸识别；移动应用功能包括登录、消息中心、通讯录和个人中心；开发门户功能包括应用接入、独立软件开发商（ISV）应用管理和文档、开发工具、资源；另外需包含运营管理功能。

（7）安全运维服务

安全运维服务以整体框架采用平台＋服务的方式，进行安全运维保障。通过自动化技术采集分析日志数据，并对异常数据进行实时预警。服务主要通过专业安全运维人员利用安全工具，按照标准服务流程持续提供安全运维服务，分为四大类：咨询类、检测类、防护类、处置类。

3.3 统筹建设数据资源体系

3.3.1 构建数据管理机制

数据管理机制保证了数据的有效管理和利用，包括构建数据资源目录机制、数据管理机制和数据运行机制。数据资源目录机制提升了数据管理效率，将分散在各部门各系统中的数据通过统一标准进行分类；数据管理机制规范了数据的采集、处理和使用，保证了数据的准确性和可靠性；数据运行机制关注数据的质量和交换，提升了数据的质量和交换规范性。

1）数据资源目录机制

制定《平台资源目录编制指南》，指导资源目录的编制。政务信息资源目录是实现政务信息资源共享、业务协同和数据开放的基础，是各政务部门之间信息共享及政务数据向社会开放的依据。政务信息资源目录的编制工作包括对政务信息资源的分类、元数据描述、代码规划和目录管理维护，以及相关工作的组织、流程、要求等方面的内容。

2）数据管理机制

数据管理机制建立了统一的数据管理工作流程、规范和制度，有助于实现对住建领域数据的有效管理和利用，涵盖数据质量管理和数据应用服务接口管理两方面。

（1）数据质量管理

制定《住建数据质量标准》，实现住建数据质量管理、数据质量评价和数据质量控制的标准化。

（2）数据应用服务接口管理

制定《数据应用服务接口标准》，对数据应用服务接口进行说明，包括服务申请流程、服务调用流程及相应注意事项，为各业务系统实现数据共享应用提供保障。

3）数据运行机制

数据运行机制定义了住建领域数据在处理、分析和管理过程中的工作方式和流程。数据共享交换是数据运行机制的基础环节，实现跨部门、跨系统的数据整合、上下级之间的数据打通；数据安全是数据运行不可或缺的环节，从网络、系统、应用和数据层面，保障数据的安全性和可靠性。

（1）数据共享交换

制定《平台数据交换标准》，规定住建信息资源交换管理系统的体系架构、功能体系及技术要求，指导住建信息资源交换管理系统建设的规划、设计和实施。

（2）数据安全规范

制定《数据安全规范》，包括安全防护体系和安全管理体系两大部分。其中安全防护体系包括网络安全、系统安全、应用安全和数据安全；安全管理体系包括安全策略管理规范、安全组织模型、安全规章制度。

3.3.2 推动数据汇聚治理

传统的数据中心"烟囱林立"，形成了一个个数据孤岛，数据也没有产生应有的价值。数据汇聚治理以实现数据资源的综合利用和共享为目标，对住建主管部门业务领域信息资源进行科学的分析和归类，建立统一、完善、标准的行业市场监管数据资源中心，对分散在各部门的公共信息、监管信息进行归集、交换、治理、溯源和管理。

1）数据资源目录管理

数据资源目录是实现住建信息资源共享和业务协同的基础，是各部门之间信息共享的依据。应建设完善的资源目录管理能力，推进资源目录的分类、部门目录管理、目录关联、目录查询和资源注册等工作。

（1）目录分类管理

目录分类管理主要包括目录编码模板和目录分类管理。

①目录编码模板主要进行目录编码模板管理，按照《政务信息资源目录编制指南（试行）》和本区域要求实现目录编码启用和维护管理。

②目录分类管理通过新增目录分类（如基础目录：项目、企业、人员、信用、电子证照等；主题目录：项目监督、城市建设、建筑市场、阳光政务、综合执法、行业中心等；部门目录：轨道站、质安站、市场监督站、市政站等），配置目录权限管理（目录牵头部门、参与部门），对目录或者子目录进行授权，为目录或者子目录指定具有操作权限的角色和用户。应支持对新增目录的审核管理，记录审核信息。

（2）部门目录管理

部门目录管理包括目录编制、目录审核、已发布目录、待下线目录、已下线目录、已删除目录、历史目录、目录质量核验、目录迁移情况、目录标签管理、目录缺失申请、部门需求管控和智能辅助编目。

（3）目录关联管理

关联引用部门资源目录，实现基础资源目录、主题资源目录的灵活生成，避免基础目录、主题目录涉及信息资源的多次重复注册，实现部门目录资源与基础目录资源、主题目录资源的关联管理。

（4）资源目录查询

资源目录查询提供对已发布目录的多维度检索服务，支持以部门目录、基础目录、主题目录、共享负面清单、开放负面清单按照目录名称、目录状态、共享属性、开放属性、更新周期等条件进行快速定位查询和浏览。

（5）数据资源注册

数据资源注册方式包括按目录注册、按库表注册、按接口注册、按文件注册和按消息注册。

（6）数据资源管理

数据资源管理针对挂接到目录的资源，提供资源的上线、下线等管理功能。资源上线：针对审核的信息资源进行发布，发布后的资源可在政务信息共享网站上进行查看和调用。资源下线：当资源不符合相关要求时，对目录关联的已发布资源进行下线管理。

2）数据归集与交换

数据归集是建立住建行业数据库的基础，数据交换是实现各部门数据资源共享的技术前提。数据归集支持多源异构数据的归集，提供配置管理、交换管理、归集管理、资源注册、资源审核、资源管理功能；支持在交换节点之间对数据、文件等进行抽取、转换、传输和加载等操作，实现数据交换能力和服务交换的管理。

（1）数据汇聚

①住建业务数据汇聚——提供住建业务领域各业务数据、其他政府部门数据以及社会数据的交换、监控等功能，实现数据"一数一源"，并满足下列要求：

· 支持多源异构数据的抽取、传输、存储与时间戳生成。

· 支持接口、库表和文件等多种交换方式；支持数据的离线、实时归集；支持数据的增量、全量更新。

·具备对交换节点、交换流程、交换频率等统一配置的能力。

②三维空间数据汇聚——三维空间数据汇聚过程主要是针对城市三维数据的汇聚，包括了传统手工模型、BIM 模型、倾斜摄影测量模型、地下管线模型、地下建筑物模型、地质模型、点云数据；提供一系列的二三维空间数据入库工具，包括格式转换、数据轻量化、坐标系投影、GIS 数据编辑等；提供实时数据接入与处理工具，包括实时流数据接入、数据地理空间处理、实时大数据分析、多种输出等。

（2）数据交换

数据交换支持在交换节点之间对数据、文件等进行抽取、转换、传输和加载等操作，实现数据交换能力和服务交换的管理功能，确保部门之间、部门与政务大中心之间数据交换过程的安全性，并提供交换审计管理，对交换流程、交换节点、交换量等进行统一配置和监控。

①交换管理

交换管理为用户提供可视化的业务配置与管理能力，用户通过浏览器即可完成数据交换系统的配置、运行、调度、监控与管理，主要包括集中配置与集中监控两大能力。

②交换前置

交换前置系统部署在交换前置区，由交换节点服务与交换信息库组成。交换节点服务直接访问前置区中的部门业务前置数据源（有效地隔离部门主体业务系统与交换前置系统，保证部门主题业务系统的独立性），将数据进行加密压缩，并通过超文本传输安全协议（HTTPS）传输通道定向发送到目标区的交换节点服务中，目标区交换节点服务通过解析组装，将数据写入到目标数据源中。

③交换桥接

交换桥接基于节点服务进行桥接交换，实现交换节点服务。同时，读取源数据库与目标数据库，根据管理端配置下发的交换作业流程，实现数据的定向交换。

④交换传输

交换传输支持跨层级、跨网段的数据传输交换，通过部署两级交换传输节点，网络开放固定的消息传输端口，系统通过专用的安全数据传输通道进行上下级数据交换。

3）数据治理

数据治理主要从元数据、标准、质量的维度对住建数据进行管理，通过对数据的元数据分析、数据标准的建立，数据质检规则的建立等形成数据质量的分析。通过清洗、融合等步骤对住建数据进行治理，提高数据质量。数据治理类型分为基础数据治理、三维数据治理两类。

（1）数据标准管理

构建一套完整的数据标准体系是开展数据治理工作的良好基础，有利于打通数据底层的互通性，提升数据的可用性。数据标准管理应包括标准概览、标准数据元、标准代码、库表模型以及标准治理实施模块。

（2）数据质检管理

数据质检是对数据质量进行检查的操作。具体过程为：针对平台内所有数据表制定质检方案，方案配置完成后，启动质检任务，任务执行成功即可查看质检结果分析。

①质检方案。用户可以根据实际业务需求，采集对应数据源下的数据表，配置质检方案，需要完成方案的基本配置、检查组合及表级规则配置。

②质检结果分析。质检分析默认展示所选数据表的表级规则和记录级规则下的最新批

次质检结果，支持选择批次号，查看以往批次的质检结果。对记录级规则质检结果提供统计分析展示，包括统计结果明细和各批次质检结果的变化趋势。

③质检工单。应包括工单管理、部门工单处理情况和工单处理情况。

（3）治理任务管理

治理任务管理包括离线治理、实时治理、实时清洗和治理底座。

①离线治理，用于解决实时性要求不高的数据的质量问题，以标准化的数据质量规范为基础，运用构建数据标准、实现线上治理流程、多维度数据分析、多渠道数据汇聚等技术帮助组织建立数据质量管理体系，提升数据的完整性、规范性、及时性、一致性、逻辑性。平台对各类信息资源涉及的元数据进行元数据关联、影响分析，逐步实现元数据的标准化；对信息资源的质量进行管理，包含质量规则制定、执行、分析生成报告，促进数据质量不断提升，并且对数据治理进行全流程监控。

②实时治理，业务生产单位生产数据后实时进行数据治理并对外即时发布，方便业务使用单位快速地使用；一般从产生、治理、使用可达到秒级，一般用于传感器监控等对时效性极为敏感的业务。

③实时清洗，针对实时数据流（kafka）类型的业务数据表来进行数据的实时清洗，通过配置清洗规则、目的表、问题表，运行清洗任务后，将清洗后的数据回写到kafka。

④治理底座，通过节点管理、治理作业开发、消息队列、数据监听和告警配置模块提供分布式异构数据源之间数据转换功能，将数据治理平台的业务配置转化成底层的数据流转处理，全面覆盖用户在"打通数据、整合数据"方面遇到的种种需求，为最大限度地应用、挖掘数据价值奠定基础。

（4）数据治理报告

数据治理报告从数据落标情况、数据治理全流程、质检及清洗异常等维度对平台数据治理情况展开分析，形成对应报告，支持以PDF格式预览、导出报告。

（5）基础数据治理

基础数据治理针对住建行业内的企业、人员、项目等基础数据，提供企业基础信息、企业资质信息、人员基础信息、人员资质信息、项目各环节信息相关的治理流程、数据修复规则、数据清洗规则、数据融合规则，实现基础数据的快速治理。

（6）业务数据治理

在数据整理及治理过程中，需要对不同来源的项目数据进行整合，针对存量数据在各个系统中项目名称不一致、项目编码各异、导致项目数据无法关联等问题，业务数据治理通过智能匹配功能让不同系统中的项目数据能够很好地关联起来，能够为项目的全生命周期监管提供数据支撑。

通过设定匹配基准和阈值，利用文本相似度匹配让不同系统中的项目数据进行关联，将各个阶段的项目数据在全生命周期中进行可视化展示，可以有效解决多个系统（特别是老系统）之间数据无法关联的问题，能够大幅提升项目全生命周期的可视化效果展现。

（7）三维数据治理

三维数据治理工具具体包括：数据清洗工具、三维质检工具、手工精模预处理工具、BIM预处理工具、倾斜摄影预处理工具和三维实体关联模型工具。

数据清洗工具根据数据和业务特点，建立数据清洗规则，对数据的完整性问题、一致性问题、准确性问题以及关联性问题进行查阅；建立残缺数据规则、错误数据规则、重复数据规则，提升数据质量；支持对数据进行实时更新和定期更新等；能够实现对更新数据的定期清洗，通过工具建立清洗任务，并自动执行。

三维实体关联模型工具，在数据比对融合系统的基础上，能够智能探索各数据列之间是否关联，从而发现隐藏的列与列之间的关联关系；通过提供数据融合策略配置，通过自定义合并规则、按数据来源、更新日期、出现频率等策略对数据进行关联融合服务。

（8）三维数据服务优化

三维数据服务优化主要是针对三维数据服务的发布提供更优的解决方案（例如数据批量发布、大数据模型快速发布等），以及发布后的服务优化解决方案（例如三维场景效果优化、场景加载性能优化等），具体包括精模服务优化工具、点云服务优化工具、倾斜摄影服务优化工具、GIS 服务性能优化工具等。

（9）三维数据综合管理

三维数据综合管理实现对全域三维地理空间数据进行有效的管理，体现数据之间的关系以及对数据全生命周期的管理，并方便三维时空数据的共享与发布，系统支持元数据管理、历史数据管理、编目管理及制图管理。

4）数据溯源管理

数据溯源是为了实现对数据的历史动态管理。支持以图形化的方式展示数据的汇聚、治理、共享全过程，实现对数据全生命周期的溯源，方便快速查看数据治理各环节实际数据的处理情况。支持对接入数据、中间数据和发布数据进行动态配置管理。通过对目录的标准配置，实现对首页不同数据和地区的信息进行统计。通过对数据列表信息进行动态配置，实现对流程图进行动态展现，比如数据流转阶段、列表名称、查询条件等内容。

（1）数据归集总览

数据归集总览能够监控接入资源推送情况，包括数据总量、数据来源、各类数据数量、推送时间等。可以查看数据中心目前所有传输到平台的资源的交换情况，包含横向纵向对接平台及实际数据交换情况。

（2）数据接入监控

数据接入监控帮助查看所接入数据的流转详情，跟踪所监控的表数据变化情况，包括整个表的数据变化轨迹。

（3）数据变化监控

数据变化监控从数据库层面监控数据变化，主要包含数据的增、删、改情况，能监控到变化的字段内容。

（4）数据共享监控

数据共享监控负责监控数据共享调用过程，监控数据调用人、调用频率等，并能回溯数据来源。

5）数据管理

数据管理是指对住建各业务领域数据进行统一编目、统一分类管理。支持针对数据源、元数据的分类管理，同时支持数据变更历史库的管理。

（1）数据源管理

提供多种结构化数据源配置管理的手段，支持采集的数据库类型包括国内外主流的关系型数据库，以及扩展的新数据源。可进行数据源的增删改查与连接测试，能够依据使用场景进行数据源的分类管理。

（2）元数据

元数据涵盖元数据概览、元数据管理、元数据监控和元数据地图。

①元数据概览。通过图表分析展示数据源的创建数以及各类数据源统计情况，展示的信息包括：元数据的采集数、标准覆盖率、本月覆盖率、元数据采集方式统计、各分类元数据数量统计、数据总量TOP10、异常数据趋势以及异常类型统计。

②元数据管理。元数据管理支持元数据列表的管理配置、同义词配置、反向创建数据模型、归档、销毁、溯源；支持数仓目录的管理；支持元数据的标签管理；支持数据预览、关系图谱、关系表设置、流程追溯等。

③元数据监控。具有对所纳管元数据的监控能力。通过对元数据的数据源连接状态、数据结构、表、视图、索引、存储过程、函数等数据对象存在状态进行扫描，实现监控管理，支持异常错误类型的警告提醒，以及对异常警告的产生时间进行统计。

④元数据地图。元数据地图是数据资产的全景视图，以数据地图的方式形象地展示数据资产的元数据分布情况，实现对数据资产的全方位展示以及数据的溯源和去向分析，服务于数据共享和数据应用。

（3）资产盘点

资产盘点包括数据资源中屏和全资产辅助查询，能充分展现平台整体的数据资产情况并查看资产的具体实体数据。

①数据资源中屏。从元数据、数据标准、数据安全、数据质量、数据模型等维度展开分析，充分展现平台整体数据资产情况。

②全资产辅助查询。全资产辅助查询功能作为资产中心的核心，主要是对公开的、可利用的数据资产进行汇总，以指标为主，还有标签、算法模型、数仓资源（库表资源）、部门资源（库表资源、接口资源）、知识文档。在全资产辅助查询中，可以对所有涉及的资产进行全文检索，并且通过对接各资产的申请流程，实现资产一站申请，同时提供资产需求篮功能，将可利用的资产加入需求篮中，作为参考资产快速发起分析应用需求。全资产辅助查询功能可根据热词检索、可用资产、综合、最新、热门等条件进行快速过滤，可以查看资产详情，详情中可以进行全链分析（除基本信息以外），在有使用权限的情况下，可以查看资产的具体实体数据。

（4）资产类目

资产类目支持按照数据资产的基础分类、主题分类、专题分类、数仓分层、部门属性进行统一管理，形成统一的数据资产类目体系，便于后续数据定义、数据融合、数据地图等功能引用所需资产。同时支持各类目的查看、修改和删除，其中部门属性引用统一组织架构，不允许修改。支持用户行为操作日志记录，需要记录每一个用户的类目管理操作。

（5）数据变更历史库

系统对数据变更历史的记录，主要包括数据库监听、表变更监听、表监听情况以及数据记录监听情况。

①数据库监听。可进行数据库的监听管理。对所有数据库的状态进行展示，同时也可对单一数据库中的表进行发起监听与停止监听操作。展示数据库的监听状态包括数据源名称、所属部门、数据库地址（IP）、监控表数量、是否异常、数据变化量、新增数量、修改数量、

删除数量、清空表次数及数据库中所有表的数据变化情况，以便快速知道数据库的变更情况。

②表变更监听。对表进行周期性（日、天、周等频率）的监听管理，展示元数据名称、元数据代码、所属资源、挂接目录、监听状态、异常情况、新增数量、修改数量、删除数量、清空表次数、校准时间、当前数据量等信息，并可查看每个表的具体变更历史信息，以便快速知道数据表的变更情况。

③表监听情况。对目标表对象进行监听管理，展示对应表的变更日期。变更总数、新增数量、删除数量、清空表次数、删除表次数等信息。

④数据记录监听情况。可由变更记录中的新增数量、变更数量、删除数量查看具体的变更记录的详细信息，还应能与上次变更情况进行对比展示。

3.3.3 加强数据共享应用

数据治理为数据共享应用提供基础和支撑，为数据共享应用提供高质量的数据资源。数据共享应用作为数据全生命周期中的数据输出利用环节，承担着推动住建行业数据创新、赋能住建数字化监管、构建住建数据生态等重要价值意义。数据共享应用主要通过数据服务、数据共享和数据应用三种方式冲破数据壁垒，促进住建数据流通和共享，为发挥住建数据价值提供支持。

1）数据服务

数据服务主要包括数据查询服务、数据订阅服务和数据标签服务。

（1）数据查询服务

数据查询服务管理定位为数据服务支撑，目标是通过一体化的服务管理、标准化的服务规范、可扩展的服务能力、高可用的服务性能，为住建大数据的数据共享需求，尤其是实时接口类的数据共享，提供便利的服务通道。通过自动化，自助化的方式找到数据，提供数据，使用数据。通过数据服务管理系统，可将信息资源层中的信息资源与不同操作方法进行封装，可通过各部门业务系统申请获取并使用，通过数据服务可实时获取资源数据，并可通过动态参数来过滤数据，以实现动态需求快速响应获取。

（2）数据订阅服务

通过数据订阅服务，实现库表订阅、文件订阅和接口订阅三种订阅模式。

（3）数据标签服务

数据标签服务是基于不同业务主题和场景的业务数据，利用数据分析挖掘手段加工形成的。建设数据标签体系是一个系统工程，其建设思路是：通过集中式管理推进标签的综合应用，打通标签成果与业务系统的推送链路，逐步形成统一的标签应用管理体系。数据标签对外提供的服务包括标签查询服务和主动推送服务。

2）数据共享

数据共享助力实现全区域跨部门、跨层级的住建信息资源共享，提供资源目录展示及统计、资源综合检索定位、资源申请审核、资源订阅、资源应用程序编程接口（API）接口申请、缺失资源申请等功能。另外，可以作为数据中台和基础库查询使用的入口。

（1）共享门户

共享门户实现全区域跨部门、跨层级的住建信息资源共享，提供资源目录展示及统计、资源综合检索定位、资源申请审核、资源订阅、资源 API 接口申请等能力。

（2）数据脱敏

数据脱敏包括脱敏方法管理、敏感词管理、安全词管理，满足数据脱敏需求。

（3）级联管理

级联管理可通过对地区配置、级联范围、地区平台配置、级联文件系统管理、级联库等配置实现跨层级跨地域之间的系统平台连接。联通孤立系统的资源目录，实现数据资源的共享，实现跨区域跨层级跨部门之间业务协同。

3）数据应用

数据应用包括数据分析和数据开发利用两部分。

（1）数据分析

通过数据分析使住建数据资源与具体业务相结合，为业务审批、监管、决策提供了支撑作用。提供分析中心、算法平台和数据标签管理功能。

①分析中心。提供分析模型管理、法律法规管理、分析报告模板管理能力，支撑智能诊断场景。

②算法平台。具有从算法注册、版本管理、算法发布服务到算法服务运行的控制算法全生命周期能力。用户可根据实际需求，在平台中选择与业务相匹配的算法，以发挥算法与数据的最大价值，推动人工智能应用快速落地，及时响应业主的决策需求。

③数据标签管理。数据标签管理能从业务视角对治理后的数据进行建模、查看、管理及使用，并提供业务衍生标签自定义功能，为上层应用提供统一的标签数据目录和标签调用接口，支持沉淀回收上层应用制作的模型标签，实现高价值标签的共享复用。

（2）数据开发利用

①审批领域赋能

工程建设项目审批智能核验，依托"智能审批支撑能力"实现审批事项的梳理，以此作为智能审批系统的建设基础，区别于原有网上行政审批系统建设对事项标准化梳理的要求，智能审批事项梳理需要对具体开展的事项进行进一步精细化梳理，基于事项标准化，明确具体事项的审查要点、审查要素，以支撑智能审批系统日常运行。针对支持智能审批的事项，如建设用地规划许可、建设项目用地预审与选址意见书核发、建设工程规划许可、建筑工程施工许可、消防设计审查、竣工验收，结合审批痛点、要点，实现工程项目并联审批的智能预审。

企业资质审批智能核验，支持房地产开发企业资质、施工企业资质、工程监理资质、工程勘察设计资质、安全生产许可证等审批事项的智能核验。

人员注册审批智能核验，支持二级注册建造师、二级注册造价师、二级注册建筑师、二级注册结构工程师、ABC类人员的智能核验。

②监管领域赋能

业务诊断中心。结合数据中心的数据开发分析模型，智能识别企业、人员、项目的违规行为，主动向主管部门发出预警，展示诊断过程，支持线上交办处置，实现对预警问题的闭环管理，辅助主管部门提高监管效率。

查询分析中心。包括报表查询、住建搜系统、项目监管链等。住建主管部门领导，可结合自身关注的业务范围，选择关注的数据项，通过查询分析中心自动生成统计报表，进行决策分析。

③决策领域赋能

综合指挥中心。面向住建领域各级主管部门的决策指挥需求，通过大屏可视化系统，进行大数据专题分析，可有效了解本地区建筑市场情况、工程审批制度改革成效、施工阶段项目现场情况、信用体系建设情况。比如，在聚焦建筑市场模块，通过大屏展示行业发展现状，让工作人员了解行业发展速度，知晓行业发展的风向和趋势；从行业主体企业和人员进行分析，微观展示行业主体的分布及变化；中间地图联动相关模块指标，对比区域之间的差异，方便领导了解各地区的优劣情况。从宏观到微观，从全省到地市，辅助领导全面了解本地建筑行业实力，为决策者提供智慧决策支持，做到"一屏总览，一网统管"。

利用全国房屋建筑和市政设施调查数据，打造住建"一张图"，使房普数据与业务数据深度融合，形成工程建设、房屋安全、住房管理、城市更新、城市管理共五类应用场景专题，为加强住房和城乡建设行业管理提供有力支撑。

3.3.4 数据运行监测

对住建信息系统整合共享工作进行跟踪监测，为常态化的住建信息系统和住建数据共享评估提供依据；对平台的整体运行情况、资源目录编制情况、数据资源归集情况、基础库治理情况、数据资源共享情况等进行实时监控及多维分析，为平台高效运行提供数据决策服务。

1）数据归集监测

（1）根据各类数据归集的情况，自动按时执行相关统计任务，按照数源单位进行数据资源归集情况的实时监控和展示。

（2）数据归集监控指标和数据，由数据归集、数据治理等系统提供。提供方式包括库表或接口，满足监控系统展示要求。

（3）除实时展示动态外，还提供统计分析展示及报表。

2）数据集成监测

（1）实时监控资源中心（各数据库）汇聚资源的情况。

（2）监控资源中心各数据库、数据区的状态信息，如各数据库名称、数据库所属部门、数据库 IP、数据变化总数、新增数量、修改数量、删除数量等。

（3）监控数据由各资源库建设方提供。

3）数据治理监测

（1）集成数据治理系统自带监控功能。

（2）通过接口方式，获取数据治理系统的实时动态，进行集中、多角度监控。

4）数据目录监测

（1）根据资源目录汇聚的情况，自动执行相关统计、分析任务，实时展示资源目录的变化情况，实现对目录的集中式监控。

（2）由信息资源目录系统提供资源目录监控指标和数据。提供方式包括库表或接口，满足监控系统展示的要求。

（3）除实时展示动态外，还提供统计分析展示及报表。

5）数据共享监测

（1）实时监控资源共享情况。

（2）监控数据由数据共享系统、交换系统等提供。

6）日志审计管理

保留系统的各类操作记录，分门别类展示审计日志。

3.4　城市信息模型（CIM）发展

3.4.1　概述

城市信息模型（CIM）是住房和城乡建设行业应用的一项新型信息典范技术，集成了建筑信息模型（BIM）、地理信息系统（GIS）、物联网（IoT）等技术，为城市"规建管"业务提供数字底座。CIM 平台是在城市基础地理信息的基础上，建立建筑物、基础设施等三维数字模型，表达和管理城市三维空间的基础平台，是城市规划、建设、管理、运维工作的基础性操作平台，是智慧城市的基础性、关键性和实体性的信息基础设施。CIM 平台促进城市物理空间数字化和各领域数据、技术、业务融合，推进城市规划建设管理的信息化、智能化和智慧化，对推动国家治理体系和治理能力现代化具有重要意义。

2020 年 6 月住房和城乡建设部、工业和信息化部和中央网信办联合出台《关于开展城市信息模型（CIM）基础平台建设的指导意见》，指出 2025 年底前初步建成统一的、依行政区域和管理职责分层分级的 CIM 平台，在部分行业的"CIM+"应用取得明显成效，CIM 基础平台与 BIM 软件实现系统兼容协同发展。

自 2021 年至今，国务院及相关部委发布了大量 CIM 相关的"十四五"规划文件，从国务院印发的《"十四五"数字经济发展规划》到住房和城乡建设部联合科学技术部印发《"十四五"城镇化与城市发展科技创新专项规划》，为住房和城乡建设事业发展指明了方向，也为 CIM 助力城市数字化发展指明方向。这也意味着 2022—2027 年这五年内，在 CIM 政策带动下，CIM 技术和 CIM 产业的发展还将迎来至少五年的红利期。在前期 CIM 的研究和实践中也印证了这一趋势：从"十三五"到"十四五"，CIM 课题的研究逐步深入，各地主管部门面向业务需求，积极探索特色应用场景，赋能数字住建，发展新质生产力。

1）CIM 赋能数字住建

2023 年，中共中央、国务院印发《数字中国建设整体布局规划》，明确了数字中国建设的战略定位、指导思想和建设框架。数字住建作为数字中国建设的重要载体，已经成为各地提升政府管理和城市治理水平、壮大数字经济和助力城市数字化转型的重要途径。

住房和城乡建设部先后发布《城市信息模型（CIM）基础平台技术导则》《城市信息模型基础平台技术标准》等文件，指导各地开展 CIM 平台建设。目前，各级住房和城乡建设主管部门正在扎实推进 CIM 平台建设，用"数字化"赋能全系统向"智慧化"转型，全面提升住建行业数字化建设的整体性、系统性和协同性，以数字化驱动城市建设和治理方式变革。

CIM 赋能"数字住建"，助力政府提升城市治理的精细化和数字智能化水平，实现高效业务协同，为城市规划设计、工程建设、运行监测与管理等提供全新视角和方法。在城市设计方面，CIM 可以帮助设计人员对方案进行三维数字化模拟，提前预见建设效果，优化建筑布局、交通流线、公共空间配置等，有效提升城市设计的科学性和公众参与度；在工程数字化监管方面，通过建设 CIM 平台，可以将 BIM 模型与施工进度、质量检测数据融合，实现对工程建设过程的精细化管理，并通过三维数字化展示工程布局、结构算量、结构施工状态，促进工程全数字化管理，集成物联网传感器数据，实时监控工地环境、设备状态，确保施工安全与效率，有效缩短工程周期；在住房信息管理方面，通过 CIM 技术将城市建筑信息、房产登记、居民服务等多源数据集成，可以实现住房状态实时监控，协助进行房屋安全评估，还能优化住房分配，提高居民服务效率；在绿色建筑和环境监测方面，可以利用 CIM 平台进行绿色建筑的综合管理，包括能耗监测、环境影响评估和节能减排策略制定等，通过数据分析，既能优化建筑设计，又能减少能源消耗，推动建筑的可持续发展；在城市管理方面，CIM 平台可以集成城市交通、环境、公共安全等多部门数据，实现城市运行的综合监测和智能调度。

为更好地赋能"数字住建"，目前 CIM 平台的建设主要有三个方向：一是以 CIM 为基础构建城市三维数字底座，形成包含城市三维模型、地理空间信息、建筑信息、基础设施数据的城市数字孪生对象，为城市建设和管理决策提供直观、准确的数字孪生底板；二是以 CIM 为基础实现跨部门数据集成与共享，通过 CIM 平台集成城市各类数据资源，打破数据孤岛，实现部门间的信息共享和业务协同，提高城市管理效率；三是基于 CIM 开展智慧应用场景的拓展，基于 CIM 平台，各地开发一系列智慧应用，如智慧运管、智慧交通、智慧照明、智慧环保、智慧应急等，加强了城市管理快速响应和精准施策的能力。

从 CIM 到"数字住建"，是住房和城乡建设领域探索数字化发展，从局部到整体实现创新发展的里程碑，也是全行业顺应时代发展要求从底层技术到顶层规划的合理衔接。在未来，单一行政区内 CIM 平台的任务频率可能逐步降低，但构建数字住建场景应用并基于 CIM 底座进行进一步开发和深层次挖掘的频次仍会持续上升。

2）CIM 助力新质生产力

2024 年 1 月 31 日，中共中央政治局就扎实推进高质量发展进行第十一次集体学习，习近平总书记对新质生产力作出系统阐述。2024 年《政府工作报告》将"大力推进现代化产业体系建设，加快发展新质生产力"列为首项任务。新质生产力是以创新起主导作用，摆脱传统经济增长方式、生产力发展路径，具有高科技、高效能、高质量特征，符合新发展理念的先进生产力质态，是历史逻辑、理论逻辑和实践逻辑的统一。在城市建设中，新质生产力的出现意味着城市建设领域不再依赖于传统的、资源消耗型的发展模式，而是更加注重创新、高效和可持续发展。

CIM 平台作为城市建设领域的新型基础设施，在新质生产力的提升过程中将发挥关键作用，服务于城市"规划—建设—管理"全生命周期。在城市规划设计过程中，基于 CIM 平台有助于提升住建审批效率和信息化水平，助力合规分析、施工图审查等工作的高效进行；在城市建设领域，基于三维数字技术创建、模拟和分析建筑项目的各种信息，帮助优化设计和施工过程，提高生产效率和质量；在城市运行管理过程中，CIM 平台通过整合海量多源异构数据构建城市数字底板，基于物联网、云计算和大数据等技术，实现对城市事件的动态感知，为生产力的提升提供了数据支持。

从历史逻辑看，新质生产力由技术革命性突破、生产要素创新性配置、产业深度转型升级而催生。在数字经济背景下，数据作为一种新型生产要素，如何实现数据整合、确权、流通和安全治理是当前亟待探讨的阶段性问题。而建设 CIM 平台的目的之一便是整合跨部门、跨层级的数据，将"条条块块"的数据整合到一个平台上，打通数据壁垒，促进数据资源向生产要素转变。CIM 平台可横向打通各部门之间的数据壁垒与业务屏障，使得各部门有效协同、紧密合作；纵向协助上下级部门间的政策传导、指标分解，促进上级部门相关政策的有效落实,并推动新型技术的运用普及,助推新质生产力飞速发展。

从理论逻辑看,新质生产力以劳动者、劳动资料、劳动对象及其优化组合的跃升为基本内涵。在数据要素与数字技术双轮驱动下,CIM 平台正与传统城市建设和治理方式深度融合,形成"数字底板-数字技术-应用场景"三位一体的政务一体化平台。CIM 平台也可以推进生产要素、生产方式的创新,生产要素的高效率配置是实现生产力跃迁、形成新质生产力的必要条件。基于 CIM 平台对海量数据的治理和分析,可以降低部门间、政府—企业、政府—公众信息交互偏差,实现创新要素的优化高效配置。

从实践逻辑看,新质生产力已经在实践中形成,需要进一步深化认识,并大力推动生产力迭代发展和质的跃升。城市级 CIM 平台建设是推动政府信息化的关键,依托二维与三维、地上与地下、历史现状与规划、空间地理数据与业务管理数据的一体化展示与分析,为"一网通办""一网统管"提供更加深入的数据服务,依托 CIM 平台继续推进对应用场景的认识深化,不断更新迭代。CIM 平台的实践引入为新质生产力提供了对实践事物的高科技创新认识路径,促进新质生产力在实践中高效能、高质量发展。

总体来看,CIM 技术发展与平台构建对新质生产力的发展起到了全面推动作用,不仅能提高生产力的科技含量和效率,还能促进经济的可持续发展和社会治理的现代化。随着CIM 不断成熟、CIM 平台建设落成及未来应用的深入,其对新质生产力的助力将更加显著。相关政策文件梳理见表 3-5。

政策文件梳理表

表 3-5

时间	发文部门	文件名称	文件内容
2022 年 1 月	住房和城乡建设部	《关于印发"十四五"建筑业发展规划的通知》(建市〔2022〕11 号)	完善 BIM 报建审批标准,建立 BIM 辅助审查审批的信息系统,推进 BIM 与城市信息模型(CIM)平台融通联动,提高信息化监管能力
2022 年 3 月	住房和城乡建设部	《关于印发"十四五"建筑节能与绿色建筑发展规划的通知》(建标〔2022〕24 号)	加强与供水、供电、供气、供热等相关行业数据共享,鼓励利用城市信息模型(CIM)基础平台,建立城市智慧能源管理服务系统
2022 年 3 月	住房和城乡建设部	《"十四五"住房和城乡建设科技发展规划》(建标〔2022〕23 号)	要突破一批绿色低碳、人居环境品质提升、防灾减灾、城市信息模型(CIM)平台等关键核心技术及装备,形成一批先进适用的工程技术体系,建成一批科技示范工程
2022 年 5 月	住房和城乡建设部	《关于印发"十四五"工程勘察设计行业发展规划的通知》(建质〔2022〕38 号)	行业数字化转型进程加快,建筑信息模型(BIM)正向设计、协同设计逐步推广,数字化交付比例稳步提升
2022 年 5 月	住房和城乡建设部办公厅	《关于征集遴选智能建造试点城市的通知》(建办市函〔2022〕189 号)	搭建建筑业数字化监管平台,探索建筑信息模型(BIM)报建审批和 BIM 审图,完善工程建设数字化成果交付、审查和存档管理体系,支撑对接城市信息模型(CIM)基础平台,探索大数据辅助决策和监管机制,建立健全与智能建造相适应的建筑市场和工程质量安全监管模式
2022 年 5 月	国务院办公厅	《关于印发城市燃气管道等老化更新改造实施方案(2022—2025 年)的通知》(国办发〔2022〕22 号)	充分利用城市信息模型(CIM)平台、地下管线普查及城市级实景三维建设成果等既有资料,运用调查、探测等多种手段,全面摸清城市燃气管道和设施种类、权属、构成、规模,摸清位置关系、运行安全状况等信息,掌握周边水文、地质等外部环境,明确老旧管道和设施底数,建立更新改造台账

时间	发文部门	文件名称	文件内容
2022 年 6 月	国务院	《关于加强数字政府建设的指导意见》（国发〔2022〕14 号）	推动数字技术和传统公共服务融合，着力普及数字设施、优化数字资源供给，推动数字化服务普惠应用。推进智慧城市建设，推动城市公共基础设施数字转型、智能升级、融合创新，构建城市数据资源体系，加快推进城市运行"一网统管"
2022 年 6 月	住房和城乡建设部 国家发展和改革委员会	《关于印发城乡建设领域碳达峰实施方案的通知》（建标〔2022〕53 号）	建立乡村建设评价机制。利用建筑信息模型（BIM）技术和城市信息模型（CIM）平台等，推动数字建筑、数字孪生城市建设，加快城乡建设数字化转型
2022 年 9 月	住房和城乡建设部	《"十四五"住房和城乡建设信息化规划》	开展基于城市信息模型（CIM）平台的智能化市政基础设施建设和改造、智慧城市与智能网联汽车协同发展、智慧社区、城市运行管理服务平台建设等关键技术和装备研究
2022 年 10 月	住房和城乡建设部办公厅 国家发展和改革委员会办公厅	《关于进一步明确城市燃气管道等老化更新改造工作要求的通知》（建办城函〔2022〕336 号）	鼓励将燃气等管道监管系统与城市市政基础设施综合管理信息平台、城市信息模型（CIM）等基础平台深度融合
2022 年 12 月	科技部 住房和城乡建设部	关于印发"十四五"城镇化与城市发展科技创新专项规划》的通知（国科发社〔2022〕320 号）	智慧运维。研究公共服务数据治理与数字孪生技术；研究基于三维空间单元的城市信息模型（CIM）理论和平台构建关键技术与应用
2023 年 8 月	住房和城乡建设部办公厅 国家发展和改革委员会办公厅	《关于扎实推进城市燃气管道等老化更新改造工作的通知》（建办城函〔2023〕245号）	要建立和完善城市市政基础设施综合管理信息平台，将城市燃气管道等老化更新改造信息以及分散在各有关部门和专业经营单位的城市燃气、供水、供热、排水智能监管平台信息及时纳入，有条件的地方应与城市信息模型（CIM）等基础平台深度融合，促进城市基础设施监管信息系统整合
2023 年 11 月	住房和城乡建设部	《关于全面推进城市综合交通体系建设的指导意见》（建城〔2023〕74 号）	推进城市交通基础设施监测平台与城市运行管理服务平台、城市信息模型（CIM）基础平台深度融合
2023 年 12 月	住房和城乡建设部	《关于全面开展城市体检工作的指导意见》（建科〔2023〕75 号）	加快信息平台建设。各级住房城乡建设部门应结合城市体检、全国自然灾害综合风险普查房屋建筑和市政设施调查、城市信息模型（CIM）基础平台建设等工作，汇聚第三方专业团队采集的体检数据、体检形成的问题清单、整治建议清单、工作进度等数据，搭建城市体检数据库，按照规定做好数据保存管理、动态更新、网络安全防护等工作
2024 年 1 月	工业和信息化部等五部门	《关于开展智能网联汽车"车路云一体化"应用试点工作的通知》（工信部联通装〔2023〕268 号）	建立城市级服务管理平台。建设边缘云、区域云两级云控基础平台，具备向车辆提供融合感知、协同决策规划与控制的能力，并能够与车端设备、路侧设备、边缘计算系统、交通安全综合服务管理平台、交通信息管理公共服务平台、城市信息模型（CIM）平台等实现安全接入和数据联通
2024 年 1 月	工业和信息化部等十二部门	关于印发《工业互联网标识解析体系"贯通"行动计划（2024—2026 年）》的通知（工信部联信管〔2023〕271 号）	探索标识技术在建筑节能降碳、建筑全生命周期管理等创新应用，推动与城市信息模型（CIM）的融合发展，推进建筑标识解析创新应用

续表

时间	发文部门	文件名称	文件内容
2024 年 2 月	住房和城乡建设部办公厅　国家发展和改革委员会办公厅	关于印发《历史文化名城和街区等保护提升项目建设指南（试行）》的通知（建办科〔2024〕11 号）	动态监测系统建设。搭建涉及历史文化街区保护管理相关的数据模块，可以包括保护对象数据、三维倾斜摄影数据、精细化建模数据、保护范围数据、建筑高度控制等保护管理或实时监测数据。开展历史建筑数字化信息采集，完成测绘工作，建立数字档案。支持有条件的地区探索历史建筑数据库与城市信息模型（CIM）平台的互联互通。实现对历史文化街区、历史建筑各项数据的动态、在线、实时监测

3.4.2　技术演进

CIM 除模型、技术等不断更新迭代外，也在不断地与新兴技术适配演进。随着人工智能（AI）大模型、人工智能物联网（AIoT）技术、北斗卫星导航系统（简称北斗系统）近年来的发展和普及，CIM 应用场景更加多元化、智慧化。

1）AI 大模型在 CIM 中的应用

AI 大模型是拥有超大规模参数和复杂计算结构的机器学习模型。近年来，AI 大模型发展迅猛，规模显著扩大，应用场景不断拓展。CIM 平台作为智慧城市建设的基石，通过数字化手段集成并管理城市的各类信息，在实际应用中仍面临诸多挑战与难点，海量城市数据要求平台具备强大的数据处理和分析能力，庞大数据流需高效整合应用，以支持城市智慧化决策。

AI 大模型在解决这些问题上具有显著优势，正逐步融入 CIM 平台建设。AI 大模型大致可分为生成式和决策式。生成式 AI 可以生成逼真的图像、视频和音频等，能广泛应用于数字孪生仿真模拟等方面；决策式 AI 则能够根据输入数据生成决策或预测，用于受灾影响评估及预测、人口流动趋势模拟预测、智慧医疗诊断、辅助政务决策等领域。

AI 大模型在 CIM 平台中将发挥以下优势：一是海量多维数据处理与快速融合，AI 大模型可自动识别和整合来自不同源的数据，包括 BIM、地理信息系统 GIS 以及 IoT 等，实现多源异构数据的无缝融合，提高数据的准确性和完整性；二是提供智能分析与预测，CIM 平台利用 AI 大模型的深度学习算法等，可以对城市运行数据进行深度挖掘，发现潜在规律和趋势，智能生成预测模型，为城市规划、建设和运管提供科学决策支持；三是应对复杂业务并提供方案，CIM 平台引入 AI 大模型后，能够显著提升其对复杂业务场景的应对能力，可结合历史数据和最新监测数据，快速评估业务场景后续态势，制定应急响应方案；四是优化算法与模型，AI 大模型能通过持续学习和优化，不断改进 CIM 平台的算法和模型，逐步提升平台的整体性能和效率。

目前 AI 大模型在 CIM 平台中的应用主要基于行业大模型，针对 CIM 平台所承载的静态数据进行处理、分析和预测。在未来发展中，为避免算力及能源浪费、决策呆板低效等问题，应着重考虑海量多源异构数据的整合、模型复用和优化学习等关键技术，更好地发挥 AI 大模型在 CIM 平台中应用的效能。

2）AIoT 数据在 CIM 中的应用

AIoT 技术作为物联网和人工智能技术的深度融合产物，在 CIM 平台中的应用具有重要意义。有别于 AI 大模型以静态数据为处理对象，AIoT 技术主要依托物联网传感设备，广泛开展实时数据的收集和处理。AIoT 数据是传感设备采集后，通过人工智能技术进行处理和分析的结果。CIM 平台除不仅用于承载和展示静态数据，还对实时性有一定要求，人工处理海量数据实时反馈至平台难度较大，而运用 AIoT 技术则很好地解决了该问题。

AIoT 是提升城市智慧化程度的重要方式，AIoT 数据在 CIM 平台的应用中主要与智慧社区、交通、安防和医疗等领域相适配。AIoT 在城市级应用的关键技术主要包括数据治理、智能识别、行为预测、决策控制、服务或资源调度和大数据挖掘等。将 AIoT 数据应用于 CIM 平台，关键在于以物联网技术为核心，综合运用现代人工智能、数据挖掘技术、城市生命线感知、卫星定位与导航等，对城市中的人、事、物、资源和公共服务进行统筹管理，实现城市各类数据的有效获取和高效处理。目前，AIoT 在城市领域的应用主要集中在安防、交通领域。

AIoT 技术的发展推动了 CIM 平台中数据的智能化处理与预测。随着技术的不断进步和应用的深入拓展，解决城市物联感知终端底数不清、感知终端和网络覆盖存在盲区、缺少统一标准的指导与约束等问题势在必行。未来 AIoT 数据将促进 CIM 平台在城市的规划、建设、管理中发挥更加重要的作用。

3）北斗系统在 CIM 中的应用

北斗系统是我国着眼于国家安全和经济社会发展需要，自主建设运行的全球卫星导航系统，是为全球用户提供全天候、全天时、高精度的定位、导航和授时服务的国家重要时空基础设施。北斗系统作为一项基础性、支撑性的技术，通过"北斗 + CIM"，融合物联传感、4G/5G 通信、遥感、BIM 与 GIS、人工智能等技术，在新型城市基础设施建设中发挥其作为时空信息基准的核心作用。

CIM 可借助北斗系统的三个特点优化提升：一是北斗系统空间段是由三种轨道卫星组成的混合星座，数量多、抗遮挡能力强，尤其在低纬度地区性能优势更为明显，可更好地保证我国范围内 CIM 平台中海量数据传输效率和质量；二是北斗系统提供了多个频点的导航信号，能够通过多频信号组合使用等方式提高服务精度，可支撑 CIM 平台精准集成城市要素；三是北斗系统创新融合了导航与通信功能，具备定位导航授时、星基增强、地基增强、精密单点定位等多种服务功能，与 CIM 技术结合可生成更多行业场景应用技术，在 CIM 平台多样复杂的应用场景之中可以提供更多协助。

北斗系统作为我国重要的新型基础设施，其多项功能可融合 CIM 形成"北斗 + CIM"，广泛应用于城乡建设的全领域、全周期，支撑好房子、好小区、好社区、好城区"四好"建设。"北斗 + CIM"的重点应用场景较多，如借助北斗毫米级高精度定位设备，辅以裂缝监测、倾角监测、振动监测等传感器，实时采集建筑及危险点的变形参数以进行房屋建筑安全监测；借助北斗系统将检测点的地理位置坐标，结合传感器收集的多样数据，针对燃气、排水、供水、供热管网的健康进行实时监测，便于对市政基础设施运行管理；在各类物联网终端内置北斗定位模块，实时获取全过程秒级时间和米级位置信息并全程记录来辅助城市运行管理服务；通过在施工现场的人员装备、施工设备、作业车辆上安装的北斗终端，结合传感器等集成整体系统，实现工程全生命周期管理、全方位风险预判及全要素智能调控，以便进行精细化工程测量与管理等。

北斗系统和 CIM 作为现代技术的重要组成部分，在住房和城乡建设数字化发展方面发挥着愈发重要的作用。通过提供高精度定位、动态监测等服务，北斗系统为 CIM 的构建和融合应用提供了重要的空间信息支撑。未来，随着技术的不断进步和应用场景的不断拓展，北斗系统和 CIM 之间的融合将更加深入，为城乡建设带来更多创新发展。

3.4.3 应用场景进展

目前，全国各地基于 CIM 平台建设的智慧社区已卓有成效，数字水利建设广泛开展并深入挖掘 CIM 平台数据汇聚治理能力优势，在城市体检领域推进 CIM 平台应用。

1）智慧社区

智慧社区是充分应用大数据、云计算、人工智能等信息技术手段，整合社区各类服务资源，打造基于信息化、智能化管理与服务的社区治理新形态。《中华人民共和国国民经济和社会发展第十四个五年规划和 2035 年远景目标纲要》多次提到建设"智慧社区"和"现代社区"，并指出要运用数字技术推动城市管理手段、管理模式、管理理念创新，精准高效满足群众需求。加强物业服务监管，提高物业服务覆盖率、服务质量和标准化水平。2022年 5 月住房和城乡建设部等九部门联合印发《关于深入推进智慧社区建设的意见》，指出到2025 年基本构建起网格化管理、精细化服务、信息化支撑、开放共享的智慧社区服务平台，初步打造成智慧共享、和睦共治的新型数字社区，社区治理和服务智能化水平显著提高，更好感知社会态势、畅通沟通渠道、辅助决策施政、方便群众办事。

在近几年智慧社区建设和运行管理中发现一些问题：老旧小区缺少物联传感设施，导致社区危机预警和安防能力不足，小隐患容易发展成大事件，尤其是近年由于电动车入户充电和新能源汽车充电桩导致的火灾频发，严重危及社区居民生命和财产安全。而要将一个小区升级为智慧小区，首先需要对小区原有的基础设施设备进行整体升级改造，包括小区门禁、停车系统、照明、监控等。对于老旧小区通常要做全面的升级改造，人力物力成本高昂。社区内产权和闲置资源归属权混乱复杂，社区居民基数庞大、建设时间难以正确掌握，统计收集老旧社区业主信息是一项复杂且难度较大的工作，难度比较大。各类物联传感设备是建构智慧社区的基础，但社区内现有的各类设备兼容性、互换性、开放性差，不同厂家的产品和系统之间难以直接实现互联互通，这又大大增加了前期开发及后期管理维护的难度，也导致试点社区复制推广难度高、效果差。此外目前大部分社区中的道闸、门禁、地锁、智能锁、社区监控等智能设备均独立运行，仍未形成一套成熟的业务体系。系统独立运行、条块分割、缺乏信息资源共享，应用重复建设问题频现，导致办事信息往往需要在不同应用中重复填报，社区管理人员工作量大，居民办事服务体验差。

近年来各地积极探索智慧社区研究和建设，智慧社区框架逐渐清晰，大体包含物理社区、数字孪生底座、动态管理、自动感知以及智慧应用五个层级，其中物理社区主要针对社区内的各类物理实体，如房屋、市政设施等部署传感器等；数字孪生底座是智慧社区构建的核心内容之一，包含建（构）筑物模型、设施模型和智能设备模型等；动态管理层级面向社区的日常运营在数字孪生底座基础上挂接"一标三实"数据及小区内资产数据；自动感知层级是将海量多模态物联网设备数据接入平台，实现火灾探查预警、视频安防监控、出入口管理、车辆管理、入侵报警和能耗监测等事件动态监测功能；智慧应用层级能满足社区治理人员、物业、社区居民等主体的实际应用需求，如物业费收缴、政务服务、商业便民服务、党建管理等。

新技术的不断涌现为智慧社区的发展提供了有力的技术支撑。将人工智能技术融入视频监控中，提升前端图像采集效果、定期排查并发现视频画面中的潜在问题，加强安防水平；物联网技术将社区零散的信息统一收集汇总到大数据中心，实现实时状态监测、远程控制管理、辅助决策分析，最终实现社区精细化管理；基于大数据技术打破信息孤岛，整合社区的地理信息和人口数据、社区周边企业法人信息数据，结合线下、物联网和互联网配合采集的信息数据录入方式，在智慧社区平台上建立一个实时数据库。

智慧社区使用的数据目前需要通过社区的物联传感网进行实时采集，数据实时接入到CIM底板中进行可视化反馈。因此，社区智能物联网设施连接、大数据储备基础薄弱等问题即智慧社区建设中亟待解决的问题。随着将来物联网硬件设备铺设的完善和CIM智慧社区平台的优化，智慧社区将真正成为数字孪生城市辅助城市治理的重要一角。

2）数字水利

数字水利是指利用物联网、大数据、云计算、人工智能等先进技术，全面整合水利资源与管理流程，实现水利工程的智能化监测、管理、调度与服务的综合体系。目前，水利行业迎来了数字化转型的快速发展期，国家不断出台新政策促进水利行业信息化水平提高。水利部《"十四五"智慧水利建设规划》指出：坚持"需求牵引、应用至上、数字赋能、提升能力"总要求，以数字化、网络化、智能化为主线，以数字化场景、智慧化模拟、精准化决策为路径，以网络安全为底线，建设数字孪生流域、"2＋N"水利智能业务应用体系、水利网络安全体系、智慧水利保障体系。2023年5月，《关于加强山区河道管理工作的通知》要求各地要利用"全国水利一张图"及河湖遥感本底数据库，将山区河道管理范围划定成果、涉河建设项目审批信息上图入库。充分利用大数据、卫星遥感、无人机、视频监控等技术手段，加强对河道的动态监管，提高问题发现、推送和处理的时效性。

据水利部统计，我国智慧水利数字化方面成效显著，初步形成43.36万处点组成的水利综合采集体系，全国水利一张图投入应用，实现高分辨卫星遥感全国年度覆盖。在数字孪生水利方面，水利部出台顶层设计文件，明确数字孪生流域建设的目标、任务、布局，到2025年在大江大河及主要支流的重点区域基本建成数字孪生流域。在数字水利建设过程中也出现了一些问题和难点：一是底层透彻感知不足，感知覆盖范围和要素还不够全面，中小型河流和水库等场景仍依靠人工巡护和识别，缺乏相关监测设施；二是现存水利信息化系统多为分散构建模式，对互联网数据利用深度不足，部分业务未实现信息化办公；三是水利系统预测、演进能力不足，洪涝险情变化迅速，亟需人工智能、大数据等新型技术支撑水利应用场景创新。

基于CIM平台构建的智慧水利平台具备实时监测与预警、精准调度与决策、水资源管理与保护和安全评估与维护等功能。在实时监测与预警方面，数字水利深度融合物联网传感器网络，实现了对水库多维度运行参数的持续监控，包括水位、流量、水质及大坝安全状态等，为水库安全管理的即时响应与精准施策奠定坚实基础；在精准调度与决策方面，各水利相关模型通过高度仿真模拟，允许管理者预先评估不同调度策略下水库运行的综合效应，增强防洪减灾预案的针对性和实效性；在水资源管理与保护方面，通过构建流域级的水资源数字孪生模型，系统能够模拟复杂水文条件下的水质演变，评估人类活动对水环境的综合影响，促进了跨区域水资源的协同管理；在安全评估与维护方面，数字水利构建了全面的结构健康监测体系，针对水利设施实时捕捉应力、变形、渗流等关键指标，结合历史监测数据与专家系统，实施综合安全评估。除此之外，数字水利正尝试拓展至公众服务与科普教育领域。借助可视化展示平台，公众得以直观获取水库运行动态与水质信息。同时，利用数字孪生模型开展水利科普教育，通过互动模拟与实验体验，可有效提升公众的水资源保护意识与节水行为，为构建水生态文明社会贡献力量。

3）城市体检

城市体检是通过综合评价城市发展建设状况，有针对性地制定对策措施、优化城市发展目标、补齐城市建设短板、解决"城市病"问题的一项基础性工作。2023 年 11 月，住房和城乡建设部发布《关于全面开展城市体检工作的指导意见》，从 2024 年开始，我国 297 个地级及以上城市将全面开展城市体检，找出人民群众的急难愁盼问题和影响城市可持续发展的短板，推动系统治理"城市病"。聚焦在城市和住区的宜居、韧性和智慧三个大方面，围绕 4 个方面 61 项指标开展相关工作。

在开展城市体检过程中出现了以下问题和难点：一是各类指标数据来源、"颗粒度"不一，城市体检涉及时空基础数据、资源调查、规划管控、公共专题等海量多源异构数据，数据汇聚横跨多个部门，收集难度大、时间长，手工填报的方式复杂且缓慢，收集到的数据质量难以保证，数据造假、数据时效性的问题突出；二是指标计算规则繁琐，时效性差，数据更新周期长、指标计算规则时常变动，成果时效性差，无法为城市管理决策提供实时、准确的参考数据；三是评估报告编写繁琐，应用不充分，城市体检成果多为纸质报告，难以在多部门间共享应用，成果利用不充分，信息孤岛难以消除。即便实现成果共享，但未按照应用专题、业务需求分类组合，难以指导城市更新和城市管理。

CIM 平台承载了全面、丰富的城市数据，而这些数据是城市体检的前提。基于 CIM 平台建设进行城市体检，能够解决城市体检数据源面临的种种问题；CIM 平台还能量化城市体检指标，精准发现"城市病"，辅助形成城市更新决策，全过程监测管理城市更新，充分发挥数据价值，为城市体检和城市更新保驾护航；此外，城市体检和城市更新产生的数据回流到 CIM 平台，又丰富了 CIM 平台数据，以支撑下一轮的城市体检和更新，形成"滚雪球"效应，促成城市数字化管理生态链良性循环。

目前基于 CIM 平台建设的城市体检综合信息平台具备以下功能：一是精细化建模，通过构建城市的三维数字孪生体，实现对城市形态、功能布局、设施状态的精准刻画，为体检指标体系的建立打下坚实基础；二是智能化分析，利用大数据分析、人工智能算法等技术手段，对海量城市数据进行深度挖掘与智能分析，识别城市发展中的短板与"城市病"；三是信息化管理，依托 CIM 平台，实现城市体检工作流程的信息化、标准化，提高体检效率与准确性；四是动态监测与预警，结合物联网技术，对城市运行状态进行实时监测，对潜在风险进行早期预警，为城市管理者提供及时、有效的决策支持。

随着 CIM 技术的不断成熟与应用的深化，其在城市体检中的作用将更加凸显。CIM 将助力城市体检向更加精细化、智能化的方向发展，为城市管理者提供更加精准、全面的决策依据。CIM 也将成为推动智慧城市建设的重要力量，通过优化城市资源配置、提升城市运行效率、改善居民生活质量，为构建宜居、韧性、可持续的城市贡献力量。

3.5 案例介绍

3.5.1 住房和城乡建设部数字住建基础平台

1）案例概况

按照住房和城乡建设部关于"数字住建"建设的部署要求，为加快推动部内系统整合、互联互通、协同应用，加强住建领域数据全量归集、治理、共享、分析，打造部级统一的数据底座，更好地使数据赋能领导决策、业务管理和公众服务，住房和城乡建设部信息中心于2023年7月启动了"数字住建"基础平台的建设，目标是建设统一的数据中心、统一的支撑应用体系、统一的工作门户、统一的服务窗口、统一的标准规范，在这个基础上支撑住房和城乡建设部内数字工程、数字住房、数字城市和数字村镇的各种应用。

2）案例成效

（1）统一工作门户

建立统一工作门户，一方面实现系统之间的初步对接，实现统一登录，对于需要操作多个系统的使用人员来讲，仅需要登录一次，就可以根据分配的权限进入不同的业务子系统，提高便利度。另一方面，保证系统应用安全，所有用户需实名登记后使用系统，通过统一门户，使所有系统的登录方式、安全设置、密码设置等形成统一模式，能够有效地避免之前经常出现的弱口令、用户名规则不统一、多人混用账号等问题。目前，已经完成30个业务系统的统一接入，实现用户统一管理。

（2）统一数据中心

建立数据中心，首先是梳理数据资源目录，搞清"家当"；其次是全量归集，建立数据资源库；再次，基于业务逻辑，建立基础库、主题库、专题库；最后，根据各方需求，建立共享交换、数据应用管理机制。

形成数据资源库。梳理住房和城乡建设部内建成运行的46个系统资源目录，形成444个资源目录，涉及18个业务司局。其中26个业务系统根据资源目录归集数据，已归集数据共计140亿条。

实现数据共享发布。开发相应的数据共享接口，可在线申请审批后使用，为住房和城乡建设部内部以及各地提供数据共享服务。

建立基础库。通过归集工程建设项目审批管理系统、全国建筑市场公共服务平台、全国质量安全监管信息平台、全国建筑工人管理服务平台、全国信用信息共享平台等相关数据，初步建设较为完善的工程领域基础数据库，包含企业库、人员库及项目库，可以进行数据关联查询。

（3）数据应用

通过系统之间的数据共享和协同应用，初步建立了数字住房、数字工程的两个板块的数据综合分析展示大屏。

"数字工程"主要聚焦工程建设管理的重点内容，通过工程建设领域多个系统的数据相互关联、比对分析计算，得出准确、真实、实时的动态数据，全面展示全国工程建设情况，为相关司局业务工作、政策制定提供支撑。按照业务划分为工程建设、质量安全、建筑市场、既有房屋四个板块，共梳理4个一级指标、19个二级指标、66个三级指标。

①工程建设专题

分析全国项目建设情况，展示当前在建项目数、投资额、用地面积、建筑面积以及新开工、新竣工的项目数、投资额、用地面积、建筑面积。结合正在开展的项目全生命周期数字化管理试点工作，率先跟天津进行了互联互通，对接天津100多个按照新的业务规范办理的项目，均实现了单体落图和赋码，并实现与图审、施工许可等环节的数据联通。

②质量安全专题

综合建筑市场公共服务平台、质量安全监管平台以及工程建设项目审批系统中的相关数据，对施工图审查、消防设计审查和超限高层审查进行统计。

综合质量安全监管平台中的事故信息以及建筑工人管理服务系统中的在建工地和用工情况，统计每千个在建项目事故率以及每万人死亡率，进入详情可查看工程质量安全方面的具体情况，业务部门可以针对主要问题隐患和问题企业进行重点关注。

综合多平台中的审批办件事项信息、在建项目信息、参建单位和人员信息、工地考勤记录等，对项目审批程序异常情况以及人员的质量安全违法违规行为进行分析。

③建筑市场专题

查看建筑市场企业和人员经营主体的分布情况，综合企业和注册人员信息，对企业资质条件进行动态监测分析。

根据已经掌握的在施工工程及参建单位情况，分析本年度各类企业活跃情况。

根据各地区本地企业和外地企业承接项目的对比情况，对地区的市场开放度情况进行评价。

综合建筑市场、质量安全等数据对企业和人员实现动态监管。

④既有建筑专题

主要基于既有房屋建筑和市政设施普查、自建房安全专项整治、危旧房摸底调查等数据成果，对城镇房屋建筑进行综合分析，包含房屋建筑总体情况和新增房屋情况。

3）案例亮点

住房和城乡建设部数字住建基础平台是推进政府履职和政务运行数字化转型的基础性、整合性平台。平台以大数据、云计算、物联网、人工智能等前沿技术为依托，通过建设住建领域统一数据中心、统一应用支撑等基础支撑能力，集成整合各政务信息系统，打造统一服务窗口和统一工作门户，为实现住建领域数据共享服务、业务工作协同、应用集成创新和安全运行维护提供支撑。

3.5.2　湖北省"智慧住建"综合管理平台

1）案例概况

为落实住房和城乡建设部和湖北省政府"十四五"规划相关要求，结合湖北住建领域信息化工作实际，制定《湖北省数字住建行动计划（2021—2025年）》。湖北省住房和城乡建设厅围绕住房和城乡建设部"数据一个库、监管一张网、管理一条线"的信息化目标，结合上述文件要求，提出"形成大数据，构建大平台，支撑大监管，优化行业服务"的建设思路，大力推进湖北省住建行业治理体系和治理能力的现代化，逐步实现"一网通办"

和"一网统管"。

平台 2021 年开始建设，一阶段重点在"工程建设领域"，整体考虑省建筑市场监督与诚信一体化平台、全省房屋建筑和市政工程监管数据中心，同时纳入建筑工人管理服务信息平台，以三个平台统筹项目、企业、人员信息，保障信息有效关联，实现工程建设"一中心三平台"监管体系。同时在原有信息化成果的基础上，建立智慧住建综合管理平台。采用"注册申请—准入接入—安全监管—违规淘汰"管理模式，使平台具备成本低廉、高效集成已建系统、规范接入新建系统、多处复用成熟系统的特点，并能快速满足个性化需求，同时支持大系统、单项小功能应用。

2）案例成效

（1）监督与诚信一体化平台

湖北省建筑市场监督与诚信一体化平台 2022 年 1 月 5 日全省上线试运行，以项目库、企业库、人员库、诚信库组成的基础库为中心，依据《住房和城乡建设部办公厅关于印发〈全国建筑市场监管公共服务平台工程项目信息数据标准〉的通知》（建办市〔2018〕81 号），结合湖北省建筑行业实际情况完善平台应用、确保数据四性（相融性、完整性、真实性、适应性），提升监管水平。

（2）"数字住建"政务管理综合平台

政务管理综合平台按照统一用户体系、统一身份认证、统一消息通知、统一待办服务的设计理念，搭建省、市、县三级"数字住建"政务管理综合平台，形成全省统一的工作门户，所有系统的登录、消息和待办事项可直接通过工作门户办理，无需多点反复登录。

（3）房屋建筑和市政工程监管数据中心

湖北省房屋市政工程监管数据中心着力实现在建工程的全过程业务管理，归集项目立项、招标投标、合同备案、施工图审查、施工许可、安全监督、质量监督、竣工验收业务数据，同时包含在建工程涉及的企业信息、人员信息和信用信息。

（4）湖北省住建大数据中心

数据工程从"收—管—用"的角度，全面汇集整合省厅内外住建数据，构建整个住建体系内全生命周期、全流程、全景式的数据资产数据库，实现全厅数据资源的统一管理，完善数据基础服务能力，更好地为住建业务应用场景提供支持。

以湖北省住建大数据中心为数据源，为各级业务系统提供业务数据支撑，现已向房屋市政数据中心提供了 2000 万条数据；为湖北省"数字住建"综合政务服务平台安管、特种人员资质审核提供安管、特种作业人员信息查询；为省政务服务平台提供注册人员、安管、特种作业人员数据 88 万条；为省建筑市场一体化平台提供安管、特种作业人员数据 60 万条；为 CIM 基础平台房产数据 3200 万条，武汉市一体化平台 270 万条。

（5）"数公基"改造

根据《湖北省数字住建行动计划（2021—2025 年）》安排，结合《湖北省城市数字公共基础设施建设工作指南（第一版）》的工作要求，基于本区域住建业务信息化现状，对住建业务在施工图审查、施工许可、联合验收阶段的建筑单体的落图及数据共享的机制进行更新改造，紧密结合数字城市公共基础设施建设成果，根据"数公基"①统一编码，完成住建

---

① 城市数字公共基础设施的简称。

数据统一，业务联动应用，以推动住建领域的信息交流、数据共享和服务提供，助力城市高质量发展。

（6）工程全过程图纸应用

推进工程建设项目图纸全过程数字化管理，深化图纸在消防设计审查、勘察设计质量监督管理、施工质量安全监督管理和竣工联合验收等环节的共享使用，实现"一套图纸"多个部门共用，共享范围涵盖全省房屋建筑、市政基础设施工程及其他 29 类工程项目。

（7）生态开放平台

湖北省住房和城乡建设厅智慧住建综合管理平台在原有信息化成果的基础上，面向全省住建行业，建立涵盖行业全部主管部门、企业、从业人员日常生产、管理的智慧住建综合管理平台。通过制定标准规范、接入运营规则和安全管理机制，采用"注册申请—准入接入—安全监管—违规淘汰"管理模式，使平台具备低成本、高效集成已建系统、规范接入新建系统、多处复用成熟系统的特点，并能快速满足个性化需求，同时支持大系统、单项小功能应用。

建立信息资源综合展现和业务系统集成应用的工作门户，作为全省住建工作人员访问各业务系统的统一工作入口，对内连接住建业务职能，对外用作民生服务延伸，可打通住建各条线应用系统的"信息孤岛"，实现统一身份、集中管理、简化应用、保障安全。通过底层应用集成平台和运维管理平台、开放平台的能力，将各类住建应用进行深度集成整合，用户只需访问统一界面即可完成所有工作，大大提升工作效能。

采用"平台 + 生态"的建设理念，统筹建立湖北省住房和城乡建设厅智慧住建生态开放平台。该平台具有统一的应用全流程基础支撑能力，各市县级规范接入，从而构建深度应用、上下联动、开放可控的全省域信息化生态体系，覆盖城市建设、城市管理、住房管理、政务服务等业务领域，支撑省市县三级行业智慧化管理，实现数字化赋能。

3）案例亮点

数据中心从"收—管—用"的角度，全面汇集整合住建数据，构建整个住建体系内全生命周期、全流程、全景式的数据资产数据库。

在建设工程大数据方面：主要是以工程项目为主线，打通建设工程全流程数据，支持与省政务办、发展和改革委员会、人力资源和社会保障厅、市（州）住房和城乡建设局共享数据。

数据应用方面：向各业务系统提供数据服务、大屏可视化展示、数据检索、报表分析、数据监控等。

3.5.3 安徽省城乡规划建设综合管理平台

1）案例概况

随着信息化的快速发展，安徽省建设行业的信息化建设进入了一个新的历史时期，信息化发展对安徽省建设信息中心提出了更高的要求，面对新的形势和任务，中心提出"构建大平台，形成大数据，提供大服务，促进大发展"的信息化建设思路。

基于以上思路，在近年来的信息化建设中，以《住房城乡建设事业"十三五"规划纲要》作为纲领和实施路径，紧紧围绕住房和城乡建设部"数据一个库、监管一张网、管理一条线"的信息化目标，将"互联网+"等先进理念和信息技术引入住房和城乡建设各个业务领域和环节，在现有资源和信息化建设成果基础上，构建基础设施集约、信息资源融合、应用智慧和服务智慧的"互联网＋住建"的智慧住建新框架。

通过统筹规划、分步实施、应用主导、技术支撑，进一步加强全省住建行业一体化建设，推进信息资源社会化开发利用，营造监管有力、服务有质的行业信息化发展大格局。实施步骤：

（1）基础建设阶段（2017年4月—2017年12月）

该阶段目标任务主要为：搭建智慧住建云平台，包括基础设施云平台和应用支撑云平台；编制智慧住建顶层设计及对应标准的制定工作，该阶段建设重点进行大平台的优先构建，构建中心数据，初步显现"大数据"雏形，对建筑业相关应用进行初步整合，并为今后一段时期的应用建设打下了基础。

（2）巩固建设阶段（2018年2月—2018年12月）

该阶段目标任务主要为：巩固基础阶段建设成果，在第一阶段建设的基础上，加强信息化资源的应用深化，围绕公共服务平台、政务工作平台、厅级协同办公以及移动办公进行补充建设。

（3）全面整合、深化阶段（2019年2月—2019年12月）

完善和完成第一、第二阶段开展的建设任务，以全面整合为主，稳步推进应用软件和业务信息资源的整合与使用，实现业务协同和资源共享，建设电子商务服务平台，全面提升安徽省住房和城乡建设领域的业务能力和工作效率。

（4）全面推广阶段（2020年2月—2020年12月）

实现行业管理、政务服务、社会增值服务的全面推广，探索长期运营管理的经验。

2）案例成效

（1）编制行业标准和信息系统规范

根据综合管理平台标准建设需求，充分参考国家标准、行业标准及兄弟省份的先进做法，结合综合管理平台建设的实际开展情况，完成《安徽省住房和城乡建设厅建筑市场监管数据对接标准》《安徽省住房城乡建设领域涉企信用信息数据共享交换标准》《安徽省住房和城乡建设厅电子证书数据接口规范》《安徽省工程建设项目审批管理系统数据共享交换标准》《综合管理平台数据交换方式及接口规范》等标准制定。

（2）初步建成综合管理平台

将全厅各业务部门系统按照统一的技术规范进行集中管理，提供各业务模块必要的基础组件共享服务，打造全厅统一的业务办公入口。并根据各业务处室的软件建设要求，在"大平台"上对现有各业务板块进行拓展建设，基本实现住建业务领域的全覆盖。

①统一用户管理，首先厘清全省建设系统各业务部门和用户使用系统的范围和权限，完善全省建设系统统一的用户管理体系，可以把部分管理权下放到地市各个部门，动态维护角色。

②统一身份认证，提供集中式的用户授权、验证、权限检查服务，并结合手机密码验证、CA（Certificate Authority）认证等多种不同安全级别身份认证方式。存量系统用户通过

身份认证后，可以用认证后的账户访问相应的业务系统；新增用户账号申请与业务系统建立关联关系后，即可访问相应的业务系统。

③单点登录服务，在身份认证服务的基础上，用户只需登录一次综合管理平台就可以访问其权限范围内的各种信息资源及服务，并可以方便地在各系统之间切换访问，而不必进行二次登录，实现"单点登录、全网通行"。

④统一应用管理，按照住房、工程建设、城市建设、村镇建设、住房公积金、阳光政务、综合管理七个业务板块对厅信息系统进行分类整合。后续建设的信息系统可以按照厅信息化标准和接口技术要求，完成与综合管理平台无缝对接，实现信息系统的统一登录入口、单点登录、统一待办消息等服务。

⑤统一消息服务，建立统一的消息服务，支持整合的第三方信息系统调用，用户提供多个系统消息的统一接收、提醒和展示的功能，将各应用系统的待办事项整合至统一桌面，提高工作效率。

（3）初步建成数据资源中心

按照"一数一源"的规划思路，建立全省统一的行业信息资源中心，形成以企业、人员、项目、基础空间数据等为核心的基础数据库、以综合业务管理为核心的业务主题数据库、以对外开放共享服务为核心的服务资源数据库，为跨部门、跨区域、跨层级的业务协同、数据共享、数据挖掘、数据分析等提供基础服务支持。

①梳理业务职能，编制信息资源目录。按照厅三定方案及权责清单，细化权责事项，梳理识别各部门在建筑市场监管过程中产生的信息资源，对政务信息资源目录进行科学的分析和归类。

②归集业务数据，建成数据资源中心。按照"目录驱动数据交换"的原则将分散建设的业务应用系统的数据进行归集抽取、清洗比对、加载入库，构建统一的建筑市场业务主题数据库，并根据业务上下游逻辑关系进行数据关联关系的建立，实现面向业务和适用对象的数据有效应用。

③加强数据应用，提升共享开放能力。在数据共享方面，为政务信息资源跨部门、跨地区、跨层级立体式数据共享、证照互用、业务协同提供数据支撑。

（4）完成公共服务门户整合

按照省互联网＋政务服务的建设要求，通过对厅各类公共服务网站以厅门户网站为中心进行整合统一，改变原有分散建设、不联不通、入口不统一的混乱局面，同时将在线办事栏目与省互联网政务服务门户进行深度整合，为社会公众和行业主管部门提供信息公开、业务办理、在线办事等服务。

3）案例亮点

信息化发展建设为安徽全省住房和城乡建设主管部门深化"放管服"改革、转变政府职能、推进"互联网＋政务服务"、提升政府效能、提高服务对象满意度提供了技术支撑，促进了住房和城乡建设事业可持续高质量发展。

（1）丰富社会管理手段，提升行业监管水平。全面、及时、准确掌握建筑市场业务数据，有效避免信息不对称造成的监管漏洞，实现管理由粗放向精准的转变，促进管理精细化。提高行政监管效能和行业治理能力，切实把建筑市场管得住、管得好，使建筑市场既充满活力又规范有序。

（2）提高数据资源利用效率，提升决策分析能力。通过建设信息化系统平台，解决各个业务系统之间信息不全、信息不联、信息不准、信息不快的数据资源利用率低的问题，为有效治理复杂的住建领域提供新的技术手段，宏观把握行业发展趋势、重点关注业务预警分析，提高事件快速反应能力和统筹全局谋划能力。

（3）极大提高办事效率，提升政府良好形象。系统平台建设促进了省住房和城乡建设厅业务处室之间及与省直部门之间业务的互联互通、资源共享，突破了部门之间的界限和体制性障碍，提高了政府行政效率，缩短建筑市场从业主体业务办理时间，营造了良好的社会服务环境。

（4）实现数据共享应用，降低制度性成本费用。深入推进数据共享应用，通过信息资源网络化传输、证照材料电子化复用，大幅度减少服务对象（企业、个人）办理业务时跑腿的次数、改变原有纸质材料办理成本，显著提高住房和城乡建设行业信息资源利用效率和管理精细化水平。

3.5.4 南京市智慧城建综合管理平台

1）案例概况

南京市城乡建设委员会机关及直属单位自建信息系统 30 余个，有效提高了办事效率和行业监管质效。2019 年底，为加强既有业务系统互联互通，强化跨区域、跨部门、跨层级协同融合，立足全市工程建设项目综合管理，南京市建委规划开发南京市建设工程综合服务管理平台，着力解决信息孤岛、数据标准不一、数据重复采集等问题。平台着力打造全市统一的建设工程综合服务管理平台，以大平台、大整合、大数据为抓手，统筹谋划，集约联动，整体协同，分步建设。2021 年 1 月 1 日，以安全监督为主要切入点，平台的统一门户、基础信息采集、智慧安管、智慧燃气等功能模块正式上线。

2）案例成效

（1）行业数据中心

秉持"一数一源、一源通用"的规划思路，梳理行业和部门职责，整合既有分散的业务系统和数据资源，统一管理企业、项目、人员等基础数据，集中开发基础数据统一归集功能，规范数据共享交换，方便各项业务在办理过程中按需、按权获取所需信息。建成了集基础数据库、业务主题库和证照库于一体的行业数据中心，集基础数据库、业务主题库、开放数据库、专题数据库和证照库于一体的数据资源中心逐渐形成。

（2）数据共享应用

①线索交办

结合智慧工地监测告警信息，对车辆未冲洗、未佩戴安全帽、裸土未覆盖自动发起交办，督促整改。

②网格化治理

对接应急管理局 181 平台将装饰工程进行网格化统一监督。

③人脸识别

对接市信息中心"宁可信认证"人脸识别小程序，让数据更安全，结果更权威，管理更经济。

④燃气监控

组织燃气企业统一采集，对企业、场站、人员、用户、气瓶等基础数据进行实名认证，掌握实时权威的数据并信息共享，初步实现气瓶配送全链条、场站布局一张图、隐患整改一张表、安全监管全覆盖。

（3）"一网统管、一网通办"

管理端实现统一集成，实名认证，避免功能重复开发，实现业务协同、一网统管；企业端实现统一账户，一次填报，数据互联共享，实现一网通办。

（4）工程智慧安全监督平台

南京市建设工程智慧安全监督平台通过对接各安监业务系统数据，结合小程序，开发了"危大工程"上报、大型机械管理设备管理、日常监督的整改停工督促、红黄牌警示、标准化考评等功能；对接南京市城市建设投资控股（集团）有限责任公司的智慧工地监测告警信息，开发线索交办功能；对接应急管理局181平台网格化排查信息，开发网格化治理模块。落实江苏省住房和城乡建设厅绿色智慧示范片区建设要求，开发智慧片区功能模块，实现片区内项目现场隐患排查、人员信息动态管理、扬尘管控视频监控、高处作业实时预警、危大工程监测预警等功能。

（5）智慧燃气监管平台

南京市智慧燃气平台对企业、场站、人员、用户、气瓶等基础数据进行实名认证，建立"双网格"风险防控机制，排查发现风险隐患"清单管理、动态销号"，试行液化气经营企业安全生产条件"四色分级"、统一派单、气瓶充装配送双闭环熔断等制度，通过全过程追溯链条，提升行业监管效能，实现来源可查、流向可追、责任可究。推进燃气网格化排查，与应急管理局已完成系统对接，等待获取数据。

（6）建筑市场动态信用评价管理系统

南京市建筑市场动态信用评价管理系统基于信用档案管理，对施工企业和监理企业进行动态信用评价，有效促进施工现场和建筑市场的两场联动。平台信用档案功能于2021年6月7日上线运行。

（7）预拌混凝土生产质量信息化监管平台

南京市预拌混凝土生产质量信息化监管平台通过收集预拌混凝土原材料、生产、监管等数据，实现混凝土原材料到成品溯源的全过程质量管控，为辅助决策和提高工程质量提供数据支撑，平台于2021年6月8日上线运行。

（8）移动端应用

为实现实时便捷的业务办理和现场监管，平台配套开发了微信小程序，主要提供用于建设工地的风险管控、隐患排查和现场人员安全教育培训的移动端功能，同时对接"宁勤绩"管理人员考勤数据。智慧燃气平台配套开发了"瓶安到家"和"云监管"两个APP，分别用于企业工作人员和监管人员手持终端，实时采集现场数据。

（9）建设项目全生命周期框架

当前，平台监管的在建项目涵盖了全市房建、市政、轨道交通类工程的立项、施工许可、安全监督、实名制管理等环节，形成在建项目全生命周期框架雏形。目前，第一和第二阶段、园林绿化和水环境整治工程类别和少量环节数据还不丰满。南京市城乡建设委员会外部的数据主要缺少规划许可证和用地信息；南京市城乡建设委员会内部的数据主要缺少全市域的审图、竣工验收备案信息。

（10）三屏协同联动

打造三屏协同联动体系，统筹大屏端可视化监管、中屏端业务系统、小屏端小程序开发，贯通"大屏观、中屏管、小屏办"层级。以风险管控为例，当工地上工人操作小程序进行风险上报时，中屏同步获取上报的具体内容信息，大屏同步展现出此项上报事项。

3）案例亮点

打造"1143"智慧城建框架体系。

一数一源夯基础：建立一个权威的行业数据中心。遵循"一数一源，一源多用"的规划思路，制定统一数据标准，初步构建了集企业基础库、人员基础库、项目基础库、证照数据库、信用信息库、业务主题库于一体的行业数据中心。

一屏一览强联动：以"大屏观（智慧城建指挥中心大屏端）、中屏管（业务信息系统中屏端）、小屏办（移动 APP 小屏端）"为载体，提供全方位可视化监管。

一端一号优服务：汇聚一个应用集成平台。坚持问计于民、问需于企，强化服务意识，统一标准，规范整合各业务系统，确立"一企一号，一网通办"的服务方向，可以有效解决企业账户多、重复申报和数据多源采集的问题，提升企业满意度和获得感。

3.5.5 济南市"智慧住建"综合管理平台

1）案例概况

2016 年 2 月，济南市城乡建设委员会印发了《建委办公厅关于进一步做好建筑市场监管与诚信信息平台建设工作的通知》（建办市〔2016〕6 号）要求进一步完善建筑市场监管与诚信一体化平台功能，提高基础数据质量，加大推广应用力度。山东省政府、济南市政府相继出台了《省委办公厅省政府办公厅关于深化放管服改革进一步优化政务环境的意见》（鲁办发〔2017〕32 号）、《山东省人民政府办公厅关于印发山东省加快推进"互联网＋政务服务"工作方案的通知》（鲁政办发〔2017〕32 号）、《济南市人民政府办公厅关于印发济南市推进政务信息系统整合共享打造功能最强政务服务平台提升"互联网＋政务服务"水平实施方案的通知》（济政办发〔2017〕57 号）等文件，对信息系统整合与共享提出了具体要求。

济南市住房和城乡建设局为落实市委市政府提出的《济南市新型智慧城市建设行动计划》，加快推进新型智慧城市建设，针对市领导对信息化提出的意见，以建设国家新型智慧住建标杆城市为目标，按照"数据集合、系统整合、功能融合"的总体设想，构建了济南市新型智慧住建框架体系。济南市智慧住建平台主要建设内容为"1114＋N 体系"，即一个大数据中心，一张住建图，一个基础服务平台，四个基础业务系统和 N 个业务应用。二期项目已于 2021 年 12 月底建设完成。

2）案例成效

（1）建立大数据中心，加强资源共享利用

济南市住房和城乡建设局基于资源共享目录和统一的标准化体系，通过整合住建行业所有信息系统数据资源，建设住建大数据中心，汇聚跨部门、跨区域业务数据资源，实现各业务系统的数据交换、各种资源的重组和整合、业务系统互联互通以及信息跨部门跨层级共享共用，推动业务协同有序开展，为城市数字孪生提供立体、实时的大数据保障。

对内,实现业务工作协同化。大数据中心可对综合业务协同平台等各类子系统进行统一认证集成,实现住房和城乡建设局日常办公和业务应用相联动,有助于加强数据共享,提高办公效率;同时,还可将审批事项承诺信息共享给对应监管部门,对未兑现承诺的企业给予提醒,有助于监管部门提高监管效率。

对外,实现住建服务精细化。大数据中心可对接山东省政务服务网并上报政务服务事项信息,实现用户统一身份认证、部分住建事项"全程网办";同时,通过对接数字化审图系统、审批系统及配套费系统,能够实现配套费在线缴纳,向社会大众提供精确、及时、周到的个性化服务,有效推动住建部门行使职能向高效化、协同化、精准化发展。

(2)基础数据治理,进一步提升数据质量

济南基础信息治理,目前完成了 27.82 万条数据治理,形成 18.57 万条标准数据,融合成果库数据 12.78 万条,其中企业数据 20999 条,企业资质数据 21131 条,人员基本信息数据 68457 条,人员资质数据 11488 条,项目基本信息数据 5700 条。

企业基本信息通过规范校验、多源字段修复和融合,在原有 13685 条住房和城乡建设部数据的基础上又补充了近 7000 条企业基本数据,进一步提升数据的完整性。

企业资质信息通过规范校验、数据融合,将住房和城乡建设部同步数据与现有业务系统登记数据融合,在原有 16692 条住房和城乡建设部数据的基础上又补充了近 5000 条企业资质数据,进一步提升数据的完整性。

人员基本信息通过规范校验、数据解析、多源数据融合修复,在原有 11816 条住房和城乡建设部数据的基础上又补充了 50000 多条人员数据,提升了数据的完整性。

人员资质信息通过规范校验、数据融合修复,在原有 4264 条住房和城乡建设部数据的基础上又补充了近 7000 条人员资质数据,进一步提升数据的完整性。

(3)行业信用管理,规范建筑市场主体评价

推动建筑行业及房地产行业诚信系统建设,建立诚信激励、失信惩戒的建筑市场机制,主要涵盖企业:施工企业、监理企业、造价咨询企业、质量检测企业、预拌混凝土企业、房地产开发企业。

截至 2023 年 9 月 30 日,共计有 6832 家企业参与信用评价考核,其中,总承包企业 3659 家,专业承包企业 3173 家;本地企业 3968 家,外地企业 2864 家。采集基本信息 4139 条,其中,资质信息 71 条,纳税信息 398 条,引进来信息 2 条,履约评价加分信息 623 条,减分信息 79 条,行业监管信息 194 条,社会公益 66 条以及建筑业发展增速信息 2706 条;采集优良信用信息 881 条,其中,国家级奖项 481 条,省级奖项 276 条以及市级奖项 124 条;采集不良信用信息 321 条。

(4)统一工作门户,构建全生命周期监管

济南市智慧住建平台通过打造底层技术支撑平台,推行融合共享的思路,打破传统技术架构,对内整合局内各个业务系统,统一待办、汇聚展示;对外辐射各委办局,提供数据对接、数据交换、数据共享等服务,优化了平台业务操作流程,为办事主体提供了全景可视化、个性化的操作界面,提升了各部门办事满意度。

平台通过即时查询和分析工程项目全生命周期各环节的准确信息,实现各业务主管部门对工程项目的动态监管,同时有利于政策和决策的制定,减少因现有业务管理模式产生监管交叉或监管缺位的现象,全面提升监管水平。

（5）打造智慧图谱，搭建住建一张图

济南市智慧住建平台通过梳理核心数据的相互业务关系，在企业、人员、项目三类业务管理主线之间建立联系，形成住建市场分析决策基础数据库及互动监管模式，打通住建市场三者业务管理，提高各部门数据检索效率。通过项目可以找到承揽该工程的企业并查看企业档案，查找该企业承揽的所有工程，以及企业相关的资质、人员、不良行为等数据，为领导分析决策提供辅助依据，保证监管到位。

此外，平台通过搭建"住建一张图"，为"以图管房""以图管项目"奠定基础。"以图管房"通过整合房屋基础数据和业务数据，实现数据与地图的有效关联。"以图管项目"通过项目总平图在 GIS 地图上进行落图展现，更清晰地反映出项目用地实际范围、项目各个单体构成情况及各自位置情况，结合质量安全监督过程，实现项目-房屋的全生命周期精细化管理。住建一张图通过多维度呈现用地、用房信息，实现了图文一体化的管理模式，各类信息直观化、可视化，为领导分析决策提供了数据支持，有效推进了各单位用房管理的信息化、智能化建设。

（6）建设"住建搜"系统，实现资源信息精准搜

此外，"住建搜"系统依托大数据技术，基于治理的企业、人员、项目、信用数据成果，对信息资源做到精确关联和"一键式"查询，彻底解决了过去重复查询、单项查询等弊端；在全文检索的基础上，系统通过为企业、项目、人员、信用等主体打标签，实现基于通过标签的组合搜索功能，为用户快速定位目标，实现精确搜索。

3）案例亮点

（1）项目监管链、智慧住建图谱等亮点特色功能，成功入选住房和城乡建设部科技示范项目。

（2）统一工作门户，构建全生命周期监管，减少监管交叉，避免监管缺位。

（3）打造智慧图谱，搭建住建一张图。企业人员项目联动监管，"以图管房""以图管项目"。

（4）建设"住建搜"系统，实现资源信息精准搜。标签组合搜索，快速定位目标。

3.5.6　鄂尔多斯市城市信息模型（CIM）平台

1）案例概况

按照国家级、部级和自治区要求建立城市信息模型（CIM）平台，打造鄂尔多斯城市智能体数字孪生支撑平台，汇聚各部门、各行业多源异构数据，为城市综合决策、智能管理、全局优化提供平台与手段。2023 年年底完成相关的标准规范体系制定，完成鄂尔多斯市城市信息模型（CIM）基础平台（以下简称 CIM 基础平台）的建设工作，项目建设主要覆盖鄂尔多斯市东胜区、康巴什区及伊金霍洛旗的核心区，从 CIM＋规划设计审查、CIM＋工程建设项目全生命周期监管、CIM＋测绘应用、住建驾驶舱等领域探索 CIM＋应用。具备城市基础地理信息、三维模型和 BIM 汇聚、清洗、转换、模型轻量化、模型抽取、模型浏览、定位查询、多场景融合与可视化表达、支撑各类应用的开放接口等基本功能，并提供工程建设项目各阶段模型汇聚、物联监测和模拟仿真等专业功能。CIM 基础平台基本建成精细度达到 1～3 级标准，覆盖东胜区、康巴什区及伊金霍洛旗的核心区的 BIM 模型。通过加强城市建设数据汇聚整合，夯实平台数据基础，为各局委各业务系统提供数据共享服务和

CIM 基础平台二次开发服务支撑。

2）案例成效

（1）标准规范体系建设

参照《城市信息模型基础平台技术标准》CJJ/T 315—2022、《城市信息模型应用统一标准》CJJ/T 318—2023、《城市信息模型数据加工技术标准》CJJ/T 319—2023 等要求，结合鄂尔多斯市的数据基础和应用需求，建设鄂尔多斯市 CIM 数据标准体系和模型标准体系，规范统一数据结构、数据格式、数据接口等，以保障 CIM 基础平台统一性、系统性和可持续性。

（2）CIM 基础数据库

基于鄂尔多斯市现有数据，集成以时空基础数据、规划管控数据、资源调查数据、工程建设项目数据、公共专题数据、物联感知数据、CIM 成果数据等于一体的 CIM 基础数据库，实现城市信息的综合管理，最终形成涵盖城市微观要素到宏观状况，反映规划、历史与现状，动态获取与更新的 CIM 基础数据库，实现城市信息模型数据共建共享共用。

（3）CIM 数据治理

对鄂尔多斯市的约 1.2 万公里地下管线数据进行了三维建模。

根据收集的图纸对 1.7 公里综合管廊进行了三维 BIM 模型创建，几何表达精度：G3。

对选定的约 189 万平方米（约 180 栋建筑）一般建筑进行建模，几何表达精度：cim5/G2。

对鄂尔多斯市东胜区、康巴什区及伊金霍洛旗的核心区的工程建设项目数据及房屋普查成果数据按照标准规范进行治理入库。

（4）CIM 基础平台建设

通过鄂尔多斯市 CIM 基础平台的建设，实现对城市各类数据包括时空基础数据、规划管控数据、资源调查数据、工程建设项目数据、公共专题数据、物联感知数据等数据的汇聚、治理、检查、入库、展示、分析、共享，建设内容包括数据汇聚与管理、数据查询与可视化、平台分析、开发接口、综合运维管理、移动端子系统、CIM 管理运营子系统等。

（5）CIM＋应用场景建设

基于 CIM 基础平台，开展 CIM＋规划设计审查、CIM＋工程建设项目全生命周期监管、CIM＋测绘应用等，建立科学、便捷、高效的 CIM＋应用体系，切实有效地提高城市精细化治理能力。

建设住建驾驶舱系统，实现城市 CIM 应用数据展示概览，重点展示指标统计分析结果，辅助城市管理者快速、全方位了解目前鄂尔多斯城市 CIM 系统总体情况。

（6）系统对接

实现与鄂尔多斯市房地产项目超市系统、房地产预售资金监管系统、工程建设项目审批和智慧监管系统、建设工程（人防工程）智慧工地监督平台、审图系统、城市内涝预警监测平台、全国房屋建筑和市政设施调查系统、自建房（农房）全生命周期数字化管理系统、城市体检平台、燃气安全监测预警平台、节能系统、智慧物业服务平台、建筑从业人员实名制信息系统、鄂尔多斯市房地产市场监管服务平台、一张图监督实施预警系统、公共信息平台（数据资源共享平台）、鄂尔多斯城市智能体（城市大脑）、天地一体化平台、智慧城管平台、智慧文化旅游平台的对接，实现城市信息的共享交换、业务的协同联办。同时，预留接口，以便动态调整应对各委办局业务的变化。

3）案例亮点

（1）实现了住建体系内部的业务系统数据统一汇聚管理

鄂尔多斯市住房和城乡建设局及各委办局系统平台众多，相互之间存在数据壁垒，系统平台中的接口众多，依赖关系复杂。本期项目通过 CIM 基础平台对住建及其他委办局的 22 个系统数据进行汇集管理，可大大提高数据协同及利用的效率。

（2）实现了鄂尔多斯市基础数据共享互联

鄂尔多斯市大数据中心、自然资源和规划局等单位已建成数据资源共享平台、时空信息云平台等平台，具有丰富的空间基础地理数据，住房和城乡建设局 CIM 平台通过相应的数据共享机制，实现了数据复用，并同时为外部平台提供接口，实现双向共享联通。

（3）实现了住房和城乡建设部灾害普查数据应用及闭环管理

基于住房和城乡建设部房屋普查成果矢量数据生成建筑白模，结合属性数据，以此为底图进行业务数据的融合叠加。将鄂尔多斯市所产生的新建建筑的边界矢量数据由 CIM 平台以接口的方式推送给房屋调查系统，形成数据闭环和动态更新。

（4）以应用为导向的平台建设模式，集约建设

平台建设以应用、实用为建设原则，注重集约与复用，数据源尽可能从各委办局已建平台中进行集成对接，摄影测量、卫星影像等均来自外部可共享资源，集中精力到底座搭建和框架构建工作上来。

3.5.7　上合示范区 CIM 基础平台

1）案例概况

示范区概况：2018 年 6 月 10 日，习近平主席在上海合作组织成员国元首理事会第十八次会议上宣布："中国政府支持在青岛建设中国-上海合作组织地方经贸合作示范区"（简称上合示范区）。2019 年 7 月 24 日，中央全面深化改革委员会第九次会议上审议通过了《中国-上海合作组织地方经贸合作示范区建设总体方案》，提出高质量建设现代化上合新区发展战略，制定了清晰的目标，上合示范区在服务国家对外工作大局，强化地方使命担当方面具有重要政治意义。上合示范区的建设，是党中央、国务院赋予青岛市乃至山东省的国之重任，山东省、青岛市勇担使命，举全省、全市之力，顶格推进上合示范区建设不断取得新突破。

项目概况：上合示范区 CIM 基础平台是示范区管委布局新型智慧城市建设，推进全国"新城建"试点，落实"数字青岛"建设要求，建设上合示范区城市大脑，打造"一带一路"国际合作新平台的核心工作。2021 年 3 月，上合示范区 CIM 基础平台建设项目启动，以建设统一、权威、精准的示范区一张数字底板为目标，建设"一库一平台 N 应用"。2022 年 2 月 22 日，项目顺利通过由中国工程院院士、城乡规划学家吴志强领衔的专家团队验收，获得多项全国首个的评价，项目成果整体达到国内领先水平。

"一库"是 CIM 时空数据库，采用空天地智能化数据采集装备，通过数据采集、交换共享等手段，生产 1∶500 地形图、电子地图、正射影像、倾斜摄影、数字高程模型、建筑三维模型、管线三维模型、BIM 模型、规划管控、资源调查、工程项目、物联感知等城市信息模型数据，构建反映示范区历史、现状、未来，涵盖二三维一体、地上下一体、室内外一体、动静态一体的全域全空间"八位一体"CIM 时空数字底座。

"一平台"是 CIM 基础平台，以打造智慧城市数字空间唯一支撑平台为目标，在住房和城乡建设部 CIM 相关标准规范基础上，融合工业和信息化部、自然资源部多标准要求，创新性提出 CIM 基础平台"三中心"架构，即数据中心、服务中心与展示中心。数据中心打造了一套自多源异构 CIM 时空数据汇聚、质检、治理、优化、管理直至服务发布的全流程一体化工具。服务中心是连接数据中心与展示中心的桥梁，能够对数据中心发布的数据服务进行注册、审核、启停以及根据用户权限控制体系按需提供安全的数据服务，支撑平台展示中心与 CIM + 应用的数据应用需求。展示中心是对多维 CIM 时空数据进行高逼真渲染展示与专业分析应用，为用户提供多维 CIM 时空数据查询与统计、空间分析、城市模拟生长、辅助规划设计、全景感知等应用功能。

"N 应用"是依托 CIM 时空数据库和 CIM 基础平台，围绕政府、企业、公众对政务服务、公共服务和生活服务的需求，全面推进 CIM 基础平台在城市规划、建设、管理和社会公共服务领域的深化应用，打造 N 个跨层级、跨业务、跨平台、多终端 CIM + 应用，赋能示范区"规划、建设、管理、运行、服务、体检"全链条业务应用场景。

2）案例成效

（1）为全国"新城建"试点贡献"上合经验"

吴志强院士接受采访时表示：上合示范区 CIM 基础平台横向实现了示范区现有政务应用的互联与共享，纵向探索了城市级—示范区级 CIM 基础平台的互联互通，在全国"新城建"试点工作中，从综合示范区级别 CIM 基础平台，有效作出了"上合示范"，贡献了"上合经验"。

（2）打造示范区"城市一张数字底板"

采用数据采集和交换共享的方式，集约建设同一时空基准下涵盖示范区时空基础、资源调查、规划管控、工程建设项目、公共管理和物联感知 6 大类 26 中类 63 小类 CIM 时空数据，建成上合示范区城市三维空间数据底板。

（3）高效支撑示范区新型智慧城市建设

上合示范区横向打通了与智慧城市时空大数据平台、工程建设项目审批管理平台的互联互通，实现了工程建设项目审批、实景三维、自然资源和规划管控数据的互联共享，保障了 CIM 数据资源的丰富性与现势性。同时，利用 CIM 基础平台输出 CIM 数据服务和能力服务共计 30 余项，为上合示范区城市大脑、智慧文旅、经贸合作综合服务平台等业务系统提供了统一的 CIM 空间数据支撑，并且高效支撑了数字住建一体化建设，发挥 CIM 基础平台作为新型智慧城市数字空间唯一支撑平台的支撑作用。

（4）推动示范区智慧化应用场景提质增效

CIM 基础平台汇聚了土地、规划、建设、管理等多源管理数据，在上合广场、上合国际会议中心、交大大道地下道路交通配套工程等重大项目的选址、规划、施工中发挥积极作用，在加快项目建设进程的同时，促进各类产业要素互动耦合、协同发展。通过 CIM 基础平台"现状 + 未来"数据场景融合能力，对重点项目规划模型在现状真实场景中进行融合分析，结合规划、土地等 CIM 数据，有助于科学选定与周边环境协调更好、与周边建筑风格融合度更高的规划设计方案，提高城市规划设计的合理性、美观性和协调性。CIM 基础平台丰富的 CIM 数据资源与专业的空间分析能力，在示范区规划、建设、管理、运行、服务、体检全链条业务应用场景中发挥高效赋能作用。

3）案例亮点

（1）智能化数据采集装备助力城市三维空间数字底板建设

项目通过通航飞机、无人机、激光扫描、街景采集车、北斗卫星导航定位等高精端智能化数据采集装备采集生产示范区倾斜摄影、720 全景、街景数据、地下管线精细模型、重点建筑 BIM 模型、物联感知数据等涵盖二三维一体、地上下一体、室内外一体、动静态一体的全域、全空间、全要素"八位一体"多维 CIM 时空数据，构建了统一时空基准下示范区三维空间数字底板。

（2）全国首个面向智慧城市的"三位一体"CIM 基础平台

按照"智慧城市只需一个数字空间底座"的理念，项目以住房和城乡建设部 CIM 基础平台导则、标准为基础，全国首创提出同时符合时空大数据平台、国土空间基础信息平台和 CIM 基础平台架构要求的智慧城市"三位一体"支撑平台，构建示范区新型信息基础设施，打造示范区新型智慧城市唯一数字空间支撑平台，全方位支撑示范区规划、建设、管理、运营等应用场景，节省财政资金投入。

（3）全国首个服务"一带一路"国际合作的 CIM 基础平台

上合示范区承担打造"一带一路"国际合作新平台的国之重任，CIM 基础平台自设计伊始，就从不同角度体现"国际范"。一是采用国际公认的二三维 GIS 基础软件，提供国际主流格式数据标准服务，用户界面使用中英俄三种语言，考虑"一带一路"国际用户使用需求；二是围绕面向"一带一路"推介宣传与招商引资应用场景，打造数字孪生示范区、招商地图等 CIM + 应用，用数字化语言向外界展现上合示范区的规划、建设、管理、运行情况，助力"一带一路"国际合作。

（4）基于云原生的全链条国产生态环境 CIM 基础平台

上合示范区 CIM 基础平台基于云原生架构，依托部署在云环境的超融合服务器，提高城市级海量多维多源异构 CIM 时空数据的治理优化与融合应用效率，通过 AI + 云原生算法平台提供了大量 AI 算法，如耕地、林地自动提取，城市建设遥感监测等，解决 CIM 基础平台算力问题。平台实现了全链条国产生态环境适配，打造智慧城市自主安全可控的基础支撑平台。

3.5.8 株洲市天空地一体化房屋安全监测

1）案例概况

本项目案例按照国家、住房和城乡建设部及湖南省加强房屋安全管理和推进北斗规模化应用要求，构建株洲市基于"北斗+"的天空地一体化老旧危房安全智能监测系统，塑造了株洲市立体化房屋安全监测体系，为株洲打造宜居、韧性、智慧的城市建设提供坚实保障。本案例深度融合"北斗 + 天基空基"，充分发挥北斗高精度定位、实时连续以及自动监测的显著特性，同时结合 InSAR 遥感技术（图 3-2）大范围、低成本的突出优势，以及无人机倾斜摄像测量技术高精度时空分辨率和快速三维建模的优势，通过大范围筛查城市建筑物沉降隐患区域，对隐患区域内的建筑物进行精确勘查与评估，并利用北斗高精度监测设备（图 3-3）对存在隐患的建筑物实施实时动态感知监测，实现遥感评估、空中巡查、地面传感、采集、传输、分析、推送、处置的一体化闭环管理，形成基于"北斗+"的株洲市天空地一体化房屋动态监测、预警一张图，实现房屋安全智能监测预警的目标。

图 3-2　InSAR 遥感沉降监测示意　　　　　图 3-3　北斗高精度位移监测

2）案例成效

（1）精准预警

通过融合多种先进技术，对老旧危房的倾斜、位移、沉降等异常动态实现了高精度、实时的监测，能够提前准确发出预警，有效避免了潜在的安全事故，保障了居民的生命和财产安全。例如，在某老旧小区，系统及时监测到一栋房屋的墙体出现明显位移，提前疏散居民，避免了可能的坍塌事故。

（2）高效管理

实现了遥感评估、空中巡查、地面传感等环节的一体化闭环管理，大大提高了监测和管理的效率，节省了人力和时间成本。以往需要多个部门分别进行的工作，现在通过该系统能够协同完成，如某区域的房屋监测数据能迅速在各相关部门间共享和处理。

（3）科学决策支持

系统提供的大量详实数据和分析结果，为政府部门在城市规划、危房改造等方面的决策提供了科学依据，有助于制定更合理、更有效的政策。根据监测数据，政府对某片危房集中区域制定了针对性的改造计划，提高了城市建设的科学性和合理性。

3）案例亮点

（1）跨领域技术融合创新

将"北斗＋遥感＋无人机"等多领域前沿技术深度融合，通过数据融合算法，实现了不同数据源的优势互补，从宏观、中观到微观等三个层面监测建筑物安全，突破了传统单一技术的局限，为老旧危房的监测提供了更全面、更精准的信息。例如，北斗定位能实时捕捉微小位移，InSAR 遥感可发现大面积潜在隐患，无人机则能清晰呈现房屋细节。

（2）可持续、可增值的商业运营模式

株洲市是住房和城乡建设部城镇房屋安全三项制度（房屋体检、房屋养老金和房屋保险）综合试点城市之一，系统收集的大量房屋监测数据经过脱敏和分析处理后，可为保险公司提供风险评估数据，实现数据的商业增值。例如，保险公司根据系统提供的房屋稳定性数据，制定更精准的保险费率。精准的监测数据和服务，也可提高房屋安全检查效率，降低人工检查投入，实现降本增效。本案例将有力助推房屋体检、房屋保险、房屋养老金等政策落地，形成可复制、可推广的株洲试点经验。

　　同时，本项目还在谋划与建筑企业、房地产开发商建立合作关系，共同开展老旧危房的改造和重建项目。系统提供的监测数据可为项目规划和施工提供技术支持，降低项目风险和成本，实现多方共赢。

　　（3）个性化、专业化的服务模式

　　本案例可根据不同用户的需求，提供个性化的监测方案和报告。无论是政府部门、企事业单位还是个人业主，都能获得符合其特定需求的服务。比如，为政府提供区域房屋安全态势分析，为企业提供特定房产的详细监测报告。

　　同时，建立了专业的应急响应团队，当系统发出紧急预警时，能够迅速启动应急预案，为用户提供现场勘查、救援指导等服务。例如，在房屋突发坍塌事故时，应急团队能在第一时间到达现场，协助救援工作。

第4章 数字住房

4.1 概述

当前，数字住房建设的重要性日益凸显。在信息化和数字化快速发展的时代，传统的住房管理和服务模式已经难以满足人们日益增长的需求。数字住房建设不仅是为了满足现代生活的需求，更是为了提升管理效率、促进房地产市场的健康发展以及优化资源配置。通过数字化手段，可以实现更高效的住房保障管理，更准确的房地产市场监测，以及更公平的资源分配。

在数字住建领域，数字住房建设的重要性不言而喻。通过数字化手段，可以提供更加便捷、个性化的服务，提升住建领域的服务质量。同时，数字住房建设还能够增强市场竞争力，使住建项目在市场中更具吸引力。更重要的是，数字住房建设有助于实现资源的优化配置和环境的可持续利用，为住建领域的可持续发展提供有力支撑。因此，数字住房建设在数字住建领域具有举足轻重的地位，是推动行业创新的关键力量，引领着住建领域走向转型升级的新阶段。

数字住房发展主要包括四个方面，即优化住房保障的数字化管理和服务，加强房地产市场的数字化监测，加快住房公积金的数字化发展和推进智慧社区和数字家庭建设。其中，智慧社区和数字家庭建设在数字住房发展中占据重要地位，并发挥着不可或缺的作用。首先，智慧社区作为数字住房的重要组成部分，通过集成新一代信息技术（如物联网 IoT、云计算和移动互联网等），为社区居民提供了更加安全、舒适和便利的生活环境。其次，数字家庭作为数字住房的另一个核心组成部分，通过实现家居产品的互联互通和智能化控制，为居民带来了前所未有的居家体验。智慧社区与数字家庭的深度融合，不仅为居民提供了更加美好的居住体验，更为城市管理和服务注入了新活力。通过数字住房建设，可以实现城市资源的优化配置和高效利用，进而推动城市的可持续发展和居民生活质量的全面提升。

因此，要全面推动智慧住区和数字家庭建设，支持有条件的住区结合完整社区建设实施公共设施数字化、网络化、智能化改造与管理，赋能公共设施可持续运营，提高智慧化监测预警和应急处理能力。创新智慧物业服务模式，引导支持物业服务企业开展智慧物业管理服务系统建设，打造政务服务、公共服务、物业管理和生活服务应用，积极对接市场化优质服务资源，为居民提供优质服务，加快发展数字家庭，提高居住品质。

4.2 智慧住区

4.2.1 概念

智慧住区是按照"便民、惠民、利民"的原则，通过建设智慧住区基础设施网络，利用智能、高效、便民的服务体系，实现住区居民"吃、住、行、游、娱"生活五大要素的数字化、网络化、智能化。它充分利用物联网、云计算、移动互联网等新一代信息技术的集成应用，为社区居民提供一个安全、舒适、便利的现代化、智慧化生活环境，从而形成基于信息化、智能化社会管理与服务的一种新的管理形态的社区。

智慧住区具有以下显著特点：

先进性：在投资费用许可的情况下，智慧住区应充分利用现代最新技术和最可靠的科技成果，以保证其先进性在尽可能长的时间内与社会发展相适应，并具有强大的发展潜力。

可靠性：必须采用经验证的成熟技术与产品，在设备选型和系统的设计中尽量提高应用的可靠性。

实用性和便利性：在满足社区安保等功能要求和实际使用需要的基础上，智慧住区采用实用的技术和设备，确保设备使用方便、安全，并且经久耐用。

可扩充性和经济性：为满足今后发展的需要，智慧住区的设施在使用的产品系列、容量及处理能力等方面必须具备兼容性强、可扩充与换代的特点，确保整个系统可以不断得到充实、完善、改进和提高。

总之，智慧住区是一个以人为本的智能管理系统，有望使人们的生活和工作更加便捷、舒适、高效。

4.2.2 智慧住区综合服务平台

智慧住区综合服务平台致力于提升住区的管理和服务的数字化水平。通过整合和优化信息系统与数据资源，深化政务服务"一网通办"，实现社区运行"一网统管"，从而支持社区的健康、高效运行，并在突发事件发生时能够迅速、智能地作出响应。

智慧住区综合服务平台通过融合物联网、云计算、大数据、人工智能等新兴技术，提供社区治理、社区管理、社区服务、社区生活等能力，涉及社区安防、社区停车、社区养老、社区商业等多个领域，构建以网格化管理为基础的信息化管理模式。纵向贯通省、市、区（县）、街道、社区各级单位，横向与综治、公安、医疗、教育、应急等外部协同部门实现数据共享和协作。通过建立多层级与协同部门的"网格化事件分发管理体系"和"人口数据的标签化共享体系"，为社区的精细化管理和高效服务提供了有力支撑。智慧住区综合服务平台架构如图 4-1 所示。

智慧住区综合服务平台架构分为四层，分别为数字基础设施层、智能中枢层、应用场景层以及用户层。

1）数字基础设施层

数字基础设施主要包含智能感知基础设施和网络基础设施。

（1）智能感知基础设施

智能感知基础设施包含基础设施感知、重要区域感知、地下管网感知、人脸感知、车辆感知等多种智能感知传感器和感知设备，用于实时采集社区内的环境数据、人员信息、设备状态等。基于社区智能感知体系收集的数据，结合大数据、人工智能等技术，为智慧社区智能应用服务（如社区智能安防、智慧停车、智慧家居等）提供感知基础。

（2）网络基础设施

网络基础设施根据通信方式区分为有线网络和无线网络方式，包含但不限于光纤通信网、移动通信网（4G/5G）、Wi-Fi、物联网无线通信技术（NB-IoT/Lora/Zigbee）、广播电视网等多种网络技术，依托网关、通信基站、核心机房、边缘物联设备等多种网络通信基础设施，为智慧住区的全面智能感知，实时智能控制提供稳定可靠的传输通信保障。

图 4-1　智慧住区综合服务平台架构

2）智能中枢层

（1）数据平台

数据平台为住区智能服务提供数据汇聚、存储、治理和分析应用的支撑环境，将数据资源按地域、主题、专题进行清洗、整合、编目，构建主题数据库和各项专题数据库，进而实现充分授权和自主管理。在此基础上，围绕住区内业务需求，为上层应用提供统一的数据访问、查询、分析、挖掘等服务，支撑智慧住区业务应用场景。

（2）物联平台

物联平台作为一种集中式物联网管理平台，用于连接、管理和协调社区中的各种设备、传感器。平台的主要功能包括物联设备管理、物联数据接入、物联信息综合展现、物联数据分析预警和物联信息运维管理等，为智慧住区的上层应用提供高效的开发服务接口，集约高效地建设智慧住区综合服务平台。

（3）AI平台

建设智慧住区精细化管理、精准服务体系的过程中，需要用到大量 AI 核心技术，包括语音识别、人脸识别等。AI 平台可实现对 AI 核心能力的统一管理、统一部署、运行监控、能力维护，并通过标准的能力开放方式对所有应用提供统一的能力支撑。平台提供的能力包括语音合成、声纹识别、人脸识别、文本识别、语义识别等语音类、图像类、自然语言处理（NLP）类等通用能力。

（4）业务平台

智慧住区综合服务平台从各应用场景中提炼出共性业务需求进行沉淀并组成业务平台。业务平台支持统一用户管理、统一登录认证、统一授权管理、统一搜索和统一审计等功能。

（5）数据资源体系（数据库）

智慧住区综合服务平台借助数据平台构建住区的数据资源体系，将传感器采集数据、业务系统生成数据、上级部门反哺数据进行治理，构建人口、空间、建筑、设备、消息和事项等主体数据库，生成数据资源目录，为应用场景提供数据支撑。

3）应用层

（1）社区治理

社区治理具有社区人口管理、社区房屋管理、社区安防治理、社区党组建设等功能。社区人口管理。通过信息化手段，以网格化为基础，以"户"为核心，通过"以房管人"的管理模式（针对每一个建筑生成单元、户等信息，将所有人口数据与户进行关联），构建"人-房-网格"的社区核心管理体系，以解决传统基础数据管理中出现的问题。建立多个信息采集渠道，如居民注册信息采集、社区工作人员移动端采集等。通过人员不同类别的属性信息，建立社区居民画像，从不同维度掌握社区人员信息，解决社区在人口台账方面存在的痛点。这不仅有助于实现社区对退役军人、残疾人、低保人群、贫困户等特殊群体的精准管理，同时也为社区人口的流动性分析打下坚实基础。社区房屋管理。通过信息化手段，统计整理区域内的小区、建筑、单位及公共设施的基础数据，建立社区建筑画像，从不同维度掌握社区建筑的信息，以解决社区在建筑台账方面存在的痛点，帮助社区从小区、建筑、单位、公共设施等方面进行精准管理。社区党组建设。结合基层党建工作实际需要，通过"互联网＋基层党建"模式，实现基层党建三会一课的发布、归档，以及基层党员信息的管理，为基层党组织和广大党员的工作、学习、交流提供便捷的党建服务能力。社区安防治理。通过对全局监控摄像机、人脸抓拍摄像机、人脸识别门禁、智能烟感、智能水电气传感设施以及社区消防等其他安防设施进行实时物联感知，在社区一张图上标识出安防设备的数量、类型、位置、状态、报警情况。建立社区安防情况分析模型，使社区安防态势一目了然，从而提升社区各类安防事件的处置效率。同时，对社区所辖重点地区进行信息化管理，实现社区安防综治。针对社区内的校园周边、交通场所、娱乐场所、集贸市场、城乡接合部等重点区域进行实时监控治理。

（2）社区管理

社区管理提供社区应急管理、社区物业管理、社区停车管理、社区能耗管理等能力。社区应急管理。能够快速响应各类突发事件，提升处置效率并降低突发事件损失。实现紧急突发事件处理的全过程跟踪和支持，包括突发事件的上报、相关数据的采集、紧急程度的判断，并实现实时沟通、联动指挥、应急现场支持、领导辅助决策。事前通过大数据支撑研判预警，消除隐患；事中通过多单位、跨部门触发应急预案实现事件快速处置；事后通过回溯事件起因、处置过程和结果，实现问题总结。通过事前预警、事中指挥和事后分析，为街道、区、市提供上下协同的信息化支撑，实现跨部门、跨层级的业务协同和信息共享。社区物业管理。引入新型的"业主自治，共管模式"社区管理模式，结合当地专项维修资金业务，让业主清楚地知道资金用途，以此化解物业和业主之间的矛盾。业主可通过移动终端、网站等多种方式行使权利，提高业主的公众事务参与度和表决效率，有效解决物业管理区域内公共事项表决通知难、业主身份核实难、公共事务决策难、表决结果核实难、处理投诉难等具体问题。为政府部门、物业公司、业主委员会、广大业主提供便民业务服务，提高房管部门的管理质量，减轻物业管理者的工作强度。社区停车管理。面向社区车辆通行管控需求，对进出社区车辆进行车牌识别，记录车辆出入情况，结合车辆道闸、微卡口等数据，记录车辆运动轨迹，实现车辆无感进出社区、车辆动态和静态的综合管理。结合社区停车场状态，提供社区停车资源信息发布、停车诱导逐级发布、潮汐停车诱导管理、智能电动车棚等设施与服务。社区能耗管理。实现社区水、电、热等能耗态势监测，支持指标展现、异常提醒、趋势分析、统计报表等功能。减轻抄表人员工作量，避免跑冒滴漏、能源损耗等现象，实现智能社区能源管理和精准用能服务。结合居民社区能耗水平、用能方式、管理水平等自身特点，因地制宜地灵活应用新能源、区域能源站集中供能、热泵技术、蓄能技术、智能维保等技术，建设"互联网+"社区智慧能源，提高能源利用率，实现安全、绿色、生态、智能的智慧社区能源生态和能源微电网。在社区内部能耗监控数据的基础上，建立建筑物用能设备系统能效模型，提供能源消耗数量与构成及数据分布与流向的分析，同时通过与历史数据对比分析，总结得出评估节能措施，为建筑末端用能设备提供优化能效控制策略。

（3）社区服务

社区服务提供社区医疗、社区养老、社区教育、社区政务等服务。社区医疗服务。通过与具有医疗资质的机构进行合作，为社区居民提供整合的、便利的医疗保健服务。为居民提供自助化健康设备，建立居民健康数字档案，为医疗机构的进一步诊断提供可靠的日常健康数据。通过线上线下结合的方式，为居民提供疾病防护、慢性病知识等医疗指导、远程医疗咨询、预约挂号、家庭护理、康复医疗等个性化服务。社区养老服务。利用物联网、移动互联网、可穿戴设备、视频监控、电子传感器、智能机器人等先进信息技术和辅助性设备，实现基于数据融合的智慧养老管理，涵盖健康管理、健康监护、智能家居监控、生活服务管理等全方位养老服务。对用户数据进行显示和分析，对异常数据进行预警，以便社区对居家老人的生活状况进行全面的了解，并对突发事件及时做出响应。同时，整合机构养老、居家养老、社区日间照料、医养结合等多种养老形式。通过跨终端的数据互联及同步，实现老人与子女、服务机构、医护人员的信息交互，对老人的身体状态、安全情况和日常活动进行有效监控。建立老年人在线健康档案，为居家老年人提供生活照料、代办服务等在线预约服务，及时满足老人在生活、健康、安全、娱乐等各方面的需求。社区教育服务。通过新技术不断丰富教育场景，注重社区全年龄段的教育覆盖，从托育教育直至终身教育，服务社区全人群教育需求，构建"终身学习"未来教育场景。通过线上线下课堂结合的方式，提供科技知识、职业技能、健康保健等基层迫切需求的实用知识。协同社会组织、教育机构、企业事业单位、社区居民等多元主体共同参与社区教育事务，促进社区教育发展。如在幼小教育阶段，通过衔接中小学教育资源，打通社区与中小学远程交互的学习渠道。再如，通过远程教育手段衔接图书馆、博物馆等设施，满足居民终身学习的需求。社区政务服务。基于政务服务终端和移动端为社区居民提供线上政务服务系统，便于基层政府为居民提供各类服务，提升服务触达率。通过线上线下相结合的方式，为居民提供政务服务事项政策宣告、流程说明、操作指引、网上预约等服务，对接本地政务服务平台，社区居民可网上提交各类业务办理申请，查询各类业务办理进程。

（4）社区生活

社区生活提供社区生态环境、社区智能家居、社区商业生活、社区文化娱乐等服务能力。

社区生态环境。街区、建筑群体、商铺、园林、绿地、中心广场、休闲小场所、儿童游戏场、健身场、地下车库等共同构成了社区的复杂环境实体，并承载丰富的商业、文化、绿色植被等配套景观设施。结合 5G、IoT、BIM 建模技术，将多网络、多设备、多传感器纳入感知体系内，构建社区环境智能感知系统，实现对社区内楼宇、车库、园林、水域、垃圾、温湿度、PM$_{2.5}$、井盖、路灯、消防设施、公共健身器械等环境要素一体化感知监测、全面感知和分析，完成环境、物联网、人、业务系统等多个维度全覆盖智能应用，实现人和社区、自然生态和谐共生，提升社区居民生活质量。社区智能家居。基于以人为中心的理念，结合人工智能技术、安全防范技术、自动控制技术、音视频技术，提升家居的安全性、便利性、舒适性、艺术性。智能家居可提供多种形式的智能交互，如通过语音、触控与手势控制设备的运行。通过大数据分析，可挖掘居民的设备使用行为，建立用户画像，通过对居民使用习惯、饮食喜好、消费习惯、兴趣爱好的分析，为居民提供个性化智能体验。社区商业生活。通过"互联网+"提升消费服务体验，提供便民商业服务圈。聚集社区周边商户资源，打造社区商业服务平台，建设线上线下联动商业服务模式，支持商品搜索、购买、支付、订单查询和评价，为居民提供无缝化、高质量的购物体验。社区文化娱乐。通过线上线下结合的方式，为社区居民提供文化、体育、艺术、娱乐等交流互动平台，提升社区居民的参与度和归属感，促进社区凝聚力，提升居民的生活质量。对辖区内文化体育设施建立基本信息档案，支持社区体育场馆等设施在线租用预约，以及社区内的各种公共服务信息网络查询、文体活动网上订票和参与报名。

4）用户层

智慧住区综合服务平台用户层为社区居民、商户、物业、居委会、街镇及各委办局提供数字化服务，实现智慧社区服务的纵向贯通与横向联动。

4.2.3 智慧住区数据枢纽

基于区块链的可信智慧住区数据枢纽体系是承载智慧住区领域应用数据和业务互通融合的新型数字化基础设施，以生态化思想为核心，为开放性智慧住区数字化生态的形成和发展提供技术基础。智慧住区数字化生态强调去中心化的多方协商，强调由不同智慧住区领域企业、单位、组织等交流磋商组成的整体共同组成生态，在各自的生态位发挥作用，维护生态的稳定运行。

应用身份认证和数据资产确权确责能力，充分保障明确生态各独立主体身份和数据资产权益责任关系。通过对数据资产产权的认证和对数据资产交易的支撑，明确数据产权的权属关系，并根据产权匹配相应责任，以此确保各主体对自身数据在权责上的独立性，防止数据侵占、篡改等侵害，令数据的交易、流通、应用无后顾之忧，消除智慧住区领域数据和业务的融通技术与心理障碍。

枢纽体系通过区块链存证、隐私数据加密、身份识别等手段，对数据的产生、传输、互通、应用进行认证，确保数据真实可信，确保数据资产质量，搭建起数据价值发挥的基础。以权责清晰的数据链条支持高可信的可控信息追溯，从根本上保证智慧住区数据可信价值。

同时，智慧住区数据枢纽体系从知、通、用三个角度着力实现数据价值的融通。知，即知晓、发掘数据的价值，将无规律的数据归集总结形成价值，将有价值的数据从繁杂数据中提取，认证权责后呈现，使数据价值被知晓。通，即流通数据资产本身和其相关权责，使数据可从持有方向需求方流通。用，即应用、加工数据的价值，发挥数据资产作用，达成经济、社会效益的同时产生新的数据，以此形成循环。实现数据价值的充分释放，以数据资产的价值释放赋能跨主体业务链，促成智慧住区数字化生态各主体自主推进的业务深度协同。

1）智慧住区联盟链

智慧住区联盟链采用多层级结构，面向参与智慧住区数字化业务协同的单位、企业和市场等生态主体，为不同主体之间业务数据流通、数据可信认证和数据防篡改提供技术基础。

应用区块链成员服务提供了身份管理、隐私保护、权限控制、交易审计等功能，只有经过认证的组织能参与区块链网络，以确保区块链网络的安全、稳定和高效运行。为组织内成员设置不同的身份以完成对应的任务。管理员身份能够对区块链成员、通道访问权限、区块链网络访问权限管理，普通成员身份能够发起交易、查询区块链状态，记账节点身份能够存储区块链副本、验证交易、执行智能合约，排序节点身份能够将交易打包成区块、广播区块。同时，可以在通道成员的确定、权限控制、交易规则、共识算法和性能参数等方面进行配置。提供对签名策略、通道修改策略、排序策略管理功能，支持对通道进行数据交换、隐私保护、业务协同等方面的策略制定，可在区块链通道上对用户读、写、更新数据权限的管理，从而减少数据泄露，保护敏感信息和重要资产。

应用共识机制使得排序节点可以随需求从通道中添加或删除，并且允许半数以下节点离线或崩溃时保证排序服务可用性。

同时，智慧住区联盟链的各节点具有对住区枢纽节点内记录数据互通关系信息的背书和认证功能，基于区块链高可信不可篡改特点对数据互通的确认、数据交换的数量、频次、质量指标进行可信认证，为住区枢纽节点间可信数据共享交换提供实时运行环境。

2）住区枢纽节点

住区枢纽节点为数据枢纽体系关键技术组件，是住区各用户主体间交互的基础，同时引入访问权限控制、点对点加密传输、运行监控等机制确保数据传输过程中的安全性、高效性和稳定性。住区枢纽节点直接对接住区应用服务各系统，提供数据传输互通能力，在数据传输互通的过程中起调取认证身份、提供认证数据签名、记录可信业务流程的作用。

枢纽节点支持调用住区联盟链上的智能合约，使外部系统能够通过网关与联盟链网络进行交互。用户可以通过网关发送合约调用请求，网关负责将请求转发至联盟链网络，并返回执行结果。

枢纽节点提供数据的可信传输能力，用户可以通过枢纽节点将数据进行点对点加密传输，确保只有目标主体能够解析数据内容，保障数据的机密性。枢纽节点支持数据多层次接入，设定有不同强度和不同适用性的规范。可以仅应用低层次的数据传输机制，也可以使用高层次的基于区块链的"可信"数据传输。同时，可以通过可视化的操作界面将住区服务系统的数据通过枢纽节点对接，支持不同类型的数据对接形式，降低外部系统接入枢纽体系的门槛。

所有通过住区枢纽节点的数据互通传输过程中，均会调用数据收发系统的身份认证，应用明确的数字签名进行该互通传输行为，仅记录传输过程中数据的收发方身份、时间戳和数据特征，而不记录数据本身。以此形成可追溯的业务数据关系链条，为信息追溯提供基础。该记录信息会同步至区块链，为了保障枢纽体系数据互通的稳定运行，会调用智慧住区联盟链内节点记账数据定期对住区枢纽节点内数据进行复核验证。

3）住区数据资产治理

智慧住区各服务跨越多层级各主体，互相之间存在数据资产供需关系的建立，基于数据资产确权确责建立数据供需关系，以此支撑不同业务环节的深度协同，有助于更稳定、更开放的智慧住区服务链的形成。

根据数据来源和数据生成特征，分别界定各主体在数据生产、流通、使用过程中各参与方享有的合法权利。以主体和数据资产关系，认定各主体对数据资产享有数据资源持有权、数据加工使用权、数据产品经营权中的具体产权，界定数据生产、流通、使用过程中各参与主体享有的具体合法权利，为后续的数据资产交易提供基础。

在认证主体所享有的数据资产产权后，主体享有合法权利，也应对该数据资产负有相应责任，包括对持有权对应的真实性责任、加工使用权对应的不超界限使用责任、产品经营权对应的产品质量责任。构建权责的对应关系，令主体享受自身权益的同时，也为保障他人权益负有责任。

基于数据资产化成果和业务协同的数据交换需求，支持智慧住区生态主体间获取数据信息、开放自身数据、开展数据交易，并为数据资产交易形成业务协调链条的双方提供保障。

数据资产供需双方可开展交流，双方对数据资产交易的内容、形式、频度、应用范围等参数进行协商，依照协商结果调用合同模板订立数据资产交易合同，后续双方依合同履行数据供需业务。

智慧住区数据枢纽体系会存证从交易发起、协商到达成、履行、结束的全流程，在交易过程中任何一方认定自身权益遭受侵害或对方未能按约定履行职责，可调用存证内容作为凭据用于裁定，以此督促交易双方履行供应和限界应用责任。

4）住区数字化认证凭证

智慧住区规划、建设、运营各阶段各业务，涉及单位、主体和应用系统众多，应用住区数字化认证凭证技术，对各主体的身份、数据资产和执行业务进行认证，以此提供真实性和识别支持。

认证凭证包含身份凭证、资产凭证和事务凭证。

身份凭证对应主体自身，该凭证用于证明居民、物业公司、服务提供方、政府机关单位等住区相关主体身份，所有主体进入智慧住区领域生态时发布该凭证完成身份认证，后续所有住区业务和交易过程中均以该身份作为唯一身份识别标识。

资产凭证对应智慧住区各主体相关联应用系统中产生、流转、应用的数据资产，按照住区数据资产治理平台的确权确责结果，不同的数据资产产权类型应用不同凭证标识，该凭证伴随数据资产的确权授权产生、转移和消灭。

事务凭证对应主体执行的业务、进行过的操作，该类凭证通常仅对关键业务的关键环节发放，起记录和留痕的作用，可用于证明事务的实际发生。

所有凭证均可在数据枢纽体系支撑的应用系统内用于证明身份、数据资产和事务，起通用性的身份关联、权属关系证明和事务真实性证明作用，为智慧住区业务的开展实施提供便捷和可信的识别能力支撑。

5）住区生态治理

智慧住区的建设和运营是一种长时间多阶段的生态治理过程，为此应当面向参与智慧住区领域生态治理工作的居民代表、政府单位、企业等生态治理主体，提供监测生态发展、组织治理工作、订立实施标准规范的功能。

建立智慧住区生态治理主体协商机制，基于智慧住区行业共识，共同商讨规划智慧住区生态未来发展策略，各方共同表决敲定生态演进发展方向，充分发挥各主体能力，培育优化智慧住区领域生态。

提供生态标准规范治理工作功能，用于支持智慧住区标准的更新和发布。通过智慧住区数据枢纽体系，将可数字化的标准以程序形式对数据格式、对接接口等应用于对接的住区服务软硬件应用系统，伴随标准更新自动检测系统是否符合标准规范，并为修改提供引导和提示。

提供从生态总体视角对智慧住区生态主体、生态数字化发展和交易活跃度等生态发展指标的监测，为后续生态发展策略的制定提供支持。

生态主体多样性监测，对主体数量、主体类型、覆盖业务类型、业务数量等指标参数按照时间和细分领域进行发展轨迹分析，呈现生态内主体多样性当前发展趋势，为后续促进业务发展的调控手段出台提供可信的信息支持。

数据交易健康度监测，对各主体数据资产产权交易数量、频度、参与用户数、数据量与时间、主体类型、业务类型和细分领域进行统计分析，呈现数据交易的繁荣程度和健康程度，为及时进行数据交易市场宏观调控提供必要的信息支撑。

数字化生态发展监测，对产业生态主体数量、项目数、业务数、数据总量、产权交易量、数字化服务量等宏观参数按照时间、主体类型、业务类型和细分领域进行发展轨迹分析，呈现数字化生态培育优化的总体发展趋势，为协调生态发展的治理工作提供可靠的信息支撑。

6）隐私和数据安全防护体系

智慧住区深入居民个人所在居住环境，该领域内应用服务涉及大量居民个人隐私，需严格进行数据安全防护，并提供隐私保护环境。

充分应用数据安全隐私保护技术并建设可信执行环境，在硬件和软件层面建立安全边界和执行控制策略，确保所有数据处理和计算活动在一个安全、受控的环境中进行，从而有效防止数据泄露和未授权访问。

实施数据加密和访问控制，保护存储和传输中的数据不被未授权用户访问或泄露。对敏感数据进行加密处理，确保数据在传输和存储过程中的安全。实施严格的访问控制策略，确保只有授权人员能够访问特定的数据和系统。

实施安全监控和漏洞管理，实时监控数据安全状况，及时发现并响应安全威胁。部署入侵检测系统和安全事件管理系统，监控可疑活动和潜在威胁。定期对系统进行安全评估和渗透测试，发现并修补安全漏洞。

应用基于密钥算法的多方信息交互，通过通信传输协议、分布式协议等，实现低开销通信。结合区块链和随机算法技术，生成可信安全的密钥，并绑定用户身份。实现框架中操作的可溯源，避免因恶意用户或者系统故障带来数据纠纷。

为居民提供隐私自控能力，居民在个人终端可获知自身隐私数据和智慧住区服务间关联关系，明确其隐私数据应用方、应用内容和用途，可自行依照服务协议对数据流向和流通性进行控制。

明确规定服务获取和应用隐私数据边界，确保服务不超限获取数据，保证居民隐私权保护与透明度，增强居民对智慧物业系统中个人数据处理方式的理解和信任。

4.2.4 智慧物业

智慧物业是指通过智能化、信息化的技术手段，提升物业管理效率和服务质量的一种新型物业管理模式。它以互联网思维为引领，以人工智能、云计算、大数据、物联网等新兴技术为依托，通过构建智慧物业管理系统，实现对物业设施设备、安全防范、环境卫生、公共秩序等各方面的智能化管理，优化能源使用、提高安全性，提供更加便捷、高效、优质、个性化的服务，增强居民的居住体验。最终达到提升物业管理的效率、服务质量，满足居民的需求，同时降低运营成本，实现可持续发展的目标。

1）智慧物业要求

智慧物业的发展应能够推动城市的智能化建设，促进城市信息化、数字化、智能化发展，并通过整合各类资源，提升城市治理的智能化水平，有助于政府更好地管理城市。

智慧物业系统应可通过对物业设施设备的实时监控、数据分析等，帮助物业公司及时发现并解决问题，提高管理效率，并通过智能化、自动化的管理手段，降低人工成本，减少资源浪费。

智慧物业系统应可为居民提供基于手机 APP、微信公众号等渠道的全天候信息查询、业务办理等，可以根据居民的需求和喜好，提供定制化的服务推荐，让居民享受到更加贴心、周到的服务。

2）信息化管理建设

智慧物业中的信息化管理，是物业管理现代化的重要体现。它通过整合财务共享服务中心、物业运营管理体系、客户关系管理系统（CRM）等系统，将物业基础业务线上化，实现对人、物、财的全面数据化管理。

在信息化管理下，物业管理的各个环节都变得透明、高效。全流程电子化服务，不仅操作便捷安全，而且极大提高了物业服务效率。业主可以通过手机或电脑轻松完成缴费、报修、咨询等操作，物业人员也能通过系统快速响应和处理业主的需求。

在人事管理方面，智慧物业考勤管理系统完善了人事考勤管理制度，通过自动化、智能化的方式提高了考勤、排班的效率，保证了数据的准确性，降低了管理成本。

在设备维护方面，智慧物业系统通过基于位置的服务（LBS）、声源定位等技术，能够及时定位问题设备，实现智能派单，快速响应。大大提高了维修管理效率，减小了设备的故障时间和对业主生活的影响。

此外，通过大数据智能分析，系统可以对消防、燃气、变压器、电梯、水泵、窨井盖等设施设备设置合理的报警阈值，动态监测预警情况，有效识别安全隐患，及时防范化解相关风险。

3）数字化服务

在智慧物业的实践中，数字化服务占据了核心地位，通过先进的技术手段和创新的服务模式，极大地提升了物业管理的效率和服务质量。

智慧物业管理系统将传统物业管理的各个环节串联融合，以数字技术赋能社区治理，描绘出一幅未来社区的美好图景。它不仅能提升物业管理效率，更能为业主提供便捷舒适的生活体验，构建和谐共融的智慧社区生态。

4）平台架构

智慧物业管理系统采用"平台＋应用"的总体设计思路，以统一平台整合物业的各种智能化设施，实现智慧化前端应用。系统架构主要分为六个层次：

（1）设备层，主要包含视频类和非视频类设备，如视频监控、人脸识别、物联网传感器等。

（2）网络层，实现设备数据的传输、平台与设备的对接，并为应用层提供南向接口。主要功能平台包括物联网能力平台和视频能力汇聚平台。

（3）数据层，存储和处理平台数据，包括基础数据（人员、车辆、房屋等）和业务数据（设备报文、工单数据等）。

（4）应用层，基于智能化设备打造的垂直类应用，包括智能安防、智能家居、能耗管理、环境监测等。

（5）平台层，整合应用层不同应用，提供平台类应用，如多设备智能告警联动、远程告警联动、综合指挥告警联动等。

（6）用户层，提供不同用户界面，包括小区居民便民小程序、物业管理端小程序和业务标准展示大屏。

总体而言，智慧物业管理系统平台架构采用分层设计，各层功能明确，协作紧密，为智慧物业管理提供了一个灵活、开放、可扩展的平台。

5）业务架构

（1）基础设施层：这是系统的底层基础，主要通过传感器和设备实现物业环境和设施的数据收集。这些设备能够实时监测和收集关于建筑物、社区运行状态的各种信息，如温度、湿度、光照强度等。

（2）能力中台层：感知层收集到的数据需要被有效地传输到中央处理系统。在这一层中，使用无线通信技术和互联网技术来确保数据的快速、安全传输。

（3）前台应用层：这是智慧物业管理系统的最顶层，涉及数据的分析、处理以及最终的服务提供。应用层利用云计算、大数据、人工智能等技术，对收集到的数据进行深入分析，以优化物业管理决策和提高服务效率。

6）技术架构

智慧物业管理平台使用 SaaS 云化部署，采用微服务架构，具备安全、高可用、易扩展、易维护的特点。通过 Nginx 实现负载均衡分发请求，访问具体业务。在安全方面，定期开展漏洞扫描与安全加固工作，敏感数据加密存储，接口入参 des 加密传输以及基于 redis 的 token 机制，数据库定时快照备份，保证数据库的数据完整性，如图 4-2 所示。

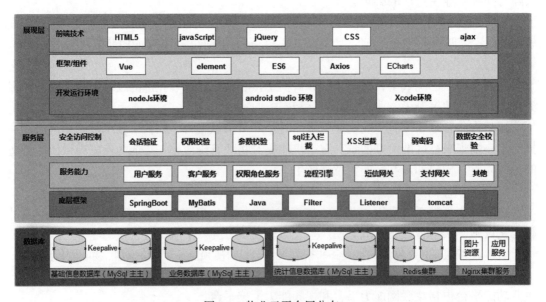

图 4-2 物业云平台层分布

通过各类传感器和智能终端，实时采集物业管理领域的各类数据，为系统提供源源不断的数据支撑。依托大数据平台，对海量数据进行分析处理，挖掘隐藏的规律和趋势，为物业管理决策提供智能化支持。引入人工智能技术，实现智能客服、故障预测、个性化推荐等功能，提供更加优质的业主服务体验。

7）智能化设施

在智慧物业的实践中，智能化设施的运用成为提升服务质量和居住安全的重要手段。这些设施不仅为居民提供了便捷、高效的服务，还通过技术手段提高了社区的安全性和管理的精准性。

智慧物业在小区内设置了居民和车辆进出时的自动识别系统。加强车辆出入、通行、停放管理，智慧物业引入先进的智能化系统。减少了管理人员的数量，降低了运营成本。同时，通过车牌和人脸自动识别系统控制闸门和地锁，提高车辆通行效率，保障小区安全。此外，统筹车位资源，实现车位智能化管理，通过智能分配和预约系统，提高了车位的使用率，解决了停车难问题。

智慧物业在小区内完善了新能源车辆充电设施。这些设施为电动车主提供了方便的充电服务，减少了燃油车的使用，有利于保护环境。同时，智能化管理系统实时监控充电桩的使用情况和充电状态，确保充电设施的安全运行。

智能安防系统是通过建立完善的智慧安防小区，为居民营造安全的居住环境。在小区出入口安装智能化设施设备，实现了对进出人员和车辆的自动识别和控制。同时，在小区内部布置高清摄像头和安保呼叫系统，实现了对小区全方位无死角的监控，并具有报警功能。这些智能化设施可以有效地预防高空坠物、祭祀烧纸、不文明养犬等危害公共环境和扰乱公共秩序的行为，确保小区的安全和秩序。

智慧物业的智能化设施还包括全方位的监控系统和数据分析平台。这些系统可以实时监控车辆和道闸、充电桩等相关设施设备的运行情况，及时发现并处理异常情况。同时，通过对监控数据的分析，可以了解小区内居民的活动规律和需求变化，为物业服务提供更加精准的数据支持。

8）可持续发展

在智慧物业的实践中，可持续发展的理念贯穿于各项管理活动中，是确保技术广泛接受和有效利用的关键。通过引入智能化技术和管理模式，促进居民对智慧物业技术的了解、接受和使用，增强居民的参与积极性，保障智慧物业的持续运营发展。

定期监控系统的性能指标，评估系统的效率和居民满意度，及时发现并解决问题。智慧物业通过监测分析设施设备运行高峰期和低谷期情况，科学合理地制定设备运行时间表。这种精细化的管理方式，使得设备在需要时高效运行，而在非高峰时段则进入低功耗模式，从而实现了节能的目标。智慧物业加强了水电检测控制，通过智能化的管理手段减少水电浪费。物业公司利用传感器和数据分析技术，实时监测水电使用情况，并根据实际需求进行调整。

根据技术发展和用户需求对系统进行更新和升级，以保持系统的现代性和竞争力。有效的操作管理不仅包括日常的维护和监控，还涉及对系统性能的定期评估和必要的技术更新。引入智能化系统，实现对楼宇设备的远程监控和控制，操作管理与持续优化旨在确保智慧物业系统在部署后能持续运行在最佳状态，并不断根据居民和物业管理团队反馈改进。

为物业管理人员和相关工作人员提供持续的培训,确保他们能够有效地操作和管理智慧物业系统。定期举办培训,课程涵盖智慧物业系统的操作、维护和客户服务等方面。提供职业发展机会,鼓励员工提升技术水平和服务能力,以适应智慧物业管理的需求。确保物业管理团队不仅能够使用智慧物业系统,而且能够积极推广系统,提高服务效率和居民满意度。为物业管理人员提供必要的技术培训,确保他们能够熟练操作智慧物业管理系统,并解决日常运营中可能遇到的技术问题。实施激励机制,如绩效奖励或职业发展机会,鼓励物业团队积极采用和优化智慧物业技术。建立反馈系统,让物业管理人员能够报告系统运行中的问题,并提出改进建议,确保系统持续优化。

在特定区域或楼栋实施试点项目,通过实际案例展示智慧物业管理的效益。精选具有代表性的小区或楼栋进行智慧物业系统的安装和测试。收集试点项目的数据和居民反馈,评估智慧物业系统的性能和居民的满意度,根据反馈进行优化。

9)共建共治共享

在智慧物业的管理实践中,共建共治共享成为核心理念,它强调通过党组织的领导、居民的广泛参与以及智能化的服务平台,实现物业管理与基层治理的深度融合,共同建设和谐宜居的社区环境。

首先,加强党组织对物业工作的领导,社区党组织应有效地引导社区居民委员会、业主委员会、物业服务企业等各方力量,形成协调运行机制,确保物业工作的有序开展。确保社区事务的决策和执行更加符合居民的意愿和利益,增强居民对社区事务的参与感和归属感。

其次,促进城市管理下沉,通过与城市运行管理服务对接,形成城市管理政策宣传、政策解读、信息发布的重要窗口。实现城市管理进社区,畅通居民投诉举报渠道,及时治理侵害居民利益的违法违规行为,提高城市管理的效率的同时方便居民开展政策咨询、提出政策建议、实施政策监督。进一步提升居民对城市管理工作的参与度、影响力和对城市管理工作的认同支持。

在共建共治共享的过程中,居民的广泛参与是不可或缺的。通过建立"网上议事厅",居民随时随地参与社区事务的讨论和决策,表达自己的意见和建议。为重大事项的表决提供了便利,确保了决策的公正性和透明度。此外,公开公共资源经营的收支明细及入账情况与住宅专项维修资金使用及结存信息,接受居民监督。

在智慧物业的建设过程中,政府作为倡导者和支持者,需要制定一系列扶持政策(如税费减免等),以鼓励企业积极参与智慧物业的建设。同时关注低收入居民和特殊困难群体的利益,确保他们也能享受到智慧物业带来的便利。

物业公司作为智慧物业的供给者和投资者,应当本着谁投资谁获益的原则,积极投入资金和技术,推动智慧物业的升级改造。通过智能化的管理手段,物业公司可以降低管理成本,提高服务效率,为业主提供更加便捷、舒适的生活环境。

居民作为智慧物业的直接受服务对象,可以通过智慧物业平台提出自己的需求和建议,参与到社区事务的决策和监督中来,共同推动智慧物业的发展。

智慧物业建设是一个多方参与、共同发展的过程。只有政府、物业公司和居民齐心协力,才能实现智慧物业的升级改造,推动物业管理行业的持续发展,为社区居民创造更加美好的生活环境。

4.3 城镇老旧小区改造

4.3.1 概念

城镇老旧小区改造是指对建成年代较早、失养失修失管、市政配套设施不完善、社区服务设施不健全、居民改造意愿强烈的住宅小区（含单栋住宅楼）进行改造、完善和提升的活动。改造的内容涵盖了建筑、环境以及配套设施等多个方面，以满足居民的安全需要、基本生活需求、生活便利需求以及改善型生活需求。改造的重点对象主要是 2000 年底前建成的老旧小区，同时也包括一些 2001—2005 年间建成且符合改造条件的小区。

城镇老旧小区改造内容可分为基础类、完善类、提升类 3 类。

1）基础类

目的是满足居民安全需要和基本生活需求，主要包括市政配套基础设施改造提升以及小区内建筑物屋面、外墙、楼梯等公共部位维修等。其中，改造提升市政配套基础设施包括改造提升小区内部及与小区联系的供水、排水、供电、弱电、道路、供气、供热、消防、安防、生活垃圾分类、移动通信等基础设施，以及光纤入户、架空线规整（入地）等。

2）完善类

目的是满足居民生活便利需要和改善型生活需求，主要有环境及配套设施改造建设、小区内建筑节能改造、有条件的楼栋加装电梯等。其中，改造建设环境及配套设施包括拆除违法建设，整治小区及周边绿化、照明等环境，改造或建设小区及周边适老设施、无障碍设施、停车库（场）、电动自行车及汽车充电设施、智能快件箱、智能信报箱、文化休闲设施、体育健身设施、物业用房等配套设施。

3）提升类

目的是丰富社区服务供给、提升居民生活品质、立足小区及周边实际条件积极推进提升，主要是公共服务设施配套建设及其智慧化改造，包括改造或建设小区及周边的社区综合服务设施、卫生服务站等公共卫生设施、幼儿园等教育设施、周界防护等智能感知设施，以及养老、托育、助餐、家政保洁、便民市场、便利店、邮政快递末端综合服务站等社区专项服务设施。

老旧小区智慧化改造是老旧小区改造中的重要专题，智能化改造综合运用现代技术手段，立足社区实际，整合社区内外资源，通过完善社区基础设施，提高社区服务和治理水平，增强社区便民、利民服务能力，促进社区可持续发展。通过老旧小区改造建设，切实解决小区在社区管理和居民服务等功能方面存在的问题，为广大居民营造整洁、有序、安全、舒适的生活环境，提高物业企业管理能力，为政府基层管理提供更为便捷的工具。

老旧小区智慧化改造建设按照统一规划部署、统一数据接口、统一技术标准，保证系统可以实现纵向和横向交流，整合社区内外资源，形成一个准确、迅速、有效的综合管理控制体系。通过充分发挥数字技术优势，有效加强社区基层单元的感知、分析、决策和预警能力，实现社区治理由传统的粗放型向精细型、智慧型转型。部署数字应用推动基层治理"触角"更多元、更灵敏，为社区治理现代化赋能加分。

通过提供相匹配的综合配套和智慧服务支撑，加快形成多元化、多层次社区服务体系，进一步促进基础公共服务均等化、普惠化、便捷化，实现居民生活更智慧、更幸福、更安全、更和谐、更文明，全方位提升居民的获得感。

4.3.2　数字化路径

以"平台 + 场景"双擎驱动，打造"1 + 1 + 3 + N"的老旧小区改造数字化解决方案，即"1 张感知网络，1 个数字底座（感能、算能、图能、数能），3 大应用体系（社区治理、社区运营和生活服务），以及相关的 N 个智慧场景"。构建起一个"市—街道—社区—物业等服务资源—居民"五级自运转和自造血的生态体系，上连政府基层治理，下连服务运维体系，实现居民生活安全便捷、物业服务降本增效、政府治理精准科学的良性循环。

1）建设—张感知网络

（1）电子巡查

要求保安人员按照制定的路线巡逻，在限定的时间内到达。可监督保安人员工作质量，避免漏巡；定时检查现场情况，保障建筑物内部环境安全。系统采用基于无线对讲系统的在线式巡更管理系统。巡更点主要设置在各重要出入口、主要通道、楼梯口等处，巡更点的位置可根据管理需要按照后期巡更路线进行调整。

（2）信息发布

在小区主要出入口设置查询用的信息引导及发布显示屏，信息显示屏采用室外 LED 屏，实时发布政府、街道、小区等各类公告及信息。

（3）消防设施监测

通过对传统消防设施赋能，实现联网通信功能和在线监测功能，快速反馈异常情况，及时发现火灾隐患和初起火情，解决了老旧社区中火灾隐患发现难、消防设施成摆设、消防预警能力低等消防管理难题。

智慧消防解决方案，基于 NB-IoT 技术，整合大数据、人工智能、云平台、移动互联网等领先技术，将 NB-IoT 智慧感知设备接入云平台，实现实时远程监测、大数据存储、AI 分析、智能预警报警、智能联动、场景控制等先进功能，让消防防范从"事后追溯"被动防御向"实时监控""事前预防"主动预警转变，提高消防风险防范能力。

（4）占用消防通道监测

老旧小区，车多车位少，很多人由于法律意识薄弱、安全意识不强，会将车辆停在消防通道上，当发生火灾时，因耽误时机造成不可挽回的损失。人力无法 24 小时兼顾，容易监管漏洞，难以及时发现车辆违章停放，事后也难以找车主挪车。通过在消防通道布置声光警戒摄像机，对于违章占据消防通道的行为自动通过声光报警驱离，或保安通过 APP 接收通知，远程喊话驱离。

（5）垃圾分类监测

目前我国居民的垃圾分类意识普遍较低，普及垃圾分类的最大难点是如何让居民能有意识地进行垃圾分类，不再依靠垃圾投入监督员和环卫工人二次分拣。通过安装警戒摄像机、室外音柱，当居民投放垃圾时，声音提示垃圾分类，引导居民进行垃圾分类投放。监管部门可以通过手机远程监控，了解辖区所有垃圾投放点实时情况。

（6）公共环境监测

在小区的中心活动广场部署环境监测仪，实现对社区内温度、湿度、气压、风速、风向、光照、光学雨量、噪声、$PM_{2.5}$、PM_{10} 等空气质量和气象参数进行监测，实时反馈社区内的居住环境，并通过平台进行信息展示，共享给居民实现"数字共享"的生活新方式。

（7）高空抛物监测

高空抛物被喻为悬在城市上空的杀手，严重影响居民的生活环境甚至生命安全。针对这一顽疾，选择配置人工算法的高空抛物摄像机方案，将楼外立面由下至上全覆盖监视，当有高空坠物时，其分析算法将快速检测并报警，便于后台实时发现警情并溯源，做到事后取证并追究相关人员的法律责任。

（8）视频监控

围墙部署周界监控，支持绊线入侵、声光警告等功能。小区制高点设置 AR 全景摄像机，对小区进行俯瞰全景监控。主要道路、交叉口、单元门、车位区域部署高清红外摄像机，24 小时监看。广场、游乐场等大范围区域部署 360 度球形摄像机，可旋转监控。并设置行为分析摄像机，对老人、儿童异常跌倒、异常奔跑、人员聚集等异常情况进行监测预警。电梯轿厢部署迷你半球摄像机，实现电梯内部空间全覆盖。出入口设置人脸抓拍摄像机，对进出小区的人员进行人脸抓拍。出入口设置结构化摄像机，对出入小区的人、车、非机动车进行结构化分析。单元一层大堂及电梯内设置电动车监测摄像机，对驶入的电动车进行识别并驱离。

（9）弱电及管线规整

入户采用光纤到户，每户开通带宽约 1000M。光纤传输采用光纤到户（FTTH）方式。能承载三大电信运营商及标清数字电视、高清电视、互动点播、网络电视（IPTV）、公共信息、政务及资讯信息和其他数据综合业务。

2）建设一个数字底座

通过充分发挥数字技术优势，发挥感能、算能、图能、数能四大能力，有效加强老旧小区基层单元的感知、分析、决策和预警能力，实现社区治理由传统的粗放型向精细型、智慧型转型。为各类数字应用提供重要抓手，推动老旧小区基层治理和服务的"触角"更多元、更灵敏。

（1）感能

IoT 平台是物联设备感知能力采集和数据汇聚转发的平台，提供泛在物模型设备多方式快速接入、统一管理、规则引擎、数据订阅转发的核心能力。平台对外提供统一的接口与大数据平台和各业务应用系统进行数据交互，进而解决多领域、多品牌、多种类、多协议的泛在物联感知设备接入提速，以及跨设备、跨场景的场景数据互通困难的问题。平台以物联感知终端接入为基础，规范数据标准化，实现物联网数据汇聚和沉淀，构建物联感知设备管理和数据统一服务体系、支撑业务管理系统各类业务场景的快速搭建。利用现代物联网为主要载体和平台，将社区生活进行融合，建立一体化的应用服务系统，从而实现新型的社区形态。借助现有的网络技术和社区的智慧环境，充分发挥计算机技术和物联网的优势，营造一个更加全面的综合社区服务平台，实现现实与网络的实时沟通，为所有社区生活者提供智能化的环境和各种个性化的定制服务，从而提高社区的整体管理和运作能力。

（2）算能

在社区安全方面，社区重点人员管控面临监管范围大、人员流动性强、隐患行为发现难的问题。针对社区案件难追溯的问题，建立视频汇聚平台，平台通过视频识别、智能分析等算法智能分析社区异常情况，保障社区安全。

例如，社区内公共区域、学校、娱乐场所、沿街商铺等地点通过视频监控智能分析及时对人员聚集、打架斗殴等异常情况进行报警；在社区出入口、主要道路、单元楼门口等重要地点设置人脸采集、车辆采集、智能移动终端数据采集设备，通过多维信息感知和智能分析，可实现对社区内疑似盗窃等人员异常情形、疑似犯罪窝点等房屋异常情形、频繁夜间出行等车辆异常情形三类社区隐患进行异常告警处置，实现提前预警，及时发现违法犯罪行为及存在的安全隐患，并及时进行精准打击；在实现管辖社区采集的多维信息统一汇聚到省市级公安部门的基础上，结合公安其他业务信息形成数据资源仓库，可提供人车轨迹研判、多维数据查询，及时掌控重点对象的动态，对有违法犯罪苗头的做到实时发现、及时采取措施依法管理、控制，从根本上遏制重点人员再次违法犯罪，为社区违法犯罪案件侦破、事后查证等业务提供应用支撑。

（3）图能

通过数字孪生技术和时空大数据，以行业智慧创新为核心，标准服务规范为依托，整合硬件基础设施，联合软件管理，打造一体化社区服务体系。构建场景数据化、设备感知化、业务智能化、平台技术化的老旧小区智慧综合信息服务平台。为社区管理者提供全面感知、指挥、调度和决策信息，实现跨职能、跨业务联动，为社区居民提供更便捷的社区服务。

（4）数能

大数据以数据为基础，通过老旧小区大数据库，建立一个政府、物业、服务商、小区居民畅通的沟通渠道，还包括了社区居民消费服务等有巨大商业价值的消费大数据，对于服务型行业来说其商业价值同样是不可估量的。其次，大数据整合社区的地理信息和人口数据、社区周边企业法人信息数据，结合线下、物联网和互联网配合采集的信息数据录入方式，在平台上建立一个实时数据库。有了这样一个整合性的数据库，社区管理的准确性、实时性、条理性和可统计性将大大提高。利用大数据平台还可以建立应急呼叫平台，为社区空巢、孤寡老人等群体提供最及时最贴心的便捷服务。通过建设社区老人的健康数据，使得社区的养老服务可监管、可追溯、可查询、可分析，同时也是城市人口健康大数据的重要来源，因为具有数据采集样本丰富、涵盖比率高的优势，所以社区健康数据的来源具有其他系统数据库所不具有的优势。

3）构建三大应用体系及 N 个智慧场景

（1）社区治理

落实政府对老旧小区的运营监管是智慧社区建设的必由之路。运用移动物联网、大数据、人工智能等技术，建立神经元系统全覆盖，按照物联、数联、智联三位一体打造物联网平台，人地事物情全面感知，社区数据一屏掌握，政务通知一键办理，社区问题尽早发现，真正实现人员少跑腿，政策速传达。

①领导驾驶舱

领导驾驶舱帮助政府人员耳听六路，眼观八方，包括宏观态势总览一张图、社区党建一张图、网格管理一张图、重点人群一张图、视频监控一张图、安防态势一张图、应急防灾一张图、人员调度一张图等。

②党建引领

通过建设党建引领平台，提供消息推送服务、安全认证服务和工作流服务，加强党的领导，引领组织建设、组织管理和党员发展工作；督促党员干部保持廉政党风、坚持党政学习，自觉接受监督检查；带动党员群众配合党委工作，学习会议精神，积极参与党建监督工作。实现党建信息动态实时共享，落实"三会一课"制度，加强党支部制度建设，实现党员随时沟通，加强党员集体归属感。

③物业管理

搭建物业监管渠道，提升业主参与权、表达权、决策权、监督权。实现旧改住宅小区物业服务质量区县、街道社区、业主三级评价，让评价公开化、便捷化，评价结果公平、公正、科学。打通基层治理神经末梢，化解突出矛盾，加强行业监管，改进服务并协同各部门开展工作，科学决策和完善政策措施。面对业主难组织、小区公共事项表决意见难收集的问题，智慧物业管理系统能够帮助业主落实对小区物业事务的参与权、表达权、决策权和监督权。推进物业服务行业信用体系建设，促进物业服务企业诚信自律，构建以信用为基础的新型监管机制。搭建政府、物业、居民三方桥梁，实现居民发声有力、共治有序。

④人员管理

建立重点人员管控系统，分析已登记人口出入频次，自动研判人口搬迁，居住地变更。实现人口、房屋等数据实时更新，便于政府管理人员及时掌握人员信息。对未登记且规律性进出社区的人员自动研判为疑似流动人口，智能识别其出行特征、行为动态，配备数据计算其出行频率分析、规律分析、标签分析、轨迹追踪等。实现可疑人员早跟踪、重点人员严管控、行为异常早发现、恶性事件早解决。

（2）社区运营

随着近年来居民对于社区生活品质需求的提高，也对物业管理公司管理能力提出了更高要求。物业管理流程线上化、数据留痕规范物业管理、主动预警实现降本增效是智慧物业发展的必然方向。

①出入管理

小区的出入口是小区居民出行的重要通道，减少陌生人员与陌生车辆进入不但可以大大提高小区安全，同时也能改善小区的生活环境。人行通道增加人脸识别门禁，对所有进出的人员人脸特征进行无感识别人脸特征提取，与在住的小区居民人员信息进行比对，比对成功则联动门禁开门，未比对成功则提示登记，避免了以往刷卡方式居民忘记带卡或丢失的弊端。

车辆通道增加车辆道闸及车辆识别系统，对所有进出车辆进行号牌识别，对所有登记过的号牌自动开闸放行，未登记的车辆禁止进入，大大降低小区的安全隐患。单元门增加人脸识别智能终端，对居住在本单元的居民人脸进行单独识别比对，比对成功则打开单元门，未比对成功则提示。所有前端设备抓拍到的数据经前端智能分析终端上传到 SaaS 云平台，平台对所有前端数据进行汇总分析，充分发挥数据作用。

物业、政府通过平台对内外部人员进出记录、进出人员轨迹、一标六实居民数据统计、陌生人员提醒、黑名单人员布控预警、老人、小孩的人文关爱预警等过往数据进行查询，了解小区所有人员情况。促进社区人员信息数据化、智能化、管理便捷化，大数据应用与生活结合，满足不断发展的人文关怀需求，以技术安全防范为主导，利用人工智能技术和大数据分析等手段，为社区居民提供更加安全、高效、方便、舒适的智能化服务。

②设备管理

传统社区常常存在公共设备巡检缺乏统一标准、设备运行过程监控不实时、任务流转不及时等问题，设备损坏、维修不及时等情况时有发生。因此智慧社区中，需要对设备设施建档管理，制定和审批周期性巡检计划、巡检项目和巡检标准，审批通过后系统按计划自动生成任务，当到达预定时间时系统自动派单，巡检人员通过APP接单，依照巡检标准手册对设备设施、安保、清洁等做周期性的巡检并进行扫码记录。在巡检发现设备异常时，巡检人员发出异常上报；当设施在巡检之外时段发生破损或故障时，设备物联组件能够直接后台发出设备故障预警，业主也可以通过APP在线报修。设备管理平台自动派发工单通知运维人员进行检修。任务完成后巡检人员进行任务抽查和运维确认，并对运维人员工作进行评分。

除巡检外，保养工程师也会对各种社区内设备设施做周期性的保养，保证各种设备正常运行。

③应急管理

在突发事件发生时，通过传感器、视频监控设施以及人员报警设施等途径及时报警，并通过定位功能，及时调用人员和物资，实现实时预警、快速响应。

（3）生活服务

"十四五"规划纲要提出，推进智慧社区建设，依托社区数字化平台和线下社区服务机构，建设便民惠民智慧服务圈，提供线上线下融合的社区生活服务、社区治理及公共服务、智能小区等服务。

①智慧出行

通过智能门禁系统，居民可通过刷脸、刷卡、扫码多种通行方式快速进出社区出入口、单元出入口；通过车辆号牌识别系统，可不停车快速通行，减少等待时间；业主可通过手机APP发起线上邀约，受邀访客刷码进入，系统自动登记并开放相应权限，无需繁琐登记，减少等待时间。变革出入模式，人脸识别开门，无感通行更便捷。

②事件上报

为鼓励群众参与智慧社区共同建设，打造群众随手拍服务，对日常生活中发现的问题可以通过随手拍上传至APP，也可以通过扫描智慧门牌二维码，与网格员直接联系，上报后居民可以随时查询上报事件处理时间和处理情况，在事件处理完毕后居民可以对事件处理进行反馈和评分。通过事件上报平台结合积分激励、礼品换取等机制，让居民切实参与到智慧社区的建设和治理中来，提高市民共建美好家园的参与感，畅通居民参与社会治理新渠道，让网格工作更加贴近群众。

③政务服务

APP建立居民政务服务模块，包含民生百事、个人服务、办事指南和政策咨询等内容，对接现有政务服务平台，在信息发布方面，定向发布与统计惠民信息、疫情信息和政策信息，做到突发公共卫生事件实时发布，疫情防控政策快速传达，并实时反馈居民查看情况；在三务公开方面，社区编辑上传并快速发布党务、政务、财务的长效公示，提高政务信息发布效率；在信息反馈方面，调查表直达用户，精准统计，批量定向下发、智能汇总调查结果，实现数字化舆情监测，实现居民对公业务咨询及快捷办理。

④智慧康养

智慧康养可以将智能设施监测数据实时传输至手机 APP，智能床垫能监测老人的睡眠情况，包括心率脉搏、体温、睡眠时间、睡眠质量等，老人或其家属可通过智能 APP 实时查看状态以及分析报告。智能床垫能监测到老人心跳停止或体温异常等异常情况，并通过 APP 或平台进行在线预警，还可通过平台对接家庭监控或社区公用监控，查看视频监控。在智慧康养平台中，平台抓取前端采集设备数据，一人一档，建立历史档案，独居老人统一照看，联动物业和街道办，独居老人超过 24 小时用水情况低于 1 立方米或超过历史最高日用水量时，后台通过手机 APP 对老人子女以及物业人员发出预警，通知人员上门查看。通过大数据的方式，远程照看老人的生活，让社区感知更智能，居家养老有保障，子女上班更放心。

4.3.3　改造策略

城镇老旧小区改造策略是一个全国性的、多层次的城市更新策略，旨在提升居民的生活质量和小区的整体功能，同时解决社区面临的结构老化、设施落后和服务不足等问题。策略综合考虑城市发展的不均衡性，特别是在技术和资源可用性方面的差异，策略以指导为主，希望每一个项目都能在其所在的地区环境中实现最大的改善效果。以下是改造具体的实施步骤与建议：

1）优先级和阶段性实施

（1）确定改造优先级

在城镇老旧小区改造项目中，首先需要根据以下标准确定改造的优先级：

①安全性：优先级的确定，首先要考虑安全性，特别是直接影响居民生命安全的问题。

所有结构安全问题（如有倒塌风险的建筑、严重损坏的承重墙等）属于高优先级问题，应立即处理，以防止任何潜在的灾难。次要的安全问题，如老化的电气系统和燃气管道，虽不立即威胁生命安全，但可能长期存在火灾和其他安全风险，属于中优先级问题。对于那些安全隐患较小，或是通过简单维修就能解决的问题，如轻微的裂缝或老化的外墙涂料，属于低优先级问题。

根据基础设施的现状和重要性，分级确定基础设施需求改造优先级。涉及居民日常生活必需的基础设施，如供水和供电系统等如果存在严重问题，如频繁的水管爆裂或电力中断，应立即进行改造，属于高优先级问题。排水系统和供暖设施等系统的故障可能不立即影响居民生活，但长期问题会影响居住舒适度，属于中优先级问题。通信设施等虽然重要但不直接关系到居民的基本生活需求，可以在处理了更紧迫的问题后进行升级，属于低优先级问题。

②居民需求与反馈：通过系统的调研和反馈收集，根据居民的直接需求来调整优先级。

居民普遍关心并频繁投诉的问题，如噪声污染、安全问题或是公共设施的缺失，属于高优先级问题。居民较为关注但不构成日常大问题的方面，如公共区域的照明和小区绿化情况，属于中优先级问题。居民偶尔提及的小问题，如小区内部装饰和标识更新等，属于低优先级问题。

（2）阶段性实施计划

①第一阶段：基础安全与设施改善

该阶段的主要活动为集中解决所有重大安全问题，如建筑结构加固和紧急电气维修；开始基础设施的升级工作，如水管和电路更换。阶段建议周期1～3个月，需要快速行动，确保所有紧迫的安全隐患得到解决，防止安全事故发生。

②第二阶段：环境优化与生活质量提升

该阶段的主要活动为实施环境美化项目，如公共区域绿化和照明改善；改善和增加社区设施，如建立或翻新公共活动场所和儿童游乐区。阶段建议周期3～6个月，关注于提升居民的日常生活环境，充分考虑设计和建设时间，确保质量的同时满足居民的期望。

③第三阶段：智能化升级与社区服务增强

该阶段的主要活动为增设智能安全监控系统和能效管理系统，可增设社区管理平台和物业管理平台，提高居住安全和服务能效。在基础设施和居民接受度允许的条件下，推广智能家居解决方案。阶段建议周期1～2个月，由于涉及高技术产品和系统的集成，此阶段需考虑技术调试、居民培训以及系统优化等，以确保技术的顺利运行和居民的满意度。

2）技术引入策略

在城镇老旧小区的改造项目中，技术引入不仅仅是一个简单的安装过程，而是一系列策划和执行的步骤，这一过程从明确小区的具体需求开始，涉及技术的筛选、测试、部署，直至最终的监控和优化，确保技术的有效集成和使用。

（1）确定技术需求

①目标：基于小区的具体需求和居民的反馈，确定引入哪些技术能最大化地解决存在的问题或提升居住体验。

②操作步骤：进行需求调研，包括居民问卷、小区实地考察和现有设施评估；与技术供应商、工程师和城市规划专家讨论，评估不同技术的适用性和成本效益。

（2）技术选择与测试

①目标：选取最合适的技术方案，进行小规模测试，以验证其实际效果和居民的接受度。

②操作步骤：选择符合安全、效率和成本要求的技术；在小区的有限区域内试行新技术，如安装新的照明系统或水管监测设备，收集实施结果和居民反馈。

（3）技术部署

①目标：根据测试阶段的结果，全面部署技术，确保所有安装和集成工作的质量和效率。

②操作步骤：根据测试反馈调整技术方案，解决在试点阶段发现的问题；安排专业团队进行技术的安装和调试，确保系统正常运行；进行居民培训，确保用户能够理解和正确使用新引入的技术。

3）社区居民参与与沟通策略

在老旧小区改造项目中，确保有效的社区居民参与和沟通是项目成功的关键。这不仅有助于收集居民的真实需求和期望，还能增加他们对改造项目的支持和满意度。一个有效的社区居民参与和沟通策略应包括透明的信息分享，积极的居民参与，以及对居民反馈的及时响应。通过这些措施，可以建立居民和项目团队之间的信任，促进项目顺利进行，同时确保改造成果符合社区居民的实际生活需求。

（1）建立临时沟通场所

①目标：在小区内建立一个临时的沟通中心，作为信息发布和居民反馈的物理节点。

②具体实施：选取小区内的一个便利的公共场所（如社区会议室或广场）临时搭建简易棚，设立信息公告板和意见收集箱。在此中心安排定期值班的工作人员，解答居民的疑问，收集意见和反馈。利用这一中心建立固定的沟通机制，集中讨论改造进展，展示成果，并提供问答环节。

（2）利用现有的社交结构

①目标：通过已有的社区组织、物业和社交网络，促进信息的传播和居民的参与。

②具体实施：与社区居民委员会、网格员等现有组织合作，利用这些组织的网络和会议来传递信息。在社区人流较为集中的区域设立信息点，增加居民互动和反馈机会。

（3）定期的户外大会

①目标：定期在小区内举办户外大会，向居民介绍改造进展，收集居民反馈。

②具体实施：定期（如每季度）在小区公共区域举行大会，项目负责人和技术团队到场，展示改造进度，讨论下一步计划。提供问答环节，让居民现场提出问题和建议，增加互动和透明度。

（4）纸质通讯简报与调查问卷

①目标：通过传统的纸质通讯简报保持居民的信息更新和参与。

②具体实施：定期（如每月）发放纸质通讯简报到每户居民，内容包括项目更新、即将进行的活动和常见问题解答。随简报一起分发调查问卷，收集居民对改造的意见和满意度，以及他们的特殊需求。

（5）教育与培训活动

①目标：组织教育和培训活动，帮助居民了解改造项目的利益和他们可以利用的新设施或服务。

②具体实施：在沟通中心或在户外大会中举办定期的教育工作坊，主题包括节能减排、健康生活、社区安全等与居民生活密切相关的内容。提供实际操作演示，如怎样使用新安装的公共设施，以及维护个人和家庭安全的技巧。

4）资金筹集与管理策略

在老旧小区的改造项目中，资金筹集与管理是实现项目目标的重要环节。这一部分需要详细规划以确保资金充足、适时、透明使用。

（1）确定资金需求

①目标：详细评估改造项目的全部成本，包括直接成本和间接成本，确保所有预算项都被考虑到。

②具体实施：进行全面的项目成本分析，包括初步调研、设计、建设、监管以及后期维护的费用。定期更新成本预算，以应对市场价格变动和项目需求的变化。

（2）多渠道资金筹集

①目标：利用多种资金来源，包括政府补助、社区投资、私人投资和其他潜在的资金支持。

②具体实施：申请政府相关的改造补助和资金支持，利用政策优惠促进项目进展。向社区居民和商业投资者介绍项目的长期效益，鼓励他们的财务参与。探索与银行和金融机构的合作可能，获得必要的贷款支持。

（3）透明的资金管理

①目标：确保所有资金的使用都高度透明，每笔资金的流向都能被追踪和审核。

②具体实施：建立一个开放的财务记录系统，所有资金流动都需记录在案，并定期对外公布。设立独立的审计团队定期审查资金使用情况，确保资金使用的合规性和效率。

（4）建立资金储备

①目标：为不可预见的支出建立资金储备，应对项目执行中可能出现的意外情况。

②具体实施：在项目预算中划分一定比例的资金作为应急储备，用于处理突发事件或非计划的支出。管理资金储备的使用，确保只在必要时才动用，并且使用后及时补充。

（5）持续的资金监控与评估

①目标：持续监控资金的流入和流出，评估资金的使用效益，确保资金使用符合项目的长期目标。

②具体实施：设立定期的财务会议，讨论资金状况、预算调整和未来的资金需求。使用现代财务管理工具（如 ERP 系统）来强化资金流的可视化管理。

5）政策支持与合作

在城镇老旧小区改造项目中，有效的合作模式与实施合作是确保项目成功的关键因素之一。通过建立与多个利益相关者的合作关系，包括私营企业、非政府组织、社区团体及政府部门，可以有效地整合各方资源和专长，共同推进项目的顺利进行。合作不仅有助于资源的最优配置，还能增强项目的透明度和社区参与度，从而提高项目的受众满意度和成功率。明确各方的角色和责任，强有力的项目管理和执行，是确保合作成果转化为实际行动的关键。这一部分将详细探讨如何设立合作框架，选择合适的合作伙伴，以及如何通过合作促进改造项目的实施。

（1）确定合作模式

①目标：明确在项目中应采用的合作模式，包括与私企、非政府组织、社区组织以及政府部门之间的合作，以促进资源的共享和优化。

②具体实施：评估不同合作伙伴的资源和优势，如私企的资金和技术，非政府组织的社区动员能力等。设计灵活的合作协议，确保所有利益相关者的利益得到平衡和保护。

（2）建立合作框架

①目标：建立一个清晰的合作框架，定义各合作伙伴的角色和责任，确保项目的顺利进行。

②具体实施：创建合作方协议书，明确各方的具体职责、合作期限和预期成果。定期召开合作方会议，确保项目目标的一致性和合作过程中的透明度。

（3）强化合作执行

①目标：有效执行合作协议，确保所有合作活动都能按照既定计划进行。

②具体实施：指定项目管理团队负责监督合作协议的执行，处理可能出现的合作冲突。制定详细的时间表和里程碑，监控合作项目的进度，及时调整项目计划以应对实际情况。

6）风险管理与应对策略

在老旧小区改造项目中，有效的风险管理与应对策略是确保项目成功的关键。风险管理不仅涉及识别和评估可能阻碍项目达成其目标的各种风险，还包括制定具体的应对措施来减轻或消除这些风险的影响。通过系统的风险管理流程，项目团队可以提前预见并准备应对潜在问题，从而保护项目免受严重影响，并确保资源得到最有效的利用。

（1）风险识别

①目标：识别项目实施过程中可能遇到的所有潜在风险，包括财务风险、技术风险、法规风险以及社区参与度低的风险等。

②具体实施：进行全面的风险评估会议，邀请项目团队、合作伙伴和外部顾问共同参与，确保广泛识别风险。利用历史数据、类似项目的经验和专业知识来识别新的风险点。

（2）风险评估

①目标：评估每个风险的发生可能性和潜在影响，以确定哪些风险需要优先管理。

②具体实施：对识别的风险进行分类和优先级排序，使用风险矩阵方法评估风险的严重性和发生概率。定期更新风险评估结果，特别是在项目关键节点或外部环境发生变化时。

（3）风险监控

①目标：持续监控风险的发展，并检测新的风险点。

②具体实施：设立风险监控系统，定期收集风险相关的数据和信息。对风险指标进行定期审查，确保及时发现问题并进行调整。

（4）风险应对

①目标：为所有重大风险制定应对策略，以减轻风险的影响或完全避免风险。

②具体实施：开发风险应对计划，包括预防措施和缓解措施，为可能的风险事件做好准备。建立快速反应机制，以便在风险实际发生时能迅速采取行动。

4.3.4 经验总结

党中央高度重视城镇老旧小区改造工作，切实贯彻国家文件精神，积极落实高质量发展要求，推进老旧小区改造品质提升，不断改善城市人居环境，是提升老百姓获得感的重要举措，也是实施城市更新行动的重要内容。为此，我们集中调研各地老旧改造项目建设推进情况，总结相关建设经验，供各级单位参考。

1）党建引领，协同多方共建

坚持党建引领与群众共建共治共享相结合，将基层党组织建设与社区治理能力建设融入老旧小区改造过程，借力持续完善基层治理和服务模式，优化物业管理模式、管理效率、居民议事规则等，构建长效管理机制，促进基层治理模式创新。围绕改造工作内容，突出工作重点，按步骤有计划地全面铺开老旧小区改造工作，有效改善提升居民居住环境，按期完成老旧小区改造计划。

依照地方政府相关法律法规及配套政策组建老旧小区改造领导小组，设立专门的办公机构，落实牵头部门和责任单位，成立领导小组办公室，组织各委办局、街道、管委会及各有关单位改造工作负责人，定期召开联席会议，积极沟通、密切配合，共同研究解决改造过程中遇到的问题和难点，确保工作思路统一、信息传递流畅、问题及时解决。配备项目管理人员，强化领导，精心组织，确保责任到人、工作到位，合理规划项目前期准备、组织立项、组织实施、竣工验收等各阶段工作，坚持整体设计、系统推进，力求按程序、按进度、按质量完成各项工作。

督导各街道办事处密切配合，发挥党员先锋模范作用，协助前期调查，督促施工进度。

2）做好调研，摸清小区情况

城镇老旧小区改造，物理层面一般包括市政配套基础设施改造提升（包括水、电、气、暖改造，雨污分流，道路修缮，适老化无障碍设施改造等），环境及配套设施改造建设，公共服务设施配套建设及智能化改造，建筑物屋面、外墙、楼梯等公共部位维修等内容。前期需做好前期调研，了解小区基本情况，摸清小区当前痛点难点，广泛征求小区居民意见和建议，归纳居民诉求以及存在困难，确保通盘规划。

老旧小区基础设施差，改造协调难，需重点关注小区及周边土地及建筑产权结构，明确小区内商品房、经适房、公有房、小产权房、共有产权房情况，分别制定沟通改造计划；结合小区实际布局，依照最新住建及消防标准整改消防隐患，按照最近社区小区功能规划要求完善小区功能，新建民生功能区域；同步清查房屋建筑年限、老旧程度、设计情况等，对老旧危房进行复核排查，有条件的地方可补全小区建筑图等信息；调研小区人口结构及分布，核实常住人口、新迁入人口、流动居住人口具体情况，尤其注意新装修家庭及低层住户客观需求，提前做好需求沟通。

3）方案交流，消除居民疑惑

国务院办公厅《关于全面推进城镇老旧小区改造工作的指导意见》明确要充分征求群众意见。实践也证明，越是早征求群众意见，早开展项目情况交流及反馈，后续工作就越顺利。在小区申报改造之初就要走访居民，梳理出不同人群的改造需求，并真正实现精准的需求管控，对后续工作助力巨大。

实践中老旧小区改造，群众工作协调难度大，居民意见统一困难；老旧小区基础设施普遍较差，居民个人维权意识却极强，对改造期望高，攀比心理重。因此，要更加注重民情民意，做实做好改造方案的交流工作，及时应答居民诉求，消除居民疑惑。

制定建设方案，需因地制宜，坚持从实际出发，结合城市规划、小区现状、群众需求、长效管理等具体情况，科学合理制定改造内容，拟定改造方案，明确改造方式、建设内容、起止时间等，并定期开展与小区居民及代表的交流讨论，通过入户访谈、现场调研、居民议事会、座谈会、方案评审会等方式收集居民需求，吸取合理意见建议，真正让居民参与决策，不断优化方案，精准推进小区综合整治，切实改善人居环境。

4）做实宣传，争取各界支持

老旧小区改造工作中，需进一步加大舆论宣传力度，深入细致开展思想动员工作，争取群众理解，动员群众广泛参与，确保改造工作推进顺利，取得预期效果。需注重加强宣传动员，营造良好舆论氛围，鼓励引导群众支持和参与，结合工作实际，积极协调新闻、宣传等部门对老旧小区改造工作进行宣传造势，宣传老旧小区改造计划，讲解小区改造的重要意义，提高居民思想认识和知晓度，营造舆论氛围。

相关职能部门通过多种方式在老旧小区广泛宣传改造的目的、内容、实施办法及政策等，积极引导居民理解支持配合改造工作。充分利用街道、社区等平台，通过编印宣传手册，社区答疑会，致群众一封信，召开居民议事会、恳谈会，手机短信、微信和上门做工作等方法，大力提升群众支持参与意识。同时，需注意对相关街道或社区工作人员开展业务培训，掌握相关法律及政策，及时对居民答疑释难，提升对老旧改造工作了解程度，广泛宣传老旧小区改造政策和重要意义，做到宣传到户、解释到位。

5）打好样板，发挥模范效应

各地实践中，样板效应对居民影响较大。有条件的地方，可组织居民或居民代表参观区域内或临近地区优秀老旧改造案例项目，亲身感受改造后带来的新变化，并邀请已改造小区居民代表交流改造效果及变化。

若辖区或邻近区县内无样板小区实例，可选择小区内达成一致意见的单元楼先行施工改造，通过实际效果示范带动其他居民参与。

6）强化监督，做好项目建设

老旧小区改造中，要充分激发街道、社区、物业等相关单位的引导和支持，保障居民的知情权、参与权、选择权、监督权；做好改造项目信息公开工作，引导居民参与项目监督管理，引导居民履行管理小区的义务与职责。

探索实践"街道主导、社区协调、居民公议、物业参与、勘设单位早介入"的模式，充分发挥街道、社区党组织的作用，在改造各环节充分响应居民需求；持续探索因地制宜的项目建设管理机制，通过社区代表、社会监督、政府部门监管、专业监理或风控管理等方式，规范老旧小区改造中的标准和要求。加强基层党组织建设，指导业主委员会等组织实现老旧小区的长效管理，实现共建共治共享。

精心选择试点，引入物业公司，明确收费、管理、服务标准，推行"有人管、有钱管、规范管"的管理模式。加强对小区物业管理工作的指导和监督；完善政策措施，不断优化物业企业的营商环境，规范物业招标程序，引导市场调节物业收费标准。

7）发挥优势，鼓励社会参与

老旧小区更新改造工作是一项覆盖面广、涉及面广的系统工程，虽有多种方式筹措资金，但仍面临资金筹措难、改造范围有限、长效管理养护难、物业管理难度大等难题。可参照部分地区经验，发挥老旧改造项目参与方多、公益属性强、影响力大的特点，适当鼓励社会资本参与，创新管理模式，探索建立符合本地实际的长效管理机制。

鼓励社会资本参与老旧小区改造，可利用老旧小区的地段区位优势，结合现行城市更新政策，因地制宜吸引社会资本，以有偿服务方式在小区内闲置土地、边角地、插花地等地块进行旧城开发、修建停车位、公园等配套设施。

创新管理模式，可探索老旧小区多路径物业管理为抓手。对已有物业管理小区，加大对物业企业的督导力度，提升服务水平；对物业管理不健全小区，引导业主灵活选择专业物业公司、社区准物业管理、自我管理等管理模式；探索街区或连片模式聘请物业管理公司，统一提供物业服务；对未归集维修基金的小区，提升业主意识，引导业主补交；探索盘活老旧小区停车场、邻里中心等公共资源，激活造血机能，为小区后续管理提供资金支持。

探索建立后续长效管理机制。通过做群众思想工作，加强宣传引导，提高居民花钱购买服务的意识。与居民充分协商，指导居民组建业主委员会，面向社会公开选聘物业服务企业实施专业化的管理，建立切实可行的长效管理机制，巩固改造成果。

4.4 数字家庭

4.4.1 概念

随着科技的飞速发展，人们的生活方式正在发生翻天覆地的变化。数字家庭，作为现代科技与家居生活深度融合的产物，通过智能化、便捷化和舒适化的服务，彻底改变了传统家居模式，为人们带来了前所未有的便捷与高效的生活体验，更是一种全新的生活方式的象征，预示着未来生活的新趋势。

2021年4月6日，住房和城乡建设部会同工业和信息化部、科技部、市场监督管理总局等16部门联合发布了《关于加快发展数字家庭 提高居住品质的指导意见》（建标〔2021〕28号），《意见》中明确定义了数字家庭概念，即以住宅为载体，利用物联网、云计算、大数据、移动通信、人工智能等新一代信息技术，实现系统平台、家居产品的互联互通，满足用户信息获取和使用需求的数字化家庭生活服务系统。

简单来说，数字家庭就是利用数字技术、网络技术以及物联网技术等众多现代科技手段，来提升家居生活的智能化、便捷化和舒适化。通过一套高科技的布线系统，将所有的电器设备连接在一起，从而实现家居的全面智能化。与传统的家居环境相比，数字家庭更加人性化，它可以根据居住者的实际需求进行智能调节，为人们提供更加贴心的服务。

但数字家庭并不仅仅局限于家居设备的智能化。从更广泛的角度来看，它代表着信息时代下人们生活的一种新形态，是人们对于更加便捷、舒适和高效生活的向往和追求。在数字家庭中，人们可以享受到前所未有的便捷服务，无论是照明、空调还是安防系统，都可以通过智能设备进行远程控制和智能化管理。这种智能化的生活方式，不仅提高了生活的品质，更在某种程度上改变了人们的生活习惯。

与智能家居和全屋智能相比，数字家庭具有更加广泛的内涵和更加深远的意义。智能家居、全屋智能等传统智能更多关注设备间的互联互通和智能化控制，强调场景设置和设备联动效果，注重家庭系统的自动化水平和智能化程度。然而，数字家庭在传统智能的基础上进行了更深入的拓展和创新，它不仅关注家庭层面的智能化改造，还涉及社区、城市（政务）等多个层面，通过提供便捷的生活服务和政务服务，提升整个社会的运行效率；除此之外，数字家庭还力求打破居民获取各种服务的操作壁垒，提升用户居家生活的便捷性，通过云计算、大数据等现代信息技术手段，实现了更加智能化的服务。

数字家庭的特征和优势也是显而易见的，核心在于其拥有的服务属性。这种服务不仅涵盖了传统家电服务的后市场维护，更包括了前端应用服务，如产品智能化、社会化服务和政务服务等多方面的内容。除了服务属性外，数字家庭还具备互联互通、前瞻性家庭算力部署和信息安全等特征。互联互通保证了不同品牌、不同品类的产品能够无缝连接和协同工作，为用户带来更加流畅的使用体验。前瞻性家庭算力部署则使得系统能够自主学习和适应家庭成员的生活习惯，提供更加个性化的服务。而信息安全则保护着用户的隐私和数据安全，确保用户能够放心地使用各种智能设备和服务。

回顾数字家庭的发展历程，我们可以看到科技与家居生活融合的必然趋势。从家庭网络到智能家居再到如今的数字家庭，每一步的发展都凝聚了科技的力量和人们的智慧。最初，随着互联网的普及，家庭网络开始形成，实现了家庭内部各种设备的互联互通，为智能家居的发展奠定了技术基础。随后，智能家居概念兴起，通过集成建筑、网络通信、信息家电等多种技术，构建了一个高效、舒适、安全的居住环境。智能家居不仅实现了设备的远程控制，还提供了家庭安防、环境监测等更多功能，满足了人们对智能化生活的初步需求。然而，随着科技的进步和人们需求的提升，数字家庭的概念应运而生。数字家庭在智能家居的基础上，进一步强调了数据和生活服务的整合。它利用物联网技术，将家庭接入一个包含多种社会服务的整体系统，涵盖了住宅开发、物业服务、政府基层治理等多个领域。数字家庭不仅提供了更加智能、便捷的家居体验，还促进了社区服务、智慧城市等更广泛领域的发展。

在数字家庭的建设方面，相较于国内，国外的建设情况已经相当成熟。在欧美发达国家，智能家居概念早已兴起，相关产品（如智能音箱、监控、门禁等）已广泛进入市场，其中谷歌、亚马逊等科技巨头占据主导地位，这些公司的产品主要覆盖家庭自动化、家庭安防和家庭娱乐等领域。同时，这些巨头还在推动通信协议的统一，以加快行业发展。例如，他们联合发起了新的智能家居标准，旨在打破平台间的差异，实现不同生态产品的互联互通。

此外，各大高校和研究机构也在积极探索智能家居技术。如乔治亚州大学、佛罗里达大学等开发了能够探测和预判潜在危险的智能家庭系统，为老年人和行动不便者提供安全、舒适的居住环境。欧洲和日本也有类似的研究项目，他们通过安装各种传感器和设备来监测用户的行为和生命信号，以提高生活的便利性和安全性。这不仅展现了数字家庭建设的多元化和人性化特点，也预示着未来智能家居将更加贴近人们的生活需求。

与发达国家相比，我国的数字家庭建设虽然起步较晚，但得益于政府的大力推动和产业的积极响应，正呈现出蓬勃发展的态势。

我国政府通过发布一系列政策文件，如《关于加快发展数字家庭 提高居住品质的指导意见》等，明确了数字家庭的概念、内涵以及建设目标，为数字家庭产业的发展指明了方向。同时，各地政府也相继出台政策意见，将数字家庭建设视为当地经济发展的新动力。在技术研发方面，我国正采用新的架构，将技术研发的出发点从"面向控制"转换到"面向数据、面向任务、面向服务"，以提升整个家居系统的智能水平。此外，产业联盟的形成和标准制定等工作的开展也为数字家庭建设提供了有力支持。

然而，我国数字家庭建设也面临着一些挑战，如技术标准的不兼容、标准化组织间的利益纷争等。为了解决这些问题，我国政府和相关产业正共同努力，加快家居产业的数字化和绿色化转型，推动数字家庭生态的培育和发展。

4.4.2 数字家庭工程建设

在数字家庭系统建设中，综合信息箱、基础平台和产品设置均扮演着至关重要的角色。综合信息箱是家庭信息流的"大脑"，掌控着家居设备的智能连接与管理；基础平台则是数字家庭与外部世界的"桥梁"，为家庭提供政务与生活服务的便捷接入；而合理的产品设置则是实现智能家居功能的基础，确保各项服务能够高效稳定地运行。这三者的完美结合，是实现智能家居、智慧社区以及政务服务居家办、社会化服务线上办等功能的基石，为构建智能化、便捷化、安全化的现代家居环境奠定了坚实基础。

1）综合信息箱

综合信息箱在数字家庭系统中扮演着至关重要的角色，它是整个智能家居系统的"大脑"。这一设备的设计理念在于将家庭内复杂的信息流进行有序管理，实现各种信息设备的高效连接。它以家庭为中心，通过高效的数据处理和信息交互，为用户带来智能化的生活体验。

综合信息箱的设计理念是将复杂的家居智能化过程简化，它采用标准化的尺寸和模块化设计，这种灵活性使得工程箱可以根据不同家庭的实际需求进行个性化配置。模块种类繁多，包括直流电源、家庭安全、智能家居中控、宽带接入、路由交换及无线接入、有线电视接入、语音配线、数据配线、控制协议转换、家庭存储、家庭娱乐等，几乎涵盖了数字家庭生活的所有方面。

特别值得一提的是，综合信息箱的内部连接了家庭内的各种物联网设备，而外部则与社区和智慧城市服务平台相连，确保了家庭网络与外部世界的无缝对接。这种互联互通的特性，使得家庭成为智慧城市的一个重要节点，能够享受到更为便捷的城市服务。

在数据交互方面，综合信息箱提供了多种开放接口，以满足不同类型的数据传输和服务需求。例如，通过数字家庭数据统一接口，服务提供商可以获取家庭环境信息和家庭人员信息，从而为用户提供更加个性化的服务。同时，借助智慧 AI 推理结果统一接口，综合信息箱能够利用其强大的边缘计算能力，对家庭信息进行实时处理，并将 AI 推理结果直接传输给服务提供方，以实现更为智能化的家居控制。

除了上述接口外，综合信息箱还提供了数字家庭统一支付接口，使得用户可以通过数字家庭系统方便地进行支付操作，如订购外卖、缴纳物业费等。此外，通过数字家庭消息通知接口，用户可以及时收到物业和社区的相关信息，保持与社区的动态联系。

对于第三方服务提供商而言，智慧 AI 能力接口使他们能够调用综合信息箱的边缘计算能力，部署自家的 AI 模型，从而提升服务的精准度和用户体验。同时，通过数据存储能力接口，服务商还可以利用综合信息箱的本地存储功能，确保在无外网连接的情况下，数字家庭的部分功能依然能够正常运行。

2）基础平台

基础平台是数字家庭工程建设的基石，它承载着连接家庭与外部世界的重要使命。这一平台的主要功能是与本地服务和电子政务平台进行对接，从而构建一个全面、高效的信息服务网络。

数字家庭基础平台具备两大核心接口："互联互通子平台接口"和"社区开放服务子平台接口"。前者确保了所有厂家设备之间的无缝连接和数据交互，打破了品牌与技术的壁垒，为用户创造了一个统一、便捷的智能家居环境。而后者则进一步拓展了家庭与外部世界的连接，通过与社区级物业管理系统和政府级社区管理系统的对接，实现了"家庭-社区-城市"三级数据的深度融合。

更值得一提的是，通过"社区开放服务子平台接口"，用户可以轻松连接到各种社会化服务子系统及各地电子政务子系统。这意味着，用户在家中就能享受到餐饮外卖、快递收寄、交通出行等便捷服务，同时也能及时获取社会保障、民政事业、公共住房等政务信息。

在应用层面，数字家庭基础平台通过开放接口接入了各种必要服务功能。用户只需通过人机交互软件，如手机 APP，就能实现对家居设备的智能化管理。无论是添加、删除设备，还是远程控制设备状态，或是设置场景进行多种设备的联动运行，都能轻松实现。同时，平台还提供报警反馈功能，确保家庭内部的安全。

除了家居设备的智能化管理，基础平台还为用户提供了政务服务居家办的功能。通过连接各地政务服务平台，用户可以在家中线上申办各种政务服务，如公共教育、社会保障、民政事业等。这不仅提高了办事效率，也让用户享受到了更为便捷的政务服务体验。

此外，基础平台还通过对接物业管理、社区信息系统以及社会化服务平台，满足了居民线上获取社会化服务的需求。无论是物业服务、家庭报修，还是家政服务、商业服务，用户都能通过平台轻松获取。

3）产品设置

数字家庭产品可分为社区关联类产品和家庭类产品两大部分。社区关联类产品包括智慧屏、智能门禁、智能对讲、智能视频监控等与社区局域网连接、交互的设备。家庭类产品包括综合信息箱、无线 AP 主机、智慧中控屏、智能传感器、智能面板、智能语音、智能暖通、智能门锁、智能魔镜、智能背景音乐、智能空气开关、智能电动窗帘、智能照明、智能家电、智能安防、智能健康、智能看护、数字家庭 APP 等产品。下面将着重介绍家庭类产品的产品配置和应用。

首先是综合信息箱，作为整个数字家庭的大脑，它位于中心位置，不仅负责管理家庭内部的通信、数据、电视、安防等系统，而且还与外部世界保持密切的联系，接入各种网络信号，实现与各类服务平台的无缝对接，以满足家庭不断变化的通信和数据需求。其设计遵循国家标准，模块化结构使得未来的升级与维护变得简单易行。

其次是无线 AP 主机，它如同家庭的神经网络，被巧妙地安装在每个房间的墙壁上，确保无线信号的全面覆盖。采用先进的 Wi-Fi 技术，这些主机保证了各种网络终端设备的稳定连接，使得家庭的每一个角落都能享受到高速的网络服务。同时，无线 AP 主机还支持多种加密方式，保障家庭网络的安全性。

智慧中控屏则是用户与数字家庭系统交互的直观界面。它集合了多种控制功能，让用户能够轻松地查看并管理家中的各种智能设备。通过简单的触控操作，用户即可实现对家居环境的全面掌控。

智能传感器是数字家庭系统的感知器官，它们分布在家庭的各个角落，实时监测着环境数据。无论是温湿度、光照强度还是空气质量，这些传感器都能精准捕捉，并为系统提供宝贵的决策依据。

此外，数字家庭工程还包括一系列智能家电产品，如智能照明系统、智能窗帘系统、智能暖通系统等。这些家电产品可以通过手机 APP 或智慧中控屏进行远程控制，实现智能家居的便捷化操作。比如，你可以在外出前通过手机 APP 远程关闭家中所有电器设备的电源，以确保家庭用电安全；你也可以在回家的路上通过手机 APP 提前打开空调和热水器，让家中变得更加舒适。

当然，数字家庭工程还涉及智能安防系统的建设，包括智能门锁、智能摄像头、智能报警器等设备。这些设备可以实时监控家庭的安全状况，并通过手机 APP 或智慧中控屏及时通知用户任何异常情况。比如，当有人非法入侵时，智能摄像头会立即捕捉到入侵者的影像，并通过手机 APP 发送警报信息给用户，以便用户及时采取应对措施。

4.4.3 数字家庭服务应用

数字家庭服务，作为现代智能家居技术的集大成者，旨在通过高度智能化的家居设备和系统，为用户提供便捷、舒适且个性化的居家生活环境。其核心服务内容主要涵盖家庭服务、社区服务和政务服务三大板块。

1）家庭服务

家庭服务的各项功能以家居智能化服务为目标，包含智能家居产品管理与控制产品与环境的感知互动两个大部分，两大部分共同构成了数字家庭服务的基石。

　　第一部分是对室内各种智能设备的统筹应用,第二部分是对家庭资源的配置应用。数字家庭的建设目标就是打破行业内各自为政的现状,实现系统平台、家居产品之间的互联互通,智能家居产品的管理控制,以互联互通为基础整合不同厂家设备。以统一的终端入口实现设备的管理与控制。智能家居厂商盲目地扩张导致目前市场上的智能家居生态泥沙俱下、鱼龙混杂,产品质量良莠不齐,生态相互隔离。留给用户的自主选择权和个性化程度很低,与智能家居设备便捷的初衷背道而驰。数字家庭中的智能设备数量将会急速增加,家庭生活中的各种家居产品都会成为网络中的一个个终端,由一个统一的终端进行管理,实现真正的万物互联。对如此大数量的设备进行管理控制,离不开基础设施的支持。数字家庭通过配置综合信息箱、家庭布线和家庭网络终端等实现智能设备的连接和控制,包括楼宇对讲、入侵报警、火灾自动报警等基本智能安防产品,健康、舒适、节能类智能家电产品,居家异常行为监控、紧急呼叫、健康管理等适老化智能产品,以及智能门窗、遮阳、照明等家居建材产品。通过统一终端的协调,数字家庭用户可以便捷地对家庭内所有智能设备进行控制管理。家庭内所有设备都统一在一个终端上进行管理,用户无须在各种软件之间频繁切换,让用户真正地体验到设备智能化服务带来的便捷。设备的管理控制是目前市面上智能设备的基础功能,而实现互联互通的数字家庭设备管理将不同于智能家居管理软件,数字家庭设备管理可以任意添加、删除和更改家庭智能设备,用户对产品的选择将不再局限于一个单一的设备厂家,也不会因为不同的生态产品而造成混乱。将智能化、个性化的选择权交还给用户。同样的数字家庭设备控制功能也超出了原本单一产品控制的意义,用户可以在回家前使用手机远程打开家里的空调的同时,不需要切换到别的应用程序就命令扫地机器人开始门厅的清洁工作,家庭设备的集中控制给用户带来的体验是跨越式的。

　　家庭资源环境的感知互动是基于设备统一控制管理的更高层应用服务,得益于统一的终端管理,家庭内的各种设备信息都汇总在一起,相当于有一个尽职尽责的"管家"全天候关注家中的风吹草动,人工智能会对接收到的数据信息自动进行处理,当人工智能遇到一些无法决策的问题时,就会向用户发送报警状态信息,提示用户干预。

　　2)社区服务

　　社区服务是数字家庭服务的另一大重要组成部分,社区服务包括智慧物业服务、社区信息系统和社会化服务三大部分,这些服务旨在满足用户在日常生活中的绝大部分需求。

　　物业服务是居民社区生活中最常接触到的功能服务,数字家庭技术改造的物业服务将极大地便利居民的生活。物业费用的缴纳一直是物业与业主间的摩擦点,而接入数字家庭的物业服务系统可以让用户足不出户办理物业费用缴纳,并对物业提出建议反馈、对物业的服务质量进行评价,督促物业公司提升服务质量,提升住户的幸福感和满意度。智慧社区的物业硬件设施与数字家庭的智能硬件同样会互联互通,更好地为住户提供服务。通过智能门禁路障系统和数字家庭的平台实现出入车辆的自动化管理,住户可以方便地找到空闲的车位,且能通过手机 APP 快捷地找到自己停车的位置。通过家庭可视对讲与平台访客系统的对接,可以方便地管理社区的出入人员,极大地提高社区的安全性,为住户提供一个安心的居住环境。通过数字家庭智能化服务与物业平台的结合,用户可以随时了解家庭内设备状况,并且可以通过传感器获取家庭内的水浸、火灾等应急状态,即使身在千里之外,住户也可向物业平台提交报修申请,并自动生成服务工单,由物业单位及时处理并反馈结果,通过智能门锁住户可以授权维修人员进出,并通过智能摄像头全程监督维修过程,所见即所得，随时随地保护自己和家人的安全。

社区信息系统是对社区内信息的统筹管理，数字家庭住户可以方便地从中获取社区的各种信息，与左邻右舍进行交流。物业可通过信息系统发布社区通知，让住户更快捷地了解社区通知。在这样的社区平台上，住户可以方便地获取各种便民服务，其典型应用是家政服务，住户可以在信息服务平台上发布家政服务需求，发布具体的服务要求后，可在线与合格的注册登记服务人员或机构洽商完成委托。通过平台对家政服务人员或机构进行监督，保障住户的权益。

数字家庭基础平台的建设要求具有高度的兼容性和开放性，对第三方社会化服务平台的接入相当友好，各种商业服务平台都能快速接入部署，各类生活服务（包括社区本地化购物及配送、教育、娱乐、健康等），都将极大地丰富居民的日常生活，使数字家庭与智慧社区更紧密地结合在一起，构建出每个社区独特的十五分钟生活圈。在数字家庭生活中，各种商业服务都可以使用同一个入口获取，并不单单依托于现有的平台，而且会整合社区内的商业资源，使社区内商家更好地服务周围的住户，住户步行15分钟内可到达各类生活服务设施，包括餐饮外卖、医疗咨询、快递收寄、房屋租赁、健身指导等。通过第三方社会化服务平台的接入，用户获得的不仅仅是服务还有社区内的文化共性，提升社区整体运行效能的同时形成社区互助文化，进一步提升社区住户的归属感和亲切感。

3）政务服务

社区是党和政府联系、服务群众的"最后一公里"，数字家庭就是要把政务服务带到百姓家里来，让住户足不出户实现各种服务的线上办理，如"一屏办""指尖办""电视办"。数字家庭通过联动当地政务服务平台，实现线上申办政务服务，为用户带来便利，让住户在家庭范围内即可实现政务的线上办理。

包括公共教育、劳动教育、社会保障、民政事业、医疗健康、住房保障、广播电视、文化体育等地方政务网上办事大厅的服务功能。典型应用如下：

政务服务。包括社会保障、住房保障、交通出行、户籍及出入境管理、生育收养、证件办理、线下办理预约等，以及政府公告及市民热线、咨询建议、随手拍等网上互动功能。

公共服务。包括疫情防控健康码、行程卡、不动产登记查询、公积金查询、医疗急救及预约挂号、职业资格考试查询、市政缴费及服务保修等公共信息服务。

基层治理。社区、居委会等通知通告，管理制度和措施发布及信息报送和投诉建议。数字家庭的基层党建服务可以对区域内的党员信息、党支部信息和党费缴纳信息进行管理，可以通过数字家庭便捷地组织党员进行党建学习活动。

4.4.4 数字家庭信息安全

目前，随着接入物联网的设备爆发式增长以及物联网业务的扩大，物联网领域的安全问题日益凸显。数字家庭体系的建设与物联网技术息息相关，保证数字家庭体系下的物联网安全也是保证整个行业的信息安全的基础和核心。

1）政策要求

2014年至今，党和国家陆续召开网络安全和信息化工作座谈会等会议，提出"没有网络安全就没有国家安全，没有信息化就没有现代化"等观点，相关法律法规也在制定与完善中，例如2016年11月通过了《中华人民共和国网络安全法》；2019年10月，第十三届全国人民代表大会常务委员会第十四次会议表决通过《中华人民共和国密码法》，并于 2020 年 1 月 1 日起施行。《国务院关于加强数字政府建设的指导意见》（国发〔2022〕14 号）指出，加大对涉及国家秘密、工作秘密、商业秘密、个人隐私和个人信息等数据的保护力度，完善相应问责机制，依法加强重要数据出境安全管理。加强关键信息基础设施安全保护和网络安全等级保护，建立健全网络安全、保密监测预警和密码应用安全性评估的机制，定期开展网络安全、保密和密码应用检查，提升数字政府领域关键信息基础设施保护水平。

为了顺应国家对于网络安全和信息化的发展方向，依法保障物联网领域的安全性，设计了物联网行业级的安全解决方案，从设备、应用、平台乃至底座层面，为向整个物联网提供安全服务支撑，为构建一个更加全面的物联网安全体系保驾护航。

2）常见问题

数字家庭则通过物联网技术将家用电器、传感器等连接起来，实现家居生活的智能化。然而，这种智能化同样带来了诸多安全隐患。

首先，数据传输安全是数字家庭面临的一个重要问题。在平台、设备及终端之间传输数据时，如果未加密或只是简单加密，数据很容易被黑客截取和复制。这不仅会导致用户信息的泄露，还可能使黑客通过篡改数据来操控家居设备，对居民的生活造成干扰甚至危害。

其次，数字家庭终端的客户端 APP 也存在安全风险。如果 APP 未通过安全检测，或者代码存在漏洞，黑客可能会利用这些漏洞窃取用户的账户、密码等敏感信息。

再者，设备本身的安全性也不容忽视。一些智能设备可能存在调试接口，如果设备使用的操作系统或第三方库存在安全漏洞，黑客可能会通过漏洞入侵设备并劫持应用。智能音箱等简单设备也可能成为黑客攻击的目标，进而获取用户的敏感信息。

最后，远程控制命令的安全性也是一个重要问题。如果远程控制命令缺乏加固授权或加密保护，控制命令很容易被窃取或篡改。这可能导致门锁、摄像头等设备被非法入侵和使用，对用户的隐私和安全造成极大威胁。

3）应对策略

保障数字家庭场景下的信息安全，需要制定规范的信息安全应对策略。不仅需要建立行业领域内统一的信息安全平台，更需要在安全管理、法律法规的制定和发布以及用户的个人行为方面制定明确规范的策略。

（1）加强安全管理强度

数字家庭涉及的物联网系统虽然处于虚拟的世界中，但是仍然需要一定的管理体制和运行规范。因此，相关政府管理部门以及技术企业除加强对物联网系统的管理工作外，相关政府管理部门以及技术企业也应加强对物联网系统的管控以及加大防护技术的研究力度。为此，政府应积极建立物联网管理体制，制定物联网管理制度，构建完善的物联网管理体系，增强物联网管理的规范性和系统性。并且，管理部门应积极明确物联网系统信息安全级别，对物联网系统中的关键信息进行重点保护，确保物联网系统中关键信息的安全性。另外，管理部门应加强对物联网系统运行的实时监控和分析，及时发现物联网系统中的安全隐患和安全问题，并制定相关的安全管理措施，确保物联网系统的安全。

（2）完善行业法律法规

数字家庭的物联网体系的安全管理离不开法律的保障，然而现阶段我国现有的互联网法律体系还不够完善，依然存在一定的法律漏洞。很多不法分子利用法律漏洞进行网络信息获取或网络破坏，严重影响网络安全。针对这种情况我国应积极完善互联网法律体系，加强对互联网各个方面的法律规定，消除法律漏洞，增强互联网法律保护的安全性。另外，我国应对现有的物联网相关法律进行修订和补充，为物联网发展提供法律保障。

（3）规范用户个人行为

物联网信息安全要求人们严格遵循物联网相关法律规定和物联网道德规范，避免网络失范行为。为此，我国应加强对人们的物联网法律教育和网络道德教育，提高人们的网络法律意识和网络道德意识，培养人们的网络素养。并且，公民应充分认识到自身在网络发展中的责任和义务，做到遵纪守法，自觉保护物联网信息安全。另外，人们应不断提高安全意识，自觉做好网络保护工作，定期使用杀毒软件对智能设备进行杀毒，并对智能设备进行安全监测，及时消除智能设备中的不安全因素。

（4）搭建信息安全平台

信息安全平台，是基于数字家庭等场景下城市物联网安全体系的应用安全服务的支撑。通过信息安全平台，进行接入方及其应用与基于物联网行业密钥及证书的管理，该平台为公网的云平台。

具体来讲，我们可以从物联网三个层面的体系结构入手，通过信息安全平台对其进行防护。感知层作为物联网系统的信息源头，技术人员必须加强对感知层信息的保护，依托信息安全平台提供的加密技术，避免不法分子对感知层信息的盗取，保证感知层信息安全地传输到物联网数据库。网络层主要负责数据的网络传输，数据传输通路的安全性也直接影响信息的安全性，通过建立安全网关和 TLS 传输途径，对整个传输过程的数据进行加密传输，从而保证数据传输过程的安全。应用层主要负责为用户提供网络服务，因此，应用层主要针对用户进行安全保护。技术人员必须对假 ID 进行检查和控制，避免不法分子利用假 ID 盗取物联网系统中的信息。

4.4.5 试点建设

2022 年 8 月，住房和城乡建设部办公厅联合工信部办公厅发布《关于开展数字家庭建设试点工作的通知》（建办标函〔2022〕296 号），确定北京市昌平区、苏州相城区、张家港等 19 个试点地区。试点明确以居住社区为单元，加大住宅和社区信息基础设施建设力度，部署感知终端，做好智能家居产品数据汇聚，推动智能家居产品、用户、数据跨企业互联互通；建设开放的数字家庭系统基础平台，加强与智慧物业、智慧社区等信息系统的对接，满足居民线上获取政务、社会和智能化服务的需求。

1）实施情况

自试点工作开展以来，各地区按照数字家庭建设试点内容和要求，结合本地资源优势，积极探索数字家庭建设模式，统筹做好政策协同、政府引导和产业激励，试点工作成效初显。如深圳市龙岗区、苏州市相城区、上海市临港新片区等经济条件较好、数字化基础较完善的地区在数字家庭建设方面不断作出新尝试，推进传统产业数字化改造，激发传统优势产业与数字技术深度融合。雅安市雨城区、银川市金凤区等经济基础相对薄弱的地区充分发挥土地、用能等资源禀赋，利用数据与算力中心成本较低等优势，为数字家庭发展积累宝贵经验。

19个试点地区大多具有良好的信息化建设基础、较完备的网络安全保障体系。各地区均积极开展数字家庭政策制度研究工作，紧密结合当地实际情况，积极落实《实施方案》要求，从资金支持、人才培养、产业培育、税收优惠等方面为试点工作开展提供保障。19个试点地区中有9个地区正组织或参与编制地方标准、团体标准，有17个地区具有良好的智慧平台基础，试点地区以现有智慧平台为基础，优化完善数字家庭应用场景，提升社会治安、社区管理等领域智慧化建设水平。

2）工作经验

（1）建立数字家庭工作机制

各试点地区建立健全数字家庭工作机制，形成政府引导、多方积极参与的数字家庭建设协调推进机制。19个试点地区均成立数字家庭试点建设领导小组，强化责任分工，定期调度试点进展，通过发挥各级政府和社区的组织作用，有序推进数字家庭建设试点工作。

（2）政府积极引导，探索实施路径

政府层面的积极宣传引导，更好地帮助人们认识和理解全屋智能化生活空间的意义和价值，才能进一步提高智能家居的市场渗透率。引导产业聚焦居民养老、教育、医疗、燃气安全等刚需场景应用，让数字家庭真正成为服务于居民的基础设施。19个试点地区均正式报送了《数字家庭建设试点实施方案》。总体来看，各试点地区积极探索本地资源禀赋和试点工作内容结合的实施路径，同时厘清本地区实际需要，有的放矢。

（3）关注多元场景，满足市场需求

推进数字家庭建设工作需明晰房屋使用智能化的内涵，从生活场景看，用户智能化家居产品的基本需求主要包括以下四点：一是安全，是人们最关注的基本需求。二是实际，要关注"一老一少"的实际需求。三是节能，应用的智能系统要满足公共建筑的节能需求。四是便捷，要持续关注正逐步成为市场主流人群的年轻消费群体，该群体普遍对新事物和新科技的接受度较高，喜欢通过智能家居产品来提高生活品质和便捷性，是当前智能家居产品消费主力。

（4）解构数字空间，拓展功能服务

数字家庭共享开放格局逐步构建，从四个空间维度解构数字家庭建设。一是房间内的空间维度。二是建筑物内，房间外的空间维度。三是建筑物外，小区内的空间维度。四是小区外，社区内的空间维度。此外，必须对数据进行合理严格的分类，不宜上传数据均在本地存储。

（5）强化科技赋能，培育产业基础

数字家庭系统具有技术集成属性，涉及住宅开发与物业服务、产品研发生产等多个领域。如深圳市龙岗区依托深圳建筑产业生态智谷，培育"数字家庭-智慧楼宇-智慧社区-智慧城市"全链条产业集群。以政企共建形式，建成全国首个空间智能实验室——方舟壹号。调查显示，在智能家居产品方面，居民使用最多的前三种产品分别为智能门锁（64.98%）、智能家电（45.84%）和智能监控（41.73%），居民对智能门窗的使用意愿最低。可见居民对于智能化家居产品的需求更多集中在智能安防方面。

（6）坚持因地制宜，开展示范引领

从宏观看，存在东西部地区经济发展水平差异、产业集聚不均衡、数字化基础设施配置水平不一等现状。从微观看，存在住宅和社区配套设施智能化水平参差不齐，人民群众实际需求多样等现状。相比商品房，老旧小区和安置房小区发展相对落后，但在社区治理、安全保障、居家健康和养老服务等方面，后者对智能化改造的需求同样迫切。19 个试点地区通过推动近 30 个示范项目引领试点建设，立足于城市基础条件和消费现状，以点带面推进试点工作。

3）存在挑战

数字家庭试点建设面临着多方面的挑战。首先，居民侧体验不及预期，主要体现在融合服务体验缺乏典型场景、自主服务选择缺乏支撑空间以及隐私安全保障缺乏完善机制方面。这导致居民无法充分享受数字家庭带来的便捷与舒适，影响了试点建设的推进。其次，产业侧活力未能有效释放。目前，数字家庭建设尚未能有效驱动相关产业的深度协同，同时公平竞争也缺乏规划设计。这限制了数字家庭产业的快速发展和创新能力的提升。

此外，对数字家庭概念的认识也需进一步深化。目前，各方对数字家庭的理解尚不够全面和深入，导致在推进试点建设时存在方向不明确、措施不到位等问题。同时，受提供服务方中心辐射范围的影响，部分服务功能尚不能实现全面覆盖，影响了居民对数字家庭的认知和接受度。再者，标准体系有待完善。目前，数字家庭所涉及的系统集成服务商基本自成体系，缺乏统一的标准指导，导致不同系统之间无法实现互联互通。这增加了数字家庭建设的难度和成本，也限制了其推广应用。

最后，平台建设有待加快。数字家庭旨在实现全屋智能和智能的场景化体验，但目前平台建设进展缓慢，无法满足居民的需求。这影响了数字家庭功能的发挥和用户体验的提升。综上所述，数字家庭试点建设面临着多方面的挑战和问题，需要各方共同努力加以解决。只有通过深化认识、完善标准体系、加快平台建设等措施，才能推动数字家庭建设的顺利进行，为居民带来更加便捷、舒适和安全的数字化生活体验。

4.5 应用案例

4.5.1 青岛胶州市老旧小区改造

老旧小区改造是一项惠民利民的政府实事，青岛胶州市老旧小区改造坚持改造与管理并重，全力打造平台化、全要素的管理模式，改善居民的居住和生活环境，提升居民幸福指数。

海纳云以智慧社区模式深度参与胶州市旧改。截至目前，已完成 169 个老旧小区改造，惠及家庭 3.5 万户。改造后，居民生活、物业服务和政府管理效率显著提升，实现物业等运维管理人员成本降低 50%、安全风险降低 90%、服务满意度提升 90%、公共安全事件追溯率 100%、消防隐患 100%预警、社区应急响应速度提升 100%。

海纳云以创新性的"数字城市建设运维和生活服务数字化"切入旧改，打造老旧小区改造"胶州模式"。该模式以"星海数字平台"为依托，以"平台＋场景"双擎驱动，打造"1＋3＋N"老旧小区改造解决方案。预期通过构建起一个"市—街道—社区—物业等服务资源—居民"五级自运转和自造血的生态体系，上连政府基层治理，下连服务运维体系，最终实现居民幸福、社区智能、治理高效的美好愿景，同时与生态资源一起，为我国老旧社区改造蹚出"胶州路径"、打造"青岛样板"、树立"全国标杆"。

1)"平台＋场景"，以"数字城市"思维打造老旧小区改造样板

当前，老旧社区改造已上升为国家战略，各省市顶格推进，多个项目如火如荼进行中，过程中也暴露出很多共性难点，例如改造技术、验收标准不统一，住户意见和满意度问题成为旧改关键性难题。

青岛胶州市老旧小区改造，以数字化思维切入，即从长远数字城市顶层设计入手，构建数字城市运维和生活服务数字化全生命周期体系。具体来说，即"平台＋场景"双引擎整体解决方案，平台解决技术和标准难题，场景破解用户个性化需求难题。

胶州市老旧小区改造依托4大核心技术（人工智能物联网 AIoT、大数据、数字孪生、算法）＋4大核心能力（解决方案、平台研发、管理交付、运维管理能力）＋4大核心差异化（新平台、技术、产品、场景），探索形成了"1＋3＋N"软硬件结合的综合解决方案，如图4-3所示，即"1个平台（胶州市绿色智慧社区平台），3大体系（社区综合治理、社区运营和社区生活服务），以及智慧安防/出行等 N 个智慧场景"。

在这个模式下，一个个"社区微脑"构成整个胶州老旧社区管理的"城市大脑"，而一个个智慧场景在提供智慧体验的同时，与大脑进行大数据传输、运算与决策输出，从而形成闭环的"市—街道—社区—物业等社会团体—居民"五级自运转体系，实现居民生活安全便捷、物业服务降本增效、政府治理精准科学的良性循环。此外，当 N 个老旧社区与其他城市数字"微脑单元"连在一起时，智慧城市建设便水到渠成。

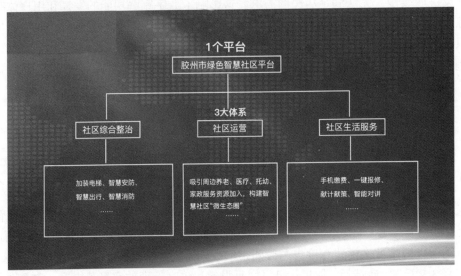

图4-3　胶州市绿色智慧社区平台"1＋3＋N"模式

2)"中枢大脑"，打造全适配、标准化、搭建快的平台底座

在整个胶州旧改方案中，最核心之处是"胶州市绿色智慧社区平台"，其犹如"智慧大脑"，破解了以往政府管理系统繁多但又没能打通、各自为政的难题，实现基层社区治理"一体化、一盘棋、一张网"的数字化治理愿景。

针对基层政府、物业管理、居民服务三端需求，"胶州市绿色智慧社区平台"打造"党建引领、社区共建共治、物业管理、智慧安防、智慧出行、智慧电梯、生态运营、舆情分析"8大模块；如图4-4所示，该平台基于 CIM 平台的智慧社区 CIM ＋应用，采用 BIM 数

字孪生建模技术，结合 GIS 信息技术，打造三维数字一张图的底板，可实时采集并动态运营辖区场景下的人、事、地、物、情、组织等多源基础数据，建立"五码关联"的大数据库。利用无人机倾斜摄影及建模精修等方法对方圆 5 公里之内的房屋、街道、车位、商家、信号灯等现实生活场景进行数字孪生再现，结合 IoT 技术达到了社区运行状态的多尺度、高仿真、动态化、交互式的精细模拟，将 CIM 相关技术与社区场景相融合，使社区数字底板与社区功能应用完美对接。

图 4-4　胶州市绿色智慧社区平台

同时，该平台还可与公安、教育、民政等多个部门的数据进行互通，从而把社区微脑纳入整个城市的数字大脑范畴，实现政府治理共建、共治、共享的同时，为数字城市建设沉淀数据。

得益于"星海数字平台"的托举，"胶州市绿色智慧社区平台"具有"多品类、强开放、重连通"的特性，支持多种通用协议，和不同场景下的设备快速接入，有效破解社区系统主体多、标准不统一难题。同时，平台上各系统可实现模块化组合，能极大缩短平台建设周期，进而降低项目投入资金。

"胶州市绿色智慧社区平台"完全满足山东省《新型智慧城市建设指标 第 3 部分：智慧社区指标》DB 37/T 3890.3—2020 中的验收指标，具有统一的建设和验收标准，因此平台具有全省甚至全国推广复制性。

3）智慧场景满足个性化体验，社区生活智能有温度

除了平台以外，胶州旧改的另一大亮点即一个个智慧场景。在方井园等改造社区，很多比新建社区还要先进的场景（如智慧安防等），破解了老旧小区"改完即落后"的不良循环，如图 4-5 所示。

用户需要的不是冰冷的电梯、摄像头和大屏等终端硬件，而是安全、便捷、舒适的生活和高效科学的民生治理体系；从用户痛点出发，用"场景思维"描绘整个胶州旧改蓝图，聚焦"社区综合治理、社区运营和社区生活服务"3 个功能板块需求，为 C 端居民、B 端物业、G 端基层管理三端用户提供了智慧安防、智慧出行、智慧物业、能耗管理等 N 个智

慧场景解决方案。

图 4-5　智慧出行场景（人脸识别门禁）

例如在"社区综合治理"板块，"智慧安防场景"覆盖了社区内外主要道路、单元门、楼体等全空间，24 小时 AI 智能监控运算，实现了可疑人员/危险事件自动感知-研判-处置，高空抛物可监控和事后追溯，消防车道违停占用会自动触发语音警示与物业人员前往处置，加装的电梯发生故障可自动实时触发警报，以便物业及维保人员及时前往，电动车入梯拒载……这些智慧场景最终实现了用科技替代防盗网和人工巡逻，而且可根据社区不同需求进行定制，有效解决居民需求差异化，提升居住满意度。

在"社区运营和生活服务"板块，居民/物业人员可通过手机 APP 实现线上报修和缴费等操作，如图 4-6 所示，对孤寡老人和特殊人群则通过用水/电和进出频次等远程数据跟踪监测，还增设社区医疗、养老、助餐、便利店、家政等生活设施，打造便民消费圈，全面提升居民的幸福感和满意度。

图 4-6　面向政府/物业/居民三端的 APP

4）"四擎驱动"，让"胶州"在山东可复制，在全国可推广

其一，平台思维。胶州老旧小区改造以胶州全市为出发点进行顶层规划，平台先行，依托星海数字平台搭建城市级绿色智慧社区平台，分期建设，各片区逐步接入；以平台为支撑，实现市—街道—社区—物业四级管理体系联动，最终实现城市更新建设目标。

其二，场景体验。胶州老旧小区改造将因地制宜和标准化建设深度融合，将提升小区硬件环境和场景体验有机结合，实现智慧安防、智慧出行、智慧电梯、智慧阅读、居家养老等个性化场景快速落地，满足旧改智慧场景定制化需求。

其三，基层治理。胶州老旧小区改造打通了服务群众的"最后一公里"，为政府做好社会基层治理提供"善政新路径"。例如胶州市绿色智慧社区平台涵盖一标三实、社区党建、社区防疫、治理工单、献计献策等功能，满足"政府—街道—社区—物业—居民"五级联动闭环交互需求，以数字化赋能基层治理。

其四，生态运营。胶州旧改将改造社区与各生态参与方链接成有机整体，不断吸引周边养老、医疗、托幼、家政等服务资源加入，构建一个自运转、自造血的社区智慧"社区微生态圈"，实现合作共赢、价值共享，最终发展出社区新技术、新产业、新业态、新模式"四新"经济。

青岛胶州市老旧小区改造以科技之力切实提升了人民群众幸福感，蹚出"胶州路径"、打造"青岛样板"、树立"全国标杆"，以实际行动助力我国老旧小区改造提升。

4.5.2 淮安市淮阴区黄河花园老旧小区改造

淮安市作为江苏省老旧小区改造的重要地区，市委市政府希望通过智慧化手段将老旧小区改造与智慧养老相结合，为居民创造一个安全、便捷的居住环境，特别是为老年居民提供更为贴心的生活服务，提高老旧小区的管理水平，解决长久以来遗留的问题。

作为样板项目，淮安黄河花园智慧养老社区项目在设计与实施过程中，注重与政府部门、物业管理公司、养老服务机构等多方合作，共同推动老旧小区改造和智慧养老发展，如图 4-7 所示，旨在打造一个人性化、智能化、安全舒适的养老环境，从硬件设施、软件应用、服务内容等多方面进行全面升级改造，充分利用现代科技手段，实现对社区环境、安全、养老服务等各方面的智能化管理，以同步满足居民的生活需求和社会层面的管理需求。

图 4-7　淮阴区老旧小区改造项目

本项目系统架构如图 4-8 所示，采用分层的整体建设架构，包括硬件设施、网络连接、

数据中心、应用层和服务层，在老旧改基础上共同构建一个完善的智慧养老生态体系。

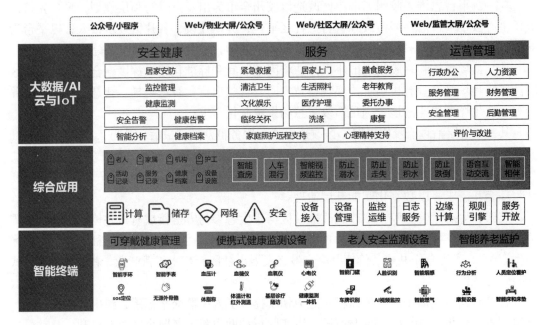

图 4-8　样板项目系统架构

硬件设施：项目为社区提供了各种物联网设备，如智能摄像头、门禁系统、健康监测设备、环境监测设备等，以满足社区各项功能需求。

网络连接：借助高速宽带、物联网技术和 5G 网络，实现社区内各类设备的快速、稳定连接，确保数据实时传输和信息分享。

数据中心：项目建设了一个高效、安全的数据中心，对收集到的各类数据进行汇总、存储和分析，为智慧养老服务提供数据支撑。

应用层：应用层集成了多种养老服务应用，如健康管理、安全监控、紧急救援、生活服务等，为老年人提供便捷、个性化的服务体验。

服务层：项目通过专业的养老服务团队，为社区居民提供线上线下相结合的全方位养老服务，包括医疗、康复、娱乐、陪护等。

实际建成后，包含如下主要业务及功能系统，基本满足各方管理及服务需求：

县-街道-社区三级平台架构：构建"县-街道-社区"三级平台架构，满足各级政府的监督管控需求，实现精细化管理。

县级驾驶舱：整合处理全县社区数据，实现立体管理和信息化管控；对接自建城市模型系统，辅助决策。

街道大屏：聚焦街道需求，完善人、车、房信息采集及呈现系统；对接人车通行、抓拍系统等，实时掌握社区安全情况；对接物联设备，及时知悉、干预社区危险情况。

社区管理端：建立社区人车房信息录入管理体系，打通社区硬件数据隔离，汇聚视频监控、烟感、消火栓监控实时数据，便捷社区管理管控。

智慧养老服务端：为老年居民提供个性化的养老服务，实现健康监测、紧急救援、智能家居等功能的集成与应用。

　　智慧养老服务系统：提供健康监测、紧急救援、智能家居、陪伴服务等智慧养老功能，确保老年居民的生活安全与舒适。

　　社区安全管理系统：包括人脸识别、车辆管理、访客管理、物业管理等功能，提高社区安全水平和管理效率。

　　智慧环境监测系统：实时监测社区内的空气质量、噪声、温湿度等环境因素，为居民创造一个宜居的生活环境。

　　智能设备接入与管理系统：整合视频监控、烟感、井盖、路灯、消火栓、音箱等物联设备，实现数据汇聚与分析，及时应对社区内的安全隐患。

　　数据分析与决策支持系统：实现对社区内人车房数据的实时监控与分析，为政府提供决策支持，优化社区管理。

　　数据中心：负责整个系统的数据存储、处理与分析，保障系统稳定运行。

　　本项目建成后，初步达成老旧小区改造的意义与目标，具有如下实践效果和积极意义：

　　提高老年人生活质量。通过各种智能化服务，改善老年人的生活环境，提供更加便捷、舒适的居住体验。例如，健康监测、紧急呼叫系统等功能关注老年人的健康状况，能及时发现并处理突发事件。提供一站式的综合养老服务，包括康复护理、生活照料、心理关怀、健康管理等，有效提高了老年人的生活质量，满足了他们多样化的养老需求。

　　加强社区管理效率。项目采用先进的物联网技术和大数据分析，实现了对社区内人、车、房等信息的实时监控和管理，提高了社区治理的效率和水平。智能门禁、访客管理系统可以有效防止外来人员随意进出，降低安全隐患；环境监测设备可以实时掌握社区的安全状况，预防火灾、水管破裂等突发事件。

　　丰富老年人社交生活。通过组织各类社区活动，帮助老年人充实生活，增进邻里间的感情。此外，智能机器人等设备还可以为老年人提供陪伴，缓解孤独感。

　　提升社区管理效率。通过对接县级驾驶舱、街道大屏和社区管理端等多层级平台，实现数据的实时传输和共享，提高社区管理效率。

　　增强政府精细化管理能力。项目的实施有助于政府精确掌握基层情况，持续改善管理与服务质量。

　　降低社区运营成本。智慧养老社区项目获得中国电信物联平台支持，实现老旧设备的快速接入，有效节约客户资金投入，降低社区运营成本。

　　助力绿色发展。智慧养老社区通过智能化管理，有效降低能耗，减少碳排放，推动绿色环保发展，为创建绿色生态环境作出贡献。

　　促进就业和创业。智慧养老社区项目的实施将为相关行业创造新的就业和创业机会，包括养老服务、物联网技术、大数据分析等领域，有助于缓解就业压力，推动经济发展。

　　提升城市形象。通过实施智慧养老社区项目，展示了淮安市对老年人的关爱和支持，彰显了城市的人文关怀和社会责任，有助于提升城市形象和品质。

　　同时，基于老旧改造项目资金筹措难，持续服务难的特征，结合地区实际，引入外部运营方进行相应探索。具体实践内容如下：

　　收费服务。本项目通过持续运营，可为居民提供一系列有偿服务，例如健康管理、生活照料、康复护理等。居民可以根据自己的需求和经济能力选择相应的服务项目，实现个性化、差异化服务。

公共服务补贴。运营方可为政府提供一定程度的社会化养老服务,有助于减轻政府的养老负担。同时依据政府的相关政策获得补贴,降低成本。

广告收入。利用社区内的公共设施和空间,提供广告发布服务,为企业提供宣传渠道,从而获得广告收入。

合作伙伴。运营方与医疗机构、康复机构、家政服务公司等相关企业建立合作关系,共享资源和客户,实现互利共赢。例如,社区可与附近的医疗机构合作,为居民提供便捷的医疗服务;与家政服务公司合作,提供专业的生活照料服务等。

品牌效应。通过淮安黄河花园智慧养老社区项目的成功运营,项目方树立了良好的品牌形象,吸引了更多的投资和合作伙伴。此外,品牌效应还可以提高项目的市场份额,进一步扩大项目的盈利空间。

4.5.3 浙江杭州杨柳郡未来社区

1)项目背景

杨柳郡社区辖区规划东至红五月路,南至建华路,西至备塘路,北至德胜东路,辖区面积 64.96 万平方米,规划居民户数 4756 户,小区共分 4 期交付,辖区内资源得天独厚,有 2 个大型市政公园,总面积 7.1 万 m^2,上盖区聚集了 65 家商铺,同时还有地铁集团总部、地铁公安、绿城育华澎致幼儿园等 10 余家单位。

通过分析杨柳郡社区现状及社区特色,主要需要解决的痛点如下:

(1)数据难收集

①基层平台多以业务为中心构建信息系统,造成各种系统烟囱。

②数据主要用于统计,大量数据丢失、重视结果不重视数据。

③孤岛现象突出,数据很难有效共享。

④数据良莠不齐,质量低,数据格式不统一。

(2)数据难管理

①缺乏激励和规则,数据共享多限于内部,制约其价值实现。

②数据可靠性和安全要求高,数据共享与隐私的矛盾等问题顾虑重重。

③不同数据的混合存储,造成数据分析复杂度提升。

(3)数据难应用

①缺乏跨行业、跨领域的综合数据分析与预测。

②大数据没有为社会创造价值。

③缺乏各类数据的可视化展示。

2)主要做法

杨柳郡社区微脑采用"1622"建设模式,如图 4-9 所示,即 1 个微脑、6 个特色场景、2 套体系、2 个目标,打造全域智能的场景,造文化、造生活、造社区,创建国内一流国际化社区。

(1)1 个微脑(云尚杨柳)

设置社区微脑驾驶舱,如图 4-10 所示,实时掌握社区居民的出行、生活、安全等信息,通过全域布局监控、实时共享数据、部门智能联动等手段,实现灾情发生时、一键联动、一键提醒、及时有序疏散,大幅提高社区的"治理系数"。

1	6	2	2
1个微脑	**6个特色场景**	**2套体系**	**2个目标**
云尚杨柳	杨来帮(YOUNG HELP) 杨来议(YOUNG TALK) 杨来学(YOUNG STUDY) 杨来赛(YOUNG SHOW) 杨来购(YOUNG BUY) 杨来创(YOUNG START)	时间银行积分体系 服务评价体系	服务直达-云尚杨柳 数字赋能-杨小二

图 4-9 "1622" 建设模式

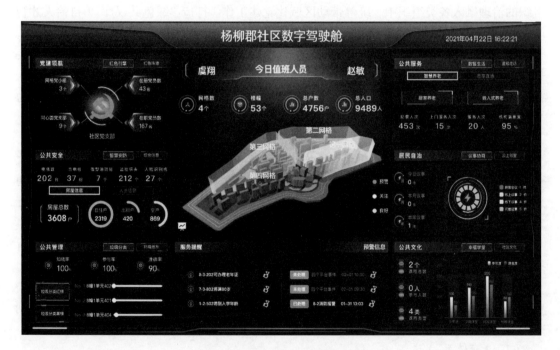

图 4-10 杨柳郡社区数字驾驶舱

（2）6个社区特色功能

建设 6 个社区特色功能：杨来帮（YOUNG HELP）、杨来议（YOUNG TALK）、杨来学（YOUNG STUDY）、杨来赛（YOUNG SHOW）、杨来购（YOUNG BUY）、杨来创（YOUNG START）。实现民和服务直达、民意服务直达、民育服务直达、民礼服务直达、民生服务直达、民创服务直达。

"杨来帮"：通过小程序动态浮标客服"杨小二"，实现三个一和三个互动。一键提醒：即在党员迁入、新婚夫妇孕检、80 周岁高龄津贴等第一时间向社工推送信息，主动提醒服务。一键调研：即社区端设置调研问卷，客服弹窗形式出现，建立调研数据库，为后期社区治理、社区建设提供参考意见。一键回复：即搭建智能客服平台，输入常规问题关键字、政策解答、服务流程等模板答案，普遍性的问题、政策类的问题设置自动回复，在所有涉及问题都无法解决的情况下，设置人工回复。同时，还有三个互动板块："抖一抖"（居民发布需求）、"秀一秀"（居民展示才能）、"换一换"（闲置物品交换）。组建社区公共服务＋物业生活服务＋好街商业服务"三位一体"的服务商议网，满足居民多层次的服务需求，构建社区服务共同体。

"杨来议"：设置"线上＋线下"联动报事机制，线上设置报事和议事机制，线上设置报事板块，开设群众报事、商家报事、辖区单位报事等通道。群众在社区日常生活中碰到或面临的各种事项都可通过"杨来议"上报。通过居民代表、党员代表、社区党支部不同层面在线上就某些议题表达观点和讨论。线上投票、云上表决辖区内的重大事项或决策，便捷实现社区自治。

"杨来学"：打造"红色共治库"（共治人才智库）：社区党支部、居民党小组、辖区同心圆单位等组成区域党建中心轴，通过联管、联通、联治，以党建＋同心圆＋邻里坊把党组织的治理融入各类组织中，统筹带动区域化党建工作。打造"绿色共议库"（自治人才智库）：社区居委会、社会组织、业委会、物业等为共议主体，在居民协商议事方面形成合力，打通诉求通道、疏通服务链条、营造共议共商氛围。打造"橙色共享库"（国际人才智库）：排摸辖区国际友人、国际化资源、搭建国际化沟通平台，招募国际志愿者，成立国际友人社团，完善国际人才的管理和资源共享，提供无差别服务。同时以"好街＋创客中心"为平台，联合社区的培训机构、小学、幼儿园等天然资源，以中高端教育定位，涵盖艺术、文化、早教等全方位内容，培育扶持倍乐国际学校和奇妙园国际早教班等国际化教育机构。

"杨来赛"：打造国际化绿色生态环境，启动"净化、绿化、美化、执法、文明"五大行动，以"比学赶超"为手段，赛垃圾分类、赛楼道整洁、赛坊间打造、赛苑别美度。通过"四社联动"，以打卡晒图、入户宣传、单元评比、月度检查、榜样推送、积分反馈等方式，提升行动成效，提高行动影响力，共建美好家园。

"杨来购"：打造积分兑换空间，结合好街商铺的邻里活动，居民积分可兑换商铺打折券，二手商品交易、线下四季菜场结合传统绿色菜文化打造线上菜场。

"杨来创"：打造创业陪跑空间，服务在校大学生和毕业5年以内高校毕业生、登记失业半年以上人员、就业困难人员、持证残疾人、自主择业军转干部和自主就业退役士兵创办企业。

（3）2套体系

"时间银行积分体系"：通过创益银行项目，建立志愿者管理机制，如党员群众爱心银行、邻里共享、专业知识共享、居民特长贡献、志愿服务、公益课程参与等活动，均可产生时间银行金额（积分），营造志愿服务氛围，完善志愿服务体系，优化志愿服务品牌。通过商铺联盟，制定《商户联盟时间银行运行条款》，划分"星级志愿者"，在所有商户、社区场馆预约有不同的折扣和优先权，激励志愿者，拉动消费，反哺商户，活跃邻里，实现多方"共赢"的局面，打造"邻里互动生活共同体"。

"服务评价体系"：构建服务闭环，明确影响居民满意度的因素，同时充分考虑这些因素并将之量化。通过内部访谈、深入访谈和焦点访谈等方式与社工、现有居民、辖区单位等进行深入的调查研究，设置开放性问题，抓住居民的直觉反应和自发性，捕捉重要指标。使用问卷调查的方式采集数据，居民满意度测评主要调查居民对产品、服务或社区的评价，在确保问卷的有效性及信度的前提下，可以对问卷调查的结果进行量化分析，从而进一步指导服务的改进。

（4）2个目标

服务直达：对应"六个杨"特色场景，打造民意直达、民生直达、民创直达空间，最终实现服务直达的目标。

数字赋能：杨小二客服、一键指挥、主动服务、统一平台、智慧安防等手段，推动区域化数字治理，让社区治理更"聪明"。

3）工作成效

杨柳郡社区依托线上社区智慧服务平台、"云尚杨柳"小程序、数字驾驶舱，实现线上邻里模式构建、商业资源云端共享、党建"红色十二时辰"数据融通。通过数字赋能社区治理，形成居民问题"上报—认领—处理—反馈"的工作闭环。"云尚杨柳"小程序上线以来，覆盖注册用户5330个，收集居民意见2856条，解决问题347个，为社区工作决策提供了及时、准确的依据。基本实现了居民线上"吹哨"、社区实时"报到"、部门后台支撑，及时呼应群众需求，推动服务管理提标提质，真正实现点点手机社区服务一站享。

（1）建立"有呼必应"的服务闭环

打造"1+5"的社区级数字驾驶舱，与城市大脑联通，集成"城市大脑"便民便企的高频事项以及社区各类商业场景的数字应用，为社区居民、企业提供个性化综合服务，形成线上有呼、线下联办的服务闭环。

（2）完善"多维协同"的协商机制

建立"社区在线圆桌会"平台，探索建立"云"上播报、"云"上议事机制，围绕居民关心的小区环境整治方案评议、业委会选举、物业服务评价等，定期开展居民议事、民主评事，激发多方主体广泛参与社区自治。

（3）提高"全域掌控"的治理水平

依托"基层治理四平台"+社区"微脑"，实现社区在消防安全、人口管理、治安监管、环境优化、灾害预警、突发事件应急处置等方面，提升社区治理水平。

（4）构筑"守望相助"的邻里关系

建立社区居民线上互动平台，通过社区活动线上组织报名、居民闲置资源互换、专业技能分享、互助信息发布、兴趣社团组建等，营造"远亲不如近邻"的融洽社区生活氛围。通过推行"全民合伙人"理念，以积分银行为激励手段，目前社区形成了线上"一键帮"，线下"young生活"的新型邻里关系。

（5）提供"信息生活"的服务能力

为社区提供三千兆通信服务，同时依托电商直播基地的能力提供社区商圈服务，为用户打造全场景、立体化、高速率的上网环境，全面满足数字化社会场景下人们关于未来智慧家庭的无限想象。

4.5.4 浙江黄龙云起智慧社区示范项目

1）案例背景

中海·黄龙云起位于杭州市西湖区文教板块，地处杭州老城区的西部，占地面积39344m²，建筑面积90491.2m²，容积率2.3，绿化率30%。整个项目共规划14幢建筑：4幢14～17层的高层、6幢7～9层多层洋房，以及3幢商业办公楼和1幢自持的公租房，规划总户数 416 户。

中国移动携手中国建筑，为提升社区智能化水平，解决智慧社区发展痛点，依托核心技术沉淀，搭建智慧社区平台，聚焦物业数字化管理、智家服务及周边一公里生活服务等核心应用，打造"黄龙云起"智慧社区示范项目。

2）具体应用场景

（1）数智物管

一卡走三门：在智慧社区中，通行系统采用了"一卡走三门"的方案，居民只需携带超级 SIM 卡，就可以轻松进出社区大门、楼栋门和家门。这种门禁系统通过识别超级 SIM 卡上的信息，实现了对进出人员的快速验证和授权。同时，系统还具备防尾随、防复制等安全功能，有效保障了社区的安全。

边缘纳管：盒子可以通过纳管设备，将单元门禁、车辆管理和监控等多种功能集成在一个系统中，通过智能化的管理方式提高了社区的运营效率和安全性。居民可以通过手机 APP 或智能设备对边缘盒子进行管理和操作，实现远程开门、车辆识别、监控查看等功能。同时，边缘盒子还可以与社区管理系统进行实时数据交换，为社区管理提供有力支持。

智慧安防：智慧社区的安防系统采用了高清摄像头、智能分析等技术手段，实现了对社区内各个区域的全方位监控。特别是高空抛物监测系统，能够及时发现并预警高空抛物行为，有效防止高空抛物对居民人身安全的威胁。此外，智能监控和报警系统还能够实时监测社区内的异常情况，并在发现安全隐患时及时报警，为居民提供全方位的安全保障。

数字孪生大屏：智慧社区中的数字孪生大屏是集成多种功能的智能化平台，具备强大的全局态势感知能力，能够实时监控和展示社区的各项数据，如安防监控、环境监测、设施管理等。同时，大屏还能基于数据分析提供智能决策支持，帮助社区管理者快速响应各类事件，提升管理效率。此外，数字孪生大屏还能实现跨部门的数据共享和协同工作，促进社区治理由"条块化"向"智能化"升级。

（2）智家服务

家社联动：通过智能家居设备与社区管理系统的互联互通，居民可以在家中享受到社区提供的各种服务。居民可以通过手机 APP 远程预约社区内的公共设施，如健身房、游泳池等；同时，社区管理系统也能够实时接收居民的需求和反馈，为居民提供更加贴心和个性化的服务。此外，智能家居设备还可以根据居民的生活习惯和喜好，自动调节家居环境，为居民创造更加舒适的生活环境。

全屋智能：通过智能家电、照明、窗帘等设备的联动控制，打造个性化的居住环境。居民可以通过手机 APP 或语音助手控制家中的灯光、空调等设备，实现智能化管理。同时，这些设备还可以根据居民的生活习惯和喜好，自动调节设备的运行状态，提高居住的舒适度和节能效果。

宅配机器人：宅配机器人能够自主导航、识别障碍物，并将包裹准确送达居民家中。这种智能化的配送方式不仅提高了配送效率，还降低了人力成本。居民只需通过手机 APP 下单并选择宅配服务，宅配机器人就会自动前往指定的取货点取货，并在短时间内将包裹送达居民家中。

健康养老：智慧社区对老年人的关注也体现在健康养老方面，通过引入智能健康监测设备和服务，智慧社区能够为老年人提供更加贴心和专业的健康照护。这些设备可以实时监测老年人的身体状况,并在发现异常时及时报警,为老年人的健康保驾护航。同时,智慧社区还提供了一系列的养老服务,如定期健康检查、康复护理等,让老年人能够安享晚年。

到家服务:通过整合社区内的各种服务资源,如家政服务、维修服务等,智慧社区能够为居民提供一站式的到家服务。居民只需通过手机 APP 下单并选择所需的服务项目,服务人员就会在规定的时间内上门服务。这种服务方式不仅方便了居民的生活,还提高了社区的整体服务质量。

智能生鲜柜:通过在社区部署支持自动售货、智能推荐等功能的智能生鲜柜。居民只需通过手机 APP 下单并选择所需的商品,智能生鲜柜就会自动完成商品的识别和结算,并将商品送至居民手中。这种智能化的购物方式不仅提高了购物的便捷性,还保证了商品的新鲜度和品质。

智能充电桩:随着新能源汽车的普及,充电桩成为居民日常生活中不可或缺的一部分。智慧社区通过建设充电桩,为居民提供了便捷的充电服务。这些充电桩不仅具备快速充电、智能识别等功能,还可以与社区管理系统进行实时数据交换,为社区管理提供有力支持。同时,充电桩的普及也促进了绿色出行方式的发展,降低了环境污染和能源消耗。

3)成效

智慧社区中的智能服务,以其卓越的效果和广泛的作用,正在深刻改变着居民的生活。首先,它们极大地提升了生活的便捷性。无论是通过一卡走三门的门禁系统,还是全屋智能的家居设备,居民都能享受到前所未有的便利,减少了繁琐的操作和等待时间。

智能服务在保障居民安全方面发挥着重要作用。社区安防系统通过全方位监控和智能分析,能够及时发现并处理潜在的安全隐患,为居民提供 24 小时不间断的安全保障。此外,边缘盒子等集成化管理系统也有效提升了社区的管理效率和安全性。

智能服务还极大地丰富了居民的生活体验。家社联动服务使得居民能够在家中享受到社区提供的各种便利服务,如预约公共设施、接收社区通知等。而智能生鲜柜等创新应用则让居民能够享受到更加便捷、新鲜的购物体验。

智能服务还有助于促进社区的可持续发展。充电桩等绿色出行设施的建设,鼓励了居民采用环保的出行方式,减少了能源消耗和环境污染。同时,这些智能服务的应用也促进了相关产业的发展和创新,为社区经济的繁荣注入了新的活力。

4.5.5 江苏省苏州市张家港市数字家庭试点项目

1)项目背景

张家港数字家庭建设试点自 2022 年开始,以"智慧+"为引领,聚焦解决停车、养老、老旧小区环境改善等民生问题,旨在探索智能化生活方式和数字化消费模式,从而构建具有张家港特色的数字家庭标准体系。

在试点过程中,张家港市积极建设数字家庭基础平台,推动智能家居设备产品实现跨企业跨品牌互联互通。通过部署"数字家庭安全服务平台",全方位保障家庭数据隐私安全。此外,还通过线上平台(如"今日张家港 APP")为居民提供多项服务,实现硬件设备、系统平台、便民服务的多跨协同。

在数字家庭建设试点中,张家港市还关注老年人的需求,推广"智慧社区 + 物业服

务 + 养老服务"模式，建立家庭数据信息化体系，为社区老年人提供医疗、保洁、陪伴等多元化服务。同时，依托数字化技术开展家庭适老化改造，增加数字家庭硬件传感器，使更多家庭能够享受智能化带来的便利。

此外，张家港市还注重老旧小区的数字家庭改造，通过智慧社区综合服务平台的建设，为社区提供出入口管理、周界报警、高空抛物监测、居家安全、公共区域视频监控等安全数字化监管，从而提升居民的幸福感与安全感。

张家港数字家庭建设试点在智能化、数字化方面取得的显著进展，不仅提升了居民的生活品质，也为数字家庭在全国范围内的推广提供了宝贵的经验。同时，随着技术的不断进步和政策的持续支持，张家港数字家庭建设试点有望在未来实现更多的突破和创新。

2）应用技术内容

张家港数字家庭建设为满足社会化服务、产品智能化服务、政务服务和信息安全的政策要求，建立了包括数字家庭基础平台、住建行业密码服务平台、数字家庭基础硬件在内的"数字家庭基础设施"，结合应用硬件和应用服务，构成"数字家庭生态"，如图 4-11所示。

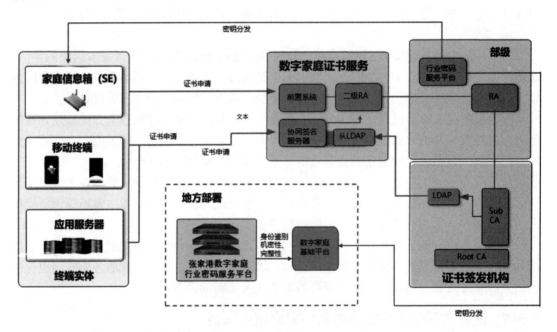

图 4-11　张家港数字家庭密码应用示意图

张家港数字家庭密码应用方案基于行业密码服务平台设计，主要满足如下应用场景的安全需求：

（1）证书/密钥下发需求，住建行业密码服务平台支持 IoT 终端安全加密芯片密钥下发场景，同时满足物联网设备证书、PC 终端证书等多类型证书发放。

（2）身份鉴别需求，住建行业密码服务平台通过基于数字证书的身份认证方式保障家庭信息箱接入数字家庭基础平台身份鉴别安全。

（3）安全传输需求，具体包含指令下发的安全传输和报警信息的数据回传需求。行业密码服务平台通过对称加解密等技术保障信令传输、数据传输的安全，避免重放攻击。

密码技术作为信息安全核心防护手段，对保护数字家庭基础平台及物联网终端设备安全性起着至关重要的作用。张家港数字家庭行业密码服务平台通过为数字家庭场景中的信息箱和物联网终端产品发放证书，保障了互联互通设备接入过程中的身份鉴别问题；通过对采集的居家养老、家庭健康、家庭娱乐、社区治理、社区服务、电商购物等方面的家庭数据进行安全存储和加密传输，降低了个人信息与隐私泄露的风险；同时通过对物联网终端产品的访问控制以及监测类终端报警回传信息的加密，降低了家庭环境的安全隐患。

3）工作成效

（1）基础工作

一是张家港市通过老旧小区改造和新建小区配套建设，已实现100%千兆光纤接入，住宅小区已达到5G信号全覆盖，已基本具备有线＋无线的数字家庭基础通信能力。二是通过数字城市建设，打通"互联网＋政务服务"平台和全市各部门业务应用和服务窗口，市民可通过"今日张家港APP"实现集中办事和统一服务，包括社会保障、交通出行、医疗健康、旅游休闲、文体教育、民生服务等，与群众形成线上、线下有效互动，满足数字家庭运行的政务服务和社会服务的基本需求。三是"智慧物业"逐步普及，线上＋线下的物业服务模式普遍运用，以"物业＋养老"为主的"物业＋生活服务"日渐成熟，满足数字家庭运行后居民线上线下的个性化需求。

（2）"1＋2＋N"结构

张家港市住房和城乡建设局牵头制定了《张家港市数字家庭建设试点实施手册》对试点工作的相关内容进行精确指导，有序推进《方案》实施。进一步明确了数字家庭由家庭综合信息箱、数字家庭安全平台和数字家庭基础平台的总体组成结构，通过"今日张家港APP"（手机端）或室内交换器（家庭内部）支撑政务服务、社会化服务和家居产品智能化服务数据互通、设备互联、服务融合的新基建，支撑住建领域数字生态。在数字家庭基础设施之上构建多个场景应用，即"1＋2＋N"的结构。

（3）"三个一批"策略

张家港市住房和城乡建设局根据全国智能建筑及居住区数字化标准化技术委员会及住建部数字家庭建设试点第三调研组的指导，结合地区实际，对《张家港市数字家庭建设试点方案》进行了再完善。进一步明确了以"三个一批"逐步推进数字家庭建设的试点工作方向。即以人才公寓项目（小菜巷）先行试点改造运行（以居住品质提升、综合信息箱、全屋Wi-Fi、中控交互屏、燃气报警、一键报警设备安装为主）；在改造试运行情况良好的情况下，再新建以数字家庭（科技住宅＋智慧生活）为新卖点的项目［金恒、金厦（城东6号地块）、国泰集团人才公寓、农联地块等］；同时，拓展一批应对老年群体医疗、助老等需求，整合卫健、民政、物业等资源，通过适老化改造，满足智能感知、应急响应等功能，以"物业＋养老"模式将数字家庭推广到安居小区。目前，已完成人才公寓（小菜巷）项目40户住户的数字家庭建设的相关部署（完成数字家庭两大平台部署，平台落地试运行）。依标准完成家庭综合信息箱升级，实现与今日张家港APP、物业、养老、安防、人才安居等提供的相关服务集成互联，实现政务服务、社会化服务和家居产品智能化服务的互联互通互融。支持用户选择电信服务商提供的增值升级服务。

（4）平台部署

一是硬件设施部署情况。结合小菜巷的实际户型需求，配置了相应终端设备。在家庭领域配置家庭综合信息箱、全屋 Wi-Fi、中控交互屏、燃气报警、一键报警设施。二是软件平台部署情况。已完成与各相关部门服务平台的技术调研，并形成实施方案，建设内容如下：

①数字家庭基础平台本地化部署。

②行业密码平台本地化部署。

③与大数据局用户系统对接。

④"今日张家港" APP 与数字家庭基础平台 SDK 对接。

⑤互联互通（家居智能化）服务接入今日张家港 APP。

⑥养老服务、智慧物业、人才公寓、住建相关其他服务对接。

第5章 数字工程

5.1 概述

数字工程在数字住建体系中占据着核心地位，是推动建筑工业化、数字化、智能化的关键力量。数字工程致力于实现工程建设项目全生命周期的数字化管理，通过建立统一的数据标准体系、项目编码规则、数据共享应用机制和数据资源库，促进工程建设各环节的高效协同。

数字工程的作用体现在多个层面：首先，它通过数字化手段优化了项目审批、建筑市场监管、质量安全监管和房屋安全管理，极大提升了工程建设领域的管理效能；其次，数字工程推动了建筑市场与施工现场的联动和智慧监管，构建了全量、全要素、跨地域、跨层级的数字化监管体系，保障了施工质量和安全；再次，数字工程支持智能建造与建筑工业化的协同发展，通过推广智能建造技术和建立智能建造产业基地，促进了全产业链的融合与升级。

数字工程的重要性还体现在其对建筑领域低碳化和数字化转型的推动作用上。它围绕城乡建设领域的碳达峰碳中和目标，推进碳排放监测管理，加强能源资源消耗统计，并通过建设智慧楼宇和探索建筑互联网标识解析体系，推动了跨领域信息互联和可信共享，为实现可持续发展提供了技术支撑。

综上所述，数字工程不仅是数字住建体系的技术基础，也是推动建筑业高质量发展、提升城市治理现代化水平的重要保障。

5.1.1 数字工程的定义

数字工程是指在建筑领域内，运用数字化技术与原理，对工程项目从规划、设计、施工到运营及拆除的整个生命周期进行系统化管理的过程。这一过程以数据集成为核心，依托数据驱动的决策机制，旨在优化资源配置，提升工程建设的效率与质量。数字工程的实践，涉及建筑信息模型（BIM）、地理信息系统（GIS）、大数据分析、物联网（IoT）以及人工智能（AI）等技术的集成应用，从而实现工程项目的精细化管理。

数字工程是一个综合性的技术体系，它不仅涵盖了技术工具的应用，还包括了管理理念的创新。数字工程的实施，需要跨学科的合作，包括建筑学、工程学、信息技术、管理学等多个领域的知识和技术的综合应用。

5.1.2 数字工程的重要性

在全球经济一体化和技术快速发展的背景下，建筑行业面临着前所未有的挑战。资源消耗、环境污染、项目管理日益复杂、劳动力成本上升和技能短缺等问题，严重制约了行业的可持续发展。同时，建筑行业在信息化、自动化和智能化方面的应用相对滞后，迫切需要通过技术创新来提升效率和质量。

数字工程作为解决这些挑战的关键，通过其先进的技术和工具，对工程项目进行全生命周期管理，实现数据的集成和应用，从而优化资源配置，提升建设效率和工程质量。数字工程的重要性主要体现在以下几个方面：

（1）提升建造效率。数字化手段可以显著提高设计和施工的效率，缩短工程周期，加快项目的市场响应速度。通过数字化设计工具，设计师可以在虚拟环境中快速迭代设计方案，通过数字化施工技术，施工过程可以更加精确和高效。

（2）保证工程质量。数字化管理能够实现对施工过程的实时监控，及时发现问题并采取措施，从而确保工程质量。例如，通过安装在施工现场的各种传感器，可以实时监测施工状态，通过数据分析预测可能出现的问题。

（3）降低建造成本。通过优化资源配置，减少浪费，数字化管理有助于降低工程建设和运营的总体成本。数字化供应链管理可以减少材料浪费，数字化运维可以提高建筑的使用效率和延长寿命。

（4）推动创新发展。数字工程促进了新技术、新材料、新工艺的应用，推动了建筑行业的技术进步和创新发展。数字化平台为创新提供了丰富的数据资源和强大的计算能力，为新技术的研发和应用提供了可能。

（5）助力绿色低碳。通过精细化管理，数字工程有助于实现建筑节能、减排和可持续发展，支持绿色建筑的建设。例如，通过数字化能源管理系统，可以优化建筑的能源使用，减少能源消耗和碳排放。

5.1.3　数字工程的技术架构

数字工程不仅涉及新技术的应用，更是建筑行业管理理念和实践方法的全面革新，图 5-1 为数字工程整体架构，数字工程分为如下几个重点层级。

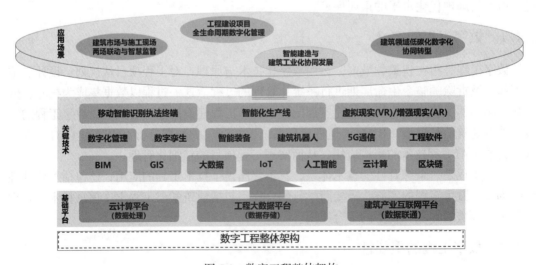

图 5-1　数字工程整体架构

1）数字工程的基础平台

数字工程的基础平台层包括云计算平台、工程大数据平台和建筑产业互联网平台。这些平台构成了数字工程的技术支撑，负责数据处理、数据存储和数据联通。云计算平台提供了强大的计算资源和存储能力，工程大数据平台负责收集和分析海量的工程数据，而建筑产业互联网平台则实现了数据的互联互通和共享。

2）数字工程中的关键技术

数字工程综合运用了各类数字化、网络化和智能化技术，包括 BIM、GIS、大数据分析、物联网（IoT）、人工智能、云计算、区块链、数字孪生、工程软件、虚拟现实（VR）和增强现实（AR）、智能化生产线、智能装备与机器人等，其中比较重要的是以下几项关键技术：

（1）建筑信息模型 BIM 技术。BIM 技术是数字工程的核心，它用于三维建模和项目管理，实现设计、施工、运维各阶段的信息共享和协同工作。BIM 技术的应用，可以大大提高设计和施工的精确性，减少错误和返工，提高工程质量和效率。

（2）地理信息系统（GIS）技术。GIS 技术用于地理信息的分析和管理，支持项目的选址和规划。GIS 技术可以帮助项目团队更好地理解项目场地的环境特征，优化设计方案，提高工程决策的科学性。

（3）大数据分析。大数据技术用于处理和分析海量工程数据，提供决策支持。通过大数据分析，可以发现工程项目中的潜在问题和机会，优化工程决策，提高工程效率和质量。

（4）物联网（IoT）技术。物联网技术用于设备的实时监控和控制，提高施工安全性和效率。通过在施工现场部署各种传感器和设备，可以实现对施工过程的实时监控，及时发现和处理问题。

（5）人工智能（AI）技术。人工智能技术用于智能决策和预测，提高工程管理的智能化水平。AI 技术可以帮助分析和处理复杂的工程数据，提供决策支持，优化工程管理。

3）数字工程的实践场景

基础平台与关键技术的集成应用支撑了数字工程的各类典型实践场景，包括：

（1）全生命周期数字化管理。通过集成的信息技术手段，实现工程建设项目从规划、设计、建造、运营直至拆除的全过程中数据的集成、管理和优化。

（2）两场联动与智慧监管。建立建筑市场与施工现场的协同监管模式，通过信息共享和资源整合，提高工程项目的管理和执行效率。

（3）智能建造与建筑工业化协同发展。推动智能技术和工业化生产方式在建筑行业的应用，提高建造过程的智能化水平和生产效率。

（4）建筑领域低碳化数字化协同转型。通过数字化手段实现建筑节能、减排和可持续发展，支持绿色建筑的建设。促进建筑行业的数字化转型，通过技术创新和管理模式的更新，实现行业的高质量发展。

5.1.4　数字工程的实施路径

数字工程的实施路径是连接构想与现实的桥梁，明确而系统的实施步骤对于确保数字工程的成功至关重要。以下是实现数字工程所需遵循的关键路径，它们为数字工程的实施提供了清晰的指导和框架。

（1）建立标准规范：制定统一的数据标准和规范，确保数据的一致性和互操作性。这是数字工程实施的基础，没有统一的标准，不同系统和平台之间的数据交换和共享将无法实现。

（2）发展数字孪生技术和搭建基础平台：为工程项目创建数字孪生模型，实现实体建筑与虚拟模型的同步，支持模拟和分析。搭建基础平台，包括云计算平台、工程大数据平台和建筑产业互联网平台等，将工程项目数据统一存储、管理、应用和共享。

（3）采用数字化生产和管理工具：利用工程设计软件、项目管理软件、协作平台等数字化工具，提高生产效率和管理透明度，减少人为错误，提高工程质量。

（4）推进技术集成应用：将 BIM、GIS、IoT、AI 等技术集成应用于工程建设各阶段。技术集成应用是数字工程实施的关键，需要跨学科的合作和创新。

（5）培养数字化人才：通过教育和培训提升在职人员的数字技能，吸引更多计算机科学、信息技术、工程管理等相关专业的年轻人才加入建筑行业。

数字工程的实施是一项系统性、长期性的工作，它不仅涉及技术层面的更新换代，还涉及管理体制、人才培养、文化建设等多个方面。面对挑战，我们应保持积极的态度，不断学习，不断创新，以确保数字工程能够为建筑行业的高质量发展提供强有力的支撑。

5.2　工程建设项目全生命周期数字化管理

5.2.1　项目全生命周期智慧化管理的概念

工程建设项目全生命周期数字化管理指的是在工程建设的每一个阶段（从规划、设计、建造、运营直到拆除）都应用数字技术和信息技术来集成和管理数据。这种方法不仅可以实现数据的集成、管理和优化，而且还能够提升管理效率，加速决策流程，并最终提高工程项目的整体效益。其中，数字工程的相关概念和信息技术的应用在参考资料中得到了具体阐述，如图 5-2 所示。

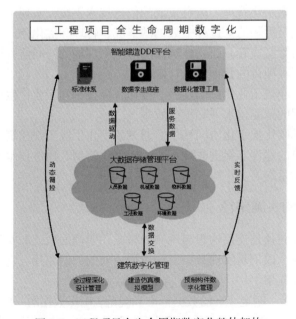

图 5-2　工程项目全生命周期数字化整体架构

在讨论全生命周期数字化管理对工程建设项目的影响时，以下几点尤为重要：

（1）数据资源共享。在建筑项目全生命周期中，实现数据资源的共享是促进信息可靠连续性及一致性的关键措施，这非常有助于为决策过程提供即时的可靠依据。

（2）数字化协同进程。在项目工程的集成化管理环境下，数字化协同进程可以有效地减少全生命周期中的风险，并提高整体的效率。

（3）信息技术的更新与应用。建立在各建筑工程软件基础上的信息化技术，通过进行持续的更新，以提升项目整体（设计、施工和运营维护）的效率和水平。

此外，BIM技术的应用使得全生命周期管理在实操中成为可能。BIM技术集成应用能力，实现了工程建设项目全生命周期数据共享和信息化管理，提供了项目方案优化和科学决策的强有力支持。

5.2.2 项目全生命周期智慧化管理的价值

1）设计阶段

在企业侧，设计阶段作为建筑工程全生命周期的起始阶段，是全生命周期数据来源，通过三维BIM正向设计能够减少设计错误和冲突，优化设计过程（包括方案对比、碰撞检查、净高分析、建筑性能分析、三维出图等），提高设计的准确性和质量。其次三维BIM正向设计还可以实现多学科之间的协同工作，促进项目团队的合作与沟通。通过标准化设计，以BIM模型为载体，可以将设计阶段数据传递到下一个生命周期。

在政府监管侧，可以通过BIM图审对交付成果进行智能化检查，保证交付数据符合监管要求，实现对设计成果的自动校对与校审，以及送审模型数据变更的实时追溯，为监管质量行为提供依据，结合监管方知识库，具有更大价值挖掘空间。

2）施工阶段

通过数字化技术实现全业务过程、全管理要素、全参与方深层次在线协同，实现项目施工过程的数字化、在线化、智能化。

一是深化设计，在设计阶段BIM模型数据基础上进行深化设计，能够达到直接驱动装配式工厂、机电工厂的生产，实现建筑部品部件生产的自动化、智能化排产，降低库存积压率，提升工作效率。

二是在项目实施前，实现建造过程的高仿真在线。基于BIM模型、AI算法的计划智能生成和模拟仿真工具，自动生成施工计划及资源计划，模拟施工中各类要素变化过程，实现工程项目时间控制更准、资源分配更优、进度调整更快，提升管理效率，降低进度风险。

三是在项目施工中，融合设计、采购、生产与施工数据，采用全方位、交互式的信息传递方式，以数字信息为载体，搭建"建筑互联网"，实现所有生产要素的互联互通。例如利用智慧工地系统，从进度、成本、安全、质量、员工培训等角度实现信息管理，通过BIM链接现场，实现要素关联；通过BIM模型集成生产、建造、管理数据，以数据运行软件、软件定义操作的方式，实现数据驱动现场装备与预制构件生产等。

四是在项目竣工后，利用BIM竣工模型进行数字化交付，输出一套可复制、可推广的智能建造解决方案，供后续项目不断复用，进一步提升、重塑产业价值链，以更优秀、更高效、更可控的方式，全面实现城市 CIM 体系的搭建。

3）运维阶段

建筑运维阶段，通过 BIM 模型将工程全生命周期的数据联系在一起，通过数据分析、性能分析和模型分析，达成人、设备、建筑三者之间的紧密结合，实现智慧建筑以人为中心的根本目的。

一是设备资产运营运维。通过采集数据和建立 3D 模型，BIM 技术可以提供设施各个组成部分的详细信息，包括材料、尺寸、位置、维保时间、耗电量统计等。运维人员可以通过 BIM 技术定位设施的具体位置，分析其构造和材料特性，快速了解设施的维修、保养和更换需求，从而实现更加精确和高效的运维管理。

二是建筑物运营与能耗管理。主要包括对建筑物的设备、系统和结构进行检查和维护、定期检查和修复必要设施和设备、管理设施和设备的供应和操作、进行安全和环境监控、保证建筑物内部的卫生和清洁以及规划并实施用于显著减少能耗、提高建筑效率的计划等各种操作。

三是 BIM + 运维产业化。承接竣工 BIM 模型数据，链接建筑单体运维流程、各专业运维知识库与区域 IoT 系统，集成各种类型的数字化软件系统，通过纵贯全视野的可视化交互模式，应用智能分析模型，实现区域综合运营管理的可视化、集成化、智能化，打造智慧楼宇、智慧园区、智慧城市，对工程创新发展过程中产生的各类安全、服务、活动需求进行智能化响应。

数字化管理是建筑业转型升级的内生要求，对推动建筑业高质量发展具有重要意义。习近平总书记指出，要推动产业数字化，利用互联网新技术新应用对传统产业进行全方位、全角度、全链条的改造。建筑业是国民经济重要的支柱产业，建筑是为人民群众创造高品质生活的重要载体。近年来，住房和城乡建设部坚持建筑业工业化、数字化、绿色化改革发展方向，大力推动 BIM、大数据、云计算、移动互联网等数字技术与建筑业的深度融合，产业发展质量和效益不断提升。

5.2.3　项目全生命周期智慧化管理的实施路径

1）发展新认知

近十年来，建筑行业全生命周期数字化水平取得显著提升，特别是 BIM 技术应用在国家产业政策和全行业的努力下取得了长足的进步，深刻改变着中国工程建设行业的信息化水平和科技贡献度。但在长足进步的大背景下，BIM 技术应用在中国工程建设领域快速发展的同时，也存在着很多问题。BIM 技术应用与传统技术之间还没有很好地融合在一起，"两张皮"现象普遍存在。尽管 BIM 技术全面的常态化应用已经是一个基本趋势，但整体而言仍面临着一系列问题，如产业中 BIM 价值链重构、BIM 技术与其他信息技术的集成应用、BIM 与工程建设业务内容深度融合等尚未得到有效的解决。具体问题如下：

（1）数据格式不兼容。目前 BIM 软件种类繁多，不同 BIM 软件采用不同的数据格式和标准，导致模型在不同软件之间的互操作性受到限制。这使得不同参与方之间的信息共享和协同工作变得困难，甚至可能导致信息传递的断层和误解，如图 5-3 所示。

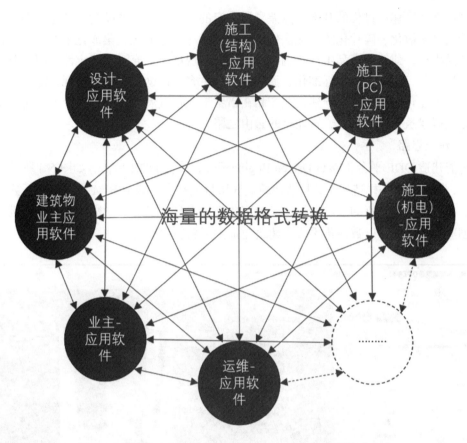

图 5-3　多源头 + 不同数据结构 + 去中心化低效数据传递方式

（2）标准体系不落地。尽管中国在近年来大力推广 BIM 技术，并出台了一系列国家级、行业级和企业级的 BIM 标准，但总体应用效果不理想，标准与项目实际生产脱节，无法有效指导项目实施。

（3）数据传递不畅通。除了因为不同专业软件导致的数据格式不兼容问题，在实际生产过程中，设计、施工、运维等不同施工阶段的责任主体不同，大家诉求不同，设计方可能更关注模型的完美性，而施工方则更关心施工的可行性和成本，随着施工的进行，项目现场情况可能会发生变化，如设计变更、施工错误等，这就要求 BIM 模型能够实时更新和维护，以反映最新的项目状态。

（4）成果应用不系统。全生命周期数字化技术点状应用屡有突破，但均不成体系，如BIM 三维设计软件种类繁多，但各专业都自成一派，无法协同；数字管理平台层出不穷，但普遍都是散点式布局，应用中再简单串联集成，导致底层逻辑混乱，不能广泛使用。

（5）配套机制未成型。近年来很多地方政府未适应建筑行业数字化转型，出台一些新的制度进行示范应用，但总体还存在制度体系未完善，暂无成熟的数字化背景下的报批报建、监管验收等制度体系；法治体系不健全，数字成果还未法定化，不具备与目前二维纸质图纸、签章资料相同的法律效力。

纵观以上问题，总结起来，就是因为建筑业还未充分发展，不能像现代工业一样进行智能化批量生产，缺少先进技术、管理能力及配套管理机制。究其原因，是建筑业产品和工业产品在生产建造过程的基本特点差异所决定的。一是建筑产品的个性化、多样性使得生产建造是离散化、碎片化的，无法像工业化产品一样标准化、集成化生产。二是相比工业化产品生产，建筑业产品生产是围绕现场展开，现场要素充满不确定性；而工业化生产围绕工厂展开，生产过程是标准化、流程化的，更容易借助数字化，实现智能化。因此，要像生产工业化产品一样生产建筑业产品，借鉴工业化发展的路径，融合工业化的发展技术，是发展建筑行业数字化、智能化的必由之路。

2）建设思路

智能建造 DDE 平台（Data-Driven Engineering，简称 DDE 平台）如图 5-4 所示。对标制造业，像造汽车一样造房子，打造建筑业底层数据平台，基于 BIM 技术搭建了数字孪生底座，在数字孪生底座的基础上提供了数字化管理工具，实现了"数据驱动、人机协同、价值创造"的目标，以数字化手段为建筑业提供了新质生产力。

图 5-4　智能建造 DDE 平台

DDE 平台将设计、深化、生产、建造、运维全过程软件生态进行集成，形成全产业链、全周期集成管理平台。各个阶段的子平台基于原软件数据格式独立运行，形成数据内部循环。建立统一格式的中心数字孪生库，数字孪生库的作用在于统一不同阶段数据格式，将动态变化的内循环数据进行更新和储存，依托全周期的数字孪生为工程项目管理协同提供统一格式的数据引擎。

（1）标准体系

搭建统一的数据标准体系。数据标准体系是数字化管理的基石，它确保了数据在整个项目生命周期中的一致性、可靠性和可比性。这一体系包括确定数据收集、存储、处理和共享的标准规范，涵盖了各个阶段的数据需求和格式要求，确保各阶段的数据流畅性和一致性。数据标准体系的建立将有助于规范数据管理流程，提高信息传递效率，降低沟通成本。在数字化管理的实施路径中，建立统一的数据标准体系有助于消除信息孤岛，提高数据质量，为项目决策提供可靠的依据，实现跨部门、跨系统的数据集成与共享，促进数字化管理的全面实施和运作。统一的标准体系主要包括数据标准、编码规则、数据共享应用机制和数据资源库4个统一。

①数据标准统一。数据标准统一是搭建统一的数据标准体系的核心部分，它涵盖了工程项目整个全生命周期，包括设计、施工、运维等阶段的数据标准（如图5-5所示）。必须确保所有相关方对数据标准有清晰的理解和认识，才能达成顺利的协同合作。数据标准的建立是搭建统一的标准化数据体系的基础，需要认真对待并精心设计，以确保目标的顺利实现。

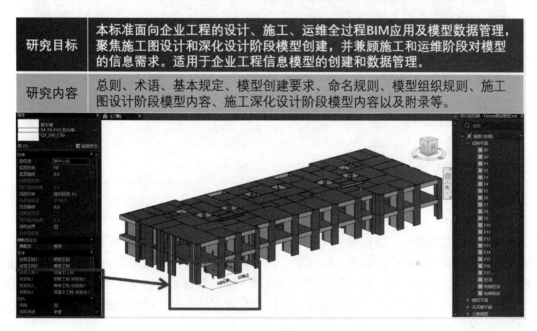

研究目标	本标准面向企业工程的设计、施工、运维全过程BIM应用及模型数据管理，聚焦施工图设计和深化设计阶段模型创建，并兼顾施工和运维阶段对模型的信息需求。适用于企业工程信息模型的创建和数据管理。
研究内容	总则、术语、基本规定、模型创建要求、命名规则、模型组织规则、施工图设计阶段模型内容、施工深化设计阶段模型内容以及附录等。

图 5-5　建筑信息模型建模标准

②编码规则统一。编码规则统一是指确立一套统一的编码规则，以保证整体系统的规范性和一致性，如图5-6所示。这些编码规则不仅包括命名规范、注释规范等软件开发领域的规则，还应该涵盖硬件、网络、数据库等各个方面。通过编码规则的统一，可以降低沟通成本，提高团队合作效率，降低系统维护难度。同时，统一的编码规则也有利于代码审查和质量管理，使代码更易于理解和维护，从而提升整体开发质量。

研究目标	本标准规范企业工程信息模型中信息的分类和编码，实现工程建设信息统一和协调，促进交换与共享，提高智能建造数据的存储、检索和使用效率，适用于各领域工程全生命期工程信息的分类和编码的使用。			
研究内容	总则；术语；基本规定；分类；各领域编码；编码的应用。			
类目编码	一级类目	二级类目	三级类目	四级类目
30-01.00.00	混凝土			
30-01.10.00		预制混凝土制品及构件		
30-01.10.10			预制混凝土柱	
30-01.10.10.05				框架柱
30-01.10.10.10				排架柱

图 5-6　工程信息模型分类和编码标准

③数据共享应用机制统一。在推动数据共享应用机制统一方面，必须建立一套统一的数据标准和信息交换流程，如图 5-7 所示，以确保各个部门和系统之间的数据共享流畅且高效。这包括统一的数据格式、命名规范、数据字段定义等，从而实现数据在不同系统之间的无缝传递和互操作。此举不仅可以提高数据共享效率，还可以降低信息传递错误和混乱的可能性，为统一的标准化数据体系的顺利搭建提供可靠的基础支持。

研究目标	本标准规范工程全生命期工程信息数据交换，指导产品数据模板和数据交换模板的创建，推进数据模板的应用，并发布企业基本数据模板。适用于工程信息模型数据模板的创建、应用、管理。					
研究内容	总则；术语与缩略语；基本规定；数据模板创建；数据模板应用管理；附录各领域数据模板。					
信息序号	属性组名称	属性值	属性值范围	数据类型	计量单位	信息来源
1	族		系统族:基本墙	文字	——	
2	类型		5#_F4-F10_剪力墙Q1_200_C50	文字	——	
	类型		5#_F4-F10_剪力墙Q1a_200_C50	文字	——	
	类型		5#_F4-F10_剪力墙Q2_250_C50	文字	——	
3	底部约束		B1、B2、F1～F17、屋顶、电梯屋顶、电梯机房	文字	——	
4	底部偏移		$-\infty\sim+\infty$	数字	mm	
5	顶部约束		B1、B2、F1～F17、屋顶、电梯屋顶、电梯机房	文字	——	
6	顶部偏移		$-\infty\sim+\infty$	数字	mm	

图 5-7　工程信息模型产品数据模板标准

④数据资源库统一。通过建立统一的数据资源库，可以确保各个部门和团队之间的数据共享和数据质量一致性，如图 5-8 所示。这不仅可以提高工作效率，也有利于决策的准确性和可靠性。同时，统一的数据资源库还有助于降低数据重复采集和管理的成本，提升整体数据管理的效能。因此，在搭建统一的标准化数据体系时，确保数据资源库的统一性和标准化程度至关重要。

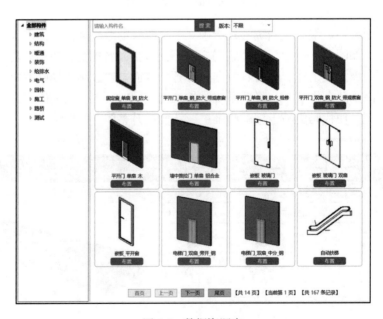

图 5-8　数据资源库

（2）数字孪生底座

建立集成门户、统一软件授权：DDE 平台建立统一建筑工程生态软件的门户式集成和授权管理，对集团用户进行动态密钥分配，对智能建造体系软件成果做统一规划与管理，实现云边端模型文件同步、管理和多款专业软件集成，如图 5-9 所示。

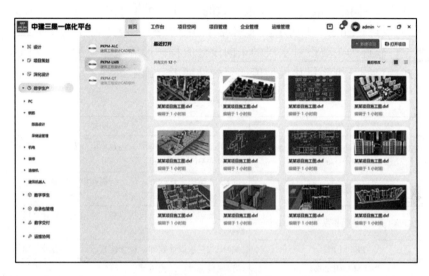

图 5-9　生态软件集成

利用 BIM 技术、搭建 1 个数字孪生底座平台。数字孪生技术将实体世界与数字模型相结合，通过虚拟模型实时反映实体项目的状态和运行情况，实现对工程项目全生命周期的精准模拟和管理，如图 5-10 所示。数字孪生技术可以实现对项目的全面监测与分析，包括设计、施工、运营及维护等环节，帮助管理者实现对项目的全面监控和精细化管理。利用 BIM 技术建立数字孪生底座，兼容不同的数据格式，依据统一的数据标准对模型进行集成管理，保证数据在全生命周期内基于 BIM 技术进行高效无损流转，通过数字孪生底座平台为智能建造全过程、全方位提供动力。

图 5-10　数字孪生底座

（3）数字化管理工具的应用

BIM 正向设计管理工具。采用 PKPM-BIM 软件，通过 BIM 正向设计管理工具，直接在中心文件上协同建模，开展 BIM 正向设计。结构专业通过 PKPM 结构计算软件进行结构计算，再导入到 PKPM-BIM 进行协同三维建模。传递到 DDE 平台进行深化设计，联合碰撞检测，导出二维图纸。最终提交图模一致的 BIM 三维模型成果与二维 CAD 图纸成果，实现 BIM 正向设计，如表 5-1 所示。采用现有的国产 BIM 设计软件 PKPM 及各种插件，采用以三维设计软件为主要设计手段的正向设计流程，形成"一模到底"的数据成果，并将具有开放式接口的三维轻量化模型传递至构件加工、施工等各个环节，如图 5-11 所示。

正向设计工具   表 5-1

序号	软件名称	功能
1	PKPM-BIM 建筑全专业协同设计系统 BIMBase	建筑、结构、给水排水、暖通、电气专业建立三维模型、计算、出图，包含 BIM 审查功能
2	PKPM-2021 规范版结构设计系统	PKPM 结构设计软件，包含结构建模、有限元分析、基础设计、钢结构设计、结构出图等功能
3	PKPM-GBP 绿色低碳系列软件 2024	绿色低碳分析模拟，包括节能、碳排放、采光、风环境、声环境等模块
4	PKPM-PC	装配式专项设计软件，包含建模、计算、拆分、出图等功能
5	PKPM-LMB2024	铝模板三维设计分析软件
6	BIMBase-Lite	通用的多格式 BIM 模型浏览与审阅工具
7	Tekla 钢筋设计软件	钢筋深化 BIM 建模软件
8	毕马云装修	装修 BIM 三维设计软件

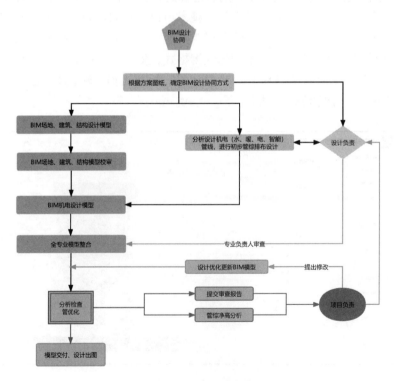

图 5-11　正向设计流程

①设计协同工具。通过平台集成的各类型深化设计工具，深化设计人员可以直接在 DDE 平台调用深化设计工具完成深化设计工作，如图 5-12 所示，能够确保深化模型的统一，减少项目人员因模型版本管理错漏等造成的深化设计返工问题。实现深化设计全过程的模型成果文件版本管理、版本控制、成果交付。

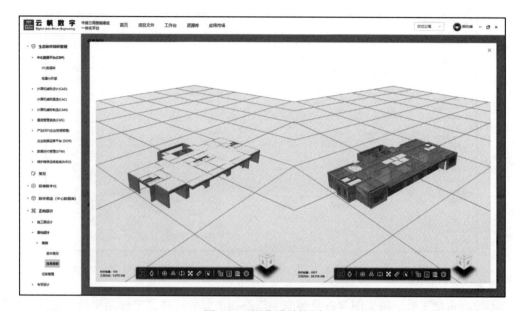

图 5-12　深化设计协同

②全周期虚拟建造仿真工具。发挥模型数据在施工进度管理中的重要性和应用价值，引入模型信息进行数据分析和进度计划制定的新方法。在施工之前利用计划与 BIM 模型进行推演，先试错再施工，如图 5-13 所示，同步组织人员、物资，减少资源浪费。目前已实现已有的 DOP 平台共建从模型到计划、从计划到进度、从进度到优化的计划管理闭环。无需手动关联构件，充分发挥 BIM 信息载体的优势，通过形象进度、项目产值、剩余工日多维度反映项目实际进度与计划的偏差。

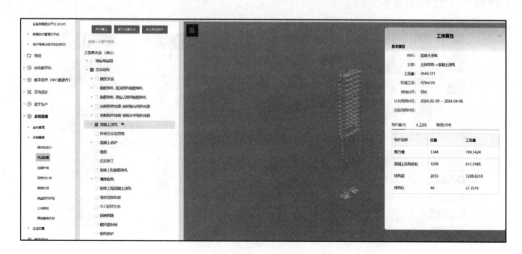

图 5-13　计划与模型挂接

125

③全要素产业互联驱动工具。深化设计后的构件达到工业品级，具备工厂预制生产条件，实现了从 BIM 模型数据到制造工厂 MES 系统（或智能装备执行系统）的数据传递。施工项目物资人员可以直接基于深化设计与进度计划排程的成果，实现物资一键下单，如图 5-14 所示，相关信息直接从平台提取并同步至供货方，实现订单的全过程跟踪。

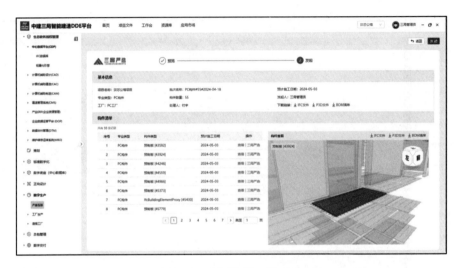

图 5-14 物资在线一键下单

④政府审批工具。施工图审查是政府主管部门监督管理建筑工程勘察设计质量的重要环节，可以推动工程建设项目审批管理系统、建筑市场监管公共服务平台等工程建设领域相关系统的全面互联互通、协同应用，主要是对工程建设项目设计阶段的设计图纸、技术文件、文本说明等成果审查。按照国家对建筑行业高质量发展要求，大力推广 BIM 技术，利用 BIM 技术推动施工图审查由"二维图纸"向"三维模型"审查、由人工审查向机器智能审查转变，对 BIM 模型的交付质量也提出了更高的要求，一个高质量的 BIM 模型，不仅要满足 BIM 场景的交付应用，也要确保模型的完整性、合规性、图模一致性，为城市 CIM 数据积累提供模型数据的基础保障。基于国产 BIMbase 平台研发 BIM 软件则为模型数据的交付提供了有力的技术支撑，如图 5-15 所示。

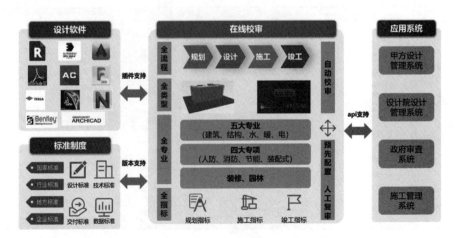

图 5-15 三维电子报审

5.2.4　项目全生命周期智慧化管理的实践场景

数字化管理工具，旨在进一步推动建筑行业的数字化转型。这些工具通过整合和优化现有的技术资源，为项目全生命周期的管理提供了全新的解决方案。它们不仅能够提升工作效率，还能确保项目的高质量完成，同时为项目的可持续发展提供坚实的基础。接下来，将详细介绍这些工具如何具体应用于深化设计协同、虚拟建造以及数据驱动工厂等关键环节，以及它们如何通过数字化手段，实现项目管理的优化和创新。

1）深化设计协同

深化设计协同工具的开发，是为了解决建筑项目管理中存在的设计信息孤岛问题，实现设计团队之间的无缝协作。该工具基于平台的数字孪生底座，提供了全过程的深化设计管理。它的核心优势在于其多格式兼容的协同设计能力，不仅支持国际主流的 RVT 格式，也兼容国内自主领先的 P3D 格式，确保了在多数据格式条件下，各专业团队和参与角色能够围绕同一个中心数据库（模型）进行协同工作，实现一模到底的设计流程。

此外，该数字化管理工具还包括模型质量检查功能，能够自动进行建模标准匹配度检查和碰撞检测，如图 5-16 所示。这不仅提高了模型的准确性，也减少了人工校对的工作量。同时，工具还具备协同审批、校核和修改的能力，无需二次人工增补即可实现多数据格式模型的更新。

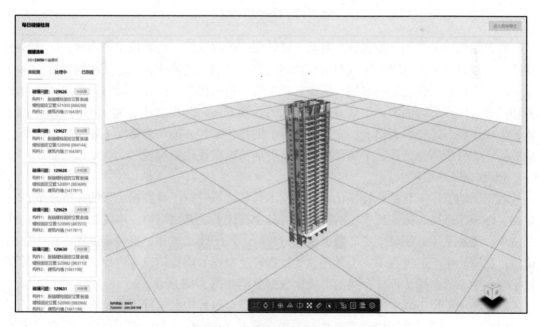

图 5-16　模型质量检查

2）虚拟建造工具

虚拟建造工具是另一项重要的数字化管理工具，它基于 BIM 模型的算量数据和排程算法，智能生成项目施工计划。该工具结合了人工定额、材料定额、工期定额等定额数据，计算出劳动力计划和物资需用计划，从而支撑项目施工模拟。通过项目施工计划、资源计划和进度等数据，管理人员可以在 BIM 模型上进行建造仿真，如图 5-17 所示，这使得他们能够更清晰、更全面地掌控整个工程的全景和进展。

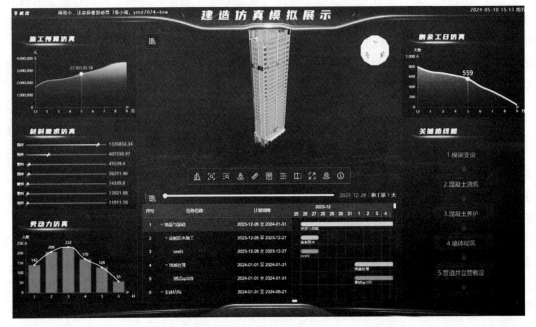

图 5-17　建造仿真模拟

其包括模型与计划自动关联、自动生成计划、进度反馈、仿真模拟等功能。通过这些功能，项目管理人员可以利用模型进行计划的自动编制、进度优化、进度纠偏以及资源计划管理，实现对工作任务的时间、资源、成本等方面的排程和优化。同时，系统还能考虑各种约束条件和影响因素，生成最优或次优的计划方案，并提供计划执行结果的报告和分析，生成多种形式（如表格、图表、曲线等）的报告文档，提供多维度（如时间、资源、成本等）的分析指标，让整个项目的重难点更加清晰直观地被展现。

3）数据驱动工厂工具

数据驱动工厂工具是承接深化设计协同工具和虚拟建造工具数据成果的关键环节。它根据实际施工进度和施工流水段的需求，拆分生产任务，并将对应流水段工序拆分为构件及清单。工具基于数字孪生中心数据库进行智能工厂的驱动工作，进一步发挥一模到底的价值。在驱动生产的过程中，工具还收集过程进度数据、质检信息等内容，并反向完善至数字孪生中心数据库，部分产线的可视化数据驱动如图 5-18 所示。

数据驱动工厂工具中的预制构件管理模块对建造过程中的构件下单及构件状态进行实时可视化跟踪。通过基于构件管理的 PC 端、施工方小程序和司机方小程序，实现了施工现场构件的订货、工厂生产构件的过程状态及运输定位的关联。此外，基于 BIM 模型，可以实现预制构件的全生命周期管理可视化，实现工厂现场构件状态一体化。通过与 IoT、进度等场景的结合，可以真实还原施工现场情况，为施工决策提供有力支持，确保预制混凝土工厂生产计划满足建造现场进度需求，实现对预制构件部品部件从下单、排产、生产到运输的全过程数字化管理。相关研发内容如图 5-19 所示。

图 5-18 叠合板生产线可视化数据驱动

图 5-19 构件管理部分研发内容

4）总结

本节概述了三种数字化管理工具，它们通过数字孪生技术与中心数据库的结合，实现了建筑项目管理的全流程优化。这些工具不仅兼容主流数据格式，还支持跨平台协作，显著提升了设计、施工和生产的协同效率，在各自应用区间均取得了不同程度的自主创新，具体如下：

（1）深化设计协同工具的核心创新在于其跨格式协同设计能力，实现了多专业团队的实时协作，消除了信息孤岛。该工具还具备模型质量自动检查功能，减少了人工校对工作量，提高了设计质量。

（2）虚拟建造工具通过 BIM 模型的算量数据和排程算法，智能生成施工计划，并结合

129

定额数据提供精确模拟。它能够实现工程量和项目变更的实时信息获取，自动生成预算计划，并通过进度反馈和仿真模拟功能，优化资源分配，确保施工进度。

（3）数据驱动工厂工具的创新在于其对生产流程的数字化管理。其利用数字孪生中心数据库，智能拆分和分配生产任务，通过预制构件管理模块实现全生命周期管理，并结合IoT 技术进行实时数据跟踪，提高生产效率，确保生产与施工进度的精准匹配。

这三个工具的创新点共同构成了一个高效的数字化项目管理生态系统，从设计到施工，再到生产，每个环节都通过数字化手段进行了优化，极大提升了建筑项目的管理效率和质量。

5.3　建筑市场与施工现场两场联动与智慧监管

5.3.1　建筑市场与施工现场两场联动的概念

两场联动管理是建筑市场与施工现场之间的协同监管模式，通过信息共享和资源整合，提高工程项目的管理和执行效率，如图 5-20 所示。这种管理模式专注于施工企业的质量、安全和市场行为，通过诚信评价体系影响招标投标评分。这种管理模式通过以下几个方面提高工程项目的管理和执行效率。

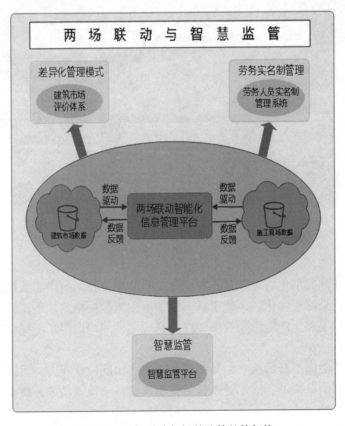

图 5-20　两场联动与智慧监管整体架构

（1）信息共享：建立统一的信息平台，实现建筑市场监管部门与施工现场之间的信息实时共享，包括施工进度、质量安全检查结果、企业诚信记录等，从而提高监管的透明度和响应速度。

（2）资源整合：通过整合政府监管资源、企业资源以及施工现场的人力资源，优化资源配置，提高资源利用效率。

（3）质量与安全管理：监管模式特别关注施工企业在质量和安全管理上的表现。通过实时监控施工现场，及时发现并处理安全隐患，确保工程质量。

（4）诚信评价体系：建立施工企业的诚信评价体系，将企业的历史表现、市场行为、安全记录等纳入评价，影响企业的招标投标评分和市场准入。

（5）市场行为监管：监管施工企业的市场行为，防止不正当竞争，维护建筑市场的公平竞争环境。

（6）招标投标机制：在招标投标过程中，利用诚信评价体系的结果，作为评标的重要依据之一，以此激励企业遵守市场规则，提高自身信誉。

（7）风险预警：通过数据分析和监测，对可能的风险进行预警，帮助企业及时采取措施，避免或减少损失。

（8）政策支持与法规遵守：确保监管活动符合相关政策和法规要求，为联动监管提供法律依据。

（9）技术支持：利用 BIM、GIS、物联网等现代信息技术，提升监管的科技含量，实现精细化管理。

总的来说，两场联动管理对施工企业的市场行为产生了深远的影响，不仅提升了企业的安全管理水平，规范了市场行为，加强了责任追究，提高了监管效率，还促进了企业的自律，推动了整个行业的健康发展。

5.3.2　两场联动与智慧监管的价值

两场联动管理在建筑行业中的实施，诚信评价体系和全过程数字化监管，对提升工程质量安全和优化企业运营具有重要意义。其主要价值体现在以下几方面。

（1）诚信评价体系与招标投标评分：诚信评价体系是建筑市场监管的重要工具，通过对企业的合同履行、工程质量、安全生产、合规性等进行量化评估，形成企业的诚信档案。在招标投标过程中，诚信评价结果直接关联企业的评分，影响其竞标成功率。这种做法激励企业遵守市场规则，维护良好的市场秩序。

（2）整合建筑业信息，打通数据壁垒：通过建立统一的信息平台，整合建筑业的各个信息孤岛，包括企业资质、项目信息、施工进度、质量安全记录等，实现数据的无缝对接和实时更新。同时打通了市场与施工现场的数据流，使得监管部门、项目业主、施工企业、监理单位等各方能够基于统一的信息平台进行沟通和协作。

（3）全过程数字化监管：实现从项目规划、设计、施工到运维的全过程数字化监管，利用信息技术对工程进度、成本、质量、安全等关键指标进行实时监控和分析。通过数字化手段，提高监管的透明度和效率，减少人为因素的干扰，确保工程管理的科学性和精准性。

（4）优化工程质量安全保障体系：建立以风险管理为核心的工程质量安全保障体系，通过风险识别、评估、控制和监测，提高工程质量安全管理的科学性和系统性。利用 BIM

技术、大数据分析等手段，对工程质量安全进行预测性分析，提前发现并解决潜在问题。

（5）建立长效监管机制：通过立法和政策引导，建立长效的建筑市场监管机制，确保监管的持续性和稳定性。长效监管机制包括定期的资质审核、持续的诚信评价、动态的质量安全监管等，形成常态化、制度化的监管模式。

（6）减少对企业正常运营的干扰：优化监管流程，减少不必要的行政干预，降低企业的合规成本，为企业的正常运营创造良好的环境。通过信息化手段，提高监管的精准性和针对性，避免"一刀切"式的监管，减少对企业正常运营的干扰。

（7）提高监管的智能化水平：利用人工智能、机器学习等技术，提高监管的智能化水平，实现对大量数据的自动分析和处理，提高监管效率。通过智能预警和辅助决策系统，帮助监管部门快速响应市场和施工现场的异常情况，提高监管的及时性和有效性。

（8）强化企业主体责任：通过两场联动管理，强化企业的主体责任，促使企业加强内部管理，提高工程质量和安全生产水平。企业通过参与诚信评价和数字化监管，不断提升自身的管理水平和竞争力，实现可持续发展。

（9）促进行业自律和健康发展：两场联动管理有助于促进建筑行业的自律和健康发展，通过市场机制和政府监管的有机结合，形成良好的行业生态。通过诚信评价和数字化监管，引导企业依法合规经营，提高行业的整体水平和国际竞争力。

（10）提升政府监管能力和服务水平：两场联动管理要求政府部门提高自身的监管能力和服务水平，通过信息化手段，实现对建筑市场的精准监管和服务。政府部门通过两场联动管理，可以更好地掌握市场动态，及时制定和调整相关政策，引导和促进行业的健康发展。

综上所述，可以看出两场联动管理对于实现建筑市场和施工现场的有效衔接，提高工程质量安全管理水平，优化企业运营环境，促进建筑行业的可持续发展有着不可替代的作用。

5.3.3　两场联动与智慧监管的实施路径

1）两场联动智能化信息平台的建设

伴随着社会经济的发展，我国对建筑企业的需求也与日俱增，数据化和专业化的管理，必将成为未来发展的大趋势。建筑施工企业成本高、投资大、应用广泛，管理的难度大于一般企业，而管理的水平和效率能够直接影响施工的质量。为促进企业提高管理效率，做好项目监督，目前最行之有效的管理方法——智能信息化的管理平台应运而生。

推动建筑市场监管公共服务平台、工程质量安全监管信息平台全国联网、数据联通，建立评级体系，评价企业施工质量和市场行为。通过建设建筑行业数据中心，整合建筑业关联信息，打通建筑市场和施工现场数据，实现"市场""现场"两场联动，构建在建房屋建筑和市政工程全过程数字化监管体系，数据中心融合在建工程项目立项、招标投标、合同、施工图审查、施工许可、安全监督、质量监督、竣工验收等环节信息，发现过程监管中的突出问题，如企业经营和项目状况、监管薄弱环节、安全风险隐患等。基于房屋市政在建工程全过程数字化监管体系，形成监管闭环，促进建筑市场运行机制更加完善，工程质量安全保障体系不断优化，形成建筑业高质量发展的数字化框架。数据中心整合在建工程、企业资质、人员资格等信息，各级执法部门依据本数据中心信息对各市州开展考核评价。数据中心通过对接建筑业大数据中心、建筑市场监管一体化平台等数字住建领域相关系统数据，按照"一数一源"原则，归集、整合、应用相关数据，搭建基础数据库、工程管理、GIS 一张图、可视化分析模块，实现在建工程全过程业务数字化监管。北京市朝阳区建设工程智慧监管平台将各系统整合、数据打通。实现系统整合，打通底层数据，实现各业务系统之间联动互通，在平台上监管人员可以看到围绕项目全生命周期各业务系统的数据，如图 5-21 所示。各系统数据互通也可以大量减少监督人员重复工作量，实现让数据多跑路，提高监督人员工作效率以及各类信息的准确性、可靠性。

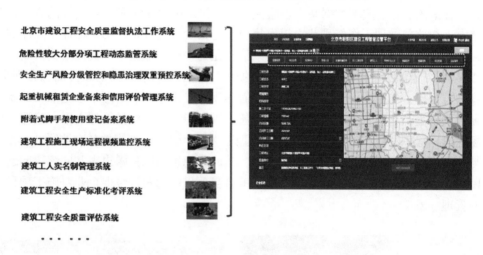

图 5-21　各业务系统数据共享

地方建设监管主体的"智慧大脑"可实现项目自查问题开放数据接口，与各集团、企业实现数据共享。把各企业联合起来，共同参与到工程的监管中来，将监管数据打通，共同将隐患问题暴露出来，实现全民监管，共同解决问题。同时也能够使各集团公司更好地了解自身项目的问题，督促集团公司对施工项目进行更好的管理。建立评价排名机制（图 5-22），以履责率作为企业、项目履责情况排名的依据，对于排名靠后的企业、项目定期进行约谈，督促其更好地加强工作；对于排名靠前的进行公示表扬。督促企业、项目主动地将质量、安全放在重要的位置上，主动寻找，发现隐患，尽可能地暴露现场的问题。

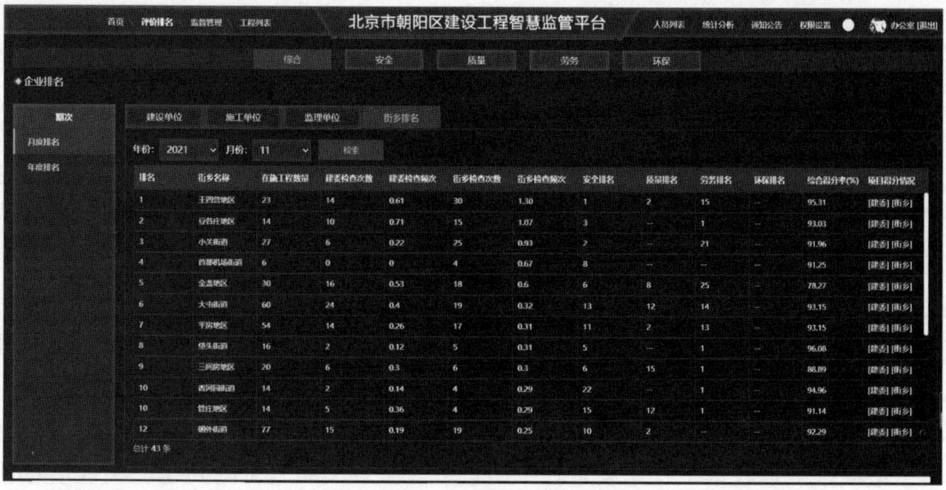

图 5-22　企业、项目定期排名

2）两场联动数字化监管体系的构建

构建覆盖建筑施工安全领域企业、项目、人员、设备的全量、全要素、跨地域、跨层级的数字化监管体系。打造从住建部门到街乡、企业、项目、人员的全覆盖管理系统。

在两场联动体系建设中，为解决各部门、企业之间信息不通畅的问题，避免不必要的重复性检查，使各部门、企业之间形成合力，相互配合（图 5-23）。项目自查问题开放数据接口，与各集团、企业实现数据共享。监管主体往往采用"互联网＋监管"的方法，结合当地建设工程监督管理工作的现状，提出集质量、安全、劳务、市场、环保于一体的监管方案，实现政府、企业、项目相互融合，以信息化为手段，建立主体责任落实机制，从而实现"智慧化"监管的目的。提高电子政务的水平，整合、优化现有的政务信息管理系统，建立日常监督检查与企业评价联动机制，从而实现建设、施工、监理单位定期按照质量监管情况形成排名，从而引导企业落实主体责任，提高建设工程质量管理水平，确保当地建筑市场健康、有序发展。地方监管主体通过建设"智慧大脑"，把当地各企业联合起来，共同参与到工程的监管中来，将监管数据打通，共同将隐患问题暴露出来共同解决问题，实现全民监管。同时也能够使各企业更好地了解自身项目的问题，督促企业对施工项目进行更好的管理。

图 5-23　两场联动体系

督促企业、项目主动地将质量、安全放在重要的位置上，主动寻找，发现隐患，尽可能地暴露现场的问题。企业、项目自查发现的问题在整改期内，住建部门不再做出处罚，越主动发现问题履职情况越高。通过引入现场"履责率"参数，落实差异化监管的要求，实现"双随机""四不两直"监督管理（图 5-24）。

对于监督力量与在建工程项目规模之间存在着很大的不平衡的问题，地方监管主体建立住建部门、街道、集团公司、项目部、建筑工人多方参与的安全检查体系，充分调动社会力量，各方之间实现信息互通，全员参与安全监督，充分暴露建设项目的安全隐患，最大限度减少安全事故。

动员社会各界力量共同监管，将住建部门、街乡、集团公司、项目部、工人有机地连接起来，最大限度地收集工程建设过程中质量、安全、文明施工的问题，实现信息互通，如图 5-25 所示。

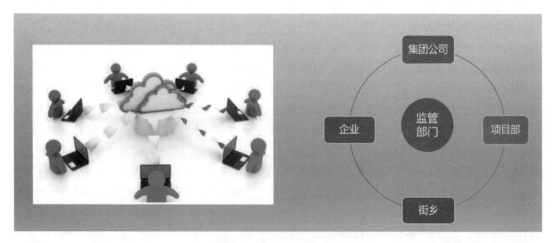

图 5-24 企业监督管理

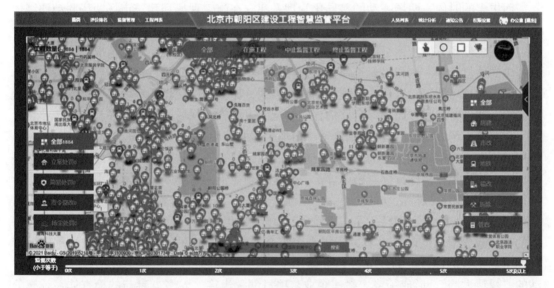

图 5-25 智慧监督平台

5.3.4 两场联动与智慧监管的实践场景

1）实施差异化管理，根据不同企业的特定需求和情况进行个性化管理，以标后履约检查"一查二看三座谈"模式为例。

在快速发展的建筑行业中，随着项目类型和参与主体的多样化，传统的"一刀切"式政府监管模式已无法满足行业发展的实际需求。因此实现政府监管的差异化成为提升建筑行业整体效率和质量的关键。差异化监管是指政府根据建筑企业及其项目的具体情况，采取不同的监管策略和方法。这种监管模式的必要性在于，促进资源合理配置，通过区分不同对象和情况实施不同监管策略，可以确保有限的政府监管资源集中于存在较大风险和问题频发的领域。提高行政效率，差异化监管能够使政府更加精准地制定政策和执行监督检查，避免无效和冗余的工作。鼓励企业自我管理，当政府监管能够根据企业的自我管理能力和历史表现来调整干预力度时，有助于激励企业提高自身的管理水平和遵守规范的积极性。保护市场公平竞争，对于守信守法的企业减少干预，对于失信违规的企业加大监管力度，有助于维护行业内的公平竞争。建立差异化管理有多种方式。如建立信用评价体系。建立完善的建筑市场信用评价系统，收集企业的市场行为、履约情况、安全生产等信息，形成信用评分和分类。如宁波市建筑市场信用管理体系就是一个很好的实践案例。它通过数字化手段建立企业信用档案，实现对市场主体的精确画像和管理；进行风险分级管理。根据项目的风险程度和企业的历史表现，将项目分为不同的风险等级，并采用相应的监管策略。例如，对于高风险项目，可增大检查频次和监督力度；对于低风险项目，则可适当减少干预；实施过程监管与结果控制相结合，不仅关注项目的最终结果，也重视过程中的合规性。通过在项目招标投标、设计审批、施工过程等各个环节实施监管，确保整个建设过程透明、规范；利用科技手段提升监管效能。运用大数据、云计算、人工智能等现代信息技术手段，提高监管工作的智能化和自动化水平。比如利用 BIM 技术进行项目信息建模，便于监管部门实时了解项目进展和存在的问题。

　　而更多的时候，两场联动的差异化管理是建立在施工现场和建筑市场两场联动评级体系基础上的。两场联动的评级体系主要涵盖以下内容：

　　在施工现场方面，评级体系主要关注现场的质量、安全和文明施工情况。这包括施工过程中的质量管理，比如材料选择、工艺控制等；安全管理的执行情况，如安全设施的设置、安全教育培训等；以及文明施工的具体表现，比如施工现场的环境卫生、噪声和扬尘控制等。通过对这些方面的综合评估，能够全面了解施工现场的管理水平。

　　在建筑市场方面，评级体系则侧重于市场主体的信用评价以及建设工程招标投标资格。信用评价主要考察建筑企业的合同履行能力、社会信誉等，是建筑市场健康有序运行的重要保障。建设工程招标投标资格的评价，则是对企业资质、业绩、技术实力等方面的综合考量，以确保招标投标活动的公平、公正和公开。

　　通过两场联动评级体系，可以有效促进施工现场与建筑市场的良性互动，推动建筑业的高质量发展。同时，也有助于提升建筑企业的市场竞争力，引导其更加注重现场管理和市场信誉的建设。而建立在评级体系基础上的数字监管平台就形成了以服务两场联动的"智慧大脑"，形成街乡、参建企业、项目部、建筑工人多方参与的检查体系，充分调动各方力量，打造全员监督的模式，形成建筑行业的"12345"，如图 5-26 所示。为解决各部门、企业之间信息不通畅的问题，避免不必要的重复性检查，在检查标准统一、处理流程统一、整改要求统一的情况下，使各部门、企业之间形成合力，相互配合。对项目自查问题开放数据接口，与各集团、企业实现数据共享。各企业联合起来，共同参与到工程的监管中来，将监管数据打通，共同将隐患问题暴露出来，共同解决问题，实现全民监管。

　　在具体执行过程中，"查"即现场核查项目建设的《施工日志》《监理日志》《监理联系单》《会议纪要》《施工图纸》等档案材料；"看"即实地察看施工现场安全生产、文明施工、工资发放、建设进度情况；"座谈"即现场座谈项目检查情况，组织招标人、施工单位和监理单位，通报项目检查发现的主要问题，提出整改要求，收集项目建设过程中存在的难点及需要协调处理的事项，并听取各方就项目建设提出的反馈意见。在查和看方面需要充分利用数字化手段，通过调阅电子信息、数字化监管减少对施工现场作业的干扰，同时建立白名单，通过数据分析判断趋势，实现差异化管理。

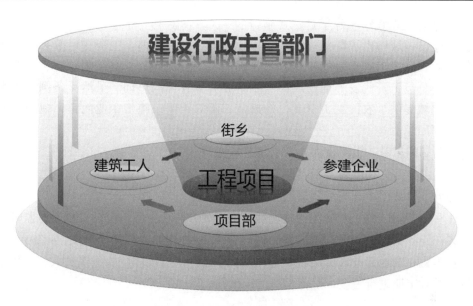

图 5-26　建筑行业的"12345"

2）劳务实名制管理，提高信息核实的效率和准确性，加强劳务管理和风险控制。

2019 年住房和城乡建设部、人力资源和社会保障部印发了《建筑工人实名制管理办法（试行）》进一步明确劳务实名制的重要性。建筑业劳务实名制的意义主要在于加强工地人员管理、减少安全事故、维护合法权益、提升工程效率。建筑工地实施实名制管理能够为信息化用工建立一个全面、高效、统一、智能的信息服务系统。通过确保每位工人的身份信息准确无误，管理层能够更好地掌握工地的人员构成和动态，从而有效降低因用工混乱而引发的安全风险。此外，实行实名制有利于保护工人和企业的合法权益，规范建筑市场秩序，保证工程质量和安全生产。此举还能提高现场工程的效率，有助于企业的稳步发展。两场联动指的是施工现场与行业市场之间的互动关系。在建筑业中实施"两场联动"过程中，实名制的推行可以看作是"两场联动"策略的一部分，它要求在建设领域从业人员实名制管理系统中进行认证和考勤，这样的数据化管理手段不仅简化了工作流程，也加强了对从业人员的监管。同时，随着企业间竞争的加剧，老企业为了维持竞争力，也开始采用包括实名制在内的现代化管理措施。总之，可以看出实名制在规范劳动关系方面起到了关键作用，它不仅是实现劳动法治化的重要步骤，也是构建健康营商环境的基础之一。通过这种机制，建筑业可以朝着更加规范化、系统化的方向发展，最终实现整个行业的长远利益。

农民工是工程施工领域不可缺少的建设力量。根据国家统计局发布的《2020 年农民工监测调查报告》，我国在册的建筑工人数量极其庞大，约有 5226.48 万人，占农民工群体的 18.3%。与制造业不同，工程建筑施工现场的农民工流动性大，工作时间、工作地点不固定，劳动合同也并非与总承包单位签订，导致现场工人维权难，建筑行业也一直是农民工讨薪的重灾区之一，对于建筑企业而言，建筑工人的工资支付已经成为企业管理的重点工作。农民工欠薪事件的缘由十分复杂，涉及业主方、总承包方、专业分包方、劳务分包商等多个单位，在此不赘述。多年来，政府部门一直在保障农民工权益这方面做了许多努力，2020 年 5 月 1 日正式施行的《保障农民工工资支付条例》(简称《条例》)中对工程建设领域做出了特别规定，从建设资金、现场管理、工资支付等多个方面明确了建筑行业农民工工资支付的管理方式。农民工工资保证金、实名制登记、农民工工资专用账户、总包工资代发等词语成为建筑企业劳务管理的热词。虽然《条例》的实行为工程建设领域提供了农民工工资支付的规范，但对于建筑施工企业而言，现场管理仍然存在着许多问题：

①实名制信息录入工作量大、人员信息核实慢；

②现场考勤出错率极高，工时核算不准确；

③部分项目数据不真实，公司层面很难监管。

企业对接朝阳区劳务人员实名制管理系统，地方监管主体通过在工程智慧监管平台全面展示区在施各工程的工程详情中添加建筑工人、特种作业人员两个模块，如图 5-27 所示。可查看各工程在当地劳务人员实名制管理系统中已经进行过登记的建筑工人、特种作业人员信息，并且定期进行更新，确保信息的准确性。

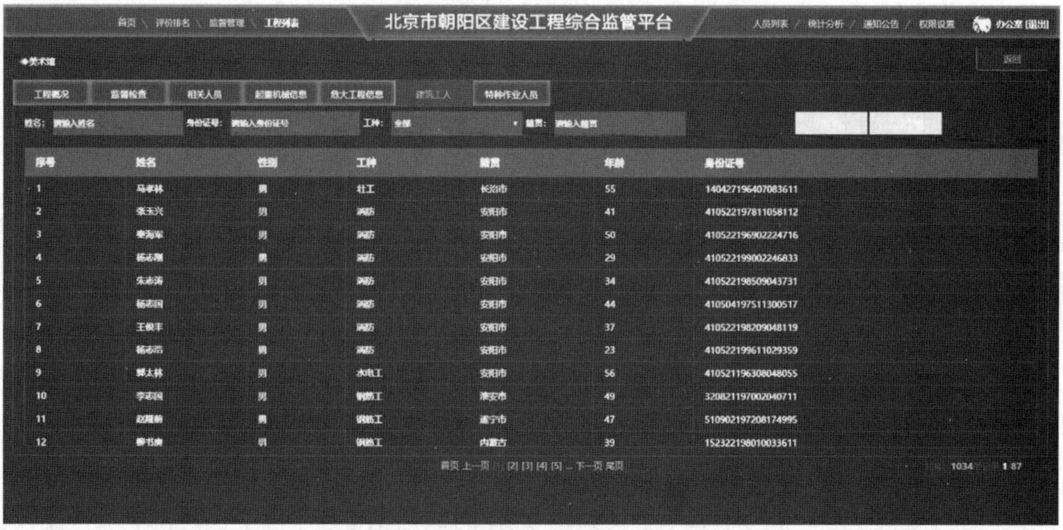

图 5-27　劳务管理

3）智慧监管平台，利用技术管理与人员管理的结合，网络监管与现场监管的融合，实现全天候的自动监测和线上巡查。

"智慧监管"平台为建筑监管插上了科技之眼，平台将技术管理与人员管理相结合、网络监管和现场监管相结合，通过自动监测、线上巡查，全天 24 小时全方位智慧管理；"智慧监管"平台为政府和企业牵上了沟通之手，主管部门通过远程调度功能，实时对施工现场进行监督；"智慧监管"平台为项目架上了安全之网，通过平台实现了省市县三级监管平台相互兼容、互联互通，通过物联网硬件自动收集数据信息，对沉淀形成的大数据进行建模分析，形成隐患问题数据库，从项目、企业和监管部门三个维度实现隐患问题实时发现、即时整改；

地方监管主体运用智慧监管平台为行业数字化监管的工具，结合日常安全、质量、劳务、环保监督检查模式，通过"平台＋APP"的形式实现对工程项目的统一监督管理。智慧监管平台随着技术的发展逐步引入移动智能识别执法终端等应用新一代 AI 技术的终端设备，实现远程实时监管、远程技术指导、人脸自动识别、隐患自动识别等功能，提升监督管理效率。动员社会各界力量共同监管，将住建部门、各街乡、各集团公司、各项目部、工人有机地连接起来，实现信息互通，摆脱各自为战的束缚，共同打造建筑行业内良好的发展环境。最大限度地收集工程建设过程中质量、安全、文明施工的问题，并进行汇总整理、统计分析以及深度的挖掘和利用。对接各业务管理系统，将各类业务数据进行汇总，根据业务需求生成各类统计分析图表，为制定监督计划，针对性监管提供数据支持；针对不符合规范、违反流程、数据异常等情况，提出预警，推送给相应的责任人员。是基于移动互联网、云计算、大数据、人工智能等高新技术的全项目、全业务、全主体、全过程的智慧监管平台。每季度工程、企业排名情况对外公示，并将结果与招标投标、评奖活动挂钩，实现了施工现场与建筑市场相互联动，构建项目、企业合理竞争机制，形成良性循环，实现参建主体主动性的提高。

智能建筑技术的世界正在迅速发展，人工智能（AI）在其发展中发挥着关键作用。人工智能正被用于自动化流程、优化能源使用，并改善智能建筑的整体管理。本书将探讨人工智能在智能建筑技术管理中的各种好处。首先人工智能可用于自动化智能建筑内的各种流程。人工智能系统可用于自动化任务，如控制照明、温度和安全系统，这有助于降低能源成本，提高效率。人工智能还可用于监控建筑系统的性能，并提醒建筑管理人员注意潜在问题。其次人工智能可用于优化智能建筑的能源使用。人工智能驱动的系统可用于监控能源使用情况并进行相应的调整。这有助于降低能源成本，提高建筑的整体效率。人工智能还可用于识别潜在的节能机会，并提醒建筑管理人员注意这些机会。第三，人工智能可用于改善智能建筑的整体管理。人工智能系统可用于监控建筑系统的性能，并提醒建筑管理人员注意任何潜在问题。人工智能还可用于识别潜在的改进，并提醒建筑管理人员注意这些改进。最后人工智能可用于改善智能建筑的用户体验。人工智能驱动的系统可用于为建筑居住者提供个性化的建议和见解。这有助于提高建筑居住者的整体舒适度和满意度。总之人工智能在智能建筑技术的发展中发挥着越来越重要的作用。人工智能可用于自动化流程、优化能源使用，并改善智能建筑的整体管理。人工智能还可用于改善智能建筑中的用户体验。随着技术的不断发展，人工智能将继续成为智能建筑技术管理的重要组成部分。

在监管执法过程中可以利用 AI 技术提高监管效率。应用新一代 AI 技术的终端设备，利用宏观＋微观的方式通过固定摄像头、AI 边缘盒子、智能穿戴设备实现隐患的自动识别，实现由人找问题到自动提醒哪里有问题的转变，如图 5-28 所示。提升监督管理效率，针对工程项目每天都产生大量的检查、监督数据，工程项目的质量、安全问题和工程项目的人、机、料、法、环是密切相关的，利用大数据技术进行相关性、影响性、根源性分析，从而实现建筑施工项目质量、安全、环境、劳务方面问题的预警。

通过"AI 技术"实现了自动抓拍、记录、推送的功能，实现了由"偶然抽查"到"实时监管"的转变。针对施工现场安全问题不再靠监督人员现场去寻找、去发现，而是依靠物联网、云计算、移动互联网等技术，将现场的问题实时记录、实时传送，实现由原来人找问题到信息系统提醒哪里有问题的转变。

图 5-28　智能终端实现 AI 识别

5.4　智能建造与建筑工业化协同发展

5.4.1　智能建造与建筑工业化的概念

1）智能建造

智能建造日益受到社会及行业广泛关注，并已逐步应用于建筑、桥梁、公路、隧道、站场、水利设施、能源工程等多个领域。但具体什么是"智能建造"目前在国家层面还没有非常明确定义。中国工程建设标准化协会编制的团体标准《智能建造评价标准》中提出："智能建造是利用人工智能等新一代信息技术，与先进制造技术、工业化建造技术深度融合，提高设计、生产、施工和交付各阶段的工业化、数字化、智能化水平，优化建造过程，提升工程质量安全、效益和品质的新型建造方式。"百度百科中也做出了初步定义："智能建造是指在建造过程中充分利用智能技术和相关技术，通过应用智能化系统，提高建造过程的智能化水平，减少对人的依赖，达到安全建造的目的，提高建筑的性价比和可靠性。"总体来说，智能建造是传统行业与新一代 IT 信息技术的融合，是工业化、智能装备和产业互联网多维体系的一体化融合，是建筑业转型升级的实施路径。

据此，我们可以初步凝练出智能建造以下几项主要特征：

①智能建造是一种新型的工程设计和建造模式；

②其覆盖范围涵盖工程建造全生命周期；

③智能建造对于提升建筑工业化水平具有极大促进作用；

④智能建造可以实现跨组织的泛在协同，提升行业整体协作效率；

⑤现代信息技术（特别是 BIM 技术和人工智能技术）的发展是实现智能建造的基础；

⑥行业高质量发展和客户高品质需求是推动智能建造的内在驱动因素。

智能建造的概念可以从广义和狭义两个范畴考虑。从广义上讲，智能建造是适应全社会数字经济发展与行业高质量发展中，生产力发展驱动生产关系变革的一种建筑业全产业协同发展模式的变革。这个变革是整个建筑行业发展的必然方向，变革的内容、发展路径、预期效果需要与国家数字化发展趋势和水平相协调，总体同步或者略微滞后，并实现相互作用。从狭义上讲，智能建造是工程建设领域各方主体在数字化、网络化、智能化赋能后的新型建造模式。具体可以表述为以行业高质量发展和绿色高效为目标，以建筑工业化为主线，以标准化为基础，以建造技术为核心，以数字化为手段，实现工程建造全过程的智能化。智能建造是建筑行业应对高质量发展需求，实现全行业、全生命周期降本增效，提高资源效率、交付高质量、高性能产品的一种解决方案。智能建造定义总结如表 5-2 所示。

智能建造定义总结 表 5-2

序号	专家	定义
1	丁烈云	智能建造是新信息技术与工程建造融合形成的工程建造创新模式，通过规范化建模、网络化交互、可视化认知、高性能计算以及智能化决策支持，实现数字链驱动下的工程立项策划、规划设计、施工生产、运维服务一体化集成与高效率协同
2	肖绪文	智能建造是面向工程产品全生命期，实现泛在感知条件下建造生产水平提升和现场作业赋能的高级阶段；是工程立项策划、设计和施工技术与管理的信息感知、传输、积累和系统化过程，是构建基于互联网的工程项目信息化管控平台，在既定的时空范围内通过功能互补的机器人完成各种工艺操作，实现人工智能与建造要求深度融合的一种建造方式
3	马智亮	智能建造是在建筑工程设计、生产、施工等各阶段，通过应用智能化系统，提高建造过程智能化水平，并提高经济和社会效益的建造模式
4	毛志兵	智能建造是在设计和施工建造过程中，采用现代先进技术手段，通过人机交互、感知、决策、执行和反馈，提高品质和效率的工程活动

2）建筑工业化

中国的建筑工业化可追溯到 20 世纪 50 年代，1956 年国务院发布了《国务院关于加强和发展建筑工业的决定》，文中指出："为了从根本上改善我国的建筑工业，必须积极地有步骤地实行工厂化、机械化施工，逐步完成对建筑工业的技术改造，逐步完成向建筑工业化的过渡。"经过 30 多年的研究和实践，发展了建筑标准化，建立了工厂化和机械化的物质技术基础，形成了装配式大板住宅体系。自 1958 年至 1991 年，北京市累计建成装配式大板住宅 386 万平方米。装配式大板住宅体系建筑工业化程度高、施工速度快、受季节性影响小、现场作业量少，是我国第一个形成规模的工业化建筑体系。

2020 年 8 月 28 日，住房和城乡建设部等 9 部门发布了《住房和城乡建设部等部门关于加快新型建筑工业化发展的若干意见》（建标规〔2020〕8 号），首次提出新型建筑工业化的定义："新型建筑工业化是通过新一代信息技术驱动，以工程全寿命期系统化集成设计、精益化生产施工为主要手段，整合工程全产业链、价值链和创新链，实现工程建设高效益、高质量、低消耗、低排放的建筑工业化。"意见进一步指出："以装配式建筑为代表的新型建筑工业化快速推进，建造水平和建筑品质明显提高。为全面贯彻新发展理念，推动城乡建设绿色发展和高质量发展，以新型建筑工业化带动建筑业全面转型升级，打造具有国际竞争力的'中国建造'品牌。"

新型建筑工业化区别于传统建筑工业化，其主要特征包括标准化设计、工厂化生产、装配化施工、一体化装修、信息化管理、智能化应用。以装配式建筑为代表的新型建筑工业化内涵也更为广泛，不仅包括装配式建筑，还包括以实现工程建设高效益、高质量、低消耗、低排放为目标的建筑工业化技术，如建筑消能减震技术、预应力技术、高精度模板、成型钢筋制品等。

由此可以得出智能建造与建筑工业化协同发展是指通过整合先进的信息技术、自动化技术和人工智能技术，实现建筑业的数字化、智能化升级，形成涵盖科研、设计、生产加工、施工装配、运营等全产业链融合于一体的智能建造产业体系。这一概念强调以建筑工业化为载体，以数字化、智能化升级为动力，创新突破相关核心技术，并加大智能建造在工程建设各环节的应用，推动形成智能建造龙头企业，打造升级版的"中国建造"，图 5-29 为智能建造与建筑工业化协同发展整体架构。

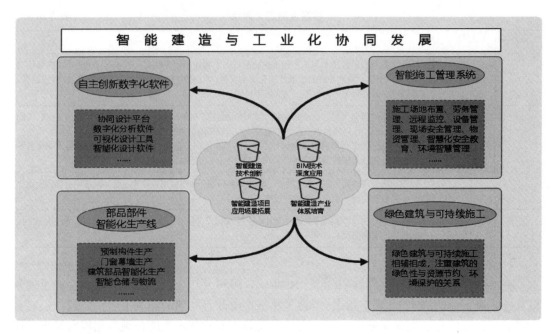

图 5-29　智能建造与建筑工业化协同发展整体架构

5.4.2　智能建造与建筑工业化的价值

智能建造与建筑工业化协同发展是实现建筑业转型升级的唯一路径，将为行业发展带来全面性的价值。

1）符合国家数字经济发展趋势，为建筑行业带来新质生产力

智能建造是以人工智能为核心的现代信息技术与以工业化建造为主导的先进建造技术深度融合形成的新型建造模式，既体现了新质生产力中的"新"，即以人工智能等核心科技创新培育建筑业新模式、新业态、新动能，引领建筑业转型升级，更体现了新质生产力中的"质"，把数据作为新质生产要素实现数字经济与建筑业实体经济的融合，推动建筑业高质量发展。

2）构建行业全产业链资源平台，为建筑行业提供新型供应链

智能建造与建筑工业化协同发展，本质上是将工业生产供给（包含建筑业工厂和制造业工厂）与工程建造全过程的深度融合，是对建筑业供应链的全新升级改造，可以实现基于建造需求的柔性制造和精益建造，提升行业劳动生产效率，减少无效供给，提升全行业的协同生产效率。

3）充分利用新技术，全面提升建筑行业安全与质量水平

在传统的工程建设中，人为因素一直是导致工程质量问题和安全事故的主要原因。然而，随着自动化、机器人和智能算法的引入，许多高风险和技术要求高的工序已经可以被精确地控制和管理。使用 3D 打印技术可以确保每一个组件的精度和质量，从而避免了施工现场的不必要的调整和返工。与此同时，采用机器人和自动化设备在执行高风险任务（如高空作业或重物搬运），可以减少人员伤亡。此外，通过 BIM 技术和传感器技术，工程团队可以对施工过程进行实时监测和调整，确保工程质量的稳定性和连续性。

4）显著提高建筑生产效能

随着智能建造与建筑工业化技术的发展和应用，建筑工程生产效率得到了显著提高。以往耗时的工序和手工操作已逐步被自动化和机械化的流程所替代。例如，通过 BIM 技术，工程团队可以在项目的早期阶段进行模拟和优化，从而减少实际施工中的返工和调整。而装配式预制构件和自动化生产线技术使得组件可以在工厂里快速、精确地制造，然后直接运送到施工现场进行安装，大大缩短了项目的周期。此外，自动化设备和机器人的引入也减少了人为错误和工作中断，使得施工过程更加流畅和高效。

5）大幅下降能源消耗及污染排放，实现建筑行业绿色化发展

在传统的建造方法中，材料浪费、能源消耗和环境污染一直是亟待解决的问题。智能建造技术为这些问题提供了有效的解决方案。通过智能化管理，工程师可以更加精确地预测、管理和优化所需的材料和资源，从而减少浪费。同时，自动化和机械化的施工方式也降低了能源消耗和碳排放。此外，智能建造技术还为绿色建筑和可持续建筑提供了强大的支持。通过这些技术，工程师可以设计出更为节能和环保的建筑，如使用再生材料、采用被动设计策略等。这些建筑不仅为使用者提供了舒适和健康的居住环境，还为整个社会创造了长期的环境价值。

5.4.3 智能建造与建筑工业化价值的实施路径

1）加强智能建造技术创新

加强智能建造技术攻关，是实现智能建造与建筑工业化协同发展的基础。围绕数字设计、智能生产和智能施工，推动智能建造和建筑工业化基础共性技术和关键核心技术研发、转移扩散和商业化应用。

（1）发展数字化设计：统筹建筑结构、机电设备、部品部件、装配施工、装饰装修，推行一体化集成设计，构建数字化设计体系。研发自主可控的 BIM 技术，加快构建数字设计基础平台和集成系统，实现设计、生产、施工协同。

（2）推广工业化生产：打造部品部件智能生产工厂。建设钢结构构件智能生产线，通过智能化装备和机器人的广泛应用，实现少人甚至无人化生产。建设混凝土预制构件智能生产线，通过物联网和智能技术推动生产设备在线联动，实现自动划线、自动布置模具、全自动养护等功能。

（3）推行智能化施工：建立数字化智慧工地管理平台，通过物联网、大数据、云计算、移动互联等信息技术打造智慧工地，实现全要素数字化管控赋能项目管理，提升工程安全、质量管控能力。加大具备人机协调、自然交互、自主学习功能的智能化装备、建筑机器人研发应用，有效替代人工，进行安全、高效、精确的建筑部品部件生产和施工作业。

（4）创新数字化交付：在传统实体交付的基础上提供全新的数字化资产交付，实现实体资产与数字孪生的双重交付体系，为建设过程质量管理体系追溯和后期智慧城市运营提供数字化时空数据平台，为高品质人居空间提供智慧化基础。

2）推动 BIM 技术在各个环节的深度应用

推行工程建设全过程 BIM 技术应用，推进建筑信息模型（BIM）技术在规划审批、施工图设计与审查、施工深化设计、关键工序模拟、竣工验收、工程运维等工程全生命周期的集成应用。推动大中型政府投资工程、大型社会投资公共建筑、装配式建筑工程应用 BIM 技术，提升 BIM 设计协同能力。

3）拓展智能建造应用场景

加强智能建造及建筑工业化应用场景建设，推动科技成果转化、重大产品集成创新和示范应用。发挥重点项目以及大型项目示范引领作用，加大应用推广力度，拓宽各类技术的应用范围。编制智能建造技术产品目录和优秀服务案例，为政府和企业推广智能建造提供参考，推进成熟技术与行业需求的对接。遴选一批产业特色鲜明、转型需求迫切的试点城市和产业园区，建立一批智能建造产业基地，推动智能建造技术的集成创新和示范应用。

4）培育智能建造产业体系

建设智能建造产业基地，完善产业链，培育一批具有智能建造系统解决方案能力的工程总承包企业以及建筑施工、勘察设计、装备制造、信息技术等配套企业，发展数字设计、智能生产、智能施工、智慧运维、建筑机器人、建筑产业互联网等新产业，打造智能建造产业集群。建立智能建造人才培养和发展的长效机制，深化企业、科研单位和高等院校合作，打造多种形式的高层次人才培养平台，为智能建造发展提供人才后备保障。

5.4.4 智能建造与建筑工业化实践场景

1）自主创新数字化设计软件

（1）应用场景

自主创新数字化设计软件是指通过自主研发和创新，针对智能建造领域的需求，运用先进的计算机技术和数字化技术，开发出的具有自主知识产权的数字化设计工具。这类软件能够辅助设计师在智能建造的全过程中进行高效、精准的设计，为建筑项目的规划、设计、施工等阶段提供数字化支持，推动智能建造的快速发展。以下是自主创新数字化设计软件的典型内容：

①BIM（建筑信息模型）设计软件。BIM 设计软件是自主创新数字化设计软件的重要组成部分。这类软件能够创建、管理和共享建筑信息模型，使设计、施工和管理人员能够在统一的数字环境中协同工作。BIM 设计软件可以实现设计数据在全生命周期的一体化应用、高效流转与复用，降低设计成本，提升设计效率。

②协同设计平台。协同设计平台是另一个重要的自主创新数字化设计软件。这类平台可以实现设计师、工程师和其他专业人员之间的实时沟通和协作。通过共享设计数据、实时更新设计进度和自动检查设计冲突，协同设计平台能够显著提升设计的协同效率和质量。

③数字化分析软件。数字化分析软件可以帮助设计师进行结构分析、能耗分析、环境模拟等复杂计算。这类软件能够基于 BIM 模型进行快速、准确的分析，为设计师提供科学、合理的设计方案。

④可视化设计工具。可视化设计工具是自主创新数字化设计软件的重要辅助工具。这类工具能够将复杂的建筑设计方案以直观、形象的方式展现出来，帮助设计师更好地理解和表达设计意图。

⑤智能化设计软件。智能化设计软件是自主创新数字化设计软件的发展趋势。这类软件能够基于大数据、人工智能等技术，自动完成部分设计工作，如自动生成设计草图、自动优化设计方案等。智能化设计软件能够显著提高设计效率和质量，降低设计成本。

（2）实践案例

以下以 PKPM-PC 自主创新数字化设计软件在北京市中铁门头沟曹各庄项目的应用实践为例展示数字化应用成果。

①项目概况

该项目位于北京市门头沟区，为装配整体式混凝土框架-剪力墙结构，地上 11 层，地下 3 层，地上建筑面积约为 7773 平方米。该项目预制构件采用预制叠合楼板、预制叠合梁、预制楼梯、预制剪力墙、预制柱，外围护及内隔墙采用非砌筑方式，公共区及卫生间采用集成管线和吊顶。项目单体预制率 40%，单体装配率 50%，曹各庄项目效果图如图 5-30 所示。

图 5-30　曹各庄项目效果图

②项目应用

装配式建筑方案设计。方案阶段需要在满足建筑功能设计、符合结构分析结果的基础上，考虑生产及施工等因素进行初步设计，并形成各个预制构件方案模型，如图 5-31 所示。

a. 预制构件生成。基于预制构件"标准化、模数化"的特点，程序以"输入参数→框选构件→批量拆分→模型调整”的方式生成预制构件三维模型，通过标准层到自然层的构件复制、同层构件镜像复制等功能，实现全楼预制构件的快速生成。

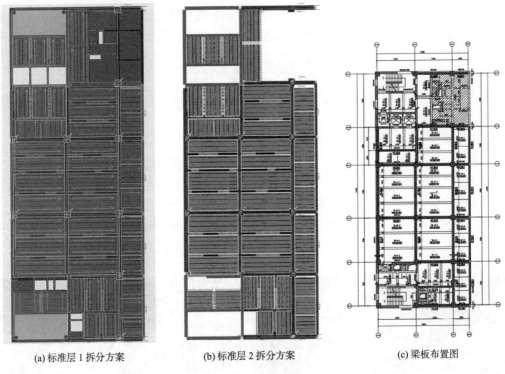

(a) 标准层 1 拆分方案　　(b) 标准层 2 拆分方案　　(c) 梁板布置图

图 5-31　项目各层方案设计成果

b. 连接节点设计。基于 BIM 技术进行三维连接节点设计，包括主次梁、梁柱节点、预制墙间现浇段、PCF 板、灌浆套筒等，以保证选定可靠的结构连接方式。

c. 装配率计算。运用 PKPM-PC 进行装配式相关方案设计，确定初步方案，进行装配率统计，并进一步调整模型，推敲方案，本项目预制率 40%，装配率达到 50%，满足地方标准要求，如图 5-32 所示。

预制率统计表-体积法

楼层	参照楼层	外围护墙				内承重墙	梁		柱		板		楼梯
		墙体预制率(无洞、无集成保温)	墙体预制率(有洞、无集成保温)	墙体预制率(有洞、集成保温)	总	总	叠合梁	总	全预制柱	总	非免撑叠合板	总	总
1	无	4.235	316.683	370.091	698.441	0.000	294.026	1863.732	0.000	913.120	608.715	1050.228	15.294
2	无	9.044	569.206	0.000	575.458	0.000	188.584	580.169	125.126	664.956	335.079	411.786	16.926
3	无	41.927	688.664	0.000	760.174	0.000	185.829	571.778	89.611	476.505	244.084	263.291	9.017
4	无	37.780	0.000	0.000	54.602	0.000	0.000	12.143	0.000	13.850	6.887	14.143	0.000
合计		92.987	1574.553	370.091	2088.675	0.000	668.439	3027.823	214.738	2068.430	1194.766	1739.448	41.236
主体总计									8968.308				
单项预制率		1.04%	17.56%	4.13%	--	--	7.45%	--	2.39%	--	13.32%	--	--
修正系数		1.05	1.10	1.20	--	--	0.75	--	1.00	--	0.45	--	--
预制率		39.36%	调整系数：	1.00	预制率(调...	39.36%							

预制率统计表-权重系数法

楼层	参照楼层	外围护墙				内承重墙	柱		梁		板		阳台板
		墙体预制率(无洞、无集成保温)	墙体预制率(有洞、无集成保温)	墙体预制率(有洞、集成保温)	总	总	全预制柱	总	叠合梁	总	非免撑叠合板	总	总
1	无	3.100	215.700	153.000	427.850	0.000	0.000	1761.500	1183.050	6043.600	4048.500	7016.169	0.000
2	无	6.000	347.500	0.000	398.850	0.000	238.000	1099.000	764.570	2532.824	2230.015	2740.326	0.000
3	无	35.250	499.100	0.000	622.350	0.000	168.000	791.850	755.940	5219.488	1622.563	1758.472	0.000
4	无	50.950	0.000	0.000	86.700	0.000	0.000	70.950	0.000	119.454	57.314	117.858	0.000
合计		95.300	1062.300	153.000	1535.750	0.000	406.000	3723.300	2703.560	13915.367	7958.392	11632.826	0.000
主体总计				1535.750			3723.300		13915.367				11662.70
单项预制率		6.21%	69.17%	9.96%	--	--	10.90%	--	19.43%	--	68.24%	--	--
修正系数		1.05	1.10	1.20	--	--	1.00	--	0.75	--	0.45	--	--
权重系数				0.25			0.20		0.25				0.25
预制率		37.18%	调整系数：	1.00	预制率(调...	37.18%							

图 5-32　预制率统计表

d. 结构计算。项目在软件中直接进行内力和承载力计算，并生成对应施工图图纸。

e. 装配式建筑深化设计。在完成装配式建筑设计阶段后，需根据设计施工图，进行构件深化设计。

f. 机电预留预埋设计。通过协同机电专业自动生成、识别机电图纸布置或者交互布置多种方法灵活便捷实现预埋件的布置，图 5-33 为板上线盒止水节的预埋。

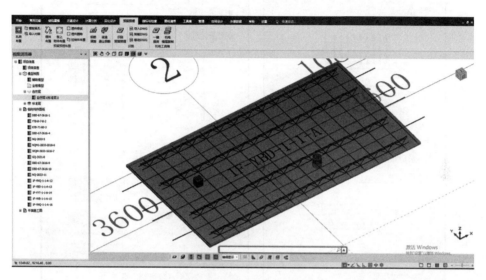

图 5-33　板上线盒止水节

g. 构件单构件验算。根据脱模吊装要求，确定吊点位置，并生成对应的吊装验算报告书，图 5-34 为桁架筋脱模吊装容许应力验算。

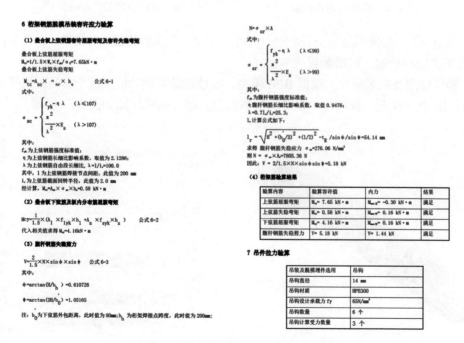

图 5-34　桁架筋脱模吊装容许应力验算

h. 碰撞检查及节点钢筋精细化调整。利用碰撞检查，确定构件、钢筋碰撞位置，通过批量调整、交互调整等功能，对钢筋进行避让处理，并在三维钢筋模型中实时查看相对位置；根据规范要求，自动处理洞口处钢筋加强，如图 5-35 和图 5-36 所示。

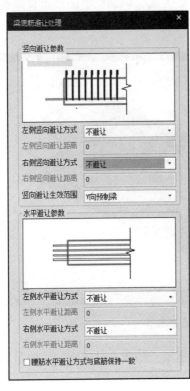

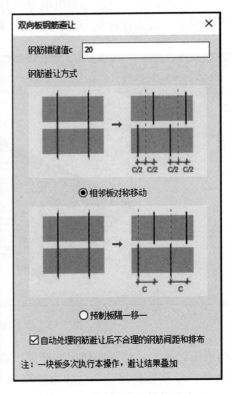

图 5-35　梁底筋避让批量处理　　　　图 5-36　双向板底筋智能避让

i. 算量统计。按成果要求分类型统计单个、整层、全楼的预制构件清单，也可采用更灵活的自定义清单功能，自由配置清单样式。

j. 构件详图及成果输出。根据 BIM 模型，通过批量出图功能生成全套装配式平面、构件详图图纸共 371 张。同时生成生产所需数据包，部分构件详图如图 5-37 所示。

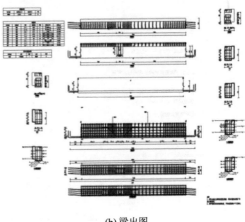

(a) 典型构件-梁　　　　　　　　　　　　(b) 梁出图

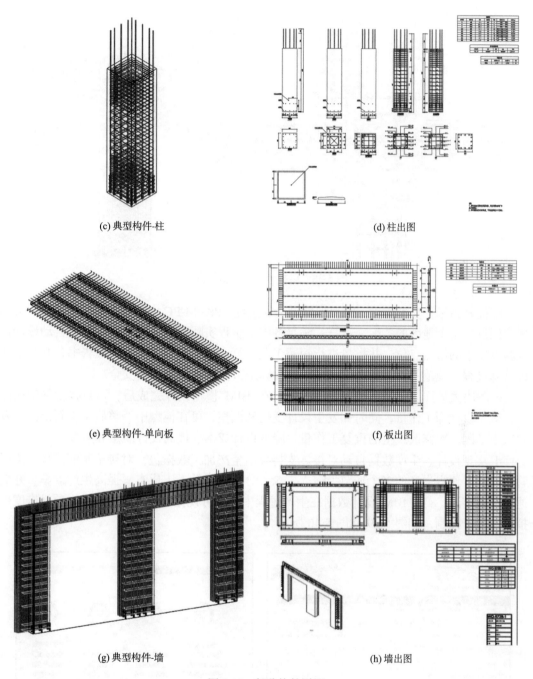

(c) 典型构件-柱

(d) 柱出图

(e) 典型构件-单向板

(f) 板出图

(g) 典型构件-墙

(h) 墙出图

图 5-37 部分构件详图

③应用价值

a. 解决了二维设计图纸无法处理的复杂预制构件生成与节点钢筋避让问题。通过 PKPM-PC 全楼碰撞检查功能，定位钢筋碰撞和构件碰撞点，如图 5-38 所示梁柱节点，通过智能避让工具和自由交互调整工具，可以设计钢筋弯折并准确、实时查看避让效果，确保钢筋之间不发生碰撞、避免设计错漏、便于后期施工。

图 5-38　梁柱节点钢筋精细模型

b. 提升指标计算准确度，助力构件设计安全性。PKPM-PC 中的指标与检查功能，可实现全国近二十个地区的装配率计算，满足各省市工程实际要求。同时软件支持自动设计符合验算要求的吊点点位，并批量进行短暂工况验算，生成短暂工况验算报告书，并给出详细计算过程、规范依据，帮助设计师了解计算细节，保证构件吊装安全。

c. 解决大量详图批量出图及修改问题。在 BIM 模型设计完成后，可直接批量生成图纸，减小设计师工作量，同时如发生设计变更和调整，可在模型中调整后，重新出图，有效减小了因二次修改产生的重复工作量，降低设计成本、提高设计质量和效率。

d. 实现设计、生产数据自动对接。支持导出生产加工数据包，对接至装配式智慧工厂管理系统。使得生产的多个环节无需人工录入分配，降低人工成本，提高生产效率。并能通过信息传递，实现 BIM 设计数据在生产过程中三维可视化查看与管理，促进项目进度模拟以及生产控制，如图 5-39 和图 5-40 所示。

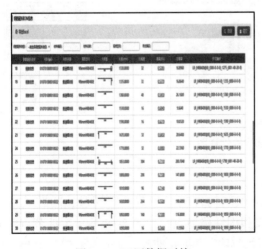

图 5-39　工厂数据对接

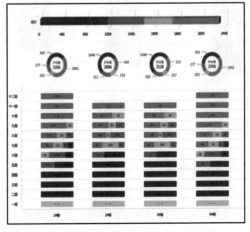

图 5-40　项目进度控制

2）部品部件智能生产线

（1）应用场景

部品部件智能生产线是一种基于现代化科技和工业自动化技术的生产模式，其核心是通过使用智能设备和机器人等高科技手段，实现工业生产的自动化和智能化，从而大幅提高生产效率和品质。

在这种生产线上，生产流程被精细地拆分成多个子流程，每个子流程都由特定的智能设备和机器人完成。这些设备和机器人具备高度自主工作能力，能够识别和处理生产过程中的各种问题，并实时做出调整和决策。通过这种方式，部品部件智能生产线能够实现生产过程中的许多环节的自动化，减少人力资源的使用，降低人工介入的成本，并提高工作的安全性和舒适度。

部品部件智能生产线的构建涉及多个领域的技术，包括自动化、机器人技术、物联网、云计算、人工智能等。这些技术的综合应用，使得生产线具备高度的智能化和灵活性，能够快速适应市场需求的变化，满足各种生产需求。

部品部件智能生产线的应用场景主要体现在以下几个方面：

①预制构件生产。智能生产线能够高效、精准地生产各类预制构件，如预制墙体、预制楼板、预制楼梯等。这些预制构件可以在工厂中通过数控设备、机器人等自动化设备实现自动化生产，保证了构件的精度和质量。同时，智能生产线还能实现构件的自动检测和质量控制，确保构件满足设计要求。

②门窗、幕墙生产。门窗和幕墙是建筑中的重要组成部分，其质量和精度对建筑的保温、隔热、防水等性能有重要影响。智能生产线可以通过自动化设备和机器人实现门窗、幕墙的自动化生产和组装，确保产品的质量和精度。同时，智能生产线还能实现个性化定制，满足不同建筑的需求。

③建筑部品集成化生产。智能生产线可以将多个建筑部品进行集成化生产，如将预制构件、门窗、保温材料等进行集成，形成一体化的建筑单元。这种集成化生产方式可以大大缩短建筑周期，提高施工效率，同时降低施工成本。

④智能仓储与物流。智能生产线还可以与智能仓储和物流系统相结合，实现建筑部品的自动化存储、运输和配送。通过物联网、大数据等技术，智能仓储和物流系统可以实时掌握部品的库存情况和运输状态，确保部品能够及时、准确地送达施工现场。

（2）实践案例

以下以 PKPM-PC 自主创新数字化设计软件在丰润尚和府项目的应用实践为例展示数字化应用成果。

①项目概况

丰润尚和府项目位于河北省唐山市丰润区，其规划用地面积 32.18 亩（21452.14 平方米），总建筑面积为 61393.33 平方米，其中地上建筑面积 42903.67 平方米（包括住宅建筑面积 41651.29 平方米，便民服务设施 990.38 平方米，其他建筑面积 262 平方米），地下建筑面积 18489.66 平方米（可售储藏室面积 4845 平方米，车库及其他面积 13644.66 平方米）。依据地形，本项目合理规划住宅 7 栋（18 层住宅楼 6 栋，9 层住宅楼 1 栋），总设计户数 367 户。其中预制构件包括预制叠合板、预制墙、预制楼梯，最终装配率为 85% 以上，丰润区尚和府项目建成效果如图 5-41 所示。

图 5-41　丰润区尚和府项目效果图

②项目应用

a. 深化设计阶段 BIM 技术应用

深化设计阶段首先将设计院提供的图纸分楼层拆分成建筑、结构、机电等撰写的图纸，满足软件的建模要求，随后将各层的图纸导入 PKPM-PC 软件，根据图纸完成各部分的建模工作。随后进行预制构件的拆分和配筋工作，根据设计要求，进行预留预埋的深化设计，最后生成设计图纸，导入智慧工厂管理平台，并将图纸打印提供给生产厂进行构件生产，如图 5-42 所示。

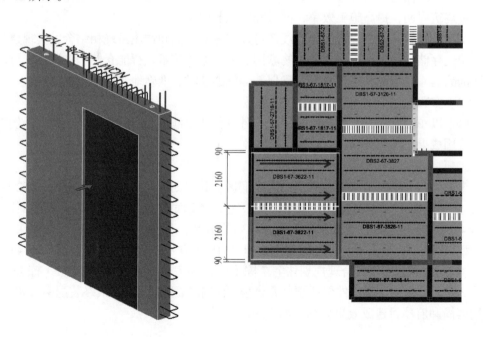

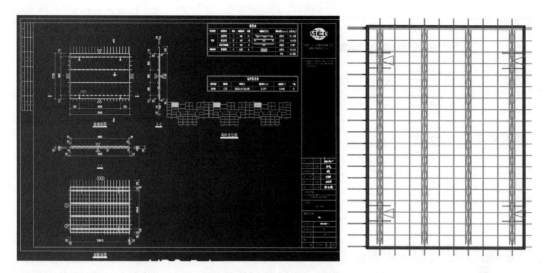

图 5-42　深化设计

b. 生产阶段 BIM 技术应用

设计生产一体化体系关键的环节就是如何将设计与生产相关联。通过 BIM 技术搭建智慧工厂管理平台，将 BIM 软件设计完成的图纸传送到智慧工厂系统，完成信息导入后，在智慧工厂管理系统中项目管理模块设计数据对接选项查看相应的设计图纸情况，如料表和生产任务单等，满足生产厂生产的需要。生产过程中，通过二维码（或 RFID）对构件生产过程进行管理；生产准备、隐检、成品检、入库、装车、卸车、安装等通过 RFID 进行构件信息跟踪追溯，如图 5-43 所示。

钢筋生产任务单						
项目名称	南湖金地A-01地块	生产线	钢筋加工	任务单编号	GJXL.202106090001	
计划生产日期	2021年06月09日	生产班组	2-1班	备注		
序号	材料规格	长度(mm)	重量(kg)	根数	总重量(kg)	大样图
1	Ψ10mmHRB400E	2035.0000	1.2550	6	7.5300	1945 90
2	Ψ10mmHRB400E	2335.0000	1.4400	8	11.5200	2245 90
3	Ψ10mmHRB400E	2647.0000	1.6320	8	13.0560	90 2470 87
4	Ψ10mmHRB400E	2648.0000	1.6330	7	11.4310	90 2470 88
5	Ψ10mmHRB400E	2650.0000	1.6340	15	24.5100	90 2470 90
6	Ψ10mmHRB400E	2650.0000	1.6340	30	49.0200	90 2470 90
7	Ψ10mmHRB400E	2800.0000	1.7260	96	165.6960	90 2620 90
8	Ψ10mmHRB400E	3100.0000	1.9110	100	191.1000	90 2920 90

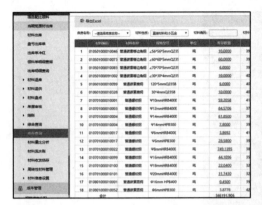

图 5-43 智慧工厂

c. 施工阶段 BIM 技术应用

采用 BIM 技术建立建筑三维模型，指导预制构件定位安装，排除机电管线碰撞问题，节约材料，避免误工返工，节约建设成本，如图 5-44 与图 5-45 所示。

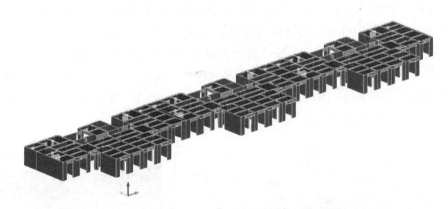

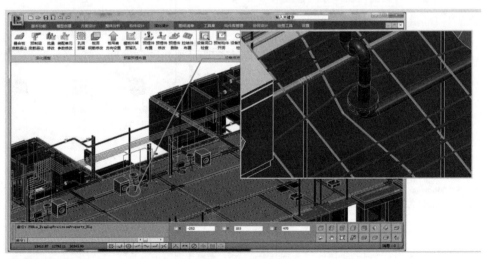

图 5-44 管综优化

图 5-45 施工现场图

③应用价值

a. 项目利用 BIM 技术精细化管理，提高现场管理以及施工质量，为业主及项目赢来良好的口碑。

b. 提高了生产效率，加强项目管理人员之间的沟通效率，以 BIM 技术作为桥梁联系各部门之间的协同工作，提高项目团队之间配合的默契，为企业承接同类型项目积累了经验。

c. 通过 BIM 技术在项目设计生产一体化中的应用，一方面积累了项目团队对 BIM 技术在装配式建筑中的应用案例，另一方面通过项目的应用进一步扩充了公司的 BIM 资源，增加 BIM 族库的内容，为后续其他项目的推广提供了参考依据。

3）智能施工管理系统

（1）应用场景

智能建造中的智能施工管理系统是一种基于信息技术、物联网、大数据、人工智能等先进技术构建的施工管理系统。该系统通过对施工过程进行实时监控、数据采集、分析、预警等功能，实现对施工项目的全面、精细化管理。

智能施工管理系统能够实时监控施工场地、设备和人员的情况，通过传感器、视频监控、全球定位系统（GPS）等技术手段，对施工过程中的各项数据进行实时采集和分析，从而帮助施工管理者了解项目的进展情况，及时发现问题并进行处理。同时，系统还能提供数据分析和预警功能，根据实时监控数据，智能地分析出施工中的成本、人员、物资等方面的情况，为施工管理者提供多角度的参考依据，并预测可能出现的问题，及时提醒管理人员，防止工程延误或产生风险。

智能施工管理系统在智能建造中具有广泛的应用，包括实时监控施工现场、管理劳务人员、智能实测实量、大型机械智慧管理、智能物资验收、追踪系统、VR 安全教育、智能视频监控等多个方面。这些功能的应用，可以大大提高施工效率和管理水平，降低建设成本和安全风险，推动智能建造的快速发展。

①施工场地布置：通过 BIM 建模手段，智能施工管理系统对施工区域进行划分，定位塔吊（塔式起重机）的位置和区域道路的布置，实现三区分离、人车分流，确保施工场地在任何阶段都能井然有序地运行。

②劳务管理：智能施工管理系统实现对施工场地的封闭式管理，通过门禁和闸机等设备，有效地管理施工人员的进出场，杜绝陌生人员进入工地，确保工地安全。同时，实施实名制管理，根据施工人员的身份信息，对劳务人员结构组成、年龄组成、性别比例等信息进行分析，合理提高劳务人员的素质。

③远程监控：智能施工管理系统的远程监控功能不仅仅是在施工场地及周围需要的地方安装摄像头，还在项目部成立一个监控室，对施工场地进行实时监控。结合人工智能视频监控技术，能够及时发现并处理施工人员违规违章、火灾等异常情况。

④设备管理：通过设备传感器的数据采集和系统分析，智能施工管理系统可以实时监控和管理施工设备的使用情况、维护情况，确保设备的正常运行，延长使用寿命。

⑤现场安全管理：智能施工管理系统可以结合现场安全监测设备，对施工现场的安全情况进行实时监控，及时发现并处理安全隐患。

⑥物资管理：利用传感器技术，智能施工管理系统可以实现物资验收的智能化，对项目车辆进行称重，自动读取货物重量，降低物料现场验收难度。

⑦智慧化安全教育：在安全教育培训过程中，利用 VR 实景效果，智能施工管理系统让相关人员真切感受有可能会发生在工地中的坠落、震动、摇晃等危险，增强安全防护意识。

⑧环境智慧管理：通过智能水电表以及太阳能路灯等设备，智能施工管理系统实现能量消耗的控制，在不影响施工进度的同时发挥节能施工作用。

（2）实践案例

以下以 PKPM-PC 自主创新数字化设计软件在娄底市江溪安置小区二期安置房建设项目的应用实践为例展示数字化应用成果。

①项目概况

娄底市江溪安置小区二期安置房建设项目包括采购、设计、施工总承包（EPC），项目位于娄底市万宝新区娄星南路与江溪路交叉口东南处，为民生工程的江溪安置小区。本项目总用地面积 33135.6 平方米，住宅面积 72097.99 平方米，商业面积 5185.56 平方米，其他用房面积 399.5 平方米，地下车库面积 14383.86 平方米，架空层面积 1743.06 平方米。3号、10 号、11 号楼均为二类高层，地下 1 层，地上 15～17 层，结构形式均为叠合楼盖-装配整体式叠合剪力墙体系，采用 SPCS 国家专利技术，装配率不低于 60%，其中 10 号楼装配率达到 64%，依据《湖南省绿色装配式建筑评价标准》DBJ 43/T 332—2018，本项目 3号、10 号、11 号楼评价为 A 级绿色装配式建筑；4 号楼为一类高层住宅，地下 2 层，地上30 层，结构形式为叠合楼盖-现浇剪力墙体系，采用高精度铝膜以及预制叠合楼板建造，娄底市江溪安置小区项目效果如图 5-46 所示。

②项目应用

本项目设计阶段采用了基于 BIM 的装配式建筑智能化设计工具软件（PKPM-PC、PKPM-PS 湖南通用软件），采用了标准化、模数化的设计模式，竖向构件及水平构件的拆分尺寸均符合《湖南省装配式混凝土结构住宅统一模数标准》DBJ 43/T 331—2017 中模数原则，通过软件丰富的构件库以及自由设计功能进行了项目建模和细节化设计，实现了项目预制构件拆分、预埋件交互布置、碰撞检查等环节的应用，最后通过导出模型出图以及生产数据导出将设计阶段数据传递给生产阶段。

本项目在建造全过程保持数据与平台的互通，通过湖南省装配式建筑智能建造平台的应用，实现项目在全产业链的数字化管控。PC（预制混凝土）构件生产过程中采用智能制造技术，每一个 PC 构件拥有一个电子二维码的身份标识，作业人员只需要通过手机 APP 扫描构件二维码名片，就能了解构件所有信息，如图 5-47 与图 5-48 所示。

图 5-46　项目效果图

图 5-47　二维码名片

图 5-48　生产记录详情

③应用价值

本项目实施过程中积极推动新技术应用。通过基于 BIM 的装配式建筑一体化设计技术产业化应用，为设计提供了高效便捷的数字化工具，提高了设计效率，提升了行业水平，并取得了显著的经济效益和社会效益，根据项目组估算，对比传统设计方式，本项目设计效率提升 30% 以上，现场碰撞减少 50% 以上。

4）绿色建筑与可持续施工

（1）应用场景

绿色建筑也被称为生态建筑或可持续建筑，是一种在全生命期内节约资源、保护环境、减少污染，为人们提供健康、适用、高效的使用空间，并最大限度地实现人与自然和谐共生的高质量建筑。绿色建筑的评价应遵循因地制宜的原则，结合建筑所在地域的气候、环境、资源、经济和文化等特点，对建筑全生命期内的安全耐久、健康舒适、生活便利、资源节约、环境宜居等五类指标进行综合评价。绿色建筑的主要特点包括节能环保、安全舒适和地域性强。它强调从原材料的开采、加工、运输到建造、使用，直至建筑物的废弃、拆除的全过程都要对地球负责，对全人类负责。

可持续施工则是指在保证质量、安全等基本要求的前提下，通过科学管理和技术进步，最大限度地节约资源并减少对环境负面影响的施工活动，实现节能、节地、节水、节材和环境保护（四节一环保）。可持续施工的时间性体现在施工寿命周期方面，包括原料开采及生产、运输、施工过程、废料回收四个过程；空间性体现在区域性差别上，需要对工地所在区域环境进行整体考量；尺度性则体现在生态足迹上，建筑过程中各种物资的消耗和污染排放都可以称作其生态足迹。可持续施工遵循的三大原则是可持续性原则、生态性原则和高效性原则。

总的来说，绿色建筑和可持续施工都是实现建筑业可持续发展的重要手段。绿色建筑注重建筑本身的设计、建造和使用过程中的绿色性，而可持续施工则更注重施工过程中的资源节约和环境保护。两者相辅相成，共同推动建筑业的绿色、低碳、可持续发展。

（2）实践案例

以下以 PKPM-PC 自主创新数字化设计软件在融通中心项目的应用实践为例展示数字化应用成果。

①项目概况

融通中心位于云南省昆明市北京路与鼓楼路口，项目地下 1 层，地上 29 层，总建筑面积 58155 平方米，占地面积 4762 平方米，建筑高度 104.5 米。项目团队创新性地提出"五套模型"技术应用体系，通过原状环境模型、原状结构模型、结构优化模型、全专业低碳优化模型和数字孪生管理模型，结合低碳绿色技术，使项目一步到位地实现了低碳数字化改造，融通中心项目效果如图 5-49 所示。

图 5-49 融通中心

②项目应用

a. 无人机倾斜摄影技术应用

由于项目设计较早，均为手绘图纸，无任何电子资料，项目团队利用无人机倾斜摄影技术，通过多次巡飞扫描建筑，形成项目第一手三维建筑信息模型，对项目本体和周边环境建立三维关系，为后续低碳技术应用提供基础数据，如图 5-50 所示。

图 5-50　无人机倾斜摄影技术还原三维建筑信息原始模型

　　在原状环境模型和复核原设计手绘图基础上，通过对建筑主体结构安全性、可靠性全面检测，形成三维原状结构模型，在模型中可以更清晰地分析和优化结构薄弱点和加固措施。在原状结构模型基础上，通过采用碳纤维网格加固、粘钢加固、增设封闭抱箍等措施，结合减震技术和结构体系性加固技术，利用三维数字技术模拟和优化，选择最佳加固组合方案，充分保证了建筑的安全性、可靠性和舒适性，如图 5-51 所示。

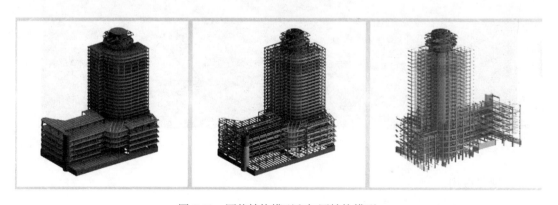

图 5-51　原状结构模型和加固结构模型

　　b. 管线综合及机电深化设计应用

　　通过管线综合、净空优化、系统优化、部分管线穿梁，保证空间舒适度，如图 5-52 所示。

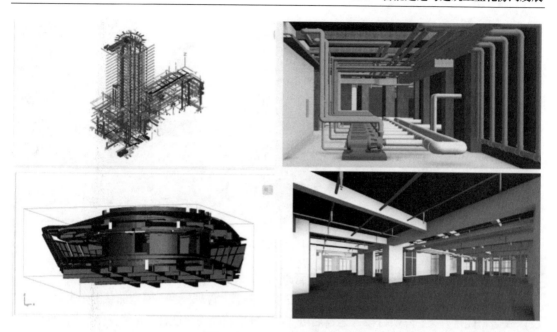

图 5-52　机电深化设计过程

c. BIM 模型接力建筑性能模拟分析

利用风环境模拟和气候响应设计、被动式节能技术结合建筑微生态技术，提高建筑整体热工性能和固碳能力，如图 5-53 所示。

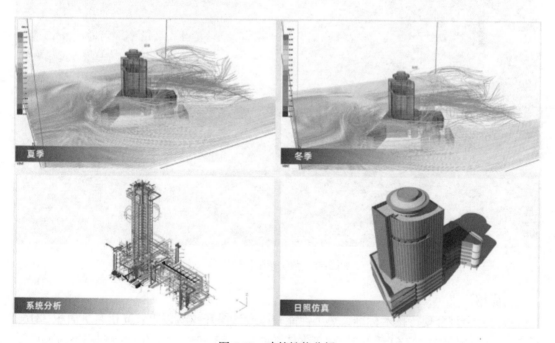

图 5-53　建筑性能分析

在南立面和西立面采用高透光率碲化镉光伏玻璃，有效利用太阳能光伏和太阳能热水，实现再生能源综合利用，如图 5-54 所示。

图 5-54 光伏玻璃应用

d. 基于 BIM 模型进行数字孪生低碳管理

为确保数字化低碳的实现，项目团队开发了数字孪生管理模型，模型加载了全套运维阶段设计数据和优化方案；待项目投入运营后可实时、分项监控建筑能耗、光伏发电、室内外温度、结构形变等数据，实现智能照明、能源智慧管理、环境监测和可视化管理，如图 5-55 所示。

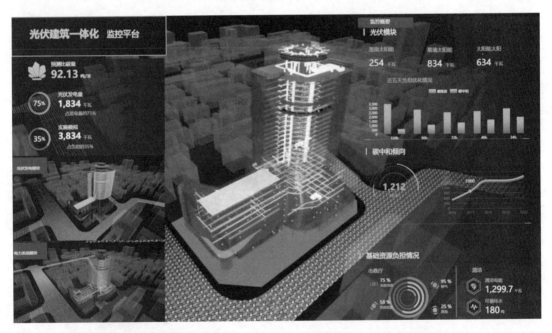

图 5-55 数字孪生管理平台

③应用价值

项目完全符合现行技术标准，热工性能较原设计提升 40%以上；光伏装机面积 3816.2平方米，年发电量约 227.61 千瓦时；建筑本体节能率为 53.89%，可再生能源利用率为 3.41%，达到超低能耗建筑标准要求。改造后建筑运行年碳排放量为 475 吨，原设计为 1177 吨；改造后全生命周期碳排放量为 51322 吨，原设计为 86886 吨，总量降低超 40%，相当于植树造林 175 公顷的固碳量。

5.5　建筑领域低碳化数字化协同转型发展

在双碳背景下，实现建筑领域低碳化数字化，降低建筑碳排放、提高资源利用效率，迎合了我国双碳和可持续发展的方向，建筑领域低碳化数字化转型的必要性不言而喻。2024年是实施"十四五"规划的攻坚之年，我国已逐步从低碳化转型和数字化转型，转入低碳化数字化协同转型发展。适应低碳化数字化时代带来的挑战，可能是我国建筑领域"十四五"乃至"十五五"规划所要面对的核心战略命题。

5.5.1　建筑领域低碳化数字化的概念

1）建筑领域低碳化数字化的定义

建筑领域低碳化是指在建筑全寿命周期内（建筑材料生产运输、施工建造和建筑物运行等各个阶段），减少化石能源的使用，提高能效，降低二氧化碳排放量。《2030年前碳达峰行动方案》指出把碳达峰、碳中和纳入经济社会发展全局，有力有序有效做好碳达峰工作，在资源高效利用和绿色低碳发展的基础上推动经济社会的发展，确保2030年前实现碳达峰。作为"碳达峰十大行动"之一的城乡建设碳达峰行动，旨在从推进城乡建设绿色低碳转型、加快提升建筑能效水平、加快优化建筑用能结构和推进农村建设和用能低碳转型角度，加快推进城乡建设绿色低碳发展，在城市更新和乡村振兴方面落实绿色低碳要求。

建筑领域数字化是指基于数字技术提出业务解决方案、建设核心能力平台，打通上下游产业链条，提升勘察设计相关产品和服务的竞争力，创新工程管理发展模式，实现在数字化时代的自我进化。习近平总书记在党的二十大报告中强调，要加快建设网络强国、数字中国，打造宜居、韧性、智慧城市。以数字化改革思路为引领，加快推动"数字住建"落地实施，结合"十四五"住房和城乡建设信息化规划工作成果，完成了《"数字住建"建设整体布局规划（征求意见稿）》和《"数字住建"基础平台技术导则》的编制，围绕全面提升"数字住建"建设的整体性、系统性、协同性进行谋划，在推进行业数字化发展的同时，着力加强部、省、市信息系统和数据的互联互通。今后的工作思路仍以深化"数字住建"为目标，以"数字住建"整体布局规划为发展蓝图，以坚持"一张蓝图绘到底"的工作定力，加快推动"数字住建"落地实施，赋能住房和城乡建设事业高质量发展。

建筑领域低碳化数字化则是在建筑的设计、施工、运营和维护等各个阶段，运用数字技术实现能源消耗和碳排放的最小化，提高建筑的能效和环境适应性，图5-56展示的是建筑领域低碳化数字化协同转型发展整体架构。

2）建筑领域低碳化转型的必要性

中国建筑节能协会发布的《中国建筑能耗研究报告（2020）》显示，2018年我国建筑全过程能耗总量为21.47亿吨标准煤当量，占全国能源消费总量比重为46.5%；二氧化碳排放总量为49.3亿吨，占全国二氧化碳排放总量的51%，是全球二氧化碳排放总量的15%。建筑领域是我国碳排放和能源消耗的主要领域之一。我国能源结构具有煤炭富裕、石油和天然气短缺的特征，而一次能源消费高，能源利用率低，造成能源浪费，加剧能源短缺的现象。与此同时，我国建筑领域还面临着国际压力、气候变化、环境污染等众多问题。

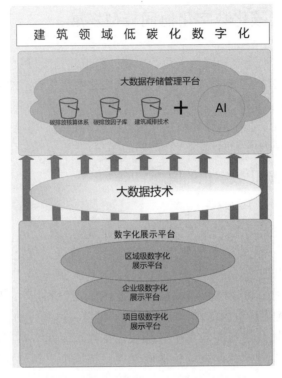

图 5-56 建筑领域低碳化数字化协同转型发展整体架构

《联合国气候变化框架公约》要求缔约方在 2020 年之前通报 21 世纪中叶长期温室气体低排放发展战略。苏里南、不丹已实现碳中和，芬兰承诺 2035 年实现碳中和目标，大部分国家，如美国、法国、英国、日本、德国等，将在 2050 年实现碳中和目标。而我国计划在 2060 年实现碳中和目标，2020 年 9 月，习近平主席在第七十五届联合国大会一般性辩论上表示，中国的二氧化碳排放量 2030 年达到峰值，争取到 2060 年前实现碳中和。在发展中国家中，我国碳排放总量和人均碳排放均处于较高的水平，这为我国向低碳化转型提出了更为迫切和艰巨的任务。换言之，由于碳排放的高基数，我国在推动低碳化转型过程中面临着更大的挑战和更重的责任。

另一方面，随着我国城镇化进程的加快和居民生活质量的不断提高，建筑领域的碳排放和能源消耗呈现出持续且强劲的增长趋势，这意味着在这一领域实现碳减排具有巨大的潜力和空间。因此改变能源结构，向低碳化、无碳化转型是我国建筑领域主要发展方向之一。

3）建筑领域数字化转型的必要性

2016 年麦肯锡国际研究院发布的《想象建筑业的数字化未来》报告显示，建筑领域在资产数字化、业务流程及应用数字化、组织及劳动力数字化方面均处于较低水平，在全球所有行业的数字化水平居倒数第二。我国建筑领域数字化发展存在以下问题：①数字化进程相对落后，建筑信息化投入仅占总产值的 0.1%左右，与国际水平存在较大差异；②缺乏统一的标准支持，各阶段数据不互通，全过程应用少；③缺乏数字化人才，数字化转型人才机制不完善。另外，由于数字化发展滞后，也造成了信息共享延迟、创新能力受限、企业管理困难等问题。

数字化发展的滞后现状是对我国建筑领域发展的警示，数字化转型无疑是我国建筑领域转型的必经之路，"十三五"和"十四五"期间我国陆续出台了数字化转型政策。住房和城乡建设部发布了《2016—2020 年建筑业信息化发展纲要》，提出加快推动信息技术与建筑业发展的深度融合；2017 年我国首次将"数字经济"写入政府工作报告；2018 年，举行以"信息化驱动现代化、加快建设数字中国"为主题的首届数字中国建设峰会；2021 年，十三届全国人大四次会议表决通过了"中华人民共和国国民经济和社会发展第十四个五年规划和 2035 年远景目标纲要"，纲要提出加快数字化发展，建设数字中国，加强关键数字技术创新应用，加快推动数字产业化，推动产业数字化转型。

当前，新一代信息技术的快速发展和广泛应用，形成了数字世界与物理世界的交错融合和数据驱动发展的新局面，通过数字工具的应用，代替重复性劳动，解放部分生产力，以数字技术推动管理创新、技术创新、业务创新、服务创新，实现企业的转型升级和可持续高质量发展。人工智能、云计算、物联网、感知网络等技术，以及 BIM、BA 等系统集成方法与平台是建筑领域数字化转型的重要契机。

4) 低碳化数字化协同转型发展的意义和前景

党的二十大报告提出"推动形成绿色低碳的生产方式和生活方式"及"加快发展数字经济，促进数字经济和实体经济深度融合"，推动了低碳化数字化的协同发展进程。"十四五"时期是生态文明建设负重前行的关键期，更是国家大力推动数字经济、推动产业数字化转型的关键时期，同时也是我国落实"双碳"战略的关键期、窗口期。绿色化、数字化、低碳化交汇成为未来我国的发展主旋律。

在"双碳"背景下，促进数字化与低碳化协同发展，形成全新的协同发展平台，将减碳行为、新能源利用、碳汇等低碳技术集成在建筑数字化管理系统中，推动不同场景下节能减碳行为，将数字平台关联的绿色低碳建筑与"双碳"目标形成紧密关联；对我国建筑领域碳达峰及碳中和战略的实现和传统建筑行业的转型发展具有重要意义。数字化技术是低碳化发展的关键所在，运用数字化技术为低碳化发展赋能，带动建筑领域实现低碳化；同时，低碳化数字化协同营造了良好的制度环境，提供有效的激励措施，数字化为提供制度政策实施提供数据和决策支撑，进一步引领了低碳化的发展，低碳化转型需求也推动了数字化发展的不断创新。

在建筑全生命周期中，数字化技术可以为建筑低碳化提供有力支撑，例如通过数字化管理平台，将大数据、人工智能和物联网等技术，应用于建筑全生命周期中，对建筑乃至园区的设计、施工、运营和维护的能耗和碳排放水平进行监测和管理，实现能源消耗和碳排放的最小化，提高建筑的能效和环境适应性。未来建筑领域低碳化数字化协同发展的前景主要有以下几方面：①将数字化低碳化理念贯穿全生命周期，打造建筑设计、建材生产、建造施工、运营维护一体化管理和监测平台，逐步将低碳化数字化在建筑中的应用扩展到园区、城区的应用场景中，实现低碳＋数字融合的发展模式。②BIM 技术的全面应用，将协同设计、碰撞检查、二三维动态联动、施工交底、追踪管控、智能化管理等技术应用到建筑领域，通过数字化模型，进行实时调整和追踪，减少能源消耗。③深化低碳数字应用场景，打造多元化场景，实现人与建筑的交互融合。④可持续发展，在资源短缺的现状下，寻求可再生能源、清洁能源和高效能源技术，用新型可持续材料替代传统建材，减少建筑过程中的资源消耗和环境影响。

面对低碳化数字化协同发展带来的机遇，我们也需要重视随之而来的挑战。在建筑领域不断发展中，我们要重视技术的创新，培养低碳化数字化人才，加强建筑行业数据的安全意识，拓宽建筑领域低碳数字化的市场。

5.5.2 建筑领域低碳化数字化协同发展的价值

从中国建筑业绿色低碳转型的路径来看，建筑业碳排放仅次于煤电、工业生产及交通运输领域，总体排量较高，加快数字技术与精益制造、绿色建造的深度融合，是建筑业低碳转型的重要路径。在碳达峰、碳中和背景下，绿色低碳与数字化协同发展，是建筑业转型升级的主要方向，低碳设计建设和数字智慧运维保障建筑可持续健康发展。在全球范围内，越来越多的国家和地区开始重视建筑领域的低碳化和数字化发展，通过实现低碳化数字化协同发展，建筑行业将具有更强的市场竞争力和国际竞争力。

数字化技术可以为建设过程中的能耗绩效评估提供可靠数据，为评估建筑碳排放提供决策依据，综合建筑全生命周期的数据信息，从施工设计优化、施工过程能耗分析模拟再到绿色运维管理，重新整合升级了建筑流程架构，最后高效建成健康、适用、高效的绿色建筑空间。以BIM等数字化建造技术为核心，建立以人为本的绿色、智能、健康、舒适的建筑全生命周期数字化建设和管理系统，对于推动建筑产业全面信息化、绿色生态化发展有巨大的应用价值和广泛的发展前景。

因此，建筑领域低碳化数字化协同发展对于实现可持续发展、提高行业效率、提升建筑品质、推动行业创新、助力实现"双碳"目标以及增强行业竞争力等方面都具有重要意义。

1）以设计为引领，推动建筑设计绿色化

建筑设计绿色化，具体而言，包括节约资源和节约能源两大目标。从资源角度出发，尽量减少不必要的材料资源浪费，使用可再生资源。从能源角度出发，尽量使用太阳能，采用新风系统减少使用空调和供暖等设备，尽可能使用再生材料用于建筑围护等公共区域。

传统的分析评估方法和工具缺乏精细化数据支撑，存在较多主观性判断，信息化技术很好地解决了这一问题。利用BIM技术在建筑设计阶段进行采光、室内外风、日照、太阳辐射和热工模拟，以此确定最合理的绿色建造设计方案，减少在施工和运营阶段的资源浪费和碳排放。除BIM外，GIS（地理信息系统）技术也有较多应用场景，将两者集成对场地和建筑进行数字化建模，与周围环境进行数字化拟合，从而提供更多的定量分析和可视化评估结果，优化整体布局。

加快大数据、物联网、互联网、人工智能等前沿技术在建筑设计阶段的应用，依托数字技术为基础构造的建筑信息模型软件，利用其三维可视化、模型仿真设计、数据共享与协同等功能，进行建筑室内外环境分析、建筑节能分析、建筑材料整合利用分析、建筑规划布局分析等，并以此建立建筑信息的数据库，实现对整个项目的协同和管理，并能最大限度降低建筑能耗，同时提高室内外环境的舒适性和稳定性。

2）以施工为重点，强化建筑施工数字化

建筑施工数字化是指将传统建筑施工过程中的各个环节进行数字化改造，利用现代信息技术和数字化工具，提高建筑施工的效率、质量和安全性。数字化技术可以显著提高建筑项目的施工效率，缩短工期。同时，数字化管理可以优化资源配置，降低材料浪费，从而降低建筑成本。依托数字化时代下 BIM 和 VR 技术的结合应用，对施工现场情景进行模型化和数据化，构建可视化的虚拟施工现场，实现施工现场的精细化管理，进一步提高施工效率。

在项目建设的施工阶段，贯彻绿色理念，有效规范具体施工行为，在减少能耗、施工准入机制、强化绿色施工意识、加快施工人员队伍建设等各个方面加速落地。根据施工现场的实际情况对设计进行调整，在控扬尘、节电、节材、节水、节地等方面落实绿色施工技术的应用。BIM 技术可帮助精准计算工程量、管道系统建模、绿色施工条件模拟等，并对施工中电气、给水排水等综合管道系统进行冲突性分析，提出修正性方案，从而有效减少返工成本和材料浪费。同时针对装配式建筑，能观察各类构件的数据和信息，提高构件的精密程度。在流程优化方面，数字化技术可应用于场地上的材料堆放及人员安排，优化作业流程，提升工作效率。在监督进程方面，数字化模型可用于同步施工工程量、工程进度、工程质量、工程安全等信息获取，以避免重大事务和进度受阻等情况发生。建筑施工数字化可提高建筑施工的效率、质量、安全性和可持续性，有效降低施工阶段碳排放，为建筑行业的可持续发展提供有力支持。

3）以运营为抓手，实现建筑运营低碳化

从建筑全生命周期的角度来看，建筑运营阶段所产生的碳排放占 60%～80%。运营维护是建筑维持长生命周期的重要环节，也是体现长期绿色发展理念的关键阶段。推进智慧物业建设，建立完善的智慧物业信息管理平台，基于大数据、物联网和云计算等技术建立建筑能耗管理系统，从节能、节水、垃圾分类、环境绿化、污染防治等方面进行系统管控，有效避免设备过度运行导致能源浪费的情况，从而实现建筑的绿色管理。

通过数字化技术，可以精确控制建筑的环境参数，如温度、湿度、光照等，提高建筑的舒适度和居住体验。数字化技术还可以实现建筑智能化管理，通过自动调节设备运行状态，实现节能降耗，同时提高建筑的安全性。借助 BIM、GIS、物联网等数字化技术，建设综合性运维管理平台，建立 3D 模型，为项目的绿色运维和精细化管理提供可视化支撑。数字化平台可服务于决策者、管理者、执行者等不同主体，以便及时采取应对措施。例如，依托虚拟空间的建立，展示隐蔽管道机电，将设备等用颜色和符号标记，用以区分运行状态。通过远程监测技术排查故障设备并发出警报，提高更换或升级设备的效率。BIM 也可与物联网技术相结合，利用现有的水表、电表等具备传感器功能的设备，实时搜集建筑物的环境、设施和能耗数据，并与建模数据进行比对分析，提出优化节能减排方案。再者，将 BIM 模型的构建与能耗分析软件的开发相结合，通过对各项能耗指标（建筑能耗、照明能耗、碳排放量等）的数据分析，形成数字优化方案，为进一步降低消耗量提供决策依据。最终实现建筑运营的效率提高，能耗和碳排放降低，还可以提高建筑的智能化水平和居住者的生活质量。

5.5.3 建筑领域低碳化数字化协同发展的实施路径

建筑信息模型（BIM）技术是提高建筑业信息化水平、推动建筑业数字化转型的关键技术，可实现项目全寿命期的数据贯通，在工程建设项目设计、施工、运行、管理环节持续发挥作用。支持建筑、园区、城区等多层级数据融合，为项目规划、建设、运营管理等各方主体提供协同平台，实现建筑数据的可视化、科学化、精细化、智能化管理。

建筑业作为碳排放重要组成部分，2020年，建筑全过程碳排放总量达到50.8亿吨，占我国总碳排放50.9%。其中，建材生产阶段碳排放为28.2亿吨，占比28.2%；建筑运行阶段共产生21.6亿吨二氧化碳，占比21.7%；施工阶段碳排放总量占比最小，为1%，碳排放总量共计1亿吨二氧化碳，建筑业低碳化转型刻不容缓。

《"十四五"建筑节能与绿色建筑发展规划》提出，鼓励建设绿色建筑智能化运行管理平台，充分利用现代信息技术，实现建筑能耗和资源消耗等指标的实时监测与统计分析。创新工程质量监管模式，在规划、设计、施工、竣工验收阶段，鼓励采用"互联网＋监管"方式，提高监管效能。"十四五"国家信息化规划中同样要求，深入推进绿色智慧生态文明建设，推动数字化、绿色化系统发展。

BIM作为基础性支撑技术，为绿色建筑的全生命周期碳排放应用和管理提供了信息集成化管理工具，既保证了数据的准确性，又为不同参与方的协同与创新提供了开放性的信息集成，可以显著提高绿色建筑设计、分析、施工等方面的效率和质量。以建筑低碳化作为发展目标，建筑数字化作为方法支撑，同时基于数字化的研究成果，再次引导建筑低碳化的发展路径，让数字化和低碳化互为引领，实现BIM技术和应用场景深度融合。

以建筑低碳化为目标，建筑全生命周期碳排放的数字化应用场景主要包括：

1）数字化与碳排放核算体系的结合

碳排放核算体系不统一，是制约建筑领域低碳发展的主要因素之一。基于LCA的建筑全生命周期碳排放理论，明确纳入建筑碳排放计算范围的阶段包括：建材生产、建材运输、建筑建造、建筑运行及建筑拆除五个阶段，而建材回收、绿化碳汇、建筑维护等内容是否纳入建筑碳排放核算，不同机构或主管部门发布的核算体系看法不同，与国际通用体系范围一、二、三核算边界划分思路未能完全匹配对应。因此，当面临不同建筑碳排放核算体系要求时，如何实现相同的数据模型，可输出多个核算体系的碳排放计算指标，BIM技术对项目信息的全面集成，可以有效解决多种体系的碳排放核算问题。

在碳排放核算方法层面，核算方法数学模型、活动水平取值精细度等存在较大差异。在项目建设的不同阶段，采用不同的计算方法进行同一碳排放指标核算时，计算结果存在较大差别。因此，在项目建设各阶段，利用已经实现项目全过程数据打通的BIM技术，可采用不同算法，实现项目建设全过程的碳排放核算要求。

将BIM数据模型信息与各碳排放核算边界及核算方法交互匹配，可实现差异化碳排放边界下，不同建设阶段、不同精细度要求的碳排放核算，满足不同体系下建筑碳排放核算需求，实现全过程的碳排放监管。

2）数字化与碳排放因子库的结合

国家标准《建筑碳排放计算标准》GB/T 51366—2019附录提供的碳排放因子，为建筑行业碳排放核算提供了基础数据，基于BIM平台进行碳排放因子的数据集成，并利用BIM技术建立建筑全生命周期碳排放活动水平数据及碳排放因子的交互算法，可实现建筑建材、施工、运行等活动水平数据与建材、机械、能耗等差异化碳排放因子的智能高效匹配。

在建筑能耗监测、设备运行管理和智慧管控方面，一方面，国家发布的《国家机关办公建筑和大型公共建筑能耗监测系统建设相关技术导则》为建筑能耗监测提供技术支撑，上海市、深圳市已建成并运行的省市、地市级别能耗监测系统，为建筑运行阶段的碳排放核算提供了能源消耗数据。另一方面，生态环境部发布的《中国产品全生命周期温室气体排放系数集》、PKPM 双碳云平台等公开的渠道均公布了较全面的建筑碳排放因子数据库，如图 5-57 与图 5-58 所示。在此基础上，基于国产自主 BIM 平台进行多种数据接口开发，可实现国内已有能耗及碳排放数据的转换对接，推动碳排放监测管理平台建设，打造低碳智慧建筑。

图 5-57　中国产品全生命周期温室气体排放数据库

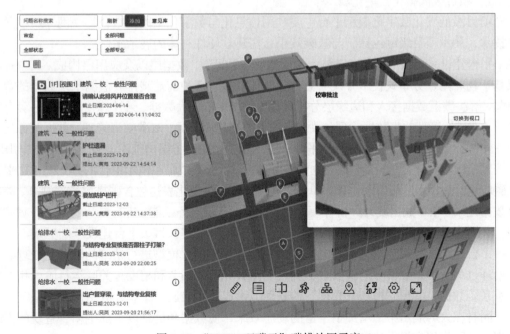

图 5-58　"PKPM 双碳云"碳排放因子库

3）数字化与建筑减排技术的结合

设计阶段进行碳排放核算需借助模拟软件，对建筑的运行能耗及碳排放进行模拟计算，而数据模型的精确度直接决定了能耗及碳排放的计算精度，基于BIM的标准化模型库及模型构件要素的颗粒度可最大限度地满足数据统计的精度要求，意味着其计算结果与实际监测碳排放监测结果将实现高度统一，对方案阶段的建筑碳排放评估产生重大意义。

利用BIM技术的性能化分析能力进行绿色建筑、超低/净零能耗建筑、低碳/零碳建筑辅助设计分析，对建筑能耗、自然通风、天然采光等性能指标进行评估优化，实现多种绿色降碳技术与BIM的高效结合，建立以性能计算指标为基础的建筑碳排放减排效果评价体系，实现建筑能耗、碳排放、性能化数据的可视化展示。规划设计阶段，多维度比选减碳技术方案，以目标为导向指导设计；施工建造阶段，促进施工方低碳建造方法、技术的进步，减少工程周期碳排放；运营阶段，为建筑低碳运行提供优化策略。

利用数字化技术解决建筑碳排放全生命周期核算的核算问题，是建筑数字化、低碳化发展的重要方向，以BIM技术全面的数据集成能力，为建筑低碳化发展提供有力支撑。

5.5.4 建筑领域低碳化数字化实践场景

绿色化低碳化区域建设是指在区域规划、建设、运营和管理过程中，通过采用清洁能源、节能减排和碳汇建设等措施，实现区域内建筑、市政等多维度的碳排放与碳吸收相平衡，最终实现零碳建筑、零碳园区、零碳区域的目标。其中，数字化监管平台辅助实现项目、区域内各数据的实时监测、分析和管理，提高项目及区域的运行效率和节能减排效果。低碳化数字化展示平台的应用场景可由点至面拓展，本节主要阐述了以项目为单位的数字化展示平台、以企业管控为目标的多个项目的数字化管理平台以及区域级低碳化数字化管控平台，助力"双碳"目标的实现。

1）项目级低碳化数字化展示平台

项目级低碳化数字化展示平台主要利用信息化与数字化手段，结合物联网与新型通信等技术，展示项目级绿色措施与减碳效果，搭建软硬件一体的展示平台。

平台建设采用云计算技术架构，由资源层、中间层、数据层以及应用层构成。其中资源层基于物联网、分布式技术开发一套独立的能够接入多种前端碳排放监测系统数据的智能网关，解决碳汇数据接入和边缘层分析问题；数据层依托大数据、云计算技术开发一套专门针对"双碳"管理的集数据治理、数据组织、数据建模分析、双碳知识管理、数据服务功能于一体的专业"双碳"大数据基础平台；应用层采用微服务架构技术，将业务与数据解耦，并按照精细程度进行拆分，形成独立组件和服务，以业务中台和技术中台的方式向上层提供双碳应用封装服务；最后以项目为单位，进行项目级可视化表达包含碳排放数据测算、碳排放数据记录、项目数据统计分析等模块，基于下层各层服务赋能，进行灵活的微服务封装定制，共同形成项目级"双碳"服务目标，图5-59展示的是项目级平台建设基础框架。

平台建设中采用轻量化引擎对BIM（建筑信息模型）模型进行精细的轻量化处理，这一处理过程旨在减少模型的数据量，同时保持其原有的细节和精度，关联运行阶段相关参数及系统数据，实现"模型—数据"的联动，形成展示快速、直观，应用便捷的系统。

同时在大屏展示中，增加了丰富的动态效果，使数据和信息以更加生动、直观的方式呈现，从而为用户提供清晰、准确的视觉体验。

图 5-59 项目级平台建设基础框架

项目级低碳化数字化展示平台不仅为建筑、交通、电力等领域的单体化项目提供了智能化的运维支持，还通过其强大的可视化功能和数据分析能力，帮助项目管理者实时监控项目的运行状态，及时发现并解决问题，优化资源配置，提高项目的整体效率和可持续性，如图 5-60 所示。

图 5-60 项目级绿色化低碳化数字平台

2）企业级低碳化数字化管理平台

企业级低碳化绿色化管理平台针对企业建设项目、运维项目、生产项目的绿色碳排放水平进行数字化智能分析，帮助企业全面掌握自身碳排放水平、提升监管力度，沉淀节能减碳技术经验。企业级碳排放智能计算与监管平台，将碳排放核算、监管的理论模型、企业的流程要求,通过信息化、数字化的方式实现,可以保证核算的准确性、流程的高效性,具备未来向全局项目或者工程建设领域其他企业推广、复制的可能。同时,与智能建造平台的紧密结合和数据互通,可以为后续智能建造、绿色建造提供更多应用场景。

企业级碳排放监管平台建设以电力数据为核心,汇聚了电力、能源、环保监测等多方数据,对规模以上企业开展碳数据采集、监测、核算和分析,实现煤、电、油、气、新能源全链贯通、全链融合和全息响应。

面向企业层面,平台通过计量企业各用电生产设备耗电情况,精准计算企业生产过程中的碳排放,并可针对企业不同生产流程提供针对性的减碳分析和节能建议,帮助企业淘汰或改进落后技术工艺。

通过多项目、多维度碳排放原始数据的收集和分类处理,提取和分析各项数据,能够对数据库中的各项信息资源进行充分挖掘和利用,多维度地分析企业多个项目的碳排放数据,项目管理与企业部门可以充分利用平台采集碳排放数据,对其进行处理和分析,从而从全域角度预测碳排放发展动态,为管理者发展企业节能减排决策提供有效的支持,图 5-61 为企业端碳排放监管平台的简要介绍。

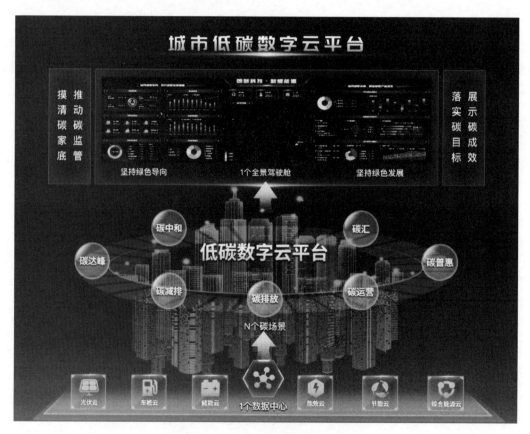

图 5-61 企业端碳排放监管平台

3)区域级低碳化数字化管控平台

开展节能减排、控制温室气体排放,是应对气候变化的必然选择。而在节能减排工作中,政府管理机构或大型中央企业承担着节能降碳工作的指导监督、落实对重点耗能单位年度目标下达及考核工作。传统的监管存在企业和区域点多面广、不同类别企业监管方式多样、监管时效性不足等问题，很难做到及时、精准、科学的监管。

区域级低碳化数字化管控平台是一个集数据收集、监测、分析、展示、管理和决策支持于一体的综合性系统，它旨在帮助区域范围内的各种组织（如企业、园区、政府机构等）实现低碳化转型，并推动区域内的可持续发展。

面向管理部门，碳排放监管平台可提供碳全景地图、碳排放分析、碳足迹追踪、碳排放监管等模块，解析区域内碳排放强度、碳排放超标企业分布，助力各级政府全面掌握区域碳排放水平，提升监管力度，自动生成可视化碳排放报告，为政府或企业有效监管碳排放提供了便利。

其中，GIS 技术常常作为区域级碳监管平台建设的重要基石，可以将不同来源、不同类别的数据汇聚在一起，通过数据清洗、处理、整合建立功能强大的地理信息数据库，在数据的基础上集成各种应用，并按照空间范围和属性，提供多条件组合类型的统计分析，用户可通过 GIS 应用软件对数据库进行浏览、查询、制图、统计、分析，为管理决策的应用提供依据。因此，可以将 GIS 技术应用于政府管理机构日常监管中，辅助重点耗能单位节能降碳，如图 5-62 所示。

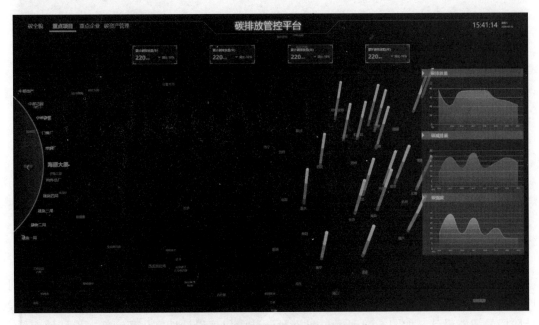

图 5-62　区域级低碳化数字化管控平台

5.6　应用案例

5.6.1　全生命周期数字化管理案例——西安公共卫生中心 EPC 项目

1）项目概况

西安市公共卫生中心 EPC 项目（西安市第八医院新院区）位于西安市高陵区，占地面积28.8万平方米，总投资28.9亿元，设计为1500张床位大型传染病医院。该项目为保障民生的重要工程，建成投运后，可有效提高城市应急处置能力，是构建可持续发展、覆盖西安市、辐射全省的公共卫生服务体系的重要组成部分。

为贯彻数字化、智能化、工业化、绿色化发展理念，在国家重大工程需求牵引下，项目完成单位依托中国建筑科技创新平台"中国建筑智能建造工程研究中心（数字建造应用技术）"、湖北省创新平台"建筑机电数字建造湖北省工程研究中心"2个省级创新平台，系统研究了装配式机房智能建造及数字化运维关键技术，在模块化标准设计、一体化预制装备、精准化装配施工、数字化智能运维4个方面进行了体系化创新，总结了10项关键技术，形成了涵盖科研、设计、生产加工、施工装配、运营等全产业链融合一体的智能建造产业体系，项目效果如图5-63所示。

图5-63　项目效果图

2）项目应用技术内容

西安市公共卫生中心EPC项目的关键技术与应用主要包含以下4个方面：

（1）模块化标准设计。基于BIM三维模型平台，科学划分整体机房接驳体系架构，对原始设计的各机房构件进行优化设计，达成最大程度的模块集成，实现装配式机房BIM设计阶段的智能设计，如图5-64所示。针对预制装配机房设计标准化程度低、设计效率低、设计精度不高、异性模型创建困难、拼装容错率低等问题，通过将非标部品部件标准化，研发新型管阀预制构件、管道阀组成套集成模块和多台端吸/双吸泵组合模块等关键设计技术（图5-65），实现标准模块生成、一键式拖拽设计等设计功能，有效提高前端设计效率50%，节省机房面积18%，材料利用率提高至98%，成本降低率可达18%，实现了机房集约化、模块化、一站式设计，显著提高了经济效益。

（2）一体化预制装备。针对机房预制件加工设备匮乏，精度效率低、自动化、信息化、数字化、程度不高等问题，研发了涵盖除锈、加工、切割、对位、焊接、打标等全流程的预制装配机房整套生产线，研制了通过式管道除锈机、型钢除锈设备（图5-66）、新型等离子切割设备工作台、成套管道组对装备、自动化焊接设备、焊接工件的自动化上下料装置、3D 视觉和六轴位移对位平台、激光视觉引导焊接热熔、二维码激光打标、光电传感和无极调节补偿的除锈喷漆等多类生产加工设备，并构建建筑工厂化信息管理平台（图 5-67），研发了智慧仓管系统，实现材料从品控、下单、入库、堆场、出库、退库和物流跟踪全流程信息化管控，降低返工率 30%，提高生产管理效率 30%。

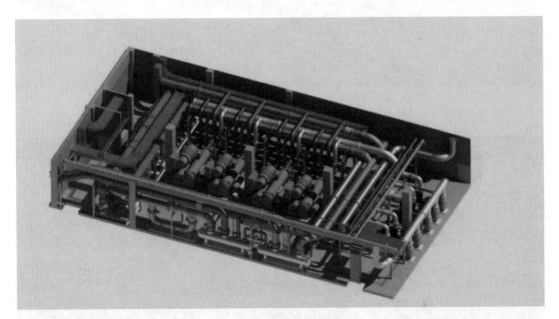

图 5-64　西安公共卫生中心项目制冷机房

图 5-65　用于两台冷机平行并联安装的管道阀组成套集成模块

图 5-66　除锈机及其使用效果

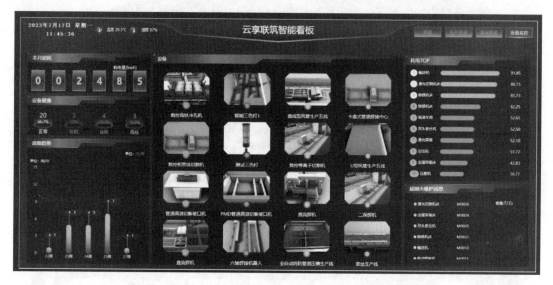

图 5-67　各设备生产系统界面

（3）精准化装配施工。针对传统支吊架安装效率低、误差大等问题，研制了新型支吊架和整体抬升装置（图 5-68），采用三维扫描点云模型误差检测方法和可调补偿段消除安装误差方法（图 5-69），实现了装配式机房的精准安装，解决了预制构件安装过程精细化调节和安装误差控制难度大的问题。通过研究"整体式"与"离散式"预制装配技术、一站式装配施工技术、基于 DPTA 多边协同离散式制冷机房预制技术等装配式安装新技术（图 5-70），并将自主研发的装配式施工技术应用于工程中，极大提高安装效率，现场装配效率提升 30%，现场安装可节约 30 天以上。

（4）数字化智能运维。自主研究开发了集中空调 AI 智慧化柔性用能管理系统（图 5-71），实现了机房全面信息模型的综合数字化集成和交付，解决了当前建筑工程全生命周期中的信息断层难题。

采用基于径向基函数神经网络算法、热平衡方程等理论，研究了建筑耗能系统的人工神经网络（ANN）预测算法、AI + HVAC 智慧运维策略（图 5-72）；研究了基于 BIM 和物联网的智慧运维管理技术，实现建筑模型轻量化至 10%，通过内置基于 BP 神经网络的节能算法，智慧求解系统最佳运行策略，发掘节能潜力，最终实现装配式机房系统的绿色、节能、智慧运维，如图 5-73 与图 5-74 所示。

图 5-68 管线整体抬升拼装平台

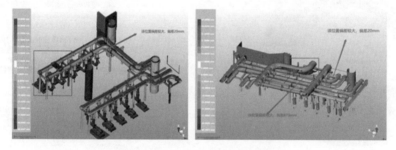

图 5-69 管道安装累计误差监控

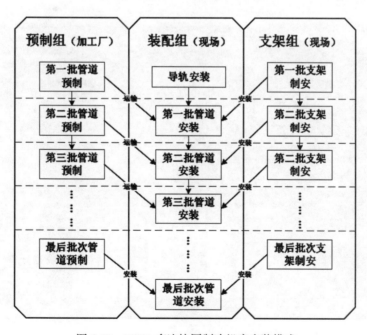

图 5-70 DPTA 多边协同制冷机房安装模式

图 5-71 集中空调 AI 智慧化柔性用能管理系统

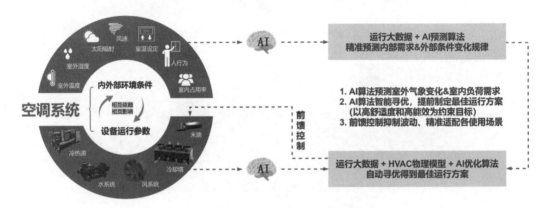

图 5-72 HVAC + AI 智慧运维策略

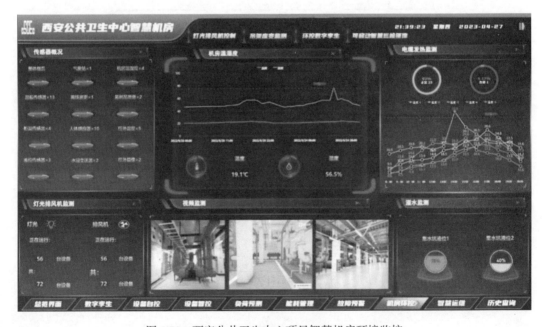

图 5-73 西安公共卫生中心项目智慧机房环境监控

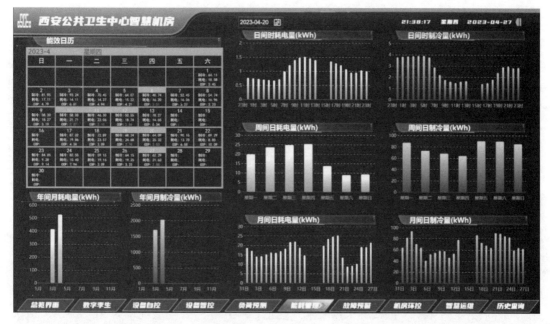

图 5-74 西安公共卫生中心项目智慧机房能耗分析

3）项目应用效益

目前该技术在国内多项重大工程上推广应用，累计应用项目 10 余个，取得直接经济效益约 1500 万元，以西安公共卫生中心能源中心为例。

（1）运营经济效益

西安市公共卫生中心能源中心制冷机房冷机 4 台，每台功率为 606kW；冷冻水泵 5 台，每台功率 132kW；冷却水泵 5 台，每台功率 110kW；冷却塔 4 台，每台功率 30kW，采用智慧物联系统，可降低能耗 27%，以夏季一个月满负荷为例进行计算，每月可节约电能：

$$(606 \times 4 + 132 \times 5 + 30 \times 4 + 110 \times 5) \times 0.27 \times 24 \times 30 = 675720 kW \cdot h$$

电费按 0.5 元/kWh 计算，每月可节约电费为 $675720 \times 0.5 = 33.8$ 万元

整个夏季可节约电费为：$33.8 \times 3 = 101.4$ 万元。

据测算，智慧机房运营节能率约 27%，年降低能耗约 140 万 $kW \cdot h$，节约电费约 170 万元。

（2）建造经济效益

节约人工成本。通过工厂化预制，大量采用机械代替人工作业，节约人工 20% 以上，平均单个机房合计节约人工费用 630000 元。

节约机械成本。通过集中采用大型机械，代替现场零星手动工具，提高机械使用率，降低边际成本；采用场外预制施工技术，预制装配设备投入 300 万元，设备按照 5 年使用寿命计算，平均每个机房合计节约机械费约 398900 元。

节约材料成本。利用 BIM 技术优化机电系统排布，减少管材用量约 20%；通过批量预制提高材料利用率，利用率可达 98%，深化后主材相对原设计节约 20%。单个机房钢材总量为 502 吨，节约材料费约 602400 元。由于在场外预制，增加了预制工程运输至项目现场的运输费用 6000 元。

节约总额：630000 + 398900 + 602400 − 6000 = 1625300 元 = 162.53 万元。

4）总结

本项目着眼于全生命周期数字化管理，将 BIM、物联网技术应用于装配式机房的设计、生产、安装、运维各个阶段，研究装配式机房智能建造及数字化运维关键技术，包括基于物联网协同的装配式机房部品部件全预制设计、装配式机房一体化预制智能装备及生产体系、装配式机房精准施工装置及方法、装配式机房数字化整体运维平台等内容，形成了集科研、设计、生产加工、施工装配、运营等全产业链于一体的智能建造产业体系，产生了较好的经济效益和社会效益。

5.6.2 全建设周期数字化管理案例——中建壹品·汉芯公馆

1）项目概况

中建壹品·汉芯公馆项目位于武汉市江岸区解放大道与新建街交汇处，由中建三局集团承建，项目用地面积 4.4 万平方米，总建筑面积 15.2 万平方米，包括 9 栋建筑单体（A 地块 3 栋住宅、1 栋商业、B 地块 5 栋住宅）和地下室（A 地块地下 1 层，B 地块地下 2 层），最高楼层 33 层，全部楼栋采用装配式建造，5 号、7 号住宅装配率为 91%（AAA 级），6 号、8 号、9 号住宅为 76%（AA 级），其余楼栋装配率为 50%，装配式构件种类涉及结构部品、机电部品和装饰部品，项目效果图和规划图分别如图 5-75 和图 5-76 所示。

2）设计策划

（1）正向设计。设计阶段按照一模到底的实施方案采用 PKPM-BIM 设计软件，进行施工图全专业正向设计，采用统一数据格式进行数据交互，采用云锦设计协同系统进行设计协同管理，如图 5-77 所示，形成"一模到底"的数据成果，将具有开放式接口的三维轻量化模型传递至构件加工、施工等各个环节。

图 5-75 项目效果图

图 5-76　项目规划图

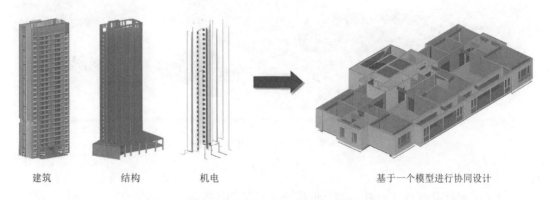

建筑　　　　　结构　　　　机电　　　　　　　基于一个模型进行协同设计

图 5-77　全专业协同设计

（2）在线协同校审。各专业基于 BIM 中心模型进行协同设计完成专业建模、计算分析、专业提资、综合优化等工作，基于云锦设计协同管理系统及插件进行设计管理及 BIM 模型轻量化校审（图 5-78），项目各参与方提前介入，消除错漏碰缺问题。三维模型满足后续深化设计以及 DDE 平台的模型深度要求，并通过云锦系统向 DDE 平台的无损传递，作为开展深化设计及生产、施工管理等工作的模型数据源。

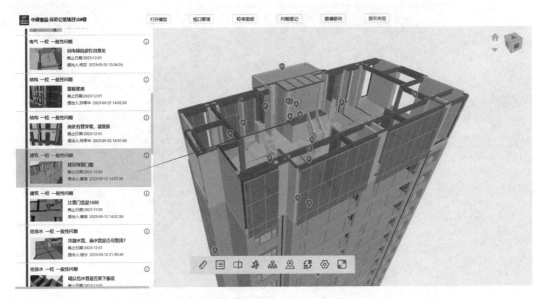

图 5-78　基于三维轻量化模型协同校审

（3）数字孪生管理。基于设计阶段传递至平台的 BIM 模型，通过 DDE 平台进行深化设计任务划分、过程管理，各深化设计专业（PC、机电、装饰、钢筋、铝模等）在设计 BIM 模型基础上进行深化，模型深度达到生产加工级，包含生产加工信息（BOM 表单、深化图纸、设备识别数据等），并与 DDE 平台数字底座相匹配，实现后续生产、施工、运维的数字孪生管理，如图 5-79 所示。

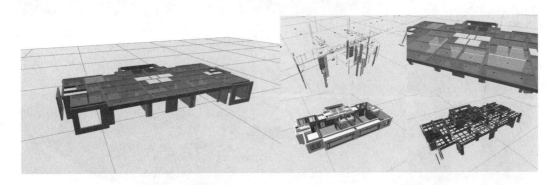

图 5-79　DDE 平台工业加工品库

3）生产建造

（1）工程部品部件工业化建造。根据现场部品部件的需求（如机电部品部件），项目部在云智数驱制造执行系统下单。通过数据驱动机电加工厂，加工制作如湿式报警模型、潜污泵组模型、支架类和套管类等机电部品部件，实现数字化加工，如图 5-80 所示。

（2）内装工业化。依托 BIM 一体化设计，主体结构质量精度提升，装饰、机电部品精准加工，现场快速定位安装等技术，实现现场零切割、无开槽，工序 100%标准化。最大限度发挥建筑工业化高质量、高效率优势，实现"分批生产、一体总装"，如图 5-81 所示。

图 5-80　数据驱动机电加工厂

(a) 装配式墙面系统

(b) 装配式地面系统

(c) 集成厨房

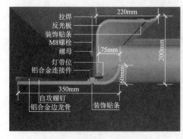

(d) GRG 装配式吊顶

(e) 轻钢龙骨隔墙系统

(f) 集成卫生间

图 5-81　全装配施工

（3）质量数据化管理。项目的质量数据化管理主要分三步走。如图 5-82 所示，首先以局智慧工地系统为依托，建立质量寻根系统，实现质量检查、验收、教育等线上操作，增强便捷性、可追溯性；然后配备完善的智能实测设备和实测实量机器人，促成实测实量智能化，形成数字化档案，如图 5-83 所示，实现检测高效、客观透明；最后，设置智能标养室（图 5-84），远程控制温度湿度，并实时提醒试块养护状态，实现送检精准控制。

（4）安全智能化、标准化管理。项目深入应用"中建智安""智慧工地"等信息化系统，使用 AI 慧眼、智能广播（图 5-85）、深基坑监测等 15 项智能安全设施，实现了全过程全范围信息化、智能化安全管控，保证了项目安全、生产平稳。基坑、楼梯等临边防护、电梯井防护、操作平台、钢筋棚等均采用定型化、标准化设施（图 5-86）。

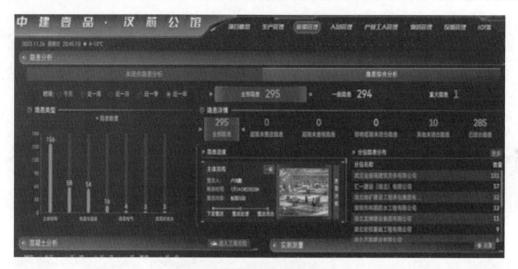

图 5-82 智慧工地质量管理系统

图 5-83 实测机器人及数据输出

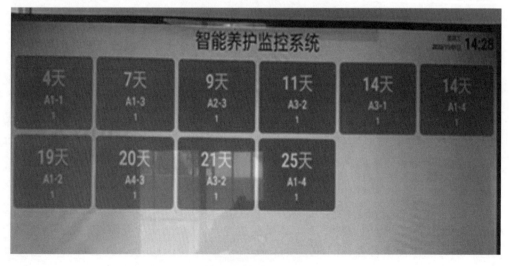

图 5-84 智能标养室

图 5-85 智能广播

图 5-86 定型化、标准化设施

（5）智慧工地应用。通过物联网技术在生产建设监管方面的创新应用，实现了项目可视化以及关键要素智慧化管控和数据互联。加载 IoT 智慧运维系统，形成数据采集、人机交互、感知、决策、执行和反馈的闭环管理模式，如图 5-87 所示。

4）智能装备

（1）装配式造楼机。将装配式施工与造楼机相结合，自主研发"装配式造楼机"，如图 5-88 所示。通过智能装备与数字化创新成果的应用，将装配式建筑传统的建造工艺转变为数据驱动下以智能装备及建筑机器人为主的集约化、少人化的新型建造工艺。

（2）智能塔机。中建三局自主研发的智能远程控制技术利用远程通信技术，现场信息采集系统和远程控制系统的信息交互，通过搭建远程操控平台实现塔机司机的作业环境从高空驾驶舱转变为室内作业，如图 5-89 所示。项目 7 台塔吊（塔式起重机）全部应用智能塔机，制定智能塔机管理标准制度，探索智能塔机规模化、工业化应用。

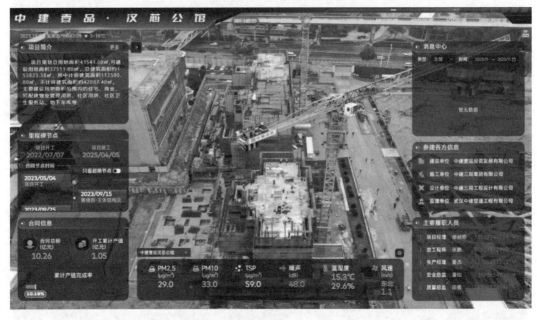

图 5-87　汉芯项目指挥中心

(a) 装配式造楼机效果图

(b) 装配式造楼机现场安装情况

(c) 装配式造楼机制作情况

图 5-88　装配式造楼机的制作与安装

图 5-89　智能塔机应用

（3）智能机器人。项目筛选实测实量、清扫、抹灰、整平、抹平、抹光等11款智能机器人，如图5-90所示，以"数字贯通"和"数字驱动"为目标，对智能装备进行统一调控，打通建造装备信息流，提高人机协作效率。

(a) 抹平机器人   (b) 整平机器人   (c) 抹光机器人

(d) 实测实量机器人   (e) 清扫机器人   (f) 抹灰机器人

图 5-90　智能机器人应用

（4）智能爬架。项目在1号、2号、3号、6号共4栋楼使用智能爬架，智能爬架包含15项监测功能，通过智能监测系统（图5-91）掌握爬架各个重要组件的安全数据，进一步提升爬架安全性。

图 5-91　智能爬架工况监测

（5）绿色低碳

如图 5-92 所示，项目绿色低碳建设管理主要分为两个方面。一方面，通过提供项目绿建设计信息，收集现场数据信息，实时了解项目建造过程中的低碳相关信息。另一方面，提前进行给排水规划，对施工污水进行沉淀处理及实时监控，达标后进行排放。

图 5-92　低碳数据孪生平台展示

5）总结

作为中建三局投资开发的智能建造示范项目，项目通过国产 BIM 一体化平台、基于造楼机的智能装备和机器人集成平台、DB 总承包管理、产业工人等新技术和管理模式的体系化应用，实现品质更优、效率更高、更加安全、成本可控的目标，在五个方面实现了重点突破：

（1）在设计方面实现全生命周期的数字升级，构建基于 BIM 的智能建造一体化平台，实现"一模到底"全过程的数据贯通；

（2）实现全应用场景的工业化升级，形成涵盖工厂和现场的工业工艺标准，实现数据驱动生产；

（3）实现组织方式的变革，形成以产业工人为主的工业化生产管理模式；

（4）通过不同阶段新技术的融合应用，形成一套可复制推广的智能建造标准体系，赋能后续项目的数字化管理模式体系化；

（5）通过高标准化和工业化的项目实施，初步构建全产业链的智能建造产业联盟。

5.6.3　两场联动与智慧监管案例——数字化模板无人工厂

混凝土模板作为浇筑时保证设计尺寸和形状的必要手段，在工程建设中有着至关重要的作用。传统的模板加工，不论是在难当的酷暑下还是刺骨的寒风中，都要由工人在施工现场通过手工锯、电锯等工具逐块加工，劳动强度大，效率低下，加工质量难以保证。

当下施工现场仍以木模板、铝模板为主，木模板是施工现场采用最多的模板形式，因此木模板的一项最主要的优点就是木工熟悉传统加工支模工艺、操作灵活性较高。但是木模板也具有很多缺点，如加工设备以手工锯、电锯等为主，依靠大量的人力劳动提升加工产量，质量检查难度大，效率瓶颈难以突破。铝模板目前已经在项目中投入使用，作为模板的另外一种材料方案，其支模速度较快，质量相对较高且不易损坏，能够实现多次复用周转，然而铝模板较高的自重降低了劳务工人对铝模板的使用意愿，同时铝模板采购租赁的成本较高。

基于对木模板、铝模板的应用特点，模板应用技术应当保留两种传统模板的优点，同时尽可能规避其缺点，北京建工集团基于多次成功实践，形成了一套模板数字化加工的精益建造体系。

1）案例背景与核心工作思路

智能模板无人工厂核心以数字化平台为载体，应用数控与智能设备，完成前期精细深化设计，结合工艺工法，融合管理体系，最大程度发挥数字化加工优势，在施工现场建立一个可移动的柔性工厂，项目在哪里，工厂就建在哪里，让建筑工人们按照"工业化流程"进行作业，实现了工人产业化、工地工厂化、工厂智能化，为建筑工人向产业工人转型提供可能，图5-93为智能化模板加工现场。

图5-93 智能化模板加工

数字化加工仍使用木模板，木工对传统加工工艺的熟悉程度、灵活性不受影响，引入数控及自动化机器人替代人工，由"机器人"来实现模板上料、下料，二者基于5G通信模块建立联动，实现模板的无人自动化切割。平均1.5分钟即可完成单张模板的下料、切割、存放、清扫工作，高效精准加工成型木模板单元块。在"机器人"及数控设备的协助下，原本几十个木工才能共同完成的工作目前只需要两个人即可完成，加工效率提升17倍。

打造基于二维码的唯一模板身份标识，每块模板具备全套独立的身份信息，实现加工—

验收—支模—拆模—复用—回收全过程跟踪，生产端实现基于生产计划的加工任务自动化下发，现场布置任务看板，实时显示下发的加工任务，基于不同场地面积预置加工区布置方案，实现数字化加工区的快速准确配置，建立在线原料库与成品库，实时掌握原材料、成品的位置及数量，对全部出入库过程进行管理。通过数据分析手段掌握加工整体情况，辅助现场管理人员快速做出合理化决策，如图 5-94 所示。

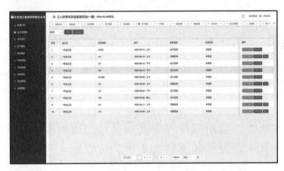

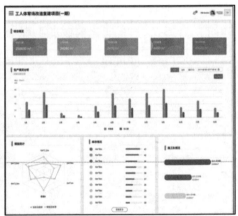

图 5-94　智能化平台

独立自主研发自动深化软件，一键产出高质量设计成果远程导入加工设备，自主计算符合最大化板材利用率、匹配模架体系和施工要求的模板方案。输入三维模型、原材规格、配模规则等参数，实现一键配模，自动生成深化模型、模板用量、深化图纸、拼装位置等成果指导作业，计算最佳的切割排布方案，一键自动生成模板编码、排料方案、加工图纸、编译程序，直接导入数控设备完成切割，提升模板深化效率十倍以上。该体系将应用基于自主创新的封边机械组完成一体式除屑、喷刷、清洁、烘烤、吹风全流程，将模板封边等待时间从 4 小时缩短至 2 小时，大幅提升模板的封边效率。同时应用码放转运流水线大幅加快模板加工及成品转运节奏，提升拼装台利用效率并节省人工，保证成品的快速入库标准化管理，如图 5-95 所示。

由于采用数字化模板施工，大幅提升了施工现场作业安全，环境保护和工人的职业健康水平。施工现场的工厂化作业降低了风险，提高了工程质量。因此通过监管部门的检查，充分肯定了这个体系的作用。地方监管部门通过差异化管理减少了对项目的巡查，同时通过科技创新、示范工程等机制提升采用新技术企业的信用评级，实现了两场联动的积极作用。

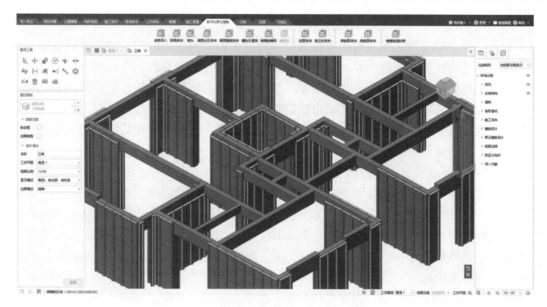

图 5-95 深化软件

2）案例实施情况

整体体系目前已于北京建工集团十余个项目进行实践,累计为集团实现降本超千万元,重点实施项目如表 5-3 所示。

	重点实施项目		表 5-3
序号	项目名称	所属单位	项目状态
1	工人体育场改造复建项目	三建公司	已竣
2	中关村论坛永久会址项目	四建公司	在施
3	副中心综合交通枢纽项目	城乡集团	在施
4	海南大学项目	三建公司	已竣
5	顺义区高丽营镇住房项目	总承包部	已竣
6	北京大兴榆垡项目	四建公司	已竣
7	通州区六小村项目	总承包二部	已竣
8	苏家坨镇协同创新园项目	总承包二部	在施
9	将台乡 F 地块产业项目	六建集团	在施
10	苏家坨镇前沙涧项目	国建集团	在施

北京工人体育场项目作为北京市重点项目,全面应用智能模板无人工厂,实施面积超过 6 万平方米,高质量打造施工现场数字工厂,项目现场设置六台数控机床,一台机械臂,整个施工周期为 120 天,最终节省施工成本约 1400 多万元。项目现场多次接受各级领导的检查参观,获得多方的认可,施工质量非常美观,受到住房和城乡建设部、北京市国有资产监督管理委员会、住房和城乡建设委员会、北京建工集团各级领导的高度评价,入选中央电视台焦点访谈栏目,接受中央人民广播电台、北京电视台、中国建筑报、首都建设报等多家媒体的采访。

苏家坨创新产业园项目数字化智能模板无人工厂应用至今,框架柱单元模板周转次数达8次及以上,核心筒大单元模板替代大钢模板,大幅提升施工效率,降低材料成本、劳动力成本和工期成本,综合测算,节约成本效能达到核心筒普通大钢模板40%以上。数字化模板精益建造体系落地应用,作为苏家坨项目申报北京市结构长城杯的创新内容、亮点内容和加分项,为项目成功获得北京市结构长城杯贡献重要加分内容。同时,项目将数字化智能模板无人工厂作为亮点迎接集团内外大小参观二十余次,为今后结构施工数字化转型起到良好的示范作用。

3)案例主要成果与效益分析

整套体系在保证施工质量的前提下大幅提升模板周转次数,减少专业木工数量,可将材料损耗率从20%降至5%以下(传统模板损耗率普遍在20%以上,数字化体系借助排布算法大幅降低材料损耗率,以大兴区榆垡镇项目为例,材料利用率高达96%以上),将传统木模板的周转次数从5~6次提升至8~15次,降低模板全过程施工成本15%以上,降低项目综合成本1个点。

体系适用各种项目类型,除现浇结构外,体系也应用于装配式结构、钢结构的现浇部位,解决现浇连接部位下料不精确、材料利用率低等固有问题,提升装配式结构装配率至95%以上,体系整体取得发明专利8项,实用新型专利5项。

该项成果参加2022IDC中国未来企业大奖比赛,经过激烈角逐、层层选拔,从500余个参赛奖项中脱颖而出,最终摘得"中国IDC未来数字创新领军者大奖卓越奖"的桂冠。该奖项是中国数字化转型领域的重量级奖项,在数字创新领域,卓越奖仅此一项。体系同时获得国务院国有资产监督管理委员会数字场景创新专业赛获奖项目等荣誉。

5.6.4 两场联动与智慧监管案例——青岛市智慧化工地管理服务平台

1)建设背景

为进一步加快智能建造和建筑工业化协同发展,聚焦数字化转型,持续提升工程建设数字化管理服务水平,推动青岛市建设领域的科技创新。2022年度,青岛市24项工程入选山东省智慧工地建设典型案例,数量位列山东省第一,创下了全省星级智慧化工地创建数量最多、建设应用水平最高、复审通过率100%等成果。以上工作成果的取得,离不开青岛数字化监管的建设与发展。

青岛市住房和城乡建设局提出以"青岛智造"为牵引,加速住建管理体系和治理能力现代化发展,提升数字化监管水平,以"标准引领、技术创新、多级联动"为总体建设思路,打造领军全省、领跑全国的智慧化工地管理服务平台。

2)案例概述

青岛市建筑行业智慧化工地管理服务平台由广联达科技股份有限公司打造,依托大数据、BIM、AI、IoT等技术,实现对在建工程的数字化、智慧化监管。通过编制一套全面指导智慧化工地建设的标准体系,为在建工程项目的高效监管与服务奠定基础;通过探索先进的管理思路,提高监管部门的监管和服务效能,创新在建工程项目数字化监管与服务新模式;应用新技术开发建筑行业智慧化工地管理服务平台,实现先进管理思路的落地,并以青岛市为试点进行推广应用,图5-96展示的是青岛市智慧化工地管理服务平台的页面。

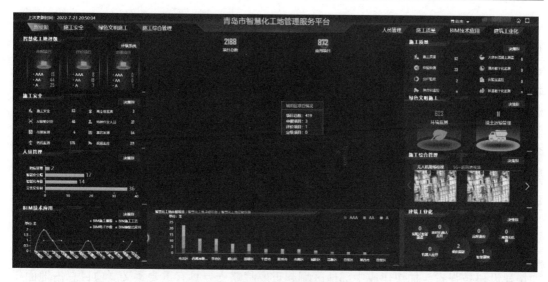

图 5-96　智慧化工地管理服务平台

3）建设成果

（1）制定标准体系：编制了《智慧化工地建设标准》《智慧化工地评价标准》《智慧化工地管理服务平台接口标准》及相关配套实施细则，建立了智慧化工地的分类建设、分级应用、结果评价、数据协同的标准体系。

（2）探索技术应用：针对建筑行业的 AI 智能识别分析，实现工人工作场景的姿态识别；物联网平台具有良好的开放性和扩展性，对接了 40 余个物联网应用；自研的 BIM 引擎更轻量化，支持在线化流畅浏览；通过 5G 技术实现在手机端对各类监管数据的实时汇总，还能办理分户验收、项目评级等复杂业务。

（3）搭建全方位管理平台：构建可反映全区域工程建设状态的工程库信息和企业库信息，以大数据、物联网、人工智能、IoT 以及移动互联网为手段，实现监管"一张图"、数据"一个库"、项目"一条线"，促进建筑行业的监管向系统化、智能化方向发展。

（4）构建数字化监管体系：平台支撑数据纵向多层级对接，横向跨部门、跨业务共享，通过市级、区级的监管，实现跨部门统一决策和统一调度，搭建了新型监管体系。

4）客户价值

（1）实现行业管理部门监管和服务效能大幅提升。利用信息化顶层设计方法，推进监管部门的业务整合与优化，通过全面梳理与再造质量监督和安全监督等各项业务流程，形成有机融合、互相贯通、前后一体的监管体系。提高行政审批服务能力，缩短审批时限，降低管理成本，增强对市场主体的监管能力，促进数字化创新转型。

（2）实现了建筑企业与监管部门的高效联动。对建设、勘察、设计、施工、监理等责任主体行为进行监督管理是监管机构的主要工作内容。通过建立青岛市建筑行业智慧化工地管理服务平台的业务平台，进一步简化建设、施工、监理企业等线下工作流程，拓展危大工程监管、双重预防体系监管、项目评价、分户验收等业务应用，用"数据跑路"来代替"人工跑路"，提高项目方办事的工作效率，加强建筑企业与监管部门直接高效联动。

（3）开创了"先验房、后收房"模式，为业主提供服务。分户验收逐户、逐间、逐段进行，各个关键环节留取照片，并按户建立电子档案，做到"一户一档"，业主在收房前，就可以在手机上查看房屋的各项验收信息，有效避免了以往收房后房屋质量问题解决难的痛点。

（4）编制发布了标准体系，指导规范智慧化工地建设及运营。通过分析青岛市智慧工地建设需求以及对智慧工地建设的探索与实践，依据有关国家及行业标准，结合青岛市智慧工地建设现状及特征，建立目标明确、科学规范、因地制宜、以人为本、结构合理的智慧化工地标准体系，科学构建智慧化工地系列平台架构，确定政府管理服务综合集成范式，实现建设有标准、验收有依据、评价有标尺，有效推进青岛市智慧化工地规划建设、运营管理工作，保障智慧化工地建设水平和质量。

5.6.5　智能建造与建筑工业化协同发展案例——东湖实验室一期

1）项目概况

东湖实验室一期（拓展区）项目是承载湖北乃至国家科技创新的重点项目，对于湖北加快建设科技强省、加快建成中部地区崛起重要战略支点具有重要意义。项目总占地面积约 152018 平方米，建筑面积 46823 平方米，包含 3 型重大科研设施建设、配套人才公寓及附属设施等，项目效果如图 5-97 所示。

项目基于自主 BIM 三维图形平台 BIMBase，针对 EPC 总承包项目管理特点和需求，综合运用国产 BIM 设计成果，为项目各方协作、过程数据存档、现场高效管理等提供平台服务，实现设计、施工、交付、运营项目建设全流程的数字化管理，推进工程建设方式由"传统建造"向"智能建造"转型升级。

图 5-97　东湖实验室项目效果图

2）项目应用技术内容

项目应用智能建造技术，从设计、施工、交付到运营建筑全生命周期的过程中，项目各阶段各参与方使用同一套信息模型的解决方案，通过"一模到底"实现工程建设数字孪生交付，降低建设成本，提升建造效率和建筑质量，为建筑、园区的智慧运营提供数字底座。

（1）设计阶段。项目使用国产 BIM 软件 BIMBase 进行全专业设计，涵盖建筑、结构、给水排水、暖通、电气、道路、管网、轨道等多个专业。基于设计 BIM 模型开展碰撞检查、机电管线综合、净高分析、智能审查、渲染漫游、精装深化等多项 BIM 专项应用，提高设计质量。在平台中归集设计成果，并在项目参建方之间及时共享。通过模型轻量化，实现三维联合校审，并向施工方进行设计方案交底，指导施工机电安装，提高沟通效率，保证向施工方准确传递模型，如图 5-98 所示。

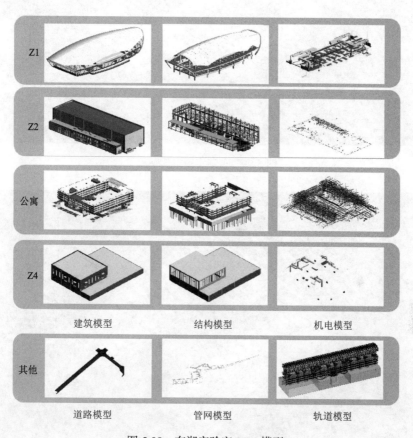

Z1

Z2

公寓

Z4

建筑模型　　　　　　　结构模型　　　　　　　机电模型

其他

道路模型　　　　　　　管网模型　　　　　　　轨道模型

图 5-98　东湖实验室 BIM 模型

（2）施工阶段。在设计 BIM 模型的基础上，使用施工场布软件进行场地建模，实现施工场地的精细化布置。根据上传到平台的模型，与施工现场实际情况进行校验，协调施工方整改方案，利用平台跟踪质量安全问题至闭环，保证竣工模型与竣工现场一致。利用平台进行施工进度模拟，通过计划进度与实际进度的对比，及时调整施工方案和进度计划，确保项目的顺利进行。同时通过平台汇集了质量、安全、进度、成本等各类业务数据，人员、设备等各类要素数据。经过清洗、加工等方式对数据进行计算和分析，形成数据分析报表和数字驾驶舱，宏观上支持项目建设的战略性科学决策，如图 5-99 所示。

（3）交付阶段。以 BIM 模型为中心，关联空间、固定资产、设施、设备等重要建筑资产，实现多维数据信息的归集和结构化组织，向业主交付一个能够真实反映物理情况的多维数字孪生建筑。通过平台可快速定位构件，以三维可视化的界面查看建筑的各类数据，实现对建筑的数字化运营，如图 5-100 所示。

图 5-99 东湖实验室驾驶舱

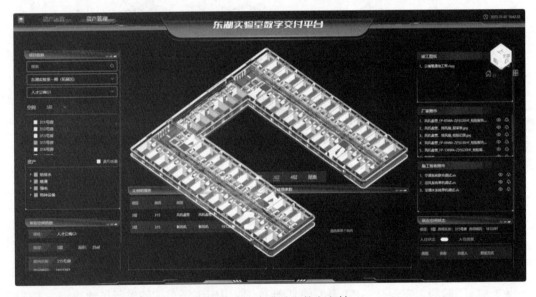

图 5-100 东湖实验室数字交付

3）项目应用效益

（1）实现多层级高效协同：平台构建网页端、手机端、大屏端多端互联互通的体系，满足不同层级、不同场景下的使用需求，有效连通实施人员与管理者，提升沟通管理效率。

（2）提升管理决策科学性：打破数据孤岛，汇总各阶段、各维度数据，通过数据分析从宏观上支持项目建设的战略性科学决策，统筹建设过程中的管理要素和生产要素，通过数据支撑科学性决策。

（3）实现建设全流程一模到底：基于平台进行模型共享与传递，项目各阶段各参与方使用同一套信息模型，实现模型贯穿设计、施工到竣工的建筑全生命周期，辅助项目建设全过程。

（4）实现基于 BIM 的数字化交付：通过 BIM 集成全过程各类业务、管理过程数据，实现建设工程项目数字、实体双空间交付，逐步实现从纸质和扫描电子化向数据化的数字交付的转变，为智慧运营提供数字化信息底座。

（5）项目采用国产 BIM 软件综合设计，施工现场按照 BIM 图纸和模型施工，将项目现场设计变更降为零，管线安装修改降低 80%，基本实现通过 BIM 技术控制住现场的机电管线拆改。利用全过程工程管理平台进行质量、安全、成本和协同管理，合理地进行资源分配调整，项目工期缩短 45 天。

5.6.6 建筑领域低碳化数字化案例——零碳余村综合运营管理平台

1）建设背景

2022 年 10 月，习近平总书记在党的二十大报告中指出，必须牢固树立和践行绿水青山就是金山银山的理念，站在人与自然和谐共生的高度谋划发展。在推进美丽中国建设的同时，要保持生态优先、节约集约、绿色低碳发展的理念。通过完善支持绿色发展的财税、金融、投资、价格政策和标准体系，发展绿色低碳产业，健全资源环境要素市场化配置体系，加快节能降碳先进技术研发和推广应用，倡导绿色消费，推动形成绿色低碳的生产方式和生活方式，从而加快发展方式的绿色转型。

2022 年 7 月，浙江出台全国首个省级财政支持"双碳"政策，提出以数字化改革为引领，支持双碳综合运营管理平台建设，构建碳达峰碳中和数字化治理体系，提升碳达峰碳中和整体智治水平。2000 年起，浙江余村在绿色低碳领域内先后开展多方面工作，持续贯彻"绿水青山就是金山银山"理念。2022 年 9 月，中国建筑科学研究院在浙江余村开展的"中国余村零碳乡村建设规划"通过专家组评审，率先探索余村"两山 + 双碳"举措实质性落地，开展了全要素的碳排放核算和预测，提出了建设零碳余村综合运营管理平台，实现余村的零碳运行，实现"绿水青山"向"碳汇富地"的升级转型。

作为全国首个全域全要素的零碳乡村，余村坚持中国特色、余村模式、零碳典范，在余村全域范围内形成符合乡村实际的碳排放测算和预测模型，探索可面向全国推广的零碳乡村系统解决方案，构建面向多主体生态共富清单，将余村建设成为国内首个全要素零碳乡村样板和零碳乡村生态共富示范样板。

2）数字化低碳化平台建设内容

零碳余村综合运营管理平台面向零碳乡村建设、运行管理过程中的不同参与角色，如镇政府管理部门、余村 280 户居民、来访游客等，提供不同应用场景下的碳核算、分析、激励、交易、价值兑现等服务，并通过配套管理和商业机制，促进游客、居民参与增汇减碳行动，推动形成绿色低碳的生产生活方式。建设以余村为代表的全要素、全场景、全周期的零碳乡村综合运营管理平台，打造零碳乡村模式输出和研学两个产业板块，旨在形成可推广、可复制的零碳乡村发展模式。

平台以"可看、可管、可用"为目标，重点建设三个系统：面向管理部门监督决策的零碳驾驶舱、面向运营团队运营推广的碳管理工作台以及面向群众可互动体验的碳普惠应用。

（1）零碳驾驶舱

零碳驾驶舱是余村对外进行零碳建设成果展示的主要窗口。该系统基于零碳余村全要素数据底座开发，对余村碳排放与碳汇的全景全貌进行数字化表达，实现多种形式的互动展示，如图 5-101 所示。

图 5-101　零碳驾驶舱大屏展示

（2）碳管理工作台

碳管理工作台是余村管理部门与平台运营部门开展日常碳核算、碳规划、碳管控工作的主要工作平台。面向管理部门，系统提供乡镇碳排放核算工具，能够快速完成全域能源活动数据的收集、统计，以及全量碳排放、碳汇的核算与预测管理；同时，系统支持余村重要碳活动数据的搜索、查询、数据输出等，为余村后续制定科学有效的双碳政策和产业发展提供数据支撑；面向平台运营部门，系统提供运行相关数据的录入、调整、配置与优化功能，为平台的长效准确运行提供支撑。该系统汇集了平台基础支撑能力，可灵活调整平台运行逻辑，统计分析碳相关数据，有效减轻运维人员负担，保证零碳余村综合运营管理平台的稳定运营，如图 5-102 所示。

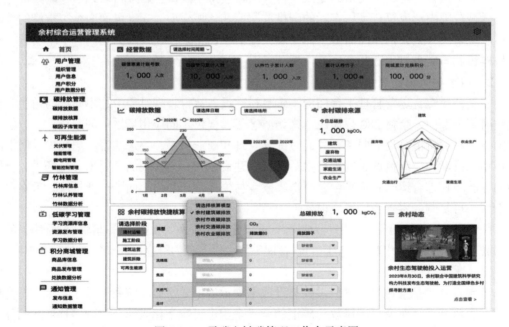

图 5-102　零碳乡村碳管理工作台示意图

（3）碳普惠应用

碳普惠应用是管理部门对居民、游客等主体开展低碳教育，鼓励减碳行为，进行低碳活动互动体验的移动端工具。该系统面向住户、游客，收集碳活动行为，转化碳积分，通过碳积分为用户提供更多的服务与收益，在互动体验中增强人民群众对碳达峰碳中和的理解，培养节能减碳的日常行为习惯，如图 5-103 所示。

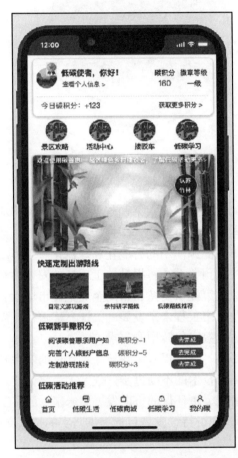

图 5-103 碳普惠小程序应用示意图

5.7 总结与展望

建筑行业正通过数字工程实现转型升级，这得益于 BIM、大数据、物联网、人工智能等关键技术的综合应用。全生命周期数字化管理已在项目规划、设计、施工和运维中得到实施，显著促进了资源配置优化提升了工程效率。两场联动与智慧监管通过信息共享和资源整合，提高了工程项目的管理和执行效率，同时，智能建造与建筑工业化的协同发展，推动了建造过程的自动化和智能化。此外，面对全球气候变化的挑战，数字工程技术在建筑领域的应用促进了低碳化发展，减少了建筑的碳足迹，数字工程的发展路径如图 5-104 所示。

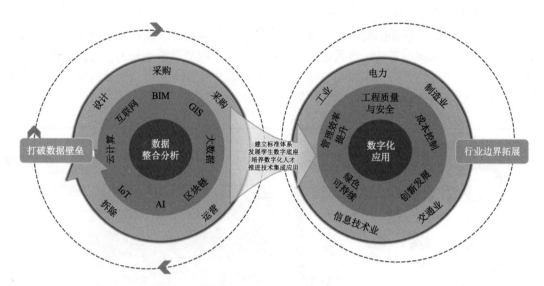

图 5-104　数字工程发展

　　展望未来，数字工程将继续推动建筑行业的创新和发展。采购与供应链的优化将成为数字工程的重点，利用数据分析实现高效的成本控制和资源配置。在能源管理方面，数字工程将与智能电网和可再生能源技术相结合，推动能源使用的智能化和绿色化。工程质量与安全将通过数字工程技术得到加强，实时监控和预警系统将提升施工现场的安全性和工程品质。大数据分析将进一步为项目管理和企业决策提供支持，帮助企业把握市场动态，做出更精准的决策。技术创新和人才培养也将是数字工程未来发展的关键，建筑行业需要不断创新技术，并培养具备数字技能的人才以适应数字化转型的需求。

　　数字工程的实施为建筑行业带来了深远的影响，不仅提升了建筑项目管理的效率和质量，还促进了行业的绿色发展和智能化升级。随着技术的不断进步，数字工程将为建筑行业带来更多创新机遇，推动行业向更高效、更智能、更环保的方向发展。未来，数字工程将继续作为建筑行业转型升级的重要推动力，为实现可持续发展目标提供坚实的技术支撑，开启建筑行业高质量发展的新篇章。

参 考 文 献

[1]　夏奇. 建筑业数字化现状与问题[J]. 施工企业管理, 2022, (12): 46-47.

[2]　王建国. 中国建筑"双碳"路径的科学问题与研究建议[J]. 中国科学基金, 2023, 37(3): 353-359.

[3]　朱永彬, 吴静, 李雨柯. 数字化与低碳化协同的架构体系与路径探析[J]. 科技促进发展, 2023, 19(Z3): 556-566.

[4]　徐伟, 闫雪萌, 李志鹏. 浅析基于 BIM 技术的建筑全生命周期绿色数字化建造[J]. 上海节能, 2021, (12): 1365-1369.

[5]　爱伦, 陆莎, 聂雨晴, 等. 浅析建筑全生命周期的数字化和绿色化管理[J]. 浙江建筑, 2024, 41(2): 78-80.

[6] 姚军, 裘黎红. 建筑行业的数字化、低碳化发展新趋势[J]. 建筑设计管理, 2021, 11(1): 8-17.

[7] 中华人民共和国住房和城乡建设部. 住房和城乡建设部等部门关于推动智能建造与建筑工业化协同发展的指导意见[Z]. 2020.

[8] 马恩成, 夏绪勇. 智能建造与新型建筑工业化[M]. 北京: 中国城市出版社, 2023.

[9] 丁烈云. 数字建筑导论[M]. 北京: 中国建筑工业出版社, 2020.

[10] 尤志嘉, 吴琛, 刘紫薇. 智能建造研究综述[J]. 土木工程与管理学报, 2022, 39(3): 86-91+143.

[11] 甘富森. 智能建造技术对土木工程施工的影响[J]. 中文科技期刊数据库(全文版)工程技术, 2024(2): 53-56.

[12] 王广明. 推动智能建造与新型建筑工业化协同发展的实施路径研究[J]. 住宅产业, 2020(9): 12-15.

[13] 廖玉平. 加快建筑业转型 推动高质量发展——解读《关于推动智能建造与建筑工业化协同发展的指导意见》[J]. 中国勘察设计, 2020(9): 20-21.

[14] 刘占省, 史国梁, 孙佳佳. 数字孪生技术及其在智能建造中的应用[J]. 工业建筑, 2021, 51(3): 184-192.

[15] 袁烽, 胡雨辰. 人机协作与智能建造探索[J]. 建筑学报, 2017(5): 24-29.

[16] 隋少春, 许艾明, 黎小华, 等. 面向航空智能制造的 DT 与 AI 融合应用[J]. 航空学报, 2020, 41(7): 7-17.

[17] 王可飞, 郝蕊, 卢文龙, 等. 智能建造技术在铁路工程建设中的研究与应用[J]. 中国铁路, 2019(11): 45-50.

[18] 李俊波, 王万齐, 沈鹍, 等. 高速铁路建维一体化数据管理与运用方法研究[J]. 中国铁路, 2022: 8.

[19] 张占平. 陕西省建筑市场招投标规范化研究[D]. 西安: 西安理工大学, 2004.

[20] 张航. 建筑施工企业诚信评价体系研究[D]. 武汉: 华中科技大学, 2015.

[21] 以有形市场为桥梁规范建筑市场[J]. 建筑, 1998: 17-18.

[22] 达峻. 建设工程招投标管理的问题与对策[J]. 建设监理, 2002: 47-48.

[23] 王大通, 丁志成, 刘远辉, 等. 广州市诚信综合评价体系研究[J]. 建筑监督检测与造价, 2015: 18-21+27.

[24] 张东钢. 对有形建筑市场与公共资源交易中心的思考[C]. 2012.

[25] 无. 青岛: 建筑业将推行双卡管理[J]. 中国工程建设通讯, 2008: 6-6.

[26] 本刊编辑部. 回首 2008 建筑业[J]. 中国建设信息, 2008: 19-26.

[27] 蒋海琴. 南京打造"三位一体"建筑监管平台[J]. 中国建设信息, 2015: 60-62.

[28] 关于对上海、江苏招标投标监管和建设工程交易中心建设情况的调研报告[J]. 建筑市场与招标投标, 2006: 25-27.

[29] 陈昕. 智慧监管护航转型发展[J]. 中国建设信息化, 2017: 19-21.

第6章 数字城市

6.1 概述

城市，是人口集中、工商业发达、文化和教育设施较为齐全的区域，是政治、经济、文化和社会活动的中心。它通常拥有复杂的基础设施体系，包括交通网络、供水供电、通信系统、住宅区、商业区、工业区以及政府机构等，为居民提供生活、工作、学习和娱乐的环境。

数字城市，是一种综合应用现代信息技术，旨在提升城市管理效率、居民生活质量及城市可持续发展能力的城市发展模式。它是数字地球理念的一个重要组成部分，核心在于利用空间化、网络化、智能化和可视化技术，将城市的各种基础设施、服务和管理活动数字化，实现信息的高效采集、处理、共享与应用。

6.1.1 数字城市发展内涵

1）数字城市的定义

数字城市，狭义而言，依托计算机、多媒体与大容量存储技术，通过宽带网络连接，融合遥感、GPS、GIS及仿真虚拟技术，对城市进行多维、多尺度、跨时空的三维建模。此过程利用信息技术，将城市的全方位信息在过去、现在与未来的状态，虚拟数字化并网络化呈现[1]。

数字城市，广义上指城市的信息化。在健全完善信息基础设施和空间基础设施的基础上，建立各种专题应用系统，旨在运用数字技术对城市进行全方位处理、分析及管理，确保城市管理高效协同。此概念体现了通过现代信息技术综合城市社会经济信息，促成信息资源的广泛共享与高效服务的理念[2]。

2）数字城市的内涵

数字城市有以下特点：

①信息全面数字化。城市的各种物理和社会经济信息被转换为数字格式，便于存储、处理和交流。

②智能化管理。通过智能系统自动监控和管理城市运行，如交通流量控制、能源分配优化等。

③公共服务优化。利用数字技术提供更加高效、便捷的公共服务，比如电子政务、智能公交系统、在线教育资源等。

④决策支持。为政府和企业决策提供基于数据的洞察和预测，帮助制定更加科学合理的政策和发展策略。

⑤公众参与。拓展市民参与城市治理的渠道，通过数字平台收集意见和建议，提升居民满意度。

数字城市从宏观、中观和微观三个层面打通了城市全域数据，全面赋能城市治理数字化。

宏观层面，数字城市聚焦城市整体态势和趋势，细分各项城市运行体征指标，形成全域覆盖的城市运行泛感知神经元体系。依托广泛分布在城市中的物联终端，结合模型算法，采集城市运行的实时动态数据，预警城市问题，及时处置城市居民反映的问题和诉求。

中观层面，数字城市聚焦城市管理部门和各级行政单位，助力城市运行管理系统多维度、全覆盖管理。通过运用阈值、颜色、闭环等多种管理方式，进一步强化问题感知和态势分析能力，实时、智能、精准地感知城市"心跳"和"脉搏"。

微观层面，数字城市聚焦不同的管理单元，通过各种物联传感设备，结合智能算法，精准判断定位问题，实时调看物联感知设备、建筑物等静态资源，对接实时数据，实时监测是否有异常情况，着力打通城市治理的"最后一公里"。

数字城市通过集成地理信息系统（GIS）、全球定位系统（GPS）、遥感技术（RS）、物联网（IoT）、大数据、云计算等信息技术手段，对城市地理空间信息、社会经济信息、生态环境信息等进行全面、准确、实时的采集、存储、处理、分析和展示。

打造新型城市基础设施，建设城市生命线感知监测网，完善城管基础设施管理，基于多源大数据完成对城市的动态监测，以支持城市规划、建设、管理和服务的各个领域，达到资源优化配置、环境和谐共生、公共安全强化、城市管理精细化的"一网统管"目标，即建设数字城市的内涵。

6.1.2 数字城市发展路径

1）重点工作

统筹规划、建设、管理三大环节，围绕实施城市更新行动，加大新型城市基础设施建设力度，实施城市基础设施智能化建设行动，加快城市基础设施生命线安全工程建设，推动城市运行管理"一网统管"，推进城市运行智慧化、韧性化，打造宜居、韧性、智慧城市。主要工作有：

（1）加快新型城市基础设施建设

推动新一代信息技术与城市基础设施建设深度融合，构建智能高效的新型城市基础设施体系。推进泛在先进的智慧道路基础设施建设，开展车城协同综合场景示范应用，推动智慧城市基础设施与智能（网联）汽车协同发展。建成一批以新型城市基础设施建设打造韧性城市的示范城市。

（2）实施智能化市政基础设施建设和改造

深入开展市政基础设施普查。在城市运行管理服务平台上搭建城市生命线安全工程监测系统。加快建设建筑垃圾全过程管理信息化平台，推进生活垃圾、建筑垃圾智能化管理。开展城市园林绿化资源普查，加强城市绿地、城市湿地智慧监测，提升城市公园、古树名木数字化管理水平。

（3）推动城市体检和更新行动数据赋能

坚持城市体检先行，城市体检与城市更新联动，建设部、省、市三级城市体检信息平台并实现互联互通，建设城市体检数据库。稳步实施城市更新行动，系统推进"城市病"治理。加快建设城镇房屋建筑综合管理平台体系，防范化解房屋安全风险。

（4）加强城市历史文化遗产保护传承数字化应用

运用信息化技术手段开展历史文化资源普查调查，建立数字化历史文化名城、历史文化街区、历史建筑动态监测和评估机制，研发城乡历史文化遗产动态监测平台，及时发现、处理各类破坏历史文化遗产的行为。推进历史文化街区、历史建筑保护利用数字化审批，加快建设国家、省、市（县）三级城乡历史文化遗产保护利用监管平台体系，实现互联互通、动态监管。

（5）推进城市运行管理"一网统管"

推动城市管理手段、管理模式、管理理念创新。加快现有信息化系统迭代升级，搭建城市运行管理服务平台，加强对城市运行管理服务状况的实时监测、动态分析、统筹协调、指挥监督和综合评价，推进城市运行管理"一网统管"。加快构建国家、省、市三级城市运行管理服务平台体系，实现信息共享、分级监管、协同联动。

2）数字城市的价值

（1）推动构建城市运行管理新形态

数字信息化技术的快速发展从技术层面改变了城市形态和能力，数字城市正从概念加速走向建设实施。在数字城市中加速应用物联感知、BIM、CIM 等技术，将成为赋能城市万物互联、数据驱动、实时监控、智能调度的核心抓手。

（2）提升完善民生服务质量

数字信息化技术打破了时空界限，给城市居民生活领域带来了革命性变革，在线化、协同化、无接触为特点的城市生活应用场景不断更新迭代。城市管理部门运用大数据深度挖掘和智能分析，精准发现城市居民的多元化服务需求，精细管理服务过程，保障服务质量、提高服务实效。秉承精致服务的理念，是贯彻民生服务全过程的重要体现。

（3）创新社会治理新模式

数字城市中的居民有更多的信息渠道，参与到公共事务、社会治理的互动探讨中，提高居民参与社会治理的自觉性、自主性，推动建设共治共享的平台，逐步形成政府、企业、社会组织和居民协同共治新模式，创新社会治理路径。

（4）催生科技创新新范式

城市拥有丰富的数字应用场景，以数字城市对信息化、智能化、数字化的需求为牵引，推动数字技术的快速发展和广泛渗透，为前沿技术、颠覆性技术突破提供丰富的工具和手段。数字技术与其他技术领域的融合创新，将驱动科技进步和经济社会发展，推动城市数字化转型，实现城市高质量发展。

（5）打造经济发展新动能

在数字城市应用场景运行过程中，不断沉淀更新数据，形成海量的数据资源。一方面通过推动数据的有序流通，实现高效配置，释放数据价值；另一方面用数据赋能场景构建，推动对传统经济体系进行改造重构，催生新产业、新业态、新模式。

6.2　城市基础设施的智能化升级

6.2.1　新型城市基础设施总体框架和基础平台体系

2020 年，住房和城乡建设部联合中央网信办、科技部、工业和信息化部等部门印发《关于加快推进新型城市基础设施建设的指导意见》（建改发〔2020〕73号），要求加快推进基于信息化、数字化、智能化的新型城市基础设施建设。同年，住房和城乡建设部选定了重庆、太原、南京等十几个城市开展智能化市政基础设施建设和改造、城市运行管理平台等"新城建"试点工作，选定承德、长春、海宁、湖州、绍兴、芜湖等城市开展城镇供水、排水、燃气、热力等市政基础设施升级改造和智能化管理"新城建"专项试点。此外，苏州、广州等城市也结合工作实际，利用新一代信息化技术优化数据采集与分析，在城市排水智能化方面进行探索，强化管网运营维护的智慧化水平。

"新城建"强调以城市基础设施数字化、网络化、智能化建设和更新改造为抓手，推动新技术、新模式、新产业、新业态与城市规划建设管理深度融合，提升城市承载力和管理服务水平，释放我国城市发展的潜力，培育新的经济增长点，充分发挥城市建设撬动内需的重要支点作用，构建新发展格局，使城市更健康、更安全、更宜居。

在新时代背景下，"新城建"加速构建全方位、立体化的新型城市基础设施体系，赋能城市治理现代化，已成为增强城市综合竞争力、推动经济社会高质量发展的重要途径，和推进新型城镇化、实现城市治理体系和治理能力现代化的战略选择，对于提升城市品质、增进民生福祉、推动经济社会可持续发展具有重大意义。

新型城市基础设施建设是一项系统性工程，以信息平台为引领，以智能设施为基础，以智慧应用场景为实践，通过深度融合新一代信息技术，构建智能高效、韧性适应、可持续发展的新型城市基础设施体系，形成"三位一体"的建设格局，为人民创造更美好的城市生活，为经济社会高质量发展注入强大动能。新型城市基础设施总体框架如图6-1所示。

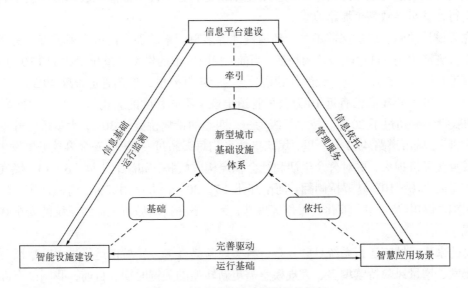

图6-1 新型城市基础设施总体框架

（1）以信息平台建设为牵引。信息平台是城市基础设施建设数字化、网络化的中枢神经，实现城市数据资源汇聚、共享、分析、决策的基础支撑。通过建设城市级大数据中心、云计算平台、物联网平台等信息基础设施，形成统一、开放、共享的城市数据服务体系，为数字城市建设提供强大的数据支撑和计算能力。通过统一的数据标准与接口，打破信息孤岛，提升城市治理的协同效率与科学决策水平。强化信息安全防护体系建设，确保信息平台的安全稳定运行，实现城市运行状态的实时监测、跨部门数据共享、决策支持与响应智能化。

（2）以智能设施建设为基础。智能设施是城市基础设施建设向智能化、自动化转型升级的关键载体，通过在城市基础设施中应用物联网、5G、区块链等技术，实现对城市关键领域的实时监测与精准管理。推动基础设施的互联互通，提升设施运行效率与服务质量。引入无人化、自动化技术，提高城市管理的智能化水平。推动智能设施与信息平台的无缝对接，实现设施状态实时监控、故障预警、远程调控等功能，提升设施运维效率。

（3）以智慧应用场景为依托。智慧应用场景是城市基础设施建设数字化、智能化价值的具体体现，是满足人民群众美好生活需要的重要途径。围绕政务服务、公共安全等领域，打造一批具有示范效应的应用场景，完成城市生命线智能化升级，推进城管基础设施数字化转型，促进智慧城市与智能网联汽车协同发展，让市民切身感受到数字化带来的便利与优质服务。同时，通过用户反馈与数据分析，持续优化应用场景，推动新型城市基础设施的迭代升级。

6.2.2 城市生命线安全工程智能化升级

1）现状与问题

城市生命线是指城市燃气、桥梁、供水、排水等与城市功能和民众生活密不可分的城市基础设施，具有公共性高、涉及面广、关联性强的特点，是确保城市居民生活正常运转、维系现代城市功能与区域经济功能的重要基础设施，任何环节故障或破坏都可能影响整个城市运行，甚至导致整个城市瘫痪。

先天设计缺陷、维护保养不力、环境侵蚀等多重因素叠加，使得许多城市的基础设施呈现出抗灾能力弱、自愈能力差的特征。当前，我国城市的供水管道长度达 110.30 万公里，排水管道长度 91.35 万公里，天然气管道长度 98.04 万公里，供热管道长度 49.34 万公里，初步统计，2020 年年底已有近 10 万公里管道出现了不同程度的老化[①]。109.2 万座桥梁中，40%的服役年龄超过了 20 年，技术等级为三、四类的带病桥梁达 30%，大量桥梁开始出现各种病害[②]。城市道路 49.3 万公里，塌陷事故平均每天超过一起[3]。安全事故频繁发生，不仅造成直接经济损失，更对公众生活和社会稳定构成威胁，如湖北十堰"6·13"燃气管道爆炸、无锡"10·10"高架桥侧翻、河南郑州"7·20"特大暴雨灾害、青海西宁"1·13"路面塌陷、银川"6·21"液化气爆炸等事件，无一不在揭示城市生命线系统的安全状况不容乐观。

总的来看，城市运行系统日益复杂，各类风险易发多发，城市运行进入存量风险隐患加速爆发、增量风险持续增多、大规模急需更新转型的关键时期。目前，我国已有部分城市着手加强生命线安全措施建设，但由于监测设备不足、信息化平台缺失，整体安全防护效能仍处于较低水平。因此，强化城市生命线智能化升级，构建全方位、立体化的监测预警体系与高效能的联动处置平台，成为提升城市安全保障能力、实现城市可持续发展的必然选择。

①数据来源：住房和城乡建设部.
②数据来源：交通运输部、国家铁路局、中国民用航空局、国家邮政局.

2）建设内容

按照统筹规划、顶层设计、资源共享、集约建设的总体建设原则，"点、线、面"相结合方式进行成果应用扩展，打造城市生命线工程公共基础设施安全运行综合支撑平台，实现3个"统一"（统一标准、统一监管、统一服务）、4个"全面"（全面感知、全面接入、全面监控、全面预警）、5个"落地"（风险可视化、监管规范化、运行透明化、管理精细化、保障主动化）的建设目标。优先实现城市老城区、高危地段、具有民生保障工程和敏感区域的地下管网和桥梁等城市生命线工程，实现安全运行实时在线监测、风险隐患及时发现，提升城市生命线工程安全运行管理水平和服务水平，提高城市主动式安全保障能力。

（1）城市生命线运行体征的智能化升级

城市生命线的运行体征能够全面支撑城市开展风险评估工作，支持算法模型精准开展类似燃气泄漏进入地下相邻空间发生燃爆、供水管网漏损爆管引发路面塌陷、桥梁结构受损坍塌引发城市交通瘫痪、暴雨引发的城市内涝等风险的精准辨识，分析这些事故发生的可能性及由此导致的人员、财产等方面的损失，确定风险等级，形成风险工程清单，为后续开展风险处置、风险监测布点以及完善应急预案、开展应急演练等安全管理重要工作建立基础。

基于城市生命线运行体征，开展城市生命线运行状态评估，生成城市风险一张图，动态更新城市风险状况，实时掌控城市病态，为城市管理者提供决策支撑。

（2）建设智能感知体系

在宏观层面，城市生命线智能化升级要聚焦城市生命线的整体态势和运行趋势，汇聚城市生命线关键运行体征，形成全域覆盖的城市生命线运行泛感知神经元体系，通过指标数据实时感知聆听城市生命线"呼吸"和"心跳"。在中观层面，以城市政府和相关管理部门的需求为导向完善智能感知体系，横向联通、纵向贯通，推动城市生命线运行体征数据在各级城市运管服平台汇流、共享，助力"高效处置一件事"，推动事件能快速得到处置。在微观层面，城市生命线融通不同管理单元，是夯实城市治理基层基础，打通城市治理体系"最后一公里"的关键一环。

①桥梁

对桥梁本身和影响桥梁安全的外部荷载、气象环境进行监测，监测指标包括倾角、位移、裂缝、应变、加速度、挠度等。

②燃气

对燃气管网进行压力、流量监测，对燃气厂站进行视频监控、可燃气体浓度监测，对第三方施工进行视频监控、声波振动监测，对燃气管网相邻地下空间进行可燃气体浓度监测，对用气餐饮场所进行可燃气体浓度监测。

③供水

对自来水厂、增压泵房、居民住宅二次供水泵房及重点用户进行流量、压力、水质监测，对配水管网进行流量、压力、漏损声波、水质监测，对原水管网进行漏损声波监测，对市政消火栓进行流量、压力监测。

④排水

对排水防涝设施、易淹易涝点及重要保障对象的积淹水状况进行监测，对雨水管网及其附属设施进行雨量、液位、流量、井盖位移监测以及视频监控，对污水管网及设施进行流量、液位、水质、可燃气体浓度、井盖位移监测。

⑤供热

对供热管网进行流量、压力监测，对管网和土壤进行温度监测，对井室进行温度、液位监测。

⑥综合管廊

对管廊本体进行垂直位移、水平位移监测，对燃气、供水、排水、供热等入廊管线进行监测，对廊内环境进行温度、湿度、氧气浓度、硫化氢浓度、甲烷浓度、水位监测。

（3）建设城市生命线平台

从城市运行保障的角度出发，聚焦城市生命线建设和运行的重大安全风险，围绕源头治理、运行安全、城市韧性、群众获得感 4 个维度，利用物联网、云计算、大数据、大模型、BIM/GIS 等信息技术，建立城市生命线安全监测物联网 + 平台服务体系，透彻感知城市运行状况，实现区域内城市生命线工程的全面感知、全面接入、全面监控、全面预警，提升城市生命线工程安全风险防控能力，提高城市安全主动保障能力。系统的总体架构见图 6-2。

图 6-2　系统总体架构

①前端感知层。是指分布在城市区域的监测数据的采集，包括桥梁、燃气、排水、供水等各类安全专项的数据采集，接入气象、视频、地质、人口密度等数据，同时通过指挥调度系统获取灾害现场的实时情况，如画面、声音等。

②网络传输层。建设前端物联网感知传输网络及信息交换共享传输网络。前端物联网感知传输网络包括桥梁、燃气、排水、供水等专项，前端物联网感知传输网络采用 GPRS、4G/5G、NB-IOT、现场总线、互联网有线与互联网专线方式，实现前端传感器采集的数据回传到政务云中心端；气象、人口密度、公安视频等政府监管部门信息系统数据采用政务外网接入城市数据资源共享平台；企业信息系统数据通过互联网专线接入政务云中心端；

指挥调度系统传输网络通过卫星通信传输。

③大数据服务层。大数据服务层包括数据库、物联网数据采集平台、数据工程系统、计算与存储系统、应用支撑系统。整个系统中物联网数据资源通过数据采集平台进入系统，城市数据资源共享平台的相关业务部门结构化数据通过数据接口进入业务数据库，经过系统的处理，对外提供数据检索、模型算法及统计分析服务。

④应用软件层。在大数据服务层基础上，实现各管理单元的安全专项应用和综合应用。安全专项应用包括桥梁安全专项、燃气安全专项、排水安全专项、供水安全专项等；综合应用系统包括城市安全运行一张图、综合风险评估、城市运行安全态势感知、综合分析研判、城市协同应急指挥、公众服务。

⑤前端展示层。以大屏、桌面端、移动端形式对应用系统进行展示。

（4）建设城市生命线智能化场景

聚焦城市燃气、桥梁、供水、排水、热力、综合管廊等城市基础设施运行状况，重点对燃气安全、桥梁坍塌、防洪排涝、管网漏损等风险隐患开展运行监测，及时评估分析城市相关设备设施运行是否安全、运转荷载是否健康不超负荷、服务是否及时高效，及时预测预警城市问题或事件，并结合区域情况提出解决城市问题的决策建议、联动城市事件的处置建议。安全专项系统主要有：

①桥梁安全专项

通过在桥梁前端布设多种类型监测设备，耦合物联网、大数据、GIS、BIM 建模等技术，对桥梁温度、应变、拉线位移、静态挠度、倾角、加速度、风速风向的实时在线监测，并利用对比分析、关联分析、模态分析、频谱分析等功能，监测预警桥梁健康运行状态，关联耦合视频监测、超载监测统计分析功能，对超载车辆车重、类型、通过时段、来源地等进行抓拍与统计分析，为桥梁运营管理单位提供桥梁运行健康状态、特殊气象条件、桥梁超载监察等事件的数据支撑，辅助制定桥梁日常运营管理、巡检养护决策及建议。

②燃气安全专项

通过安装在前端的可燃气体监测仪，耦合物联网、大数据、GIS、BIM 建模等技术，实时监测燃气管网及其相邻地下空间可燃气体浓度，同时集成溯源分析、扩散分析、爆炸模拟等模型算法，评估地下空间可燃气体泄漏、聚集、爆炸风险，形成泄漏地段的快速风险预警，为燃气管线及其相邻地下空间可燃气体泄漏、聚集抢修提供决策分析与技术支持，为燃气集团等权属单位日常运营管理、燃气管线巡检养护、特殊事件应急疏散提供咨询建议服务。

③供水安全专项

通过在供水管网关键位置部署安装流量计、高频压力机、漏失在线监测仪、应力监测仪等感知设备，建立供水管网多层次、全方位的智能感知网络，实时监测供水管网运行状态，对漏损在线报警及漏点定位、水锤预警、爆管预警、次生灾害风险进行综合分析，评估关阀、停水、开挖抢修处置的影响范围及程度，为供水权属单位提供日常运行管理、巡检养护等提供数据支撑及决策建议，提升供水管网的运行管理水平和服务水平。

④排水安全专项

综合运用 MIS、GIS、BIM 等技术，构建一套以物联网、云计算、大数据为支撑，集在线监测、风险评估、预警分析、辅助决策、设施管理、防汛调度、日常办公等于一体的排水安全运行系统。在排水设施管理控制方面，实现"水质""水量""水位"的实时监测，排水系统安全可控，运行调度科学合理；在城市公共安全方面，实现排水管网、泵站及污水处理厂等排水设施运行风险早期预警，安全事件影响分析和综合研判，突发事件、次生衍生灾害应急辅助决策支持。

⑤热力安全专项

通过部署安装感知设备实时采集管网运行数据，耦合物联网、大数据和BIM/GIS等技术，实现热力管网风险态势分布、管网泄漏在线报警及漏点定位分析、水锤预警分析、爆管预警分析、路面塌陷预警分析、次生灾害风险分析，以及爆管或路面塌陷等事故发生后的停热、开挖抢修、影响范围等辅助决策分析和技术支持，为供热权属单位提供日常运营管理、巡检养护等咨询建议。

⑥综合管廊安全专项

通过布设压力计、流量计、漏失监测仪、气体浓度监测仪、液位计、淤泥厚度监测仪、压力计、局部放电监测仪等多种前端物联监测设备，动态感知入廊管线的运行状态，联动廊内视频、廊内环控和廊内设备，实时掌握廊体结构、廊内空气质量和廊内设备运行情况，综合研判分析因压力管网漏损、燃气泄漏、电缆破损等现象以及对管廊造成的廊内水灾、火灾、爆炸等事故的影响后果，并及时开展处置，有效避免或降低事故给地下综合管廊带来的人员伤亡和经济损失。

3）建设成效

通过汇聚城市生命线安全工程建设、安全运行、安全风险、隐患管控现状、监测预警等数据，做到城市安全运行底数"清"、态势"明"，辅助城市管理领导及业务人员直观掌握事故现场周遭环境，精确判断事故真实状况，从而科学高效地指导应急响应与处置工作。

（1）提升城市安全韧性与预防能力

通过全面升级和智能化改造桥梁、燃气、供水、排水等城市生命线基础设施，能够对潜在风险进行实时监测，迅速识别燃气泄漏、水质污染、桥梁应力变化或排水供水管网淤堵、爆管等异常运行，积极采取处置措施，及时消除城市安全各种风险隐患，实现公共安全突发事件"从事后调查处置向事前事中预警、从被动应对向主动防控"的根本性转变，提高城市对自然灾害和人为事故抵御能力，提升城市整体的韧性和居民的安全感。

（2）优化城市管理与资源配置

借助物联网、大数据分析和云计算技术，对海量城市生命线运行数据进行综合分析，预测分析桥梁、燃气、供水、排水等设施未来发展态势和趋势，及早预测需要优先维修或更换的设施，辅助相关决策者制定科学、高效的维护计划和资源配置策略，从而合理安排预算和人力资源，避免资源浪费。

（3）增强应急响应与事故处理能力

一旦发生紧急情况，相关智能监测系统将立即触发报警，快速响应并精准定位问题，城市管理相关人员可以基于实时监测数据，及时掌握事件发展情况及态势，调度最近的救援资源，缩短响应时间，有效控制灾害扩散，最大限度减少损失。此外，通过模拟演练和历史案例分析，还能不断优化应急预案，提升应急管理水平。

（4）增强公众参与透明度

通过移动应用、官方网站、热线服务等渠道，公众能够实时了解城市基础设施的运行状态，可以直接参与到城市安全监督工作，提高公众的安全意识和满意度，促进政府与民众间的沟通合作，为构建全民参与的城市安全管理新模式打下基础。

（5）促进经济社会可持续发展

城市生命线安全工程不仅关乎民生安全，也是城市高质量发展的基石。安全可靠的基础设施服务增强了民众信心，吸引更多投资，促进商业繁荣。同时，城市生命线安全工程的实施也会推动技术创新和产业升级，带动相关产业（如智能安防、大数据分析等）领域的发展，创造新的经济增长点，对于建设宜居城市、提升民众生活质量、实现社会和谐具有重要价值。

6.2.3 城管基础设施数字化转型

1）现状与问题

随着科技的不断发展，城管基础设施的数字化转型已成为提升城市品质和竞争力的重要手段。市政公用设施数字化、市容环卫设施数字化以及园林绿化设施数字化，构成了当前城管基础设施数字化转型的核心内容。

（1）市政公用设施数字化

当前我国城镇化率已经达到65.22%，城市发展进入城市更新期，这一时期，城市大规模、高速度发展过程中积累的矛盾和问题日益突出。城市地下管线、燃气、排水等部分市政公用基础设施"先天不足"，建成时间早、设计标准低、长期高负荷运行，集中进入老化期；一些老旧设施更新缓慢，存在"带病"作业问题；燃气、排水等地下管网运行管理缺乏有效统筹；一些超特大城市和处于自然灾害高风险区城市，基础设施运行风险易发多发。同时，停车难问题日益凸显，成为制约城市发展的瓶颈之一，为了解决这一问题，国家和地方政府出台了一系列政策，鼓励发展智能停车系统，推动城市停车设施的数字化转型。

（2）市容环卫设施数字化

在积极响应国家绿色发展和智慧城市建设号召的背景下，市容环卫设施的数字化转型步伐正在加快。通过引入先进的物联网、大数据和人工智能技术，市容环卫领域正迎来一场深刻的技术变革。通过图像识别、自动称重等技术手段，实现了对垃圾种类的高效识别和分类。这不仅大大减轻了环卫工人的工作负担，还提高了垃圾处理的效率和精度。同时，自动化清洁设备如无人驾驶清扫车、智能清扫机器人等也逐渐应用于城市街道的清洁工作。这些设备可以自主规划清洁路线，进行全天候的清扫作业，极大地提升了清洁效率和质量。

（3）园林绿化设施数字化

在国家大力倡导生态文明建设的政策指引下，园林绿化设施的数字化转型正逐步成为提升城市生态环境质量的重要手段。通过引入数字化技术，园林绿化设施的管理和维护工作正逐步实现现代化和精细化。通过土壤湿度传感器、气象数据等信息的实时监测和分析，精准地控制灌溉水量和时间，实现节水灌溉的目标。这不仅避免了水资源的浪费，还保证了植物的健康生长。通过应用无人机巡查、图像识别等技术手段，可以实现对园林植物病虫害的及时发现和有效处理。这有助于降低病虫害对园林植物的危害，保持园林绿地的美观和生态功能。通过集成物联网、大数据等技术，实现对园林绿地的全面监控和管理。这包括对绿地植物的生长状况、环境条件的实时监测，以及对绿化工程进展情况的远程掌控等。这些功能的实现，极大地提高了园林绿化管理的效率和质量。

城管基础设施的数字化转型是一个复杂而系统的工程，需要政府、企业和社会各界的共同努力和协作。通过不断优化政策环境、加大技术研发和人才培养力度，可以有效应对数字化转型过程中的各种挑战，推动城管基础设施向更安全、更高效、更环保的方向发展。

2）建设内容

在当今快速发展的信息技术时代，数字城市的建设已成为推动城市现代化、提升城市管理水平和居民生活质量的重要途径。随着物联网、大数据、云计算、人工智能等前沿技术的不断进步和深入应用，数字城市的构建正在逐步实现，为城市带来了革命性的变化。特别是在市政公用设施数字化、市容环卫设施数字化以及园林绿化设施数字化等方面，一系列创新举措和建设内容正逐步展开，旨在打造更加安全、高效、绿色、便捷的城市环境。这些建设内容不仅对城市当前的发展具有重要意义，更对城市未来的可持续发展具有深远的影响。

（1）市政公用设施数字化

市政公用设施的数字化转型是提升城市管理效率和确保设施安全的重要手段。为顺应国家强化部门监管政策形势和基层部门监管的履职需求，在城管设施数字化转型的进程中，我们要充分利用先进的信息技术手段，紧密结合基层部门监管履职需要，推进市政公用设施的数字化建设。本小节结合各地实践经验，深入剖析市政公用设施在多个领域内的数字化建设内容。

在地下管线方面，北京市搭建政府、企业、社会共同参与的地下管线防护平台，"让工程知管线，让管线知工程"，从源头上杜绝施工破坏地下管线事故。为防止施工破坏地下管线，保障地下管线平稳运行和施工作业顺利实施，依照北京市防范施工破坏地下管线工作要求，在施工作业开始前，建设单位应登录"北京市地下管线防护系统"发布工程信息，主动联系相关地下管线权属单位，与地下管线权属单位建立管线防护对接配合，并做好在系统内的后续操作，构建多跨协同的城市地下管线运行管理"一网统管"模式。

在燃气方面，武汉市以"一立四建破五题"为基准，打造"智慧应用+闭环管理"为一体的"武汉模式"，实现燃气"企业自管、政府监管、一网统管"。针对隐患排查不全不深、瓶装气多小散乱难管、事故应急不快不专、燃气管网难守难护、燃气服务不优不捷、考核抓手不牢、指挥棒作用未有力体现等燃气监管工作主要症结与难点，武汉市2023年组织开展智慧燃气安全监管总平台建设，开发燃气一张图、综合检查、隐患管理、管道气监管、瓶装气监管、车用气监管、应急处置、工程管理、器具管理、燃气服务、数据研判、宣传教育共12个业务模块，建立企业、设施、用户数据库，目前已采集燃气企业72家，燃气场站556座，燃气用户493万，燃气钢瓶201万，实现各类检查近40万次，发现整改问题7万余个，实现隐患排查治理、行政检查执法、瓶装气全流程监管等工作信息化闭环管理。

在排水方面，西安市围绕气象监测预警信息和城市防汛重点部位进行建设，主要包括水位监测模块、视频监测模块、水雨情预警模块、防汛积水管理模块、内涝点统计分析模块、内涝指挥调度模块、内涝移动端应用及城市内涝一张图等，从汛前、汛中、汛后多阶段、全方位织好防汛应急网，让防汛更"智慧"。

在停车方面，杭州市率先搭建全国首个城市级停车系统，围绕"管理、服务、付费、决策、运营"五位一体的总体布局，实现全市停车资源的统一接入、动态发布和综合利用，助力破解停车难问题。一是首次摸清全市泊位资源现状，并按照"应接尽接、可接尽接"原则，实时归集全市停车场库数据，打破停车场库之间的"信息孤岛"，为市民提供"全市一个停车场"的体验。依托城市智慧停车平台，以停车作为流量入口，以车位新型基础设施为重要拓展方向，将停车场景贯穿消费场景全周期，为大数据平台提供车流、车辆数据基础，用完善的市场数据来精准规划停车产业的管理和经营，并对大数据进行价值挖取与利用整合，为进一步的商业开发奠定基础，以智慧停车助力城市数字经济的发展。

（2）市容环卫设施数字化

推进市容环卫设施数字化改造和管理，充分运用数字技术加强对环卫设施规划建设和运营管理、环卫道路清扫保洁，以及生活垃圾分类投放、收集、运输、处理的运行监测和管理监督。加快建设建筑垃圾全过程管理信息化平台，推进生活垃圾建筑垃圾信息化管理。

例如，徐州市通过整合环卫市场化保洁监管平台，拓展建设环卫人员和车辆监督、作业考核、垃圾分类监督考核、环卫设施监管、固废管理案件一站式处理、固废作业质量现场稽查管理等系统，打通各业务环节数据的线上流转，完善徐州环卫固废全业务的信息化管理，打造形成"亮点突出、功能全面、高效实用、技术先进"的环卫固废一体化综合监管平台，建立全市固体废弃物综合管理体系，全面提升徐州固废监管水平。

（3）园林绿化设施数字化

推进园林绿化设施数字化改造和管理，开展城市园林绿化资源普查，加强城市绿地、城市湿地智慧监测，提升城市公园、古树名木数字化管理水平。

例如，漳州市按照感知、分析、服务、指挥、监察"五位一体"的建设思路，构建了"一云、一库、一网、一平台、多应用"的智慧城管平台，同时针对古树名木的管理养护建设了专项应用系统。实现古树养护的信息化全面支撑，积极推进古树名木智慧化应用，提高养护的整体效能。通过数字化手段，可以实现对城市园林绿化资源的全面监测和精细管理，提升城市绿地、城市湿地的智慧监测能力，从而为市民创造更美好、更智慧的公共空间。

3）建设成效

推进城管基础设施数字化建设，将带来多方面的积极影响，不仅能够提高城市的运行效率和安全性，还能够提升市民的生活质量，促进经济和产业的发展，实现城市的可持续发展。

提高城市管理效率。市政公用、市容环卫、园林绿化等设施的数字化建设将提高城市管理的效率和质量。城市地下管线、燃气、排水等市政公用基础设施数字化将有效提高城市安全运行水平。城市停车设施的数字化将有效缓解城市停车难的问题。一体化智慧停车平台的建立将整合城市停车资源，提供车位查询、预订、导航和缴费等一体化服务，简化停车流程，提升车位利用率，减少交通拥堵。通过运用数字技术，可以实现环卫设施的规划建设、运营管理以及生活垃圾的处理更加高效和环保。园林绿化资源的数字化管理将提升城市绿地和湿地的监测水平，更好地保护城市生态资源。

提高市民生活质量。城管基础设施数字化建设将直接提升市民的生活质量。通过数字化管理，市民将享受到更加便捷、安全、舒适的城市生活环境。

提高数据驱动决策能力。城管基础设施数字化建设中收集的大量数据将为城市管理提供强大的数据支持。通过对这些数据的分析和挖掘，城市管理者可以更加科学地制定政策，优化资源配置，提高决策的效率和效果。

6.2.4　智慧城市与智能网联汽车协同发展

智慧城市建设和智能网联汽车发展逐渐成为城市规划建设的重要部分，智能网联汽车与智慧城市基础设施协同发展成为汽车产业转型与智慧城市建设的重要趋势。党的二十大报告提出，要坚持系统观念和系统思维。从这个角度来看，我国汽车产业发展正在经历两个系统性工程（图 6-3）。第一个是目前讨论较多的新能源汽车发展的上半场，主要以电动化为代表。当电动汽车进入规模化发展阶段后，要解决好汽车与新能源协同发展的问题，要把汽车与智能电网、水电、风电、光伏、储能加氢等一系列的新能源体系或者新电力体系有机结合起来，汽车与能源成为有机的结合体，这是我国汽车产业发展面临的第一个系统性工程。当新能源汽车发展进入下半场，汽车产业变革将以智能化为主，此时将经历第二个系统性工程，汽车与城市、道路、交通、能源深度融合发展，通过汇聚不同领域的优势，打造一套新的技术和产业系统，这就是双智协同发展的本质内涵。

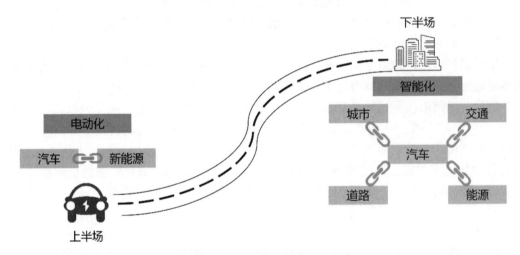

图 6-3　我国汽车产业发展两个系统性工程

（资料来源：中国电动汽车百人会）

1）现状与问题

继国家"十四五"规划纲要提出"数字中国"的顶层目标后，住房和城乡建设部、工业和信息化部积极贯彻落实中央部署，2020 年 12 月启动智慧城市基础设施与智能网联汽车（简称双智）协同发展试点工作。2021 年 4 月和 12 月，分批确定北京、上海、广州、武汉、长沙、无锡 6 个城市为第一批试点城市，重庆、深圳、厦门、南京、济南、成都、合肥、沧州、芜湖、淄博 10 个城市为第二批试点城市。各地试点期加速探索双智协同发展的最佳路径，布局引导相关产业落地。目前，第一批试点城市已于 2023 年 5 月顺利通过双智试点评审验收，圆满完成试点建设任务，第二批试点城市将于今年迎来总结评估。

各地政府以"政府引导、需求牵引、统建共用、分类建设"为原则，根据城市产业特色，制定试点任务和重点项目，加快推进智能化基础设施、新型网络基础设施、"车城网"

平台、示范应用场景建设，逐步完善管理规定和技术标准，持续探索车路协同发展的投资运营新模式，不仅推进了本地区数字化基础设施的建设进程，也为群众出行、交通管理和城市管理探索了新路径。

（1）建成全球规模最大的智能网联新型基础设施

试点城市明确定义了服务智能网联汽车应用的感知、信息、算力、定位等新型智能化基础设施类型，按照"全域推进＋分级建设""利旧复用""多杆合一"等方式开展，经过2年试点，形成了世界领先的5G与CV2X网络规模化覆盖，共完成约3000个路口改造，累计安装10000余套各类路侧设施，完成约50万个5G基站建设等。

（2）探索搭建实时感知的"车城网"平台

试点城市建成了架构完善的区域级"车城网"平台，连接和处理城市道路、交通、汽车等多维度、多层次的动静态数据，开发不同的功能模块，实现平台、汽车、道路和城市的有机对接。

（3）打造国内一流的应用场景集群

试点城市以"需求引领、应用驱动、设施先行"为原则，以自动驾驶监管能力建设和测试里程为基础，推动自动驾驶应用落地。各地推进面向汽车、交通、城市的"车路城"协同应用，打造自动驾驶出租车、小巴、物流配送、环卫清扫以及智慧交通信控优化、智慧停车等多种应用场景集群，助力汽车从"制造"向"智造"转型发展，促进交通服务从"出行"到"智行"，推动城市治理迈入数字化"智理"的新阶段，在社会效应、经济效益、产业带动等多方面具有重要现实意义。

（4）加快政策创新与标准引领

政策创新方面，北京、上海、深圳、无锡等试点城市纷纷出台促进双智产业发展的相关政策法规。标准引领方面，试点城市组织本地企业、高校、科研机构等产业力量研究与制定双智标准，结合本地实践，形成了匹配地方特色的建设标准与规范。

（5）初步形成融合发展的"车能路云"产业生态

2023年6月2日，李强总理主持召开国务院常务会议，研究促进新能源汽车产业高质量发展的政策措施，明确提出要构建"车能路云"融合发展的产业生态。经过两年的建设，试点城市明确了分场景、分阶段循序渐进推进车路城融合的发展路径，总结了"不替代单车智能""不过分超前建设基础设施""推动多主体协同"等实践经验，取得了两个方面的成果：一方面，智能道路、通信设施及平台建设助力智能网联汽车快速发展；另一方面，智能网联汽车应用对推动智慧交通管理、智慧城市建设提供数据服务，形成融合发展态势，取得积极成果。

尽管"双智"试点项目已取得初步成果，但仍面临若干挑战，限制了其潜力的充分发挥：高昂的智能化道路建设成本、缺乏统一标准导致难以规模化推广以及模糊的智慧道路运营机制，这些均阻碍了智能网联汽车的商业化路径探索与相关技术的深入发展。

（1）缺乏顶层统筹

双智协同发展作为跨领域项目，需要跨部门紧密合作。当前，一些城市多部门协同作业机制尚未成熟，职责界定不清，统筹协调难度大。试点区域各自为政，缺乏统一规划，造成数据整合难题。即便短期实现数据局部联通，没有城市级车城网平台的统一调配，难以形成全面协同效应。

（2）资金筹措难度大

智能基础设施建设初期投资大、周期长，社会资本参与意愿不高。综合试点城市来看，投融资主体主要以政府及国有企业投入为主，在城市预算有限的情况下，地方财政压力较大，致使试点资金来源没有保障，而且设备后期升级运维也需要大量的资金投入，仅靠地方政府财政资金投入难以为继。

（3）建设标准不统一

当前，试点城市在建设过程中，以服务本地应用为重点目标，所形成的成果以地标、团标为主，试点城市的标准化工作较为分散，导致自动驾驶测试企业需要分别在不同示范区进行适配性研发，测试成本较高。同时，由于终端设备及数据交互接口标准不统一，缺乏统一的基础设施智慧化建设及改造标准体系，导致相关产品和服务在互操作性、兼容性等方面存在问题，部门间数据和设备无法做到互通互用。智慧城市和智能网联汽车领域内相关标准制（修）订工作已取得了不少成果，但已发布的标准或是侧重于规范智慧城市建设，或是侧重于规范智能网联汽车发展，缺少车城融合领域的协同性标准。

（4）商业模式不清晰

基础设施建设前期投入大、建设周期长、营利性不强，因此社会资本投入的积极性不高，仍以政府资金为主，但政府也难以承担全部建设成本，导致基础设施建设滞后，与智能网联汽车发展不协同；智慧物流、智慧公交等应用虽然具有市场化潜力，但目前投资收益模式仍不清晰，基础设施的建设尚缺乏可持续的"回血和持续造血"能力，难以驱动基础设施的技术迭代和发展；车城网平台汇集车路城海量、高实、多元数据，部分城市、企业开始积极探索基于数据的应用服务，但大部分城市未能有效利用，数据价值未被充分挖掘，数据变现路径有待探索。

2）发展建议

（1）加强统筹规划

双智协同发展与汽车、交通、通信等多个领域息息相关，协同管理难度较大，需明确牵头主体，建立常态化多部门协同机制统筹管理。由国家主管部门牵头组织协调，推动城市、企业、科研机构、社会组织等多方参与，汇聚多维度资源与智慧，从技术、平台、数据、应用、标准等方面，梳理各类试点任务（包括双智试点、车联网先导区、新型城市基础设施建设等）建设成果及存在的问题，明确下一步发展路径。加大国家重大专项支持，通过设立重大专项项目，支持感知算法、数据安全、传感器融合、数据交易、车路协同测试试验等领域的技术或应用持续探索和攻关，促进技术成果转化与应用。

（2）强化资金保障

在投资建设层面，鼓励将重要基础设施纳入政府基建范畴，长期稳定地提供服务，智能化设施则由市场化投资主导，在区分投资边界的基础上引入更多市场化主体，逐步解决投资建设等问题。建议将双智纳入国家支持的国债或重点项目，并与充电、停车、数据运营等有价值的资源实现捆绑，通过灵活组合的方式吸引社会资本参与，以解决规模化、深度化发展的投资难题。

（3）研究形成可复制可推广的标准成果

从国家层面加强顶层谋划和指导，在总结试点成果经验的基础上，加速制定凝聚行业共识的标准体系，并加强对国际化标准的关注。加强标准化顶层设计，持续对已建成的标准体系开展动态更新工作。由国家主管部门统筹规划，试点城市、企业和专业机构共同参与，完善常态化工作机制研究形成统一的标准体系，支撑示范应用规模推广、车城融合发展，为下一步实现跨区域系统互联互通提供支撑和保障。

对已有的区域性标准与经验，根据地区特点与发展规划，逐步推进地方标准统一化、行业化。鼓励不同试点城市之间加强交流沟通，协同推进双智标准化建设工作，制定凝聚行业共识的双智标准成果。

（4）探索可持续的商业模式

一是创新建设运营模式。一方面，运营机构与车端密切配合，结合本地产业基础和需求，除充分利用已有设施之外，建设可重复利用、兼容共享、迭代更新的路侧设施，考虑设备功能的可扩展性及未来 3～5 年的升级需求，并根据应用需求变化适时更新标准，指导城市建设弹性基础设施；另一方面，运营机构统一负责智能化基础设施资产的管理、升级和维护，保障路侧设备安全可靠运行。

二是构建多元参与的产业生态。统筹双智相关资源，整合企业需求形成双智运营产品，多维度挖掘用户，关注、引进、培育标杆领军企业和高成长型企业，集聚一批能有效利用双智技术成果并形成商业闭环的专精特新企业、有核心数据技术产品与专业化服务能力的龙头企业，在确保信息安全的前提下，发展形成多渠道资金参与的智慧城市基础设施多元投资、联合运营发展格局。

三是创新探索商业模式。做好双智运行产生的大量车端、城端的基础数据运营，成立数字交通运营商，为政府、企业和消费者提供数据增值服务，基于数据的商业模式或能成为突破口，形成"使用-付费"的商业模式。

6.2.5 城市基础设施建设数字化模式探索

1）物联设备与主体工程"四同步"

2023 年 10 月 10 日，住房和城乡建设部印发了《关于推进城市基础设施生命线安全工程的指导意见》（建督〔2023〕63 号），要求在 2023 年全面启动城市生命线工程，重点在地级及以上城市开展燃气、桥梁、隧道、供水、排水、综合管廊等业务领域的城市生命线工程建设，逐步拓展其他业务领域，并向县（县级市）延伸，到 2025 年，地级及以上城市生命线工程基本覆盖重点业务领域。文件中提出"新建城市生命线工程的物联设备要与主体设备同步设计、同步施工、同步验收、同步使用"这一原则，将数字化建设与建设主体工作相结合，协同推进城市生命线物联感知建设。

2）城市体检和更新

2023 年 11 月 19 日，住房和城乡建设部印发《关于全面开展城市体检工作的指导意见》（建科〔2023〕75 号），要求各地把城市体检作为统筹城市规划、建设、管理工作的重要抓手，围绕住房、小区（社区）、街区、城区（城市），建立城市体检基础指标体系和问题台账，提出问题清单和整治建议清单，形成城市体检报告，制定城市更新规划和年度实施计划，一体化推进城市体检和城市更新工作。搭建城市体检数据库，加快建设城市体检信息平台。发挥信息平台在数据分析、监测评估等方面的作用，实现动态监测问题整治情况、定期评估城市更新成效、指挥调度城市体检工作。

2023 年 7 月 5 日，住房和城乡建设部印发《关于扎实有序推进城市更新工作的通知》

（建科〔2023〕30号），扎实有序推进实施城市更新行动。根据城市体检结果，编制城市更新专项规划和年度实施计划，结合国民经济和社会发展规划，系统谋划城市更新工作目标、重点任务和实施措施，划定城市更新单元，建立项目库，明确项目实施计划安排。坚持尽力而为、量力而行，统筹推动基础设施更新改造、城市生命线安全工程建设、历史街区和历史建筑保护传承、城市数字化基础设施建设等城市更新工作。

3）建筑和市政基础领域设施设备更新

2024年3月13日，国务院印发《推动大规模设备更新和消费品以旧换新行动方案》（国发〔2024〕7号），在实施设备更新行动中要求加快建筑和市政基础设施领域设备更新。围绕建设新型城镇化，结合推进城市更新、老旧小区改造，以住宅电梯、供水、供热、供气、污水处理、环卫、城市生命线工程、安防等为重点，分类推进更新改造。

2024年3月27日，住房和城乡建设部印发《关于印发推进建筑和市政基础设施设备更新工作实施方案的通知》（建城规〔2024〕2号），确定建筑和市政基础设施领域设备更新10项重点任务，包括供水、供热、污水处理、环卫和建筑施工设备更新，液化石油气充装站和城市生命线工程建设等，分类明确了更新的标准、范围条件、设备种类和工作要求等。方案中明确了新建城市基础设施物联智能感知设备与主体设备同步设计、同步施工、同步验收、同步交付使用，明确了老旧设施智能化改造和通信基础设施改造，可结合城市更新、老旧小区改造、城市燃气管道等老化更新改造工作同步推进。更新方案还明确了中央预算内投资、中央财政补助、税收优惠、再贷款贴息等配套支持政策，强调实施标准提升行动，加快更新淘汰建筑和市政基础设施领域老旧高耗能等不达标设备，并加强相关企业技术改造项目用地、用能等要素保障。

6.3　城市体检与城市更新的数据赋能

6.3.1　现状与问题

1）城市体检与更新背景

当前，我国城镇化率已突破65%，随着人口向城市集中，交通拥堵、环境污染等"城市病"不断暴露。为贯彻落实党中央、国务院关于建立城市体检评估制度的要求，2023年11月，住房和城乡建设部发布《关于全面开展城市体检工作的指导意见》，如图6-4所示。明确在地级及以上城市全面开展城市体检工作，推动系统治理"城市病"，扎实有序推进实施城市更新行动。选择天津、唐山、沈阳、济南、宁波、安吉、景德镇、重庆、成都、哈密10座城市（县）进行试点，完善了城市体检指标体系，创新了城市体检方式方法，探索了城市体检成果应用。在2023年的试点中，天津通过城市体检，进一步理顺了城市更新的目标任务，修改完善了《天津市城市更新行动计划（2023—2027）》，将更新项目聚焦到老旧房屋改造、老旧管网改造等民生工程上来。重庆分级推动体检成果在城市更新中的应用，在城市层面明确年度更新重点和更新方向，在城区层面确定更新行动时序和重点项目计划，在街区层面对接更新片区策划、老旧小区改造等具体工作，联动老旧小区改造、完整社区建设、房屋安全普查等专项工作，推进各类问题限时销号。

图 6-4 住房和城乡建设部关于全面开展城市体检工作的指导意见

2）城市体检与更新现状

为贯彻落实党中央、国务院关于建立城市体检评估制度的要求，把城市体检作为统筹城市规划、建设、管理工作的重要抓手，2024 年，住房和城乡建设部从住房、小区（社区）、街区、城区（城市）推动城市体检工作，如表 6-1 所示。并提出明确体检工作主体和对象、完善体检指标体系、深入查找问题短板、强化体检结果应用、加快信息平台建设 5 方面重点任务。

城市体检指标维度表 表 6-1

维度	要求
住房	安全耐久、功能完善、绿色智能
小区（社区）	设施完善、环境宜居、管理健全
街区	功能完善、整洁有序、特色活力
城区（城市）	生态宜居、历史文化保护利用、产城融合、职住平衡、安全韧性、智慧高效

城市体检与城市更新是城市管理和发展的重要组成部分。城市体检是指通过一系列科学的方法和指标，对城市的健康状况进行评估，精准识别城市发展中存在的问题，即所谓的"城市病"。而城市更新则是在城市体检的基础上，采取一系列措施，对城市空间、功能、环境等进行优化和提升，以实现城市的可持续发展。

在信息化时代背景下，数据赋能成为推动城市体检和城市更新的重要手段。通过建立信息化平台，可以有效地收集、整合、分析城市相关数据，为城市体检和城市更新提供科学依据和决策支持。这不仅有助于提高城市治理的效率和精准度，还能促进城市资源的合理配置和利用，提升城市的整体竞争力。

3）城市体检与更新存在的问题

当前，城市体检和城市更新面临着多方面的挑战和问题，具体可以分为以下几个方面：

（1）城市体检面临的问题

①传统方法局限性

随着城市规模扩大和复杂问题增多，传统城市体检方法往往无法全面、动态地反映城市运行的真实状况。这些方法过于依赖静态数据和有限指标，难以捕捉城市变化的细微之处和深层次问题。

②数据收集与分析不足

当前城市体检的数据收集机制尚不完善，数据处理和分析能力有待提升。这导致城市体检结果可能不够准确、全面，难以有效指导城市治理工作。

③信息化平台不完善

尽管城市体检信息化建设正在逐步推进，但现有的信息化平台功能尚不完备，操作不够便捷，无法满足城市体检工作的实际需求。

（2）城市更新面临的问题

①更新规划与实际需求脱节

部分城市更新项目在规划阶段未能充分考虑市民的实际需求，导致更新后的城市空间布局和功能定位与市民的期望存在偏差。

②监管机制不健全

城市更新实施过程中，监管机制往往存在漏洞和不足，导致一些项目出现违法违规行为，影响城市安全和公共利益。

③效果评估体系不完善

当前缺乏科学、系统的城市体检与更新效果评估体系，难以对更新项目的实施效果进行客观、全面的评价，从而无法为未来的更新工作提供有效的参考和借鉴。

6.3.2　建设内容

1）建设理念

根据习近平总书记"城市是生命体、有机体"的论述要求[①]。在城市体检中，应以系统的思维，把城市作为"有机生命体"，通过体检发现城市问题，通过更新解决城市问题。

为了解决上述问题，推动城市体检和城市更新的信息化建设，需要从以下几个方面着手。

2）城市体检精准识别

根据城市体检信息化建设要求，城市体检信息化应包括业务管理，数据采集、指标管理、体检预警分析等内容。

（1）城市体检数据赋能重要领域

数字化赋能城市体检、城市更新存在于"发现问题—解决问题—巩固提升"的各个阶段，其中体检阶段侧重于发现问题，具体包括三方面内容：一是借助大数据、物联网（IoT）技术、遥感技术及相应的数据采集APP采集体检数据，采集城市数据，构建城市数据库；二是借助各类算法，及AI（人工智能技术）进行问题识别，实现问题采集；三是借助数字孪生、GIS等技术汇总数据，并进行可视化分析，帮助城市管理者和决策者更快速、准确地识别和解决各种问题。最终达到发现城市病的目标。此外，不同层面的体检关注点不同，

[①]习近平总书记关于城市生命体理念的论述：城市是生命体、有机体，要敬畏城市、善待城市，树立"全周期管理"意识，努力探索超大城市现代化治理新路子

发现问题的方式也有差异，具体体现在：

①城市层面体检数字化赋能

数字化技术从系统赋能城市层面体检工作，具体体现在城市生命线系统的问题精准识别、城市空间的合理评价等方面。通过空间句法、大数据等方式发现城市问题，提高城市决策治理能力。

②街区层面体检数字化赋能

数字化技术从系统层面赋能街区层面体检工作，具体体现在街区公共服务设施的空间分析层面。通过基础设施可达性分析等方式发现城市问题，提高街区的决策能力。

③社区层面体检数字化赋能

数字化技术从需求层面赋能社区层面体检工作，具体体现在社区公共服务设施的可达性分析。

④住房层面体检数字化赋能

数字化技术从问题分析层面赋能住房层面体检工作，具体体现在数据采集与分析方面。

（2）城市体检信息化平台为例的信息化建设

根据城市体检信息化建设要求，城市体检信息化应包括业务管理子系统、数据采集子系统、指标管理子系统、分析诊断子系统等内容，如图 6-5 所示。

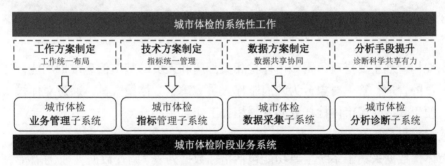

图 6-5 城市体检信息化系统

①业务管理

城市体检业务管理子系统主要包括体检方案管理、满意度调查分析、体检成果管理、组织架构管理。

"体检方案管理"的主要功能是创建一个城市体检工作方案，拆解为各项体检任务并指派到具体机构及人员。该方案的工作内容制定、进度计划制定、启动及停用等重要节点支持动态配置的审批流程控制。同时，此模块支持对已审核体检工作方案的任务推送，根据需求对接相关业务系统。

"满意度调查分析"主要流程是在"调查任务管理"子模块中创建线上满意度调查任务并推送到市民 APP 端进行调查，线上表单或导入线上表单后在"反馈结果收集"子模块中进行问卷汇总、问卷分析、问卷数据提取，最终在"满意度结果分析"子模块中进行反馈数据的统计分析。

"体检成果管理"的主要用户包括城市管理者、城市体检工作组、第三方体检服务团队。

体检工作负责人设定好体检成果图表模板，完成模板规则要求操作。通过信息录入、信息储存方式，上传体检成果，体检成果可通过可视化的方式显示，包括数据综合展示、各区对比、城市 BI 看板、自治区 BI 看板、体检指标预警等功能，如图 6-6 所示。

图 6-6　城市体检成果管理

组织架构管理主要指对负责城市体检相关部门和人员的基本信息维护功能，实现对体检工作人员的管理，管理对象分为政府工作人员和第三方体检人员，通过对体检人员的统一管理，便于其接收城市体检任务并开展相关工作。

②数据采集分析

城市体检数据采集子系统主要功能包括指标数据列表、调查数据管理、指标数据审核、城市体检数据管理、体检项监测、体检项预警和监测预警统计。

支持以在线、离线、数据库交换等方式实现不同类型数据的汇聚；提供数据质检、入库工具以实现数据的标准化入库；通过数据资源目录配置实现对城市数据资源的统筹管理。

采集数据前应确定数据采集的范围，明确各项指标的计算方法、提供单位、负责单位等，确定数据采集方式、数据采集要求、补充说明材料等，采集的数据包括时间精度、空间精度、数据格式等。应以有关部门公布的统计数据、政府各部门行业数据为主，以专项调查数据、互联网大数据、遥感数据、问卷调查数据等多源数据为辅。

在城市体检评估全生命周期的前期监督监管阶段，以动态监测城市市政基础设施信息、及时发现城市发展建设问题并提出预警为目标，满足城市更新动态监测、及时预警的需求。

③指标管理分析

城市体检指标体系管理子系统主要包括体检指标管理、体检评估标准、指标评估结果和体检知识库管理，如图 6-7 所示。

图 6-7　城市体检指标管理

　　通过建立体检指标体系，整合相关部门城市指标数据，形成体检指标体系数据资源中心，围绕"生态宜居、健康舒适、安全韧性、交通便捷、风貌特色、整洁有序、多元包容、创新活力"八个方面的城市体检指标主题库建设，主要在已有的数字城市地理空间框架建设的基础上，完善城市体检指标等数据，弥补城市体检指标信息库不足之处，通过平台汇聚，为各部门提供数据支撑服务。评估指标，应该包括指标定义、计算方法、数据来源、目标值、指标评估和未来工作重点等六个方面。

　　④城市体检分析诊断。城市体检分析诊断子系统主要包括体检分析诊断、指标计算工具和体检模型工具，如图 6-8 所示。

图 6-8　城市体检分析诊断工具

分析诊断的主要功能是根据定制化业务规则要求，将信息化技术、分析可视化的工作模式应用到体检管控业务系统中。通过信息存储和信息查询，实现对数据实时或定期的统计，管理人员对体检数据进行上传发布，同时制定专题分析模板，选择数据范围后根据模板进行专题分析，可通过体检管理规则体系的运算方法，将其以可视化的方式显示出来。通过系统建设，推进城市更新管控达到主动、精确、快速、直观和统一的目标，从而实现完善的城市体检管控业务体系，形成良好的城市管理机制。

通过对采集的各类各级指标进行空间分析、差异对比、趋势研判等，结合城市本级评估指标值趋势，判断指标城市指标变化，预判突破规划目标上/下限的年份；通过分区县的指标数值，定位指标短板的具体区县，对城市体检进行指标进行全面分析评估，为政府管理决策提供支撑。

3）城市更新系统治理

（1）城市更新数据赋能重要领域

①数字技术赋能城市更新解决城市问题

数字化技术从系统、项目层面赋能城市更新工作。其中，系统层面具体体现在城市更新信息平台等基础设施中，如通过数字孪生、GIS 等技术汇总数据、展示数据，通过智能化管理与服务等技术实现对城市更新项目的全生命周期管理，并辅助进行城市更新项目决策。项目层面通过具体技术解决城市地下管网更新改造、污水管网"厂网一体"建设改造、市政基础设施补短板、老旧片区更新改造等具体问题，如包括借助三维建模与仿真技术、BIM 技术、IOT 技术、GIS 技术、数字化监测技术等辅助开展城市地下管网更新改造；借助大数据分析技术、远程监控与维护等技术辅助开展污水管网"厂网一体"建设改造；借助 IoT 技术、数字化监测技术等辅助市政基础设施补短板；借助 BIM 技术、数字化监测技术等辅助老旧片区更新改造。

②数字技术赋能城市更新成果巩固提升

数字化技术从城市智能管理、数字化服务、数据驱动的决策支持、故障预警和预测性维护、智慧化社区管理等方面巩固城市更新成果。如通过物联网、云计算等技术，实现城市管理的智能化，提升城市运行效率，强化城市更新效能；通过数字化技术，为城市居民提供更加便捷、舒适的生活服务，实现更新地区的智能交通、智能公共设施、智能社区等；通过对设备运行数据、典型缺陷以及隐患治理情况进行分析，结合设备风险管控能力建立设备状态综合评价模型，实现设备健康度精准评价并指导投资决策；通过对大数据技术可对系统中的各种事件和变化进行监测，并预测出可能的故障和问题等。

（2）以城市更新信息化平台为例的信息化建设

城市更新信息化具体包括城市更新项目生成、城市更新项目管理两部分。

①城市更新项目生成。城市更新项目管理子系统应主要包括更新规划管理、更新项目筛选、项目台账管理等模块，如图 6-9 所示。

项目标准化建设管理，以"核查＋监管"方式，整合城市更新项目进度信息，对接发展和改革委员会、自然资源局、住房和城乡建设局等相关建设主管部门流程信息。建设城市更新统一的项目数据池，统筹城市更新项目各阶段的横向系统对接，实现城市更新项目一屏统览。以关注项目、督办督示为辅助手段，高效推进城市更新项目管理进程。

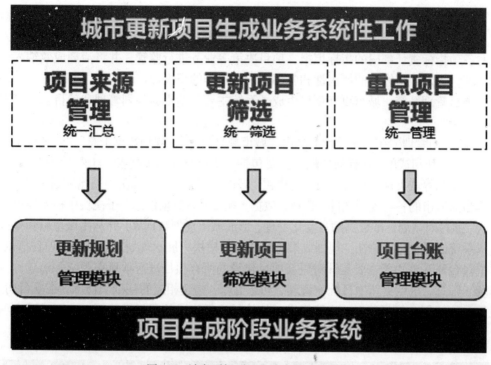

图 6-9 城市更新项目生成主要功能需求

土地核实模块主要包括用地权属文件上传、产权条件核实、规划条件核实、土地手续审批办理等功能。

更新工作看板主要借助二三维地图实现对更新项目的统计分析、进度管理、更新效果比对等功能，为市级领导和各部门领导提供一套可视化的进度管理、效果比对、统计分析工具，如图 6-10 所示。

图 6-10 城市更新工作看板主要功能

第三方智能分析提供一系列城市智能分析工具的对接 API 接口。根据实际情况预留第三方对接接口，以满足城市更新系统对接相应的 CIM 智能分析工具的需要。

对各项指标责任部门的指标填报、项目决策等业务进行监管，并将治理成效纳入部门考核业绩，提高城市体检的严肃性和各部门参与工作的积极性。

②项目管理系统。城市更新项目生成子系统主要包括更新规划管理和项目台账管理等功能。

"更新规划管理"在功能设计上是由"城市规划目录""规划数据汇总""规划成果可视化"三个子模块组成的。该模块的用户主要包括城市更新规划编制组、自然资源局、第三方城市规划团队等城市规划相关人员。用户在"城市规划目录"子模块中创建规划目录，并负责收集当前城市的各类规划文件、资料、数据，在"规划数据汇总"子模块中核实后进行数据导入。通过对规划标准数据的自动化处理，形成城市规划数据库，并利用城市更新基础服务支撑系统的可视化引擎在"规划成果可视化"子模块中展示规划成果、更新项目信息。

项目台账管理功能主要是针对更新项目建设的所有项目进行项目来源统一汇总，更新项目统一筛选，重点更新项目统一管理、动态更新，构建相应的基础项目库。在项目初期，对汇聚上位规划、部门计划、市民需求、体检结论等生成的项目进行筛选，形成重点项目库，并对符合城市更新要求的进行更新项目审批，形成更新项目台账，如图 6-11 所示。

图 6-11　城市更新重点项目管理示意

4）城镇房屋建筑综合管理

（1）基本情况

着城市化进程的加速和城镇房屋建筑规模的不断扩大、建筑安全隐患与管理问题凸显，国家对于提升住房和城乡建设管理水平的需求日益迫切。为了保障人民群众的生命财产安全，提高城镇房屋建筑的质量和效益，国家出台了一系列政策措施，推动住房和城乡建设领域的发展和管理创新。同时，随着信息技术的不断发展和应用，城镇房屋建筑管理也需要逐步实现信息化和智能化。通过引入数字化技术，可以实现对建筑数据的实时采集、传输、分析和处理，提高管理效率和准确性。同时，智能化技术可以实现对建筑的智能监控、预测性维护、节能优化等功能，进一步提升建筑的安全性和舒适性。

在此背景下，我们应结合城市防灾减灾、CIM建设等具体工作，结合系统的思维，把房屋综合管理作为"有机生命体"开展的基础元素，信息化赋能城镇房屋建筑综合管理应综合自然灾害综合风险普查房屋建筑等相关信息化建设关系。

（2）住房层面体检、更新信息化赋能视角

数字化城镇房屋建筑综合管理与风险防范包括赋能房屋风险识别、赋能房屋风险预警、排查房屋隐患等。具体包括通过数据收集与分析、风险模型建立、智能预警系统、风险评估与决策支持等赋能房屋风险识别、预警、隐患识别。

具体包括通过物联网设备、传感器等实时收集房屋的状态数据、环境数据等，对房屋进行全方位的监测和分析。同时，利用大数据分析技术，可以对这些数据进行深度挖掘和分析，识别出潜在的风险点和风险趋势。建立房屋风险模型，通过机器学习、深度学习等算法进行训练和优化，以提高风险识别的准确性和可靠性。构建智能预警系统，对房屋进行实时监控和预警，当系统检测到异常情况或潜在风险时，可以自动触发预警机制，通过短信、邮件、APP推送等方式向相关人员发送预警信息，以便及时采取应对措施。为房屋风险评估和决策提供支持。通过可视化技术，可以将房屋风险信息以图表、报告等形式展示给决策者，帮助他们更直观地了解风险状况。同时，结合历史数据和专家经验，可以为决策者提供科学的风险评估和决策建议。

（3）城镇房屋建筑综合管理

建立城镇房屋建筑综合管理信息化平台，通过数据驱动城镇房屋建筑综合管理与风险防范工作，具体包括数据收集、数据管理、数据分析、风险识别等，实现对房屋建筑的全面、动态管理。

①数据收集

对建筑物基本信息、运行数据、监测数据进行收集，并进行相应的数据清洗。

②数据管理

建立房屋建筑数据库、标准库，并注重城市安全。

③数据分析

开展数据分析数据挖掘及数据可视化管理。

④风险识别

基于数据分析结果，识别出建筑物可能面临的风险，如结构安全隐患、设备故障、能耗过高等。建立风险预警机制，当监测数据达到预设的阈值时，自动触发预警系统，向管理人员发送预警信息。针对识别出的风险点，制定相应的应急预案和处置措施，确保在风险发生时能够迅速响应和有效应对。

⑤风险防范与预警

利用数字化技术，对房屋建筑的安全状况进行实时监测和风险评估，及时发现并预警潜在的安全问题。

⑥智能化监控与维护

应用智能化技术，对建筑进行智能监控和维护，提高建筑的安全性和使用寿命。

6.3.3　建设成效

通过上述信息化建设，取得以下成效：

1）提高城市体检的精准度和效率

信息化手段的应用，极大地提高城市体检的精准度和效率，使城市管理者能够更加准确地识别城市问题，为决策提供有力支持。

2）优化城市更新的规划和管理

信息化建设促进了城市更新规划的科学性和实施的有效性，提高了城市更新的质量和效益。

3）提升城镇房屋建筑管理的智能化水平

信息化和智能化技术的应用，使城镇房屋建筑管理更加高效、精准，有效预防和减少建筑安全事故的发生。

4）促进城市可持续发展

城市体检和城市更新的信息化建设，将有助于实现城市资源的合理配置和利用，推动城市的可持续发展。

总之，城市体检与城市更新的数据赋能，是推动城市管理现代化、提升城市竞争力的重要途径。通过加强信息化建设，不仅能够提高城市体检和城市更新的效率和质量，还能够为城市的可持续发展提供有力支撑。未来，随着信息技术的不断发展和创新，城市体检和城市更新的数据赋能将展现出更加广阔的应用前景和潜力。

6.4　城市历史文化遗产的数字化保护

数字化作为文化遗产价值传承和创造的重要路径，涵盖了数字采集、数字修复、数字存储、数字传播、数字服务和数字管理等多个方面。这一过程不仅为文化遗产的保护提供了新的动能，也为文化遗产的可持续发展注入了活力。通过数字化手段，可以更有效地保存和传承文化遗产，同时为公众提供更加丰富和便捷的文化体验。

6.4.1　现状与问题

1）城市历史文化遗产保护现状

党的十八大以来，住房和城乡建设部为贯彻习近平总书记有关历史文化保护的系列重要讲话精神，落实党中央、国务院有关保护理念和要求，积极推进历史文化街区和历史建筑的保护工作。2016 年 7 月 18 日住房和城乡建设部办公厅印发《历史文化街区划定和历史建筑确定工作方案》（建办规函〔2016〕681 号）规范了认定标准和记录要求，历史文化街区是我国历史文化名城保护的核心内容，是历史文化遗产保护体系的重要组成部分，是历史传承的重要载体；历史建筑承载着不可再生的历史信息和宝贵的文化资源，具有重要的历史价值。开展历史文化街区划定和历史建筑确定，对于加强历史文化街区和历史建筑保护，延续城市文脉，提高新型城镇化质量，推动我国历史文化名城保护具有重要意义。

我国自建立历史文化名城保护制度以来，经过 40 余年的发展和完善，已经建立了覆盖全国，包括各个层级、各种类型的历史文化保护对象体系，截至 2024 年 8 月，全国共有国家历史文化名城 142 座、名镇 312 个、名村 487 个，中国传统村落 8155 个，划定历史文化街区 1200 余片，认定历史建筑 6.72 万处。并且对历史文化资源的调查和保护对象的认定增补已经成为定期工作，以上各类的保护对象还在不断扩充当中。

为贯彻落实全国住房城乡建设工作会议部署和《住房城乡建设部办公厅关于学习贯彻习近平总书记广东考察时重要讲话精神进一步加强历史文化保护工作的通知》（建办城〔2018〕56 号）有关要求，住房和城乡建设部要求全国城市在三年内完成历史建筑的认定及测绘建档工作，以保障历史建筑的保护利用的相关工作的顺利推进。2019 年，住房和城乡建设部建筑节能与科技司印发了《关于请报送历史建筑测绘建档三年行动计划和规范历史建筑测绘建档成果的函》（建科保函〔2019〕202 号），在《历史建筑数字化技术标准》JGJ/T 489—2021 的基础上，明确了测绘标准和测绘成果归档要求，为各地系统开展历史建筑测绘、建档三年专项行动提供了统一的科学指引。

从 2019 年至 2021 年，对已公布的历史建筑基本完成了测绘建档工作。以广州、杭州、成都为代表的城市，积极使用"数字孪生"技术完成了此项工作，积累了大规模的建筑文化遗产数字化保护实践经验，进一步推动了技术的成熟发展。如图 6-12～图 6-14 所示。

图 6-12　历史建筑数字化测绘建档成果示例——点云模型

图 6-13　历史建筑数字化测绘建档现场数据采集

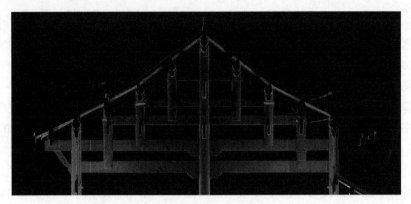

图 6-14 历史建筑数字化测绘建档成果示例——点云切片大样

近年来，随着各地历史建筑认定和测绘建档工作的稳步、有序推进，三维激光扫描、无人机、倾斜摄影等数字化技术逐步成熟地应用于各类文化遗产保护工作中，积累了丰富的实践经验。其中，以历史建筑为代表，近年来数字化测绘建档工作取得了瞩目的成绩。标准编制方面，国家和地方先后发布了行业标准《历史建筑数字化技术标准》JGJ/T 489—2021（图 6-15）、广东省地方标准《广东省历史建筑数字化技术规范》DBJ/T 15-194—2020及《广东省历史建筑数字化成果标准》DBJ/T 15-195—2020，填补了行业空白，为相关遗产保护数字化工作提供了技术指导。

图 6-15 历史建筑数字化相关标准的实施

信息化手段在历史文化资源调查中的运用概况：全国各地在历史建筑为代表的历史文化资源普查认定中，普遍使用了地理信息系统（Geographical Information System，简称 GIS），属于空间信息系统，是 20 世纪 60 年代开始逐渐发展起来的地理学研究技术系统。地理信息系统作为计算机技术、地理、遥感、测绘、统计、规划、管理和制图等学科交叉运用的产物，代表了现代计算机应用技术和其他学科相互渗透的发展方向。地理信息系统是以地理空间数据库为基础，在计算机软件和硬件的支持下，采用地理模型分析的方法，运用系统工程和信息科学的理论，对整个或部分地球表面（包括大气层）与地理空间分布有关的数据进行采集、管理、操作、分析、模拟和展示，为地理研究和地理决策服务提供多种空间地理信息的技术系统。GIS 技术具有强大的数据存储、集成研究、空间分析与图形制作等功能。历史文化资源调查认定工作中通过现代测绘、遥感、三维重建等技术获取的各种图形、影像、表格等数据，都可以在 GIS 软件中进行集成，为资源的价值认定提供精确的制图、分析和模拟等材料，是历史资源信息化的必然趋势。

2）城市历史文化遗产保护存在的问题

当前，我国在历史文化资源的数字化保护方面已经取得了显著进展。通过建立覆盖全国的历史文化保护对象体系，包括国家级历史文化名城、名镇、名村以及历史文化街区和历史建筑等，已经形成了较为完善的保护网络。然而，随着数字化技术的快速发展，也面临着一些挑战和问题。

在历史文化资源数字化方面，虽然数字化技术为文化遗产的保护提供了新的途径，但实际操作中存在诸多难题。首先，技术成本高昂，尤其是三维激光扫描、无人机测绘等先进技术的应用，对于许多城市而言是一笔不小的开支。其次，技术人才短缺，缺乏专业的操作和维护人员，使得数字化工作难以顺利进行。最后，数字化过程中的数据安全和隐私问题也不容忽视，如何确保信息不被滥用或泄露，是亟待解决的问题。

在历史文化遗产动态监测方面，动态监测是确保文化遗产安全的重要手段，但目前仍存在监测手段单一、技术落后的问题。许多地区的监测还停留在传统的人工巡查阶段，缺乏高效的自动化监测系统。同时，监测数据的分析和应用也不够深入，难以为文化遗产的保护提供科学的决策支持。物联网和人工智能等先进技术的应用还不够广泛，未能充分发挥其在文化遗产保护中的作用。

在历史文化遗产保护利用监管方面，虽然许多城市已经建立了数字化管理平台，但平台的建设和运营仍面临诸多挑战。例如，不同地区、不同部门之间的信息孤岛现象严重，数据共享和整合存在障碍。此外，监管体系的完善度不够，缺乏有效的法律法规支持，导致监管力度不足，难以应对各种违规行为。监管人员的专业素养也有待提高，以适应数字化监管的新要求。

综上所述，城市历史文化遗产的数字化保护在资源数字化、动态监测和保护利用监管三个方面均存在不少问题，需要从技术、人才、法规等多个层面进行改进和加强，以实现文化遗产的有效保护和可持续利用。

6.4.2 建设内容

1）历史建筑现状测绘中的三维数字技术运用

数字孪生技术，包括空间和室内定位技术、从二维到三维的数字扫描技术、数字图像建模技术、图像识别技术在测绘建档中的运用新发展。

近年来，以三维激光扫描、倾斜摄影、全景摄影为代表的"数字孪生"技术不断应用于建筑文化遗产保护领域，推动遗产保护往信息化、数字化方向发展。凭借"数字孪生"技术在数据精度、效率方面的优势，近年来越来越多的建筑遗产实施了数字化保护。

三维激光扫描在历史建筑保护中的应用非常广泛。通过三维激光扫描技术，可以精确地捕捉历史建筑的建筑结构、细节和装饰，从而帮助保护、修复和重建这些珍贵的建筑。如图6-16所示。这项技术能够快速、精确地创建建筑的数字化模型，为研究人员、设计师和工程师提供宝贵的参考数据。同时，三维激光扫描还能够帮助发现建筑结构中的缺陷、损坏和变形，有助于制定合理的修复方案。如图6-17所示。

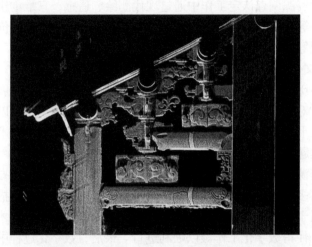

图6-16 三维激光扫描精细记录历史建筑的结构、细节和装饰信息

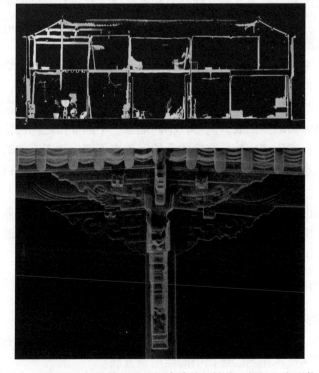

图6-17 三维激光扫描精细记录历史建筑的缺陷、损坏和变形信息

历史建筑测绘通常采用的设备都具备以下特点：

高分辨率：为了准确捕捉历史建筑的细节和结构，扫描仪需要具有较高的分辨率，以确保数据的精确性。

高测距精度：由于历史建筑通常具有复杂的结构和装饰，扫描仪的测距精度需要足够高，以确保对建筑进行精准测量。

大视场角：历史建筑往往具有广阔的空间和复杂的结构，因此扫描仪需要具有较大的视场角，以覆盖整个建筑并捕捉全貌。

高点云密度：为了生成精确的三维模型和详细的点云数据，扫描仪需要具有较高的点云密度，以确保数据丰富度和准确性。

耐受性和灵活性：考虑到历史建筑可能存在的环境限制和复杂性，扫描仪需要具有耐受性和灵活性，以适应不同的扫描场景和条件。

综合考虑以上因素，选择适合历史建筑扫描的扫描仪可以更好地满足对建筑详细信息的捕捉和保护需求。

无人机及倾斜摄影技术的结合，无人机能够在复杂环境中进行自由飞行，获取地面难以到达区域的影像数据。而倾斜摄影技术则能够从多个角度对目标物体进行拍摄，获取更为丰富、立体的影像信息。

在历史文化资源数字化中，无人机及倾斜摄影技术可以用于大范围、高效率的数据采集工作。通过无人机搭载的高清相机或倾斜摄影系统，可以实现对历史街区、遗址群等区域的快速、全面拍摄。这些影像数据经过处理后，可以生成高分辨率的数字正射影像和数字高程模型，为历史文化资源的空间分布、形态特征等提供直观、准确的表达。

2）数字孪生技术在历史文化资源建档中的应用

BIM、HBIM 近年来成为遗产保护的新趋势。建筑遗产信息模型（HBIM）是 BIM 技术在建筑遗产（即英文中"历史建筑"的泛指）领域中的扩展应用。近年来各地涌现出一批 HBIM 实践案例，但尚未形成成熟的工作模式。

HBIM 技术包含三个层次：一是建筑遗产信息模型（Heritage Building Information Model），通过 HBIM 软件搭建一个建筑遗产三维信息模型，整合现状和历史信息，通过共享模型信息资源，满足各参与者的使用需求。二是建筑遗产信息模型应用，各参与者通过调取建筑信息型信息库数据，在包括数据记录、价值与风险评估、修缮设计、工程施工、日常运维等环节的建筑遗产全生命周期中，实现模型交互、信息传递、数据分析应用。三是建筑遗产信息管理，在模型共享、模型应用的基础上，用大量的精细的建筑遗产模型信息，来管理建筑遗产生命周期的各工作环节，为建筑遗产保护各阶段工作提供可靠的信息依据和分析决策意见。

"数字孪生"技术的优势贯穿于遗产保护和利用的全生命周期，在工程施工管理、遗产现状监测、数据传输、资源共享、资产运营等方面提供了巨大的潜力，可服务于遗产保护主管部门、保护责任人、修缮及活化利用的规划单位、设计单位、施工单位、开发运营单位，甚至科研团队及公众也可以共享、体验相关信息。因此，从数字化信息采集的效率和质量，到数字化信息应用的对象、项目生命周期，"数字孪生"技术均极大地扩展边界。可见，在建筑遗产的保护和利用工作中，"数字孪生"技术可以带来明显的效益。但是，这一技术的综合运用仍需不断完善其标准、流程，而不同类型的建筑遗产面临的技术问题也各不相同，需要差别化的分析和研究。

3）历史文化遗产数字化管理平台的建设

2016 年 7 月 18 日住房和城乡建设部办公厅发文印发《历史文化街区划定和历史建筑确定工作方案》后，全国城市积极响应，分批次开展了历史建筑的普查确定和名录公布工作，形成规模庞大的历史建筑名录。但是各地历史建筑名录对接住房和城乡建设部历史建筑数据管理平台，大多面临数据库字段格式不统一，难以批量处理、必须手动转换数据格式的问题。从前文的调研内容可以看到，调研城市根据自身历史建筑的特点，确定了相应的历史建筑分类方法和数字化手段。

总体上看，各城市普遍建立了基于 GIS 的历史建筑数据库，并运用于历史建筑的综合管理方面。如图 6-18 所示。有的城市（如广州、西安）将 GIS 数据库的部分权限开放给普通市民进行浏览、导览，取得了较好的应用效果。

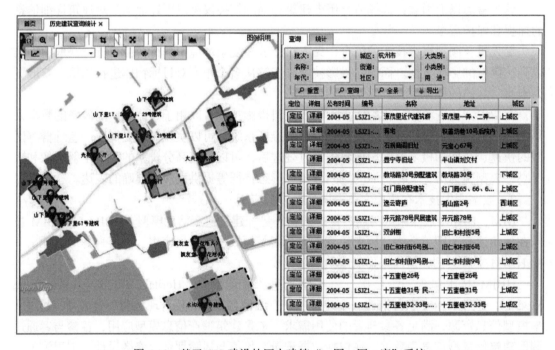

图 6-18　基于 GIS 建设的历史建筑"一图一网一库"系统

GIS 技术具有强大的数据存储、集成研究、空间分析与图形制作等功能。在历史建筑、传统村落的调查工作中通过现代测绘、遥感、三维采集等技术获取的各种图形、影像、表格等数据，都可以在 GIS 软件中进行集成，为历史文化资源调查提供精确的制图、分析和模拟等材料，是各地历史文化资源信息化的必然趋势。目前国内很多城市的历史文化资源调查都运用 GIS 数据采集系统，随时随地将建筑遗产调查、采集、文献等方式获取的各种信息录入到 GIS 系统之中，为后续的认定整理、建筑价值研究、文化遗产保护等奠定良好的数据基础。

历史文化名城的管理机构利用城市规划管理的数据库建设采用全国较通行的"一张图"体系，通过信息中心进行信息入库、信息更新、信息使用功能的管理，主要面向历史文化名城管理机构内部使用。采用 GIS 系统对内部开放，以城市独立坐标 1：500 地形图作为底层，历史建筑作为名城处管理的历史文化名城图层下的一个数据图层，以城市地形图精度的本体范围为图元，包含历史建筑的名称、编号、类别、地址等简单属性，供规划审批和规划管理时查询、会办等运用。

历史建筑内部管理主要采用局域网及网内服务器的方式，所有数字化成果（包含历史建筑建档的所有内容）汇集到网内服务器进行存储、查询。以 GIS 平台为载体，输入历史建筑的空间位置、普查信息、基础信息（建筑简介、历史沿革、面积、年代、结构等）、现状照片、测绘图纸、点云数据等信息，实现查询、统计、二次编辑、数据导出等基本功能。

部分城市开始使用基于互联网和移动端的三维可视化技术，应用数字化档案成果。如广州市历史建筑地图内嵌了历史建筑的三维点云和倾斜摄影模型、苏州也开始进行历史建筑三维场景的可视化探索。对大多数城市来说，互联网的历史建筑三维数据可视化仍然是一个较高的要求。

4）历史文化遗产的动态监测与预警监管系统建设尝试

公布的历史建筑、传统风貌建筑等数量可观的保护对象，需依法依规进行日常巡查、定期安全评估，时间和人力成本较高，传统工作方式压力较大，亟待探索更高效、智能的技术路线。我国各类自然灾害频发，对历史文化遗产，尤其是传统建筑的破坏较大，需补强综合防灾能力，提高防灾监测效能。历史建筑、传统风貌建筑等以传统建筑、近现代民居为主，年久失修是保护工作面临的主要难题，需对保存情况较差的、修缮资金困难的部分建筑，建立监测机制，防止破坏的进一步蔓延。城乡建设、历史文化遗产日常使用中，因客观或主观的因素，存在各种加、改、拆等违规、违法行为，借助实时监测等各类技术手段，防范、及时发现和制止此类行为，使得建筑遗产的监测保护工作有了较大的提高，主要体现为：

（1）促进历史文化遗产日常巡查和监测工作增效降本，通过三维点云、视频、物联、传感等数字化技术，可极大降低数量可观的历史文化遗产日常巡查、安全评估、监测等时间成本、人力成本，提高巡查和监测效果和质量，利于历史文化遗产防灾灭灾。

（2）促进历史文化遗产日常保护工作数字化和智能化，融合数字化技术，丰富、完善历史文化遗产监测工作的技术手段，实现监测数据实时共享共联，推动保护管理全生命周期往数字化、智能化方向发展，完善数字化保护体系。

（3）先行先试，出彩出新，探索数字化监测管理标准，全国部分管理部门通过数字化、智能化监测探索实践，先行先试，在实践基础上归纳、完善技术标准，填补行业空白，为全国各地区和城市开展相关工作提供参考和示范。

建筑遗产的智能化动态监测，发展自原有的建筑监测设备和系统，同时又扩展了对于保护对象的价值部位的重点关照，包括以下监测方式：

建筑结构监测。利用振动传感器、倾角传感器、位移传感器、应变计等对建筑结构体实时在线测量倾角、位移、应变等影响建筑整体结构安全可靠性的指标。

建筑环境监测。利用温湿度传感器、液位传感器、水浸传感器、振动传感器等监测建筑环境温湿度、水浸状态、环境振动等环境指标。

沉降监测。通过布设多个水准仪，实时监测建筑整体在垂线方向的沉降数据。

风貌监控。通过摄像头定期拍照或录像，实时采集建筑风貌信息，及时发现人为或其他因素对建筑风貌造成的损坏情况。

5）新技术在历史文化遗产数据面向公众的活化利用和宣传展示工作实践

新技术的快速发展，特别是目前的移动互联网、人工智能、大数据、云存储云计算等基础技术的加持，XR 各类现实与虚拟技术等各类技术探索使用使遗产作为有特殊价值的资源走向公众生活，融入生活，开创了历史文化遗产保护的新局面。

信息展示主要是将建筑遗产信息通过可视化的方式，以图形化、图表化的形式进行展示。用户可以通过多种方式查看历史建筑的各种信息，如利用查询功能查找与之相关的历史建筑档案、三维模型等资料；利用三维模型展示历史建筑的结构、平面布局以及细部装饰；利用时间轴和 3D 漫游等功能，进行历史建筑的三维漫游。同时，历史建筑信息还可通过文字、图片等多种形式进行展示。此外，可将建筑遗产信息通过分享功能进行分享，如将建筑遗产信息与相关专业人员或游客进行分享。

全国部分地区充分利用历史文化遗产的各类数据资源，积极探索在城市建设博物馆，城市历史展厅、规划展览馆等各类型实体博物馆和各种专题的数字博物馆中充分利用各类 XR 技术，加强对历史文化的展示与宣传，包括：

交互式多媒体展示。结合触摸屏、感应器等交互设备，观众可以通过触摸或动作与展示内容进行互动，增加参与感和体验感。在很多城市的展馆和历史建筑的现场空间中设置了该类设备，以扩展展陈的内容。

动态数字展板。这些展板可以显示动态内容，如视频、动画或实时信息，与传统的静态展示相比，它们提供了更丰富的信息和更好的视觉体验。

交互式墙面。这些墙面可以响应触摸或其他形式的交互，以完成可互动的问答、体验和模拟操作。

数字沙盘。结合了物理沙盘和数字技术，可以在沙盘上展示历史城区、历史文化街区历史风貌、现状情况等信息，并通过触摸屏或平板电脑进行交互操作。

6.4.3　建设成效

1）历史建筑调查认定和测绘建档的数量和质量稳步增长

历史文化名城是历史文化资源丰富的地区和城市，历史资源的普查和历史建筑的认定是一个长期且持续推进的工作。

我国自 2008 年开始开展历史建筑的认定及公布工作，特别是 2018 年以后，全国各地市开始大规模进行全域的历史文化资源的普查和集中认定公布。到 2024 年 8 月，全国共公布 6 万多处历史建筑，并分批次对已公布的历史建筑进行测绘建档工作，完善历史建筑的各类信息和数据。

大多数专家认为三维激光扫描并绘制测绘图的成套技术，是最适合历史建筑测绘建档的数据采集和处理技术。部分经济发达的城市已经开展了全面的三维激光扫描测绘建档工作，有的城市将三维扫描与传统测记法结合，部分应用到实际的历史建筑修缮改造的项目当中。也有部分城市在应用三维扫描技术的过程当中遇到了困难，如西安的历史建筑规模庞大，应用三维激光扫描技术成本很高；厦门历史建筑密度过大，难以采集到完整有效的三维数据。

大多数专家认为无人机航拍与照相建模技术适合于历史建筑周边环境的记录，并且价格低廉，易于使用和存档。但北京市由于其作为首都的特殊性，无法采用无人机照相建模的方式获取档案数据。福州、厦门、广州在运用照相建模技术的时候，也遇到了建筑密度过大、植被遮挡、数据不完整的问题，如图 6-19 所示。

图 6-19　历史建筑照相建模面临植被遮挡问题

全景照相及导览技术是一种价格便宜、效果出众的面向公众展示的档案技术。重庆、苏州等城市曾采用。

部分城市建立了历史建筑的人机交互三维模型，包含用于展示的贴图模型和用于管理的 HBIM 模型。这类三维模型由于使用目标模糊、成本高昂，仅有部分城市（如苏州、重庆）进行了小规模的技术应用尝试。如图 6-20 所示。

图 6-20　历史建筑人机交互三维模型示例

2）基于数字化和信息化的历史文化遗产的精细管理

针对历史建筑特性开发，基于物联网技术、人工智能、云计算、大数据等技术，集成高精度传感器、采集器、无线通信设备、云管理平台，实现无人值守实时在线监测、智能预警与监测数据分析。通过建筑图纸、点云、BIM模型进行建筑研判分析，确认监测要素，精准布设监测点位。监测系统得益于无线物联网技术，模块化设计安装部署简单快捷，大大降低了施工成本及施工对建筑的影响，适合大规模部署。监测云平台简单易用，对接多种用户终端如网页、移动APP、微信小程序等。全国部分城市已经先行先试，积极开展对建筑遗产保护对象的动态监测有效探索和经验总结。

广东省广州市黄埔区已完成辖区内历史建筑、历史风貌建筑测绘建档和数字化信息采集，整合历史文化遗产成果建立保护对象"一张图"，打造历史建筑智能监控预警防护体系，实现历史建筑数字信息、物联感知数据、巡查监督数据有机融合和统一监督管理。图6-21所示。

图6-21　历史建筑智慧防护平台

随着数字化、智能化技术发展，自动化监测手段已日趋成熟，该项监测技术通过物联网、大数据手段有效优化资源使用效率与配置，建立自动化实时监测预警信息系统对建筑进行动态监测。智慧模型将综合分析监测数据，一旦建筑变形总量达到报警值或施工触发预警时，系统将及时反馈给管理人员进行处理。上海市虹口区为87处优秀历史建筑安装了2000余个智能传感器，通过数字化、网络化、智慧化的科技手段打造动态监测体系，为优秀历史建筑撑起数智"保护伞"。

广东省广州市等地开展"智慧消防"建设，将历史文化街区、历史建筑接入建筑保护管理系统，运用物联网、地理位置信息、大数据、视频识别等技术手段，建立起人防、物防、技防等多维度、全方位的"智慧消防"体系。

北京市西城区推动历史建筑引入新型智能化消防设施设备，火灾视频图像分析系统便是其中之一。据介绍，火灾视频图像分析系统利用室内监控摄像头的实时图像，采用计算机图像模式识别技术，通过分析火焰及烟雾的图像特征，能够实时探测监控区域产生的火焰和烟雾，最快可在视频火灾图像出现后10秒内发出火灾报警信号。

江西省抚州市临川区也为文昌里历史文化街区筑起智慧"防火墙"。临川区推动安装"智慧用电"系统，"智慧用电"系统的全面应用实现了消防设施远程监控、远程报警，同时利用NB-IoT（窄带互联网）技术实时传输各类数据并进行汇总，立体呈现街区内消防安全状态。

3）多样的展示形式和内容促进历史文化名城走向公众

历史建筑的部分数字化内容作为城市文脉保存信息面向公众公开，广州借助"名城广州"微信公众号对外集中发布历史建筑相关信息，主要展示方式为广州历史建筑在线地图，地图以公众开放地图为底图，准确定位广州市公布的所有历史建筑，每个历史建筑包含名称、公布批次、建筑类别、建筑年代、建筑地址、建筑代表性照片、三维点云模型（部分）等信息，并在历史建筑保护标志牌上加装二维码与此公众号关联查询，并提供兴趣点、定位查询等功能，图6-22所示。此数据库与内部管理数据库不关联，但保持数据一致与同步更新。

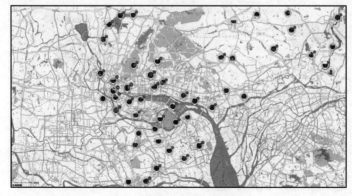

图6-22　历史建筑电子地图

为了帮助市民游客更好地了解历史建筑背后的故事，广州、上海等地为历史建筑配上了二维码"身份证"，市民游客用手机扫描二维码，手机上便会出现历史建筑的名字、地址、修建时间等信息，图片展示以及语音介绍的VR（虚拟现实）展示方式也能让沉默的历史建筑"活起来"。

　　扫描历史建筑上的二维码，不仅可以了解建筑的公布批次、建筑编号和类别、中英文简介等基本情况，还可以一边听着介绍，一边 360 度全方位观看建筑全貌、沉浸式参观建筑——这些都是四川省成都市为历史建筑保护标志牌增设二维码的工作成果，如图 6-23 所示。2022 年以来，成都市开展历史建筑保护标志牌增设二维码工作，建立面向公众的历史建筑在线展示系统，便于市民游客通过手机了解历史建筑的基本情况与历史价值。相关负责人说，部分建筑的二维码具有 VR 展示功能，未来将逐步为其他历史建筑的二维码增加这一功能。为完善历史建筑在线展示系统，成都市采用倾斜摄影、三维点云、全景影像采集等数字化方式，全方位、多角度记录历史建筑核心价值要素和现状保存情况，为历史建筑量身打造 3D "身份证"。

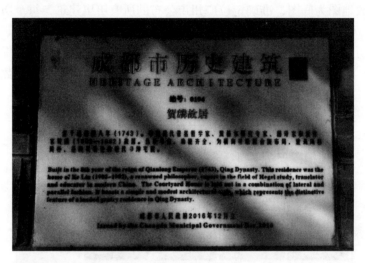

图 6-23　历史建筑保护标志牌及二维码、历史建筑展示系统

青岛在历史建筑挂牌保护全覆盖的基础上，2023 年，青岛市 13 处历史文化街区也有了"身份证"。标志牌使用黑色大理石制作，与历史建筑标志牌尺寸统一，左侧为街区的文字介绍，右侧为街区范围简图，右下角设置有二维码，市民游客扫描二维码可直接链接"青岛历史建筑"公众号，实现历史文化街区和历史建筑的信息共享。

4）新技术在历史文化名城保护利用监管展示等平台中的应用展望

人工智能技术及其他数字技术在历史文化保护中的应用主要体现在数字化和智能化的提升，以及通过新技术增强文化体验和传播的力度上。

AR 增强现实技术：这种技术通过在现实世界中叠加计算机生成的虚拟图像，提供一种混合视觉体验。在博物馆或展览中，AR 技术可以用于历史场景的立体呈现、场馆的导览定位以及文创 IP 的趣味塑造。虚拟现实（VR）技术：VR 技术通过头戴式显示器为用户提供一个完全沉浸式的虚拟环境，用户可以在这个环境中进行交互。在展示领域，VR 可以用来创建历史场景的复原、虚拟旅游以及模拟体验等。各种混合虚拟展示技术可以在未来的历史建筑、历史街区、历史城区的展示和宣传中带来更有体验性和知识性的方式。

全息投影技术：全息投影是一种无需任何物理载体即可在空中显示三维图像的技术，它能够创造出逼真的三维影像，常用于商品展示、舞台表演和各种演示中。

3D 打印技术：虽然 3D 打印通常用于制造实体物品，但它也可以与三维数字展示技术结合，用于制作历史建筑的复制品或者是特殊定制的文创产品。为未来的历史文化遗产资源的产品化和更广的传播带来便利。

人工智能，特别近期的基于机器学习的对文字、图片的处理扩展应用，已经在历史文化领域有部分扩展尝试，主要使用对象集中在高校和研究机构当中。应用内容主要集中在对各地传统建筑、传统街道的特征构件和风貌的图像识别和分类，对历史街区和历史城区的未来发展的预测和模拟，对文化遗产的潜在风险的预判和识别，进行预防性保护等。

当今各类新兴的数字技术和设备发展迅速，面向历史文化资源和历史文化名城保护体系的应用将变得越来越广泛，有助于更有效地保存和传承人类的文化遗产。

6.5 城市运行管理"一网统管"

6.5.1 现状与问题

为认真贯彻习近平总书记关于提高城市科学化精细化智能化治理水平的系列指示精神，落实《中华人民共和国国民经济和社会发展第十四个五年规划和 2035 年远景目标纲要》，推动建立国家、省、市三级城市运行管理服务平台"一张网"，住房和城乡建设部印发了《城市运行管理服务平台建设指南（试行）》《城市运行管理服务平台 技术标准》《城市运行管理服务平台 数据标准》（简称《数据标准》）、《城市运行管理服务平台 运行监测指标及评价标准》和《城市运行管理服务平台 管理监督指标及评价标准》，构成"一指南四标准"体系，是现阶段指导国家、省、市三级平台建设和运行的基本依据。

1）城市运行管理"一网统管"建设现状

城市运行管理"一网统管"作为现代城市管理的新模式，已经在多个城市得到广泛应用并取得了显著成效。这一模式的出现，不仅提升了城市管理的智能化、精细化水平，还有效地提高了城市管理效率和应对突发事件的能力。

当前，城市运行管理"一网统管"的建设已经取得了一定的成果。北京、天津、重庆、浙江、福建、山东、山西、湖北、海南、江西、四川、云南、黑龙江、吉林、辽宁、宁夏、新疆、青岛、杭州、沈阳、临沂、石家庄等地纷纷搭建起了城市运行管理平台，整合了各类城市管理数据资源，实现了数据的互联互通和共享利用。通过运用大数据、云计算、人工智能等先进技术，平台能够实时监测城市运行、管理、服务状态，及时发现并处理各类问题。

2）城市运行管理"一网统管"存在的问题

推进城市运行管理"一网统管"过程中，各地将面临流程再造阻力、数据流转风险和标准规范缺失三大挑战，亟需处理好跨层级跨部门关系、数据利用和数据安全关系、平台赋能和制度创新关系等三大关系。

（1）面临流程再造阻力

城市运行管理"一网统管"建设环节面临流程再造阻力，需处理好跨层级、跨部门业务关系。信息流、业务流的流转流程再造是"一网统管"改革成功的关键，背后是对事项要素监管权、事项处置决策权、处置过程监督权的透明化、开放化改革，涉及大范围、深层次行政管理体制约束，当前很多地方面临缺乏清晰的城市运行管理"一网统管"事项清单、流程再造难、统筹牵头部门与处置执行部门边界不清晰等问题，必须要厘清城市运行管理"一网统管"跨部门跨层级参与职责、分工边界、工作流程，围绕城市运行、城市管理、城市服务、综合评价等重点领域，逐步构建城市运行管理"一网统管"事项清单，固化形成运行实施管理办法和操作手册，确保事项依职能管理权与处置集中决策权的无缝衔接和动态平衡，形成城市运行管理"一网统管"的向心合力。

（2）数据流转风险

城市运行管理"一网统管"运行环节数据流转存在风险，需处理好数据利用和数据安全关系。城市运行管理"一网统管"依赖于海量数据汇聚和快速流转，确保数据安全的同时实现高效利用是城市运行管理"一网统管"改革成功的基础保障。各地在实际推进过程中普遍面临数据共享中梗阻、安全保障难度大等问题。在城市运行管理服务平台建设过程中，要制定统一的数据采集、汇聚、整合、共享、服务标准规范，分层分级开展数据治理，分层构建城市基础数据库、城市运行数据库、城市管理数据库、公众服务数据库、综合评价数据库和其他数据要素数据库，并同步规划设计基于隐私计算、区块链、数字签名等的可信计算环境，制定与之匹配的数据脱敏训练、加密运行等实施策略，建立基于业务的数据流转安全管控管理机制，从技术角度解决部门之间、区域之间的数据壁垒问题。

（3）标准规范缺失

城市运行管理"一网统管"处置环节缺乏规范指引与可持续运营机制，需处理好平台赋能和制度创新关系。相对于"互联网＋政务服务"确定性业务体系而言，城市运行管理"一网统管"是一项开创性、探索性的工作，面临的业务场景和处置对象更加复杂和特殊，加之各地各级行政管理体系差异较大，标准化技术平台和知识模板库难以完全覆盖，部分领域特别是街镇社区等基层业务缺乏专业运营队伍，业务和技术融合困难，可持续性服务不足。一方面，需要统筹城市运行管理"一网统管"的"技防"与"人防""数治"与"人治",基于城市管理、市域治理、城市生命线、燃气、供热、供水、排水、桥梁、地下管线、综合管廊已有基础平台,形成涵盖市、区(县)、镇(街道)三级贯通的城市运行管理服务平台,解决各职能部门服务申请和服务管理流程繁琐、响应不及时的问题。另一方面,要明确政府相关部门在统筹协调、审核把关、指导监督、执行处置等方面的权责利,积极探索首问、属地、就近管辖等配套机制,发展场景创新、数据管理、标准规范、运营服务等智库服务机制,多措并举保障城市运行管理"一网统管"高效推进。

6.5.2 建设内容

1)城市管理新技术应用

(1)物联网(IoT)技术

物联网技术通过将城市中的物品与互联网连接起来,实现智能化识别、定位、追踪、监控和管理。在城市管理中,IoT 可以用于城市生命线、市容环卫、园林绿化、停车等多个方面。

(2)大数据分析技术

大数据分析技术可以帮助城市管理者从海量数据中提取有价值的信息,优化决策过程。

(3)云计算

云计算提供了数据存储、处理和分析的远程服务,使得城市管理更加灵活和高效。通过云计算平台,城市管理者可以处理大量数据,提供更好的公共服务。

(4)人工智能(AI)

AI 技术可以模拟人类的决策过程,自动化处理复杂任务。在城市管理中,AI 可以用于案件智能识别、案件智能分配、智能客服、实时预警等。

(5)GIS 技术

GIS 技术用于捕捉、存储、分析和展示地理空间数据。它在城市规划、城市管理、城市运行安全等领域发挥着重要作用。

(6)区块链技术

区块链提供了一个去中心化的数据存储和传输方式,可以用于城市管理中的安全支付、智能合约、身份验证等。

(7)虚拟现实(VR)和增强现实(AR)

VR 和 AR 技术可以创建沉浸式的体验,用于地下管线巡查、高空问题识别等,提高巡查效率。

(8)5G 通信技术

5G 技术提供了更快的数据传输速度和更低的延迟,为城市管理中的实时监控、自动驾驶车辆等提供了技术基础。

(9)无人机技术

无人机(UAV)可以用于城市监控、城市管理、城市生命线运行安全、基础设施检查和维护等多种场景。它们能够提供实时的空中视角,帮助城市管理者更好地理解城市动态和需求。

(10)数字孪生技术

数字孪生技术作为新型智慧城市建设的创新引领性技术,能定义城市运行、管理、服务不同领域的运行指标范围，对构成城市运行、管理、服务等各类要素（人、部件、事件）进行全方位、多层次、多维度的跟踪监控，实现对城市日常状态的综合监测，包括指标管理、指标分析、智能预警，有利于打造孪生城市运行空间，强化城市大脑基础能力，实现全域时空数据融合。

2）城市运行管理服务平台

（1）管理体系建设

建设"一委一办一平台"工作体系。2023年4月21日，住房和城乡建设部城市管理监督局在京召开全国城市运行管理服务平台体系建设暨加强城市管理统筹协调工作视频推进会。会议要求，推广"一委一办一平台"工作模式。强化城市管理委员会（简称城管委）统筹协调能力，推动城市管理部门切实扛起城市管理委员会办公室职责，充分发挥运管服平台技术支撑作用。2023年11月10日，住房和城乡建设部在山东省临沂市召开加强城市管理统筹协调暨城市运行管理服务平台建设现场会。会议要求，要以习近平新时代中国特色社会主义思想为指导，深入贯彻党的二十大精神，夯实工作基础，创新体制机制，力争到2025年年底，全国地级以上城市基本健全"一委一办一平台"工作体系。重点抓好三方面工作：一是建立健全党委政府主要负责同志牵头的城市管理协调机制，切实解决城市管理工作不统筹、碎片化问题，整体提升管理效能。二是城市管理部门要切实承担起城管委办公室的职责，发挥好城市管理的统筹协调、督导服务作用。三是加快城市运行管理服务平台建设，以现代信息技术推动城市治理模式、治理手段、治理理念创新，推进城市治理体系和治理能力现代化。2023年12月21日至22日，全国住房城乡建设工作会议在北京召开。会议上，明确了2024年重点任务：进一步提高城市管理水平。深化改革，理顺体制，加强城市管理统筹协调，推动地级及以上城市建立"一委一办一平台"工作体系，推动城市运行"一网统管"，推动城管融入基层社会治理体系。

"一委一办一平台"工作体系，是各地贯彻落实党中央、国务院决策部署，在城市管理实践中探索形成的统筹协调工作机制，是实践证明行之有效的可复制、可推广的经验做法。其中，"一委"是指"城市管理委员会"，是由市政府主要负责同志任主任，相关部门单位和各县区政府（开发区管委会）主要负责同志任成员的城市管理综合协调议事机构；"一办"是指城市管理委员会办公室，设在城市管理部门，是城市管理委员会的具体办事机构，主要承担指挥调度、协调服务、监督考核等职责；"一平台"是指城市运行管理服务平台，是住房和城乡建设部在全国范围内部署推进的智能化城市管理平台，为城市精细化管理工作提供强大的技术支撑。这种机制已经在140多个地级以上城市得到实践，市委书记、市长亲自抓城市管理工作，实现全市一盘棋。

在"一委一办一平台"工作体系中，城市管理委员会统筹决策，城市管理委员会办公室协调落实，城市运行管理服务平台保障支撑，深度融合、一体协同，共同推进城市运行高效能、城市管理精细化和城市治理现代化。三者有机融合，上下贯通，左右协同，共同构建城市管理统筹协调新格局。

"一委一办一平台"工作体系是城市管理工作的重要抓手，而保障这一体系顺畅运行的关键在于三个方面：一是建立健全党委政府主要负责同志牵头的城市管理协调机制，切实解决城市管理工作不统筹、碎片化问题，整体提升管理效能。二是城市管理部门要切实承担起城管委办公室的职责，发挥好城市管理的统筹协调、督导服务作用。三是要加快城市运行管理服务平台建设，以现代信息技术推动城市治理模式、治理手段、治理理念创新，推进城市治理体系和治理能力现代化。

（2）应用体系建设

国家、省、市三级平台（图6-24）互联互通、数据同步、业务协同，共同构成"一张网"，构建"横向到边，纵向到底"的数据流转体系，支撑城市运行安全、城市综合管理服务，提高城市治理能力和风险防控水平。

依据建设指南、技术标准的相关规定和要求，三级平台依据自身的定位有着不同的建设目标：国家级、省级平台"观全域、重指导、强监督"，对城市运行管理服务状况开展实时监测、动态分析、综合评价，是统筹协调、指挥监督重大事项的监督平台；市级平台"抓统筹、重实战、强考核"，第一时间发现问题、第一时间控制风险、第一时间解决问题，是统筹协调城市管理及相关部门"高效处置一件事"的一线作战平台。

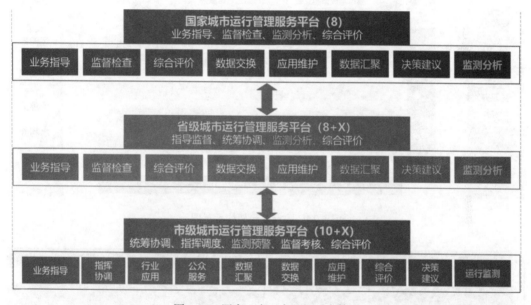

图6-24 国家、省、市三级平台体系

国家平台纵向与省级平台和市级平台互联互通，横向共享国务院有关部门城市运行管理服务相关数据，整合或共享住房和城乡建设部其他相关信息系统，汇聚全国城市运行管理服务数据资源，对全国城市运行管理服务工作开展业务指导、监督检查、监测分析和综合评价。

省级平台纵向与国家平台和市级平台互联互通，横向共享省级有关部门城市运行管理服务相关数据，整合或共享省级住房和城乡建设部门其他相关信息系统，汇聚全省城市运行管理服务数据资源，对全省城市运行管理服务工作开展业务指导、监督检查、监测预警、分析研判和综合评价。

市级平台纵向对接省级平台和国家平台，联通区（市、县）平台，覆盖市、区、街道（镇）三级，并向社区、网格延伸，与智慧社区综合信息平台、智慧物业管理服务平台等对接；横向整合对接共享市级相关部门信息系统，汇聚全市城市运行管理服务数据资源，对全市城市运行管理服务工作进行统筹协调、指挥调度、监测预警、监督考核、分析研判和综合评价。

国家平台与省级平台包括业务指导、监督检查、监测分析、综合评价、决策建议、数据交换、数据汇聚和应用维护八个系统，平台架构如图6-25、图6-26所示。其中业务指导、监督检查、监测分析、综合评价和决策建议五个系统为应用系统，数据交换、数据汇聚和应用维护三个系统为后台支撑系统。

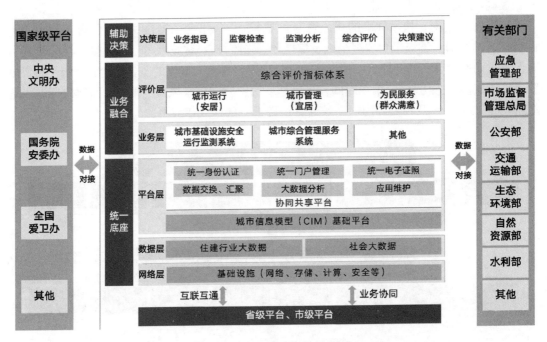

图 6-25　国家平台架构示意图

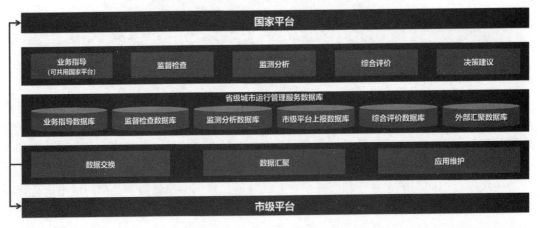

图 6-26　省级平台架构示意图

市级平台应包括业务指导、指挥协调、行业应用、公众服务、运行监测、综合评价、决策建议、数据交换、数据汇聚和应用维护等十个基本系统，平台架构如图6-27所示。市级平台应以城市运行管理"一网统管"为目标，综合考虑本市经济发展、人口数量、城市特点等因素，结合城市实际需要，拓展应用系统，丰富应用场景。

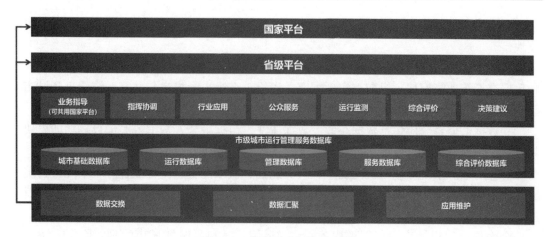

图 6-27　市级平台架构示意图

按照相关标准规范要求，市级平台既是城市运管服平台落地的基础，又是城市运管服平台建设的基础，因此本节重点介绍市级平台十个基本系统：

①业务指导系统包括政策法规、行业动态、经验交流、行政处罚等功能模块。用于汇聚、共享、展示和发布城市运行管理服务相关法律法规、政策制度、体制机制建设情况、行业动态、队伍建设、典型经验、行政处罚决定信息等。业务指导系统由国家平台统一开发，省、市可通过国家平台分配的单点登录账号和使用权限，共用该系统。对于省级平台、市级平台自行建设业务指导系统的，需将业务指导系统相关信息和数据及时共享至国家平台，方便在全国范围共享。

②指挥协调系统应依据现行行业标准《城市市政综合监管信息系统技术规范》CJJ/T 106—2010 的规定建设监管数据无线采集、监督中心受理、协同工作、监督指挥等子系统，并根据主管部门管理需要进行拓展建设视频分析、重复案件识别、案件智能分配等子系统，实现城市管理问题"信息采集、案件建立、任务派遣、任务处置、处置反馈、核查结案、综合评价"七个阶段的闭环管理。

③行业应用系统应适应城市执法体制改革要求，围绕城市管理主要职责，应建设市政公用、市容环卫、园林绿化和城市管理执法等相应信息化应用系统。

④公众服务系统是为市民提供精准精细精智服务的重要窗口，包括热线服务、公众服务号和公众类应用程序（APP）等，应能够为公众提供投诉、咨询和建议等服务，应具备通过指挥协调系统对公众诉求进行派遣、处置、核查和结案的功能，还应具备对服务结果及服务的满意度进行调查回访的功能。

⑤运行监测系统聚焦市政设施、房屋建筑、交通设施和人员密集区域等领域，对防洪排涝、燃气安全、路面塌陷、管网漏损、桥梁坍塌、第三方施工破坏等开展运行监测，对城市运行风险进行识别、评估、管理、监测、预警、处置，实现城市运行全生命周期监测管理。

⑥综合评价系统根据综合评价工作要求，通过实时监测、平台上报、实地考察、问卷调查等方式获取相关数据，对城市运行监测和城市管理监督工作开展综合评价。

⑦决策建议系统包括城市运行管理服务态势感知、部件事件监管分析研判、市政公

用分析研判、市容环卫分析研判、园林绿化分析研判、城市管理执法分析研判等功能模块。

⑧数据交换系统应包括接入平台配置、接口服务发布、接口服务订阅、接口状态监控和数据交换等功能模块。纵向上实现国家、省级、市级平台推送与共享系统信息和城市采集基础数据，横向上支持各级平台相关部门对接共享数据。

⑨数据汇聚系统应包括数据获取、数据清洗、数据融合、数据资源编目等功能模块，其目的是汇聚各级平台城市运行管理服务相关数据，形成城市运行管理服务数据库。

⑩应用维护系统应包括机构配置、人员配置、权限配置、流程配置、表单配置、统计配置和系统配置等功能模块。根据系统运维管理需要，对组织机构、人员权限、业务流程、工作表单、功能参数等事项进行日常管理和维护与设置。

全面加快建设城市运行管理服务平台，运用智慧科技赋能城市治理，是我国经济发展由高速增长阶段进入高质量发展阶段的必然选择，是助力构建新发展格局的有效支撑，也是提升城市运行效率和风险防控水平，增强人民群众获得感、幸福感、安全感的使命担当。而随着城市运行管理服务平台在各地的深入应用，其正在成为提升城市科学化精细化智能化治理水平的重要抓手，以及推动城市治理体系和治理能力现代化的强大支撑。

（3）数据体系建设

城市运行管理服务平台数据体系建设按照平台建设性质分为国家、省级、市级综合性城市运行管理服务数据库，其中国家平台、省级平台应建立包括业务指导、监督检查、监测分析、综合评价数据，市级平台上报数据和外部汇聚数据在内的综合性城市运行管理服务数据库，各省可根据实际需求拓展数据库内容。国家平台、省级平台的数据内容应符合《城市运行管理服务平台数据标准》CJ/T 545—2021 中第 5 章"国家平台数据"和第 6 章"省级平台数据"的规定。市级平台应建立包括城市基础数据，城市运行、管理、服务和综合评价等数据在内的综合性城市运行管理服务数据库。可结合实际，以需求为导向，在上述数据库内容基础上，按照"一网统管"要求，汇聚共享住房和城乡建设领域其他数据及相关部门数据，不断丰富扩大数据库内容，切实发挥数据库支撑作用。市级平台数据内容应符合《城市运行管理服务平台数据标准》CJ/T 545—2021 中第 7 章"市级平台数据"的规定。

3）城市管理综合执法信息化

推进城市管理执法智慧化升级。依托城市运行管理服务平台汇聚城市管理执法人员、执法案件信息，形成全省城市管理执法数据库并进行多维度统计分析，加强对各地执法工作的全过程监督，并与国家、省级平台实现联网运行和数据共享。推动各地市加快建设城市管理执法办案系统，利用移动执法终端、执法记录仪等智能装备，提高执法办案效率，实现执法办案全过程记录。鼓励各地利用信息化手段，加强对建筑垃圾、户外广告、餐饮油烟、门前三包、流动摊点等市容秩序的精细化、智能化管理。

6.5.3　建设成效

城市运管服平台作为开展城市运行监测和城市管理监督工作的基础平台，覆盖范围广，涉及部门多，是构建城市运行管理"一网统管"的基础，是党委政府抓好城市运行管理工作的重要抓手，是为市民提供精准精细精致服务的重要窗口。现阶段城市运管服平台以支撑城市运行安全、城市综合管理服务为主，随着"一网统管"体制机制逐步健全，运行管理服务应用场景不断丰富，再逐步向其他业务领域延伸拓展，平台通过数据驱动、人工智能、物联网等新技术，实现城市事件的自动发现、智能研判、快速响应，通过流程再造、业务融合等手段，推动城市治理模式从被动应对向主动预防、从单向管理向多元共治转变，借助新技术提升城市管理服务效率和水平。

1）时空大数据驱动技术赋能业务系统

时空数据是一种多维数据，它的结构异常复杂、同时拥有空间和时态特征。大数据技术指的是以大数据为主的应用技术，包含了大数据指数体系、大数据平台等，融合了数据收集、数据存储、数据检索等不同的技术优势，实现对庞大数据集合的快速处理、分析、传输。

利用时空大数据驱动技术，围绕城市部件事件监管、市政公用管理、市容环卫管理、园林绿化管理、综合执法、公众服务等领域，利用数据挖掘分析、数据预处理分析、数据可视化分析等技术，结合人工智能算法，构建时空大数据分析研判模型，研发智能化应用场景，对城市管理中各类事件数据、业务数据、结果数据及第三方数据服务等海量数据进行抽取、挖掘、交叉关联分析等，掌握热点、难点、高发问题规律，智能化地向城市管理部门提出预测、预报和预警等决策分析结果，实现业务系统赋能，城市运行管理效率提高。

当前，各城市数字化城市管理平台积累了大量城市管理领域的上报事件，通过事件数据，叠加行业系统业务数据、市民热线数据、舆情数据及手机信令等第三方数据服务，经统一处理、交叉分析，洞悉事件背后的行业规律，进行事件预测，出具资源调配和预案建议，提高监督管理效率。为此，设计城市管理事件洞察应用，以"全时空感知"为指导思想，实现人员、事件、位置等所有细节的多维度关联展示。主要用于事件之间的关联分析、实体之间的关联分析、实体与事件之间的关联分析等，可大大提高业务办理效率，提升业务部门运用大数据信息化的能力。

2）人工智能技术提升城市管理效能

人工智能技术，是研究、开发用于模拟、延伸和扩展人的智能的理论、方法、技术及应用系统的一门新的科学技术。人工智能技术是城市运管服平台实现全面透彻的感知、人性智能的决策必不可少的技术。通过人工智能的深度应用，能够在当前城市感知系统的基础上，实现城市管理质的飞跃。在城市管理领域，人工智能主要在语音智能识别、图像智能识别、视频智能识别、人工智能预测、重复劳动替代应用、大数据挖掘应用等方面具体应用，为城市运管服平台智能化赋能，提升城市管理水平及效率。

如图 6-28 所示，在语音智能识别方面，人工智能技术通过语音输入相应的案件信息、执法信息等；语音控制系统，即用语音来控制设备的运行，相对于手动控制来说更加快捷、方便，可以用在诸如语音拨号系统、智能设备等许多领域；智能对话查询系统，根据客户的语音进行操作，为用户提供自然、友好的数据库检索服务，例如查询服务。在视频智能识别方面，人工智能技术主要应用于智能监控中，在城市管理领域的具体应用场景包括，人脸识别、车牌识别、人员聚集检测、车流量检测等。通过固定摄像探头可自动识别范围内城市管理事件以及部件损坏等问题，并自动上报；基于车载移动摄像头在界面巡视过程中，自动识别出垃圾满溢、违规撑伞、出店经营等城市管理案件。

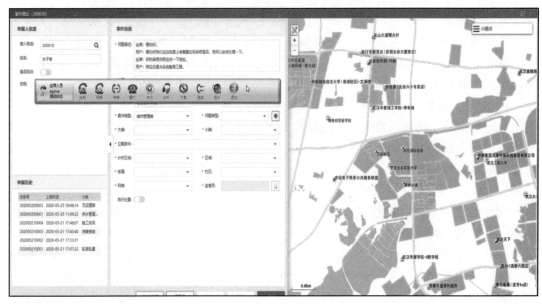

图 6-28　语音智能识别技术

3）物联网技术扩充城市管理应用场景

物联网技术是指利用各种信息传感设备装置与互联网结合起来形成一个巨大网络，其目的就是使所有物品都与网络连接在一起，使得识别和管理更加方便。传感器获得的数据具有实时性，按一定的频率周期性地采集环境信息，不断更新数据。物联网将传感器和智能处理相结合，利用云计算、模式识别等各种智能技术，扩充城市运行管理应用领域。

在移动监管对象管理中，针对可移位对象及频繁更换对象的有效监管，物联网技术可充分利用射频识别（RFID）标签定位技术，将合法、合规的监管对象安装可识别的电子标签，并通过 GPS/北斗定位设备进行位置监测。例如在机械化作业车、垃圾运输车等作业车辆安装物联传感器，通过网页和 APP 对机械化作业车辆实时位置、状态等信息进行综合监控，对作业人员等信息进行监管并根据作业规则自动统计报表，从而实现固废作业全过程实时化、可视化监控及应急指挥调度。物联网传感器技术可实时监测井盖等市政设施状态，以便及时掌握井盖的状态信息，一旦井盖等设施出现移位、倾斜、破损等异常情况，将通过物联网提醒用户这些井盖等设施的位置以及异常情况，同时通过服务器发出警报，通知管理人员，从而最大程度地避免人身伤害与财产损失。通过物联网技术对排水管网、泵站、闸阀、排污口、河湖水系的实时监测监控及升级改造，可建立对城市内涝等应急情况下的调度控制体系。

平台建设以构建党委政府领导下的"一网统管"工作新格局为指引，借助时空大数据驱动技术赋能城市运行管理业务系统，借助人工智能技术提升城市管理水平和管理效率，借助物联网技术扩充城市管理应用领域，通过新技术赋能城市运行管理服务平台建设，促进平台管理模式、管理手段、管理理念的进一步完善。

6.6 "数字城市"建设典型案例

6.6.1 合肥市智能化城市安全运行管理平台

1）建设背景

城市是经济社会发展和人民生产生活的重要载体，城市安全是实现城市科学发展的前提和基础。随着城镇化水平不断提高，城市运行中的各类问题也不断显现出来。以城市运行管网为例，近年来，由于部分城市地下管网规划建设滞后、年久失修、铺设不当，导致地陷、内涝、油气泄漏等事故时有发生，造成了巨大的人员伤亡和财产损失。由于历史原因和管理体制原因，地下管线基本上是由各建设单位各自为政、条块分割、多头铺设、各自管理，以至于各种管线重叠交错、杂乱无章。20多种管线，30多个职能和权属部门，现状不明，"家底"不清。一次次事故考验着城市地下管线的管理，而长期以来地下管线"重建设轻维护"的管理模式，也往往令"小患"积成大祸。在此种情况下，强化城市运行安全保障，有效防范事故发生，建设城市安全管理的智能化平台至关重要。

以习近平总书记为核心的党中央高度重视城市的安全发展。2015年12月21日，在中央城市工作会议上，习近平指出：要把安全放在第一位，并把安全工作落实到城市工作和城市发展各个环节各个领域。2018年1月，中共中央办公厅、国务院办公厅下发《关于推进城市安全发展的意见》，明确要求推进安全生产领域改革发展，切实把安全发展作为城市现代文明的重要标志，落实完善城市运行管理及相关方面的安全生产责任制，健全公共安全体系。2020年3月1日，习近平在武汉考察时指出：城市是生命体、有机体，要敬畏城市、善待城市，树立"全周期管理"意识，努力探索超大城市现代化治理新路子。

2020年4月1日，国务院安全生产委员会印发《全国安全生产专项整治三年行动计划》，专门提出了"城市建设安全整治"实施方案。"城市建设安全整治"实施方案由住房和城乡建设部牵头，强调要充分运用现代科技和信息化手段，建立国家、省、市城市安全平台体系，开展对建筑物、城市地下空间、市政基础设施、轨道交通等专项治理和常态化监控，推动城市安全发展和可持续发展。

2）建设内容

合肥市政府对城市安全高度重视，专门成立了合肥市城市安全运行管理工作领导小组，由合肥市城乡建设局牵头，联合市财政局、交通局、重点工程建设管理局，市供水、燃气、热电集团，合肥市城市安全监测运营公司（由北京辰安科技股份有限公司和合肥市建投集团合资成立），清华大学公共安全研究院等单位组成专项工作小组，以公共安全科技为支撑，融合物联网、云计算、大数据、移动互联、BIM/GIS等现代信息技术，透彻感知桥梁、燃气、供水、排水、地下管廊等地下管网城市生命线运行状况，分析生命线风险及耦合关系，深度挖掘城市生命线运行规律，实现城市生命线系统风险的及时感知、早期预测预警和高效处置应对，确保城市安全的主动式保障。合肥市城市生命线工程安全运行监测中心如图6-29所示。

图 6-29　合肥市城市生命线工程安全运行监测中心

合肥市城市生命线安全运行监测系统如图 6-30 所示。2015—2017 年实施一期工程，覆盖 5 座桥梁、2.5 公里燃气管网、24.9 公里供水管网。2018—2021 年实施二期工程，覆盖 51 座桥梁、822 公里燃气管网、760 公里供水管网、254 公里排水管网、201 公里热力管网、14 公里中水管网、58 公里综合管廊共 2.5 万个城市高风险点。目前正在实施三期工程，推进主城区和新建城区监测预警能力全覆盖，并延伸至区（县）重点区域，新增 6 万余个城市高风险监测点，全面提升城市安全风险防控能力。目前，已累计布设前端感知设备约 8.5 万套，覆盖 137 座桥梁、7316 公里管线，从部分重点桥梁、管道节点监测扩展到城区人口密集区、高风险区域全覆盖。

图 6-30　合肥市城市生命线安全运行监测系统

①燃气专项

合肥市按照统筹规划、顶层设计、资源共享、集约建设和高效利用的总体建设原则，对全市高风险燃气管线及其相邻空间进行监测，提升城市燃气风险监测能力；融合大数据、云计算等新技术，提升系统监测数据传输及分析能力，拓展风险隐患综合研判及耦合灾害模拟演练等分析服务功能。项目建设打通监测、预警及应急处置的闭环壁垒，综合提升了燃气安全运行监测预警和指挥调度能力。如图 6-31 所示。

图 6-31　合肥市城市生命线安全运行监测系统-燃气专项

通过安装在前端的可燃气体监测仪，实时监测燃气管网相邻地下空间中可燃气体浓度，同时耦合物联网、大数据、GIS、BIM 建模等技术，建立燃气管网与地下排污、排水及其他相邻空间的关系数据库。评估地下空间可燃气体泄漏、聚集、爆炸风险，形成泄漏地段的快速风险预警，降低密闭空间爆炸风险，减少燃气管网漏损。实现燃气管网及其相邻地下空间可燃气体泄漏、聚集动态风险预警、定位、评估等功能，同时集成溯源分析、扩散分析、爆炸模拟等功能，为燃气管线及其相邻地下空间可燃气体泄漏、聚集抢修提供决策分析与技术支持，为燃气集团等权属单位日常运营管理、燃气管线巡检养护、特殊事件应急疏散提供咨询服务。

②桥梁专项

合肥桥梁安全监测系统建设的目标是实现对合肥市桥梁安全运行的全时空、全生命周期的监测与管理，对桥梁的环境与外部载荷、结构静态响应和动态响应等参数进行实时监控，为桥梁安全预警、安全分析评估提供数据支持，及时了解结构缺陷与损伤，并分析评估其在所处环境条件下的可能发展势态及其对结构安全运营造成的潜在风险，实现对桥梁结构运营期的监测和管理，并为养护需求、养护措施等决策提供科学依据，保障桥梁的安全运营。如图 6-32 所示。

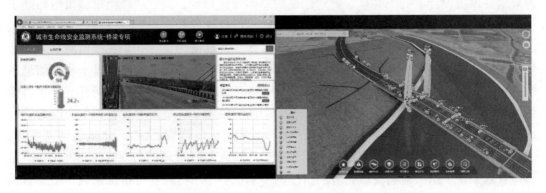

图 6-32　合肥市城市生命线安全运行监测系统-桥梁专项

合肥桥梁安全监测系统主要包括桥梁基本信息管理、监测信息可视化子系统、分析评估子系统、预警管理子系统、辅助决策子系统、巡检养护管理子系统，通过 24 小时动态监测，值守人员对发现的警报进行及时研判分析、发布预警，实现事前预警、协同处置和高效应对，保障合肥市主要桥梁的安全运行。

③供水专项

合肥市按照点、线、面相结合的原则，优先选择高风险区域、重点敏感区域和关系民生保障工程的供水管网进行监测系统建设，为合肥市城乡建设局、应急管理局、市政工程处、供水集团等单位提供数据支撑、技术咨询和培训服务，有效提升了城市生命线工程供水管网运行的安全性和精细化管理水平。如图 6-33 所示。

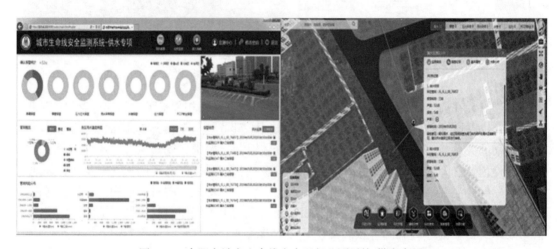

图 6-33 合肥市城市生命线安全运行监测系统-供水专项

通过系统监测运营可大幅降低城市供水漏损率，预防由于供水泄漏诱发的路面塌陷事件。针对第三方施工损坏供水管线问题，城市生命线工程安全运行监测中心与合肥供水集团形成及时互通信息、协同处置的对接机制，编制值守标准、现场抽检标准、分析技术规程、技术服务规范 4 套标准。

④排水专项

排水管网安全监测系统如图 6-34 所示，在一期试点项目成果的基础之上，按照统筹规划、顶层设计、资源共享、集约建设的总体建设原则，建立"合肥市城市生命线工程安全运行监测系统排水专项"和"合肥市排水信息化管控平台"。平台综合运用 MIS、GIS、BIM 等技术，构建一套以物联网、云计算、大数据为支撑，集在线监测、风险评估、预警分析、辅助决策、设施管理、防汛调度、日常办公等于一体的排水业务信息系统。同时，系统结合现有分流制地区雨污混接调查整改信息系统与厂站网智慧排水监管调度系统建设进度和应用功能，取消与建设中的分流制、厂站网项目有类似功能的管网地理信息系统、泵站调蓄池运行调度系统、污水处理运行监管系统、污水输送调度系统、组态监控系统、污水处理厂数据同步子系统，并接入排水管理部门现有门户网站、固定资产管理系统、水质监测系统、防洪指挥调度系统、排水行政许可审批系统、APP 管理系统。

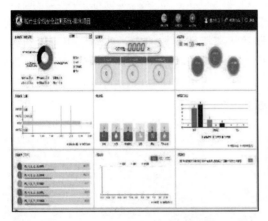

图 6-34   合肥市城市生命线安全运行监测系统-排水专项

在排水设施管理控制方面，实现"水质""水量""水位"的实时监测，排水系统安全可控，运行调度科学合理；在城市公共安全方面，实现排水管网、泵站及污水处理厂等排水设施运行风险早期预警，安全事件影响分析和综合研判，突发事件、次生衍生灾害应急辅助决策支持，全面提高合肥市排水运行风险防控能力和精细化管理水平，创新城市排水管理模式。

⑤热力专项

热力专项主要覆盖合肥市老城区一环内、市政务和省政务所包含的热力管线，如图 6-35 所示。通过感知设备实时采集管网运行数据，耦合物联网、大数据和 BIM/GIS 等技术，实现热力管网风险态势分布、管网泄漏在线报警及漏点定位分析、水锤预警分析、爆管预警分析、路面塌陷预警分析、次生灾害风险分析，以及爆管或路面塌陷等事故发生后的停热、开挖抢修、影响范围等辅助决策分析和技术支持，为热电集团等权属单位提供日常运营管理、巡检养护等咨询服务。

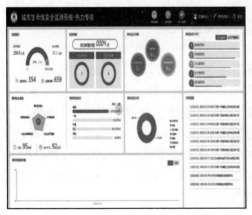

图 6-35   合肥市城市生命线安全运行监测系统-热力专项

⑥综合管廊专项

合肥市针对全市约 58.32 公里综合管廊及其入廊管线，安装部署廊内可燃气体智能监

255

测仪、智能红外多点在线监测仪、加速度计、高频压力计、管段式流量计等多类传感设备达 380 余套，系统同时接入廊内环境等其他监测数据，实现对综合管廊及入廊管线（含供水、污水、燃气、热力和电力）运行状态和异常状态特征参数的实时监测，快速诊断综合管廊及入廊管线的健康状况，对可能发生的异常状况进行提前预警，及时预测发生异常状况的位置，实现对状态异常可能产生的次生、衍生灾害事件风险区域的快速识别和预警，为异常事件的快速处置提供辅助决策支持。如图 6-36 所示。

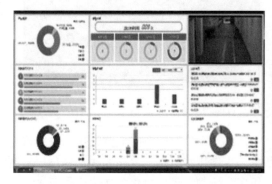

图 6-36　合肥市城市生命线安全运行监测系统-综合管廊专项

合肥市地下综合管廊入廊管线安全运行监测系统项目是国内较早将入廊管线安全监测纳入综合管廊整体安全监测范围的项目，在行业内具有示范意义。同时依托项目实施成果，编制完成《综合管廊信息模型应用技术规程》DB34/T 5074—2017、《综合管廊运维数据规程》DB34/T 3750—2020、《综合管廊运行维护技术规程》DB34/T 4288—2022 三项地方标准。

3）建设成效

（1）提升城市整体减灾防灾能力

实时采集汇聚桥梁、燃气、供水、排水和热力等城市基础设施以及城市安全生产运行信息，洞察城市运行规律，及时发现各种风险隐患，实现城市安全监管透明化、服务管理主动化，提升城市减灾防灾能力，提高民众生活安全指数。

（2）构建城市健康运行指标体系

编制了《城市生命线工程安全运行监测技术标准》DB34/T 4021—2021（安徽省地方标准）、《综合管廊信息模型应用技术规程》（安徽省地方标准）等标准规范，建立了系统建设、运行、维护、处置、决策和管理一体化的工作机制和流程。采集汇总并分析城市安全运行数据，基于公共安全科技理论及模型，构建城市基础设施及安全风险要素、风险区域整体辨识、风险要素相互作用、风险发生与演化机理，提取城市健康运行关键性评价指标。为城市安全运行提供有效管理工具和评价依据，促进政府及行业有关部门采取有效的改进措施，落实安全责任，不断提高城市安全监管能力。

（3）创新城市安全运行体制机制

针对城市基础设施权属复杂、多部门管理交叉、关联性强、缺乏统一技术支撑等难题，创新了城市安全管理的机制体制，在合肥市成立了国内首个 7×24 小时值守的城市安全运行监测中心，作为市级机构纳入合肥市安全生产委员会，形成了市政府领导、多部门联合、统一监测服务的运行机制。

6.6.2 亳州市城市基础设施生命线安全工程（一期）实践案例

1）建设背景

2018 年 1 月，中央办公厅、国务院印发《关于推进城市安全发展的意见》，指出"深入推进城市生命线工程建设，积极研发和推广应用先进的风险防控、灾害防治、预测预警、监测监控、个体防护、应急处置、工程抗震等安全技术和产品"。同年 8 月，安徽省委办公厅、省政府办公厅印发《关于推进城市安全发展的实施意见》，要求"深入推进城市生命线工程建设，建立集数据采集、管理、更新、分析于一体的城市地下管网地理信息系统，建设城市生命线工程安全运行监测系统，实现重大安全事件及时预警和快速响应"。2021 年 7 月，安徽省委办公厅、省政府办公厅印发《关于推广城市生命线安全工程"合肥模式"的意见》，明确要求"到 2022 年 6 月，各市全面完成城市生命线安全工程一期建设任务，基本构建以燃气、桥梁、供水为重点，覆盖 16 个市建成区及部分县（市）的城市生命线安全工程主框架"。

"看不见"的地下管网事关"看得见"的城市美好和百姓生活，也呼唤"看得见的责任"。由于长期积累的"重地上、轻地下""重面子、轻里子"城市建设"通病"，城市路面塌陷、燃烧爆炸、窨井伤人等安全事故频发，对城市公共安全造成很大威胁。项目在贯彻落实安徽省委、省政府印发的《关于推广城市生命线安全工程"合肥模式"的意见》基础上，通过深刻洞察城市安全运行规律，及时发现各种风险隐患，实现公共安全突发事件"从事后调查处置向事前事中预警、从被动应对向主动防控"的根本性转变，为城市安全、健康运行保驾护航，提升城市减灾防灾能力。

2）建设内容

亳州市通过认真摸排和档案整理，建成涵盖主城区 163 平方公里基础设施的基础数据库。利用物联网、云平台、大数据、公共安全模型算法等先进技术，对全市范围内管线管网空间情况、建筑密度、人流密度等建立风险评估模型，经过动态风险评估后，确定对 120 平方公里高风险区地上建筑、地面、交通、水系、植被、市政设施进行三维建模，并垂直叠加地下管线数据（包括燃气管网、供水管网、排水管网、桥梁等），按照"感、传、知、用"架构设计"1＋4"模式，即 1 个综合监测平台和 4 个专项系统（燃气、桥梁、供水、排水），建立一体化前端物联网感知体系，搭建城市生命线工程系统。其中，桥梁专项选择 17 座桥梁进行监测，铺设各类传感器设备 784 套，包括位移计、加速度计、高清摄像头等设备；供水专项铺设 304 个漏失在线设备监测仪；排水专项铺设传感器 114 套，包括流量计、雨量计等设备；燃气专项铺设 1840 个可燃气体监测仪。通过项目建设，实现桥梁基本信息管理、监测信息可视化展示、分析评估、预警，排水、供水管网运行实时监测、管网风险提前感知、灾害早期预警，燃气管网在线监测预警，做到重大风险区域监测全覆盖，并与城市运行管理服务平台融合。亳州市城市生命线安全运行监测综合系统如图 6-37 所示。

为了有效避免项目"重建设轻运营"问题发生，亳州市城市管理局按照"全面监测、专业运维、联动处置、属地管理、行业指导"原则，依据《城市生命线工程安全运行监测技术标准》DB34/T 4021—2021、《安徽省城市生命线安全工程建设指南（试行）》、

《亳州市突发事件总体应急预案》等法律法规、标准规范和文件，配套制定"亳州市城市生命线监测系统运行管理制度""亳州市城市生命线安全工程运行监测联动预警响应工作机制"，将城市安全运行监测职权明确落实到属地政府、11 家市级职能部门和 6 家相关企业，通过建立机制、完善制度、明确职责、规范流程，保障城市基础设施安全稳定运行，提升城市安全能力。亳州市城市生命线安全运行监测系统实际运行效果如图 6-38 所示。

图 6-37　亳州市城市生命线安全运行监测综合系统

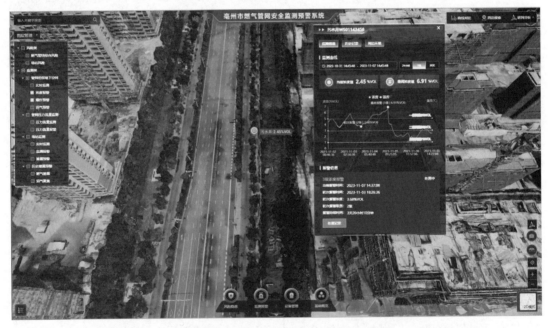

图 6-38　亳州市城市生命线安全运行监测系统实际运行效果图

3）建设成效

项目运行以来，累计监测到窨井沼气堆积浓度超限报警 220 起，供水管网漏失报警 18 起，雨污水井液位超高报警 56 起，工地施工降水偷排报警 1 起，并按照"亳州市城市安全运行风险监测预警联动工作机制"高效协同处置风险，有效防范了城市生命线突发事件的发生；编发监测周报 56 期，专报 25 期，月报和季报共 11 期，有效提高了发现问题和解决问题的能力，市民关心、社会关注的热点、难点问题得到有效解决，城市运行安全保障水平明显提升。

（1）提高城市管理效率，降低建设运营成本

项目集约化建设和运行，为市政府、市住建局、市城管局、市应急局、新奥燃气公司、供水集团等相关单位和部门提供跨部门、跨行业的城市生命线安全监管服务和应急辅助决策支持服务，提高城市生命线安全风险管控能力，从整体上提升管理效率，降低建设和运营成本。

（2）及时发现安全风险，有效降低经济损失

亳州地下管网数量庞大、新老并存、结构复杂，经常造成停水、停电、通信中断引发的灾害性事故。项目自运行以来，累计监测到燃气管网沼气预警、燃气调压柜泄漏、供水管网爆管、城市内涝报警 360 余起，相关警情均及时推送至相关单位并高效处置风险，减少灾害事故发生，降低城市生命线及其次生衍生灾害造成的经济损失。

（3）助力安全产业发展，加快推动产业升级

项目在沿用"合肥模式"的基础上，创新应用场景，对重点关注区域全覆盖、联片成面，构建"一体化、可视化、实时化、智能化"的安全运行监测体系，扩大服务范围，完善城市安全基础防控体系，支持公共安全科技研发和产业孵化，打造符合公共安全产业发展的经济结构和产业布局。

6.6.3 广西壮族自治区城市体检信息平台及城市信息模型（CIM）基础平台

1）建设背景

为贯彻落实网络强国、数字中国、智慧城市战略决策部署，加快推进广西壮族自治区新型城市基础设施建设及"数字住建"工作，广西壮族自治区住房和城乡建设厅以习近平总书记关于城市体检工作的重要指示精神为指引，按照《关于开展城市信息模型（CIM）基础平台建设的指导意见》（建科〔2020〕59 号）、《关于加快推进新型城市基础设施建设的指导意见》（建改发〔2020〕73 号）、《住房和城乡建设部关于开展 2022 年城市体检工作的通知》（建科〔2022〕54 号）等文件要求，于 2022 年 12 月正式启动自治区城市体检信息平台及城市信息模型（CIM）基础平台的建设工作。

CIM 基础平台作为新型智慧城市建设中的重要信息基础设施，是提升城市治理能力现代化工作中的"桥头堡"。将 CIM 基础平台与城市体检相结合，为解决"城市病"提供精准、科学的决策支撑，助力推动城市智慧建设的高质量转型，进一步提升城市综合治理能力和效率。

2）建设内容

本案例以自治区城市体检工作为切入点，基于住建厅信息化建设现状，汇聚融合二三维时空基础数据、资源调查数据、工程建设项目数据、物联感知数据、公共专题数据等数据资源，构建广西壮族自治区统一的三维空间数据底座，为自治区相关部门提供统一、权威、准确的空间数据与服务支撑；在此基础上，搭建覆盖自治区、市、县三级的城市体检业务平台，提供"数据采集、问题诊断、体检报告生成、更新评估、监测预警"等功能，运用数字化、信息化手段促进城市体检评估模式数字化转型，实现城市体检工作模式精准化、轻量化、效率化的提升，为城市更新有序有效开展奠定坚实基础。

平台旨在支撑全区各地市、县（区）通过一个信息化平台开展城市自体检工作，通过灵活的指标体系构建、空间数据与指标匹配、智能评估与治理等功能实现体检工作的数字化、智能化，方便全自治区各层面开展城市体检并进行统筹管理。

通过开展体检工作将体检业务数据与基础空间数据汇聚至自治区 CIM 基础平台，形成住建领域空间业务数据汇聚的统一入口，构建全区住建一体化数据资源。目前汇聚了房屋建筑和市政设施普查数据等 6 大门类、10 大类、21 中类的数据资源（图 6-39～图 6-41），包含全自治区 2112 万栋房屋建筑、7890 条市政道路、1980 座市政桥梁、185 座供水厂，支撑自治区推动好房子、好小区、好社区、好城区建设。

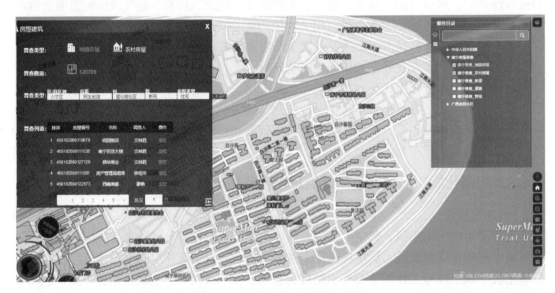

图 6-39　城市底图-房屋普查数据

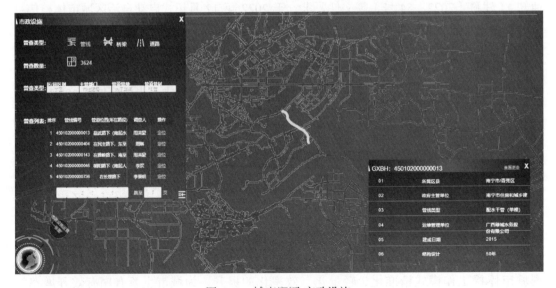

图 6-40　城市底图-市政设施

图 6-41　城市底图-工程项目数据

房普和市政等作为城市现状数据，在体检移动端作为底图支撑建筑、小区、社区、城区等业务数据采集；在体检系统，作为现状数据，基于智能算法模型分析城市病、自动生成城市体检报告等；在体征系统上依托物联网设备，结合空间基底，展示城市生命体动态变化，如图 6-42 所示。

图 6-42　城市体征动态展示

3）建设成效

①实现跨部门数据共享，有效促进业务协同

自治区城市信息模型（CIM）基础平台持续开展与自治区共享交换平台、住房和城乡建设厅数据资产门户、老旧小区改造项目信息管理系统、房屋建筑和市政设施普查系统、城乡历史文化保护信息平台的对接工作，整合城市发展不同阶段、不同业务系统中的空间数据和业务数据，解决了各部门、各系统之间的数据融合难、信息共享难和业务协同难的问题，提高政务数据使用效能。

②业务赋能，提升城市现代化治理能力和水平

通过 CIM 基础平台和城市体检的融合应用，为自治区答好推进治理体系和治理能力现代化的时代命题起到了良好的示范作用。一方面，CIM 基础平台为城市体检提供了数据及技术的有效支撑，赋能城市体检工作，使其更科学、更精准；另一方面，城市体检评估的结果为 CIM 基础平台提供反馈，进一步助推 CIM 基础平台的发展。

③降低地市信息化建设及城市体检工作执行成本

自治区城市体检信息平台和 CIM 基础平台按照"统一建设、分布式应用"的理念建设，可为不具备此类业务信息化建设条件的市/县提供空间数据的托管与应用服务，降低市级信息化的建设成本投入；此外，依托 CIM 平台的基础数据，结合体检平台内置的专业算法模型，可实现部分体检指标的自动计算和智能辅助分析诊断，由人工转为系统，大大降低执行成本和门槛。

6.6.4 广州 CIM＋名城信息管理平台

1）建设背景

广州具有 2200 多年的悠久历史，是我国首批"历史文化名城"，也是中国近现代革命的策源地。2018 年，住房和城乡建设部在 BIM 技术应用的基础上提出了建设城市信息模型（CIM）的构想，北京城市副中心、广州、南京、厦门、雄安新区被列为运用 BIM 系统和 CIM 平台建设的试点。2019 年，住房和城乡建设部办公厅发布《关于开展城市信息模型（CIM）平台建设试点工作的函》，广州被列为首批 CIM 平台建设两个试点城市之一。2020 年，住房和城乡建设部等七部门印发《关于加快推进新型城市基础设施建设的指导意见》，提出要"全面推进 CIM 平台建设"的重要任务，广州也被列入全国首批新型城市基础设施建设试点城市。为了贯彻落实习近平总书记 2018 年视察广州的重要讲话精神，更好地完成 CIM 平台建设试点工作，广州市规划和自然资源局、广州市城市规划勘测设计研究院提出"CIM＋名城"创新工作模式，在主编行业、地方标准的基础上，历时两年建设了广州 CIM＋名城信息监管平台。

2）建设背景

（1）数据资源

平台采用 OGC/IFC/I3S/STEP 的统一数据模型，可实现海量数据异构与轻量化，全面兼容各类三维数据的无损处理，具备管理 TB 级地形影像栅格数据、TB 级倾斜摄影数据、精细手工单体化模型数据、千万级构件数量的 BIM 模型、TB 级点云数据的能力。目前纳入了多年份影像、政务电子地图、名城"一张图"、兴趣点（POI）、三维整体模型、三维 max 模型、点云、BIM、规划信息、视频、照片等信息，建立了名城三维数据库，数据量超过 10T。

以广州全市域高精度数字高程模型（DEM）和 18 个年份的数字正射影像图（DOM）为基础，建立了三维基底；利用广州市最新版的 1：500 地形图，生产了全市 430 万个房屋白模；纳入全新的 2020 版广州市 8 个级别的政务电子底图，采用矢量地图全新模式发布。

以三维基底为基础，对历史文化名城保护"一张图"、土地利用总体规划、控制性详细计划等二维名城成果进行三维化改造升级。

历史文化名城保护对象体系的多维数据包括历史城区、历史文化街区、不可移动文物、历史建筑、传统风貌建筑、历史风貌区、历史文化名村名镇、历史文化名镇、传统村落、古树名木、传统骑楼街等，信息字段包括名称、位置、保护界限、保护要求等，几乎涵盖了保护的各个要素。

平台汇集了历史城区从清末到1955年4个年份的线划地图，1955—2020年14个重要时间节点的影像图，通过梳理的不同时间节点重要事件，展现了城市历史文脉的变迁。平台还收集了2016年和2020年两年恩宁路区域的三维模型，通过三维模型的动态比对，从三维视角展示城市变迁。

（2）平台功能

平台在三维环境中，实现了查询定位、地图浏览、信息统计、属性查询、空间量算、空间分析等常规GIS功能，还具有光影控制、方案对比、档案管理、BIM应用特色功能。

在编制BIM国家标准、名城保护地方技术标准的基础上，提出了"CIM＋名城"概念，平台建设以此为主线，融合了BIM、GIS、融合遥感（RS）、虚拟现实、高仿真等技术，采集了恩宁路区域3厘米精细三维模型、高精度全景影像、点云等数据；制作了超过2700平方米的BIM，建立了100多项BIM参数化族库；制作了恩宁路区域高精度LOD4级max模型，对细节超过0.2米的凹凸均建构了几何模型。以这些数据为基础，实现了多方面CIM-BIM应用，如图6-43所示。

图6-43 城市变迁

①街区盒子

首次提出"街区盒子"概念，对广州26片历史文化街区的核心保护范围、建控地带、环境协调区分别按照控高要求，自动分色生成三维半透明"盒子"，直观展示不同类型建筑的数量和分布，即时统计建筑物数量、建筑基底面积、总建筑面积等信息，如图 6-44、图 6-45 所示。

图 6-44　街区盒子　　　　　　　　　图 6-45　图属联动查询与展示

②基于 BIM 的设计方案评价与分析

平台利用 BIM 技术，使用定量和定性的指标，进行多个建筑设计方案评价与比对（图 6-46），包括控制性详细计划、土地利用总体规划、控高、间距的合规性分析，以及流线设计、景观协调性等综合分析。

图 6-46　同角度多方案对比

③历史建筑的保护与利用管理是一项重要内容，平台对历史建筑 HBIM 进行了价值要素、特色部位的认定，并利用参数化族库制作了多样式构件，可按要求进行替换，为设计、审批和决策提供直观、可量测依据。

④利用 BIM 技术制作了文物、历史建筑的单体构件，并按照建造过程赋予时间属性，可动态模拟还原建筑物建造过程，如图 6-47 所示。

图 6-47 动态模拟还原建筑物建造过程

⑤平台利用高仿真渲染引擎和专业级 GPU 计算,可实时模拟太阳光、月光、天光、大气等效果,支持基于物理材质的渲染(PBR),支持动态水和动态海水。利用制作的精细 BIM 模型和高精度 max 模型,可实现空中、地面(如恩宁路)、河流(如荔枝湾涌)等大范围高仿真展示,也可实现单体建筑室内及室外,单个构件的精细化表达,体现了"绣花"功夫。

⑥广州市已完成 815 处历史建筑、部分街区的数字档案,包括三维模型、点云、平立剖、照片等,平台建立了文物、历史建筑等名城资源的数字化三维档案模块(图 6-48),以 BIM 为基础,在三维空间内可同步调用多形式、多视点的点云、图纸、照片、保护规划等档案信息。

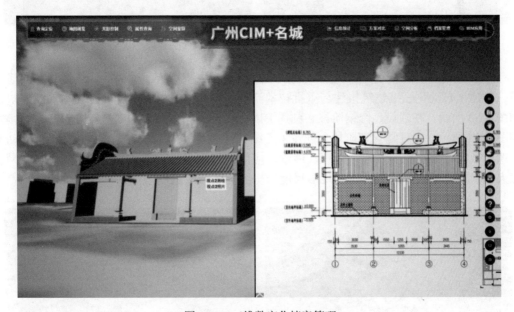

图 6-48 三维数字化档案管理

3)建设成效

平台管理了广州市 40 年的名城成果,实现了名城保护工作从二维到三维、从宏观到精细、从数字化到智能化的跨越。

（1）创建了双引擎架构，实现了游戏引擎与地理信息引擎的深度融合，使得平台兼具游戏引擎强大的三维渲染能力与GIS平台强大的空间分析能力，如图6-49、图6-50所示。

图6-49 海量建筑白模统计分析　　　　图6-50 点云、BIM等多源异构数据融合分析

（2）多尺度三维场景分析与模拟仿真，研究开发了一系列三维场景分析与模拟仿真功能，包括三维场景分析（图6-51）、模拟仿真分析（图6-52）等。

图6-51 三维场景分析　　　　　图6-52 恩宁路历史文化街区夜景模拟

（3）实现了"规—建—管—用—监"全流程智能化监管与辅助决策。在规划与报建阶段，创建了自动化三维建筑报建与审批技术流程，设计了报建方案合规性自动判断模块，如图6-53所示。在建设、修缮阶段，利用BIM技术实现历史建筑的虚拟建造与修缮管理，如图6-54所示。在日常管理阶段，创建了三维数字档案管理技术，构建了一套不可移动文化遗产数字档案制作、入库、管理、展示、应用的完整流程。在监测阶段，采用物联网、无人机、遥感等技术的组合，实现多尺度历史文化名城的智能监测。

图6-53 三维建筑报建与审批　　　　　图6-54 修缮管理

（4）编制了历史文化名城地方标准。在数据建库、平台开发的基础上，总结成功经验，2022 年编制了广州市地方标准《历史文化名城空间数据标准》DB4401/T 174—2022（图 6-55）。

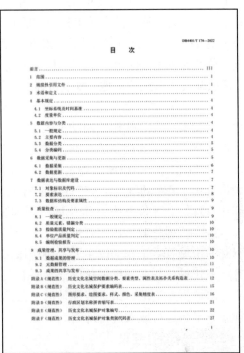

图 6-55　历史文化名城地方标准

6.6.5　青岛市城市运行管理服务平台

1）建设背景

当前，我国的城镇化建设已经进入下半场，高品质的城市环境成为人民群众安居乐业的重要因素，精细化的城市管理成为城市管理部门工作的主攻方向。然而，城市管理工作点多面广，城市管理问题难治理、易反复，传统的行业监管模式已难以满足城市精细化管理需求和市民对美好城市生活的新期待。为此，本章精选具有代表性的城市运行"一网统管"案例，详细解读其实施背景、主要做法、取得成效及经验启示，为其他城市推进"一网统管"提供借鉴与启示。

近年来，青岛市深入贯彻住房和城乡建设部关于城市运行管理服务平台建设的工作部署，准确把握"一指南、两标准"有关要求，紧紧围绕"城市运行安全高效健康、城市管理干净整洁有序、为民服务精准精细精致"总体目标，高质量完成了城市运行管理服务平台建设，已经形成较为完备的城市运行管理服务体系，平台运行成效日益凸显，市民获得感、幸福感、安全感显著增强。

2）建设内容

（1）"一委一办"运行情况

青岛市成立了由市长任主任的城市管理委员会（简称城管委），统筹城市运行管理服务各项工作，由市城管局局长任城市管理委员会办公室主任，牵头抓好城管委决策部署的贯彻落实，并依托运管服平台打造中枢指挥部，构建了一委（城管委）—办（城管办）—平台（运管服平台）的运行模式，实现城市运行管理服务事项高效协同处置。制定了《青岛市城市管理委员会议事规则》，形成了 45 家单位共同参与的协调机制。

青岛市委、市政府高度重视，顶格推动城市管理工作，高规格召开全市城市管理工作会议，印发《关于建立健全城市精细化管理长效机制的意见》，为城市管理工作提供了制度保障。定期召开全市城市管理工作推进会议、专题会议，形成了"大抓城市管理"的鲜明导向。优化市城管委（办）组织架构，构建了市城管委"办公室 + 17 个专项小组"工作模式，各项配套措施逐步落地。城市精细化管理单独列项纳入全市高质量发展综合绩效考核，定期开展城市管理综合考评，设立市内三区奖补资金和城市管理综合评价专项奖励资金，考评结果与奖补资金挂钩，调动了区（市）、街道工作积极性。

近 2 年，城市管理委员会办公室共印发城市管理相关文件 75 份（2021 年印发 52 份，2022 年印发 23 份），以城管委名义召开城市管理协调会议 4 次。2020 年印发《2020 青岛市城市管理工作标准》，城市管理标准有关工作走在全国前列。2022 年印发《青岛市城市精细化管理综合评价办法》，围绕城市管理统筹协调工作要求，规范了城市精细化管理评价工作，进一步强化城市运行管理服务平台综合评价，充分发挥考核评价指挥棒作用。2021 年召开的市城管委工作会议主要是协调城市管理维护费用投入事宜，部署道路交通秩序、提升环卫机械化作业和精细化保洁水平有关工作；2022 年召开的市城管委工作会议重点围绕研究协调拆违治乱、架空线缆整治、公路铁路两侧环境整治等工作，并就提升城市运行管理服务平台运行成效进行部署。

（2）"一平台"建设

高效推进"城市管理一张网 2.0"建设，全面建成城市运行管理服务平台 10 大系统、34 个特色应用场景，在全国范围内率先通过住房和城乡建设部验收。扩展"高、中、低"立体化感知手段应用，建立"主动 + 被动 + 自动"的全方位感知体系，城市运行管理服务平台发现处置各类城市管理问题 839.12 万件，结案率为 99.89%。升级完善运管服平台 26 个子系统 240 余项内容，实现"一部手机知城管家底""一个平台统城管执法"，城市管理"慧治"水平显著提升。

3）建设成效

（1）数据融通共享激活"城管大脑"

青岛市城市运行管理服务平台建设城市运行管理服务大数据中心，汇聚 18 个城市管理行业和 30 个市直部门（区市）数据，梳理建立 6424 项数据目录、45 个专题数据库。截至 2023 年底，可共享 API（应用程序编程接口）1436 个，总数据量达 2564G，实现城市管理领域数据全行业汇聚、应用。平台接入全市渣土车、环卫作业车辆、燃气站点、供热站点等与城市管理和运行安全密切相关的监控视频、物联感知数据，与全市城市管理领域无人机、视频采集车等智能终端进行有效链接，实时获取城市运行管理动态数据，为场景应用、指挥调度、决策分析提供有效支撑。

平台建设"城管家底一本账"，整合城市基础信息、环境卫生、燃气供热、市容景观、综合执法等方面的行业信息，汇集 15 个模块、1090 项指标，可直观展示各项指标的当前值、期度变化值、增速等，并支持趋势分布、时间趋势、结构分析、明细清单等多维度分析，全面高效掌握城管行业"家底"，让城市管理者手中有"屏"、心中有"数"、决策有"据"。

（2）场景加速落地赋能"绣花功夫"

智能化的场景应用是城市精细化管理的助推器，也是"一网统管"的关键所在。青岛市城市运行管理服务平台通过不断建设完善智慧供热、智慧燃气、智慧广告、智慧物业、建筑垃圾监管、责任区管理、执法办案、规划执法、违建治理等34个行业应用场景，促进行业管理目标量化、标准细化、职责分工明晰化，赋能城市精细化管理，提升城市治理效能。

以环卫行业为例，在道路保洁自动化监管场景中，通过在全市800多辆机械化保洁车辆上加装作业传感器，实时采集环卫车辆机械化作业状态，自动比对作业电子台账，实现清扫、冲洗、洒水作业量完成情况自动计算、自动监管。该应用场景上线以来，环卫机械化作业监管效率比人工检查的效率提高了16倍以上，主次干道智能监管覆盖率从5%提高到100%，道路保洁作业完成率从60%提高到95%以上。在垃圾分类监管场景中，将全市5600余个垃圾分类小区、1.5万个收运点位、900余条收运路线、47座垃圾处理设施等纳入系统监管，实现对分类投放、分类收运、分类处置的全过程电子监管。

为使"绣花功夫"精益求精，平台还探索建设道路保洁精细化管理场景，在出租车上安装180余套道路尘土在线监测设备，对全市1800余条道路实施精准管控，通过每3秒上传一组监测数据，实时绘制出道路尘土污染云图，直观呈现城市道路的尘土污染状况。当发现某路段尘土量超标时，智慧派单系统会根据污染程度下发指令给相应环卫作业队伍，要求增加作业频次，确保道路保洁作业质量达标，实现道路保洁从考"频次"到考"质量"，从"平均治理"向"精准治理"的转变。

（3）服务拓展升级解码"大城善治"

青岛市为畅通市民参与城市管理渠道、为市民提供精致多元的城管服务，在运管服平台开发建设了"点靓青岛"，现整合至"爱山东政务服务"平台（包括APP和小程序），涵盖"家政服务""垃圾分类查询""公厕导航""灯光秀时间""便民摊点群查询""广告招牌前置服务"等模块，市民诉求"一键即达"，城管服务"指尖可享"。其中，市民可通过"我拍我城"和"有奖随手拍"模块上报城管问题，并可通过手机端随时查看处置进度，实现城市管理问题"掌上报、掌上问、掌上查"。"我拍我城"模块自运行以来累计接收和处置市民诉求88万余件，为城市精细化管理注入全民化动力。"有奖随手拍"模块聚焦市民身边多发的突出的城市管理问题，对5大类13小类问题按照层级进行有奖举报，市民参与热情高涨，截至2023年底共受理市民反映问题7.1万余件，奖励市民3.1万余人次。

6.6.6　沈阳市城市运行管理服务平台

1）建设背景

近年来，沈阳市深入学习贯彻习近平总书记"城市管理应该像绣花一样精细"的重要指示精神，秉持"绣花匠心抓管理、全程全域求精细"的理念，以全面提升城市宜居品质为目标，坚持制度创新、科技赋能，构建"一委"统筹决策、"一办"协调监督、"一平台"技术支撑的工作体系，持续提升城市管理科学化、精细化、智能化水平，不断增强人民群众获得感、幸福感、安全感。

2）建设内容

（1）"一委一办"运行情况

按照《市委编委关于调整沈阳市城市精细化管理工作领导小组组成人员的通知》（沈编

发〔2022〕36号）要求，沈阳市城市精细化管理工作领导小组由市委书记和市长共同担任组长，市委宣传部部长、主管城建城管副市长担任副组长，成员单位由36个市直部门及单位和13个区、县（市）党委、政府组成。领导小组办公室（简称市精管办）设在市城管执法局，负责日常工作，办公室主任由市城市管理行政执法局主要负责同志兼任。为打造高品质城市环境，坚持"日检查、周例会、月通报、季观摩"调度推进机制，发挥市精细化管理领导小组统筹协调，高位推动作用；落实"条抓块包"责任制度，发挥市直部门行业牵头引领作用，压实各地区及街道办事处城市管理基层主体责任；抓住季节规律、结合工作安排，开展多轮次专项行动，打造了一批城市管理标杆地区和路长先进工作模范典型。

（2）"一平台"建设情况

2021年，沈阳市成立工作专班，市领导牵头全力推进城市运行"一网统管"建设工作，促进形成"精管、共管、智管"的精细化管理工作格局。2022年，聚焦数字赋能城市精细化管理，响应住建部要求，依据《城市运行管理服务平台技术标准》CJJ/T 312—2021、《城市运行管理服务平台数据标准》CJ/T 545—2021等标准规范，结合沈阳实际，搭建"1·1·6＋N"业务架构，推进沈阳市精细化管理一网统管（运管服）平台建设。

1个综合数据库建设。按照充分共享、集约建设的原则，沈阳市打破部门壁垒和数据鸿沟，依托市数据共享交换平台，推动建设1个综合性城市运行管理数据库，实现多维数据融合打通。其中地理空间及行业管理设施等数据借助市勘测院、勘测院资源，实现底图、城市信息模型、兴趣点的统一应用，相关行业管理数据按照沈阳市"城市运行一网统管"要求，通过数据交换汇聚系统与国家平台、省级平台及沈阳市其他部门相关行业系统的数据进行汇聚、交换、共享，驱动数据智能决策。通过建立全市统一的数据标准，打造规范化的数据采集和共享交互模式，持续对平台内1551个单位数据进行汇聚完善，将运行数据真正统起来、管起来、用起来。

1个业务处理核心系统建设。基于沈阳市数字城管系统，扩展建设重点任务反馈、协同慧治、数据填报等子系统，实现城市管理案件闭环高效运转。其中沈阳市数字化城管平台已建成监管数据无线采集、监督中心受理、协同工作、监督指挥、绩效评价等模块，实现了城市运行管理问题的"发现—推送—处置—反馈—评估"闭环管理，平台每月受理案件超10万件。重点任务受理反馈子系统具备接收、办理和反馈国家和省级平台监督检查系统布置的重点工作任务的功能，并能够支撑住房和城乡建设领域巡查事项清单问题的发现、转办和处置。

"6+"应用系统建设。即基于市政、园林、市容、环卫、亮化、执法6大行业应用，持续拓展综合评价、运行监测、公众服务等应用系统。一是针对6大行业，建设执法办案、执法监督、执法队伍及人员管理、智慧道桥、规范挖掘、户外广告、门前三包、市容秩序、照明亮化、绿地维护、树木管养、渣土清运、道路保洁、垃圾清运、公厕监管等具体应用。二是建设运行监测系统，通过全面汇聚供水、燃气、供热城市运行资源，建设安全态势一张图，并接入沈阳市城市安全风险综合监测预警平台，实现综合监管和智能监测。三是建设综合评价系统，涵盖评价指标管理、评价任务管理、实地考察、评价结果生成等功能模块，将管理评价和运行评价指标落实到城管、应急、建设、房产、公安等20个市级部门，基于路长制等评价机制对各项工作进行评价。四是整合沈阳市现有城市管理微信公众号功能，升级沈阳数字城管微信小程序，满足市民诉求办理和便民服务的需求。

"N"个智能场景建设。基于沈阳市一网统管建设成果，打造沈阳市运管服平台综合决策一张图，对指挥协调、行业应用、运行监测、公众服务、综合评价等系统产生的数据进行分析研判，打造"控渣土""扫净路""柔性执法"等N个智能化应用场景，形成独具沈阳特色的场景仓库，为各项业务管理提供科学决策支撑。

3）建设成效

在城市运行方面。在燃气领域，已整合管网数据9914公里、管线节点738406个、凝水缸21114座、阀门3777座，确定重点监测点位164处，完善"1+7"的燃气安全风险监测预警体系。在供热领域，已完成和平、沈河、大东三个区共23家供热单位、324.98公里地下管线的普查工作，并安装管道温度、压力、流量、用户室温监测点，对热力管网及换热站进行安全运行监测。在排水领域，安装280台感知设备，对排水管道进行监测，可实时传输管网水位、流量状态并自动报警。

在城市管理方面。在指挥协调领域，平台覆盖市内9区，765平方公里，51495个单元网格，1093个责任网格，4784个路长制管理路段，对261.17万个城市部件设施进行统一标识编码，接入9.6万路智能感知摄像头，完成对道路塌陷、管道破裂、文明施工等237小类城市运行问题的确权工作。运用视频采集和图像识别技术，借助固定视频、环卫车辆、快递小车等资源，弥补人工巡查时间空间上的空白，打破快速路及城市出入口等巡查盲区，累计发现问题超16万件。疑难问题和推诿问题派遣至责任部门时间不超过1小时，超期处置案件下降9.8%。依据高频热点问题对全市70个主要街道进行筛查，找出顽疾点位350个，并按严重程度对顽疾点位进行五级划分，科学问诊"病因"、精准把脉"病灶"。在市政公用领域，累计排摸城市道路6244公里，排查并处置安全隐患153处。采用三维探地雷达技术完成1556公里重点路段的地下空洞检测，发现59处空洞点位，第一时间处置整改，实现道路塌陷隐患早排查、治理全覆盖、人员零伤亡。在市容环卫领域，划分全市2785条机扫路段和2175条清扫路段，将1220辆机械化作业车辆和12727名人员纳入系统管理，通过清扫率、设备出动率、人员配备率、道路积尘等指标，推进各区域、单位道路保洁工作，实现"道牙无尘、路见本色、设施整洁、路无杂物"。在园林绿化领域，利用全市绿地普查数据，分析公园绿地服务半径指标，借助卫星遥感影像选址，指导全市城市公园和口袋公园建设，目前全市累计建设口袋公园2093座，创造了良好人居环境。在城管执法领域，汇聚执法资源，规范执法流程，打造移动+PC两端一体化执法办案应用，实现全流程记录留痕，通过柔性执法等场景建设保障执法办案水平和质量，目前已实现116个文书、157部法律、2040个执法事项、19个执法主体、14931个违法相对人的智能管理。

在公众服务方面。利用"沈阳智慧城管"微信公众号、"市民通"APP，把暴露垃圾、车辆乱停放等问题管理流程变为市民看得见的解决过程，累计响应市民诉求32.93万件，共征集市民建议13万条，全面提升城市面貌和市民生活品质，增强人民幸福感、获得感。"好店铺"场景，通过手机扫码，向市民推广店铺经营特色，向商户推送惠企政策，向管理人员反映商户需求，目前已完成1360条街路、36350家店铺的精细化管理。"控渣土"场景将建设、交通、生态、营商等多部门数据打通，企业办理建筑垃圾处置核准可直接调用各部门数据信息，减少企业查验环节，提升全市74家渣土企业办事效率。"一树一码"场景，通过扫码记录养护巡检过程，洞悉树木状态，实现业务留痕，回溯可查，提升全民植绿、护绿、爱绿的生态环保意识。"好游园"场景，从找、去、逛、评四个方面，已为6.22

万市民提供游园全过程精准服务，提升市民游园体验。"找公厕"场景，对全市 1200 座公厕涉及的人、物、事进行全方位实时管理，方便市民找公厕、基层管公厕，上线以来累计服务百姓逾 600 万人次。"好停车"场景，接入经营性停车场 595 个，实现车场查询、停车导航、车位预约等实用功能。"共享单车"场景，对全市 24 万辆共享单车进行统筹管理，通过分析骑行时长、周转率、区域峰值等指标，助力 3 家车企精准调控投放规模和点位。

参 考 文 献

[1] 顾朝林, 段学军, 于涛方, 等. 论"数字城市"及其三维再现关键技术[J]. 地理研究, 2002, 21(1): 14-24.

[2] 李维森. 浅析数字城市地理空间框架建设中的创新[J]. 测绘通报, 2011(9): 1-5.

[3] 吴远斌, 殷仁朝. 城市路面塌陷类型与防治对策[J]. 中国矿业, 2023, 32(S1): 117-120.

第7章 数字村镇

7.1 概述

7.1.1 "数字村镇"建设背景与意义

1)"数字村镇"定义

数字村镇作为"数字住建"的重要组成部分，是一个综合性概念，通常是指利用现代化信息技术、网络技术和数字化技术，围绕"房、村、镇"三个层面，构建数字化应用服务，改善农村地区的生产生活环境，提升居民的居住体验和生活质量，缩短城乡数字鸿沟，推动经济社会整体和谐稳定发展的建设进程。

2)"数字村镇"建设背景

近年来，随着一系列国家纲领性文件的出台，比如《中华人民共和国国民经济和社会发展第十四个五年规划和2035年远景目标纲要》《国家信息化发展战略纲要》《国家乡村振兴战略规划（2018—2022年）》《关于加快推进数字经济发展的指导意见》等战略规划和政策文件，提及实施乡村建设行动，建设数字村镇成为改善农村住房条件，提升公共服务数字化能力，提高政府服务效率和治理能力，实现农业农村现代化的关键举措。数字村镇建设的核心是应用新一代信息技术，构建"数字农房""数字村庄"和"数字小城镇"等信息化应用。因此数字村镇建设的背景本质上也包含三个层面。

"数字农房"建设背景：随着农村经济社会的持续发展，农民生活水平的显著提升，以及信息技术的高速发展，农村居民对住房的需求已经从基本的居住功能逐渐转变为对居住品质的追求，促使农房在建设和使用过程要更加注重美观、安全、便利和舒适度；另外，由于农村地区的高速发展，农房建设活动增多，在建房选址、结构设施、施工建设、保养维护方面往往缺乏专业的技术指导和相关知识，导致房屋在建设和使用过程中事故时有发生。在这一背景下，国务院办公厅发布《全国自建房安全专项整治工作方案》，要求逐步建立"城乡房屋安全管理长效机制"，实现对既有房屋的安全管理；随后，住房和城乡建设部等5部门印发《关于加强农村房屋建设管理的指导意见》，要求既要对既有房屋开展常态化安全隐患排查整治工作，对用作经营房屋、改扩建房屋、变更用途房屋的依法办理相关审批手续，对超限房屋开展房屋鉴定、整治工作，对危房实施危房改造和抗震改造，还要实现对新建房屋从建房选址、选图、选工匠、联合审批、施工过程监管、违法监督查处，到设计图集、建材、乡村工匠以及农房保险等便民服务的管理，提升农村建房便民服务能力，降低农房建设、使用质量安全风险，确保数字农房能够真正满足农村地区的发展需求。

"数字村庄"建设背景：随着信息化和网络化的快速发展，农村地区人们对于通过数字技术提升农业生产自动化能力、农产品商品化能力和农村治理智能化能力等方面的需求日益增长,比如农民需要更便捷地获取农业现代化信息技术、农产品市场行情、便民公共服务等信息。在这一背景下,中共中央办公厅、国务院办公厅印发《乡村建设行动实施方案》,要求深入实施"数商兴农"行动,推进涉农事项在线办理,推动乡村管理服务数字化升级;随后农业农村部办公厅、住房和城乡建设部办公厅印发《关于开展美丽宜居村庄创建示范工作的通知》,要求在全国范围内开展美丽宜居村庄建设试点示范工作,既要开展村庄自然环境的监测和保护工作,打造绿色、健康、可持续的乡村生态环境;也要开展危房改造和农房抗震改造、传统村落保护、公共服务体系建设等工作,提升居民的生活质量和幸福感;还要运用数字技术提高村庄的管理效率和水平,实现村庄治理能力、事务办理透明度、科学决策能力,以及村庄综合竞争力和居民生活水平明显提升。

"数字小城镇"建设背景:随着人们生活水平的提高和城镇化进程的加快,农村及其周边地区对于舒适便捷的居住环境、丰富多样的文化娱乐活动、优美绿色的生态空间的追求越来越高。然而,农村地区受政策制约、资金短缺、人才缺失等条件限制,在信息化、宽带化、数字化发展方面相对滞后,导致城乡之间出现了明显的"数字鸿沟"。在这一背景下,各地纷纷出台相关政策和指导意见,提出加快美丽城镇建设,解决小城镇"五堆十乱"问题,传承并弘扬历史文化遗产,宣传"数字小城镇"特色文化知识,改善城市居民的生产生活质量,提高社会化治理水平,为构建高效、智能和可持续发展的现代化社会奠定基础。

总体来看,数字村镇建设旨在紧紧围绕新型城镇化和乡村全面振兴战略,通过信息化手段,实现农村地区社会经济的数字化转型,推动农村地区的全面战略升级,提升农业农村现代化水平,提高农村居民生活品质。

3)"数字村镇"建设意义

数字村镇建设不仅能够改善农村地区居住环境,提升农村地区生产生活水平,也能促进农业农村现代化建设,还能推进乡村全面振兴和数字中国建设进程。本书主要从"数字农房""数字村庄"和"数字小城镇"三个方面分析"数字村镇"建设的意义。

"数字农房"建设意义:不仅能够采取"人防 + 技防"的方式,强化农村建房过程管理,提高房屋建设质量;也能推动用作经营性房屋、改扩建房屋、变更房屋性质的房屋依法审批,加强"四类重点房屋"安全监控,保障人民的生命财产安全;还能通过农房安全模型,精准锁定存在风险的房屋,降低风险识别难度;更能全链条打通房屋设计、审批、施工、验收、质量监管、隐患排查、防灾减灾、违章举报、工匠管理、经营审批、拆除灭失等环节,为农村房屋全生命周期管理、乡村振兴、共同富裕示范区提供数据支撑。

"数字村庄"建设意义:不仅可以提高农业生产效率、降低成本、提高产品质量,促进农村经济的可持续发展;还可以提升基础设施的智管水平,提高农村治理的智能化水平,改善农村居民的生活质量,促进资源的高效集约利用和环境可持续保护;更能促进城乡融合发展,缩小城乡差距,实现乡村振兴的目标。

"数字小城镇"建设意义:不仅能为农村地区提供更好的电力、燃气、供水、通信等公共服务,改善居民的生活条件;还能凝聚社会共识,全面动员全民参与,着力解决农村地区普遍存在的"五堆十乱"问题,深化推进城镇垃圾、污水、厕所"三大革命",改善居民生活环境,提升生活品质;更能打造小城镇品牌文化,塑造小城镇独特形象,增强小城镇文化认同感,提高小城镇知名度。

总体来看，"数字村镇"建设能够全面提升农村地区及其周边地区的居民生活质量、产业发展水平、综合治理以及文化传承与创新能力，为乡村振兴和可持续发展奠定坚实的基础。

7.1.2 "数字村镇"建设现状与问题

1）我国数字村镇建设历程

纵观我国数字村镇的建设历程，可以分为四个主要阶段，每个阶段都反映了不同的信息技术发展状况。

第一阶段（1980—1990年），数字村镇萌芽阶段。这一时期，计算机辅助设计（CAD）技术开始应用到建筑行业城市规划、工程布局、建筑设计等方面，初步改变了房屋、村庄、小城镇纸质图纸设计模式，让设计师能够在计算机上高效、高精度地创建、修改和优化设计，给建筑行业、工程设计行业带来了革命性的变化。

第二阶段（1991—2000年），数字村镇初探阶段。随着互联网技术的普及，地理信息系统（GIS）技术被引入住建行业，带来了工程项目规划和建设审批流程的电子化，住建行业管理部门开始建立在线服务平台，提供了设计图在线审核，施工许可核发以及相关手续备案等服务，逐步实现住建行业政务透明化。

第三阶段（2001—2009年），数字村镇高速发展阶段。随着信息技术的不断发展，建筑信息模型（BIM）技术作为一种先进的CAD技术，开始在建筑行业得到推广应用。因其具备项目从设计、施工到运营维护各个阶段的完整属性信息，促进了该项技术在建设单位、勘察单位、设计单位、施工单位和监理单位间的流转，也提升了工程项目在规划、成本管控、质量安全管控和进度管控方面的准确度。

第四阶段（2010年至今），数字村镇转型升级阶段。随着物联网（IoT）、大数据技术，以及虚拟现实（VR）、增强现实（AR）等新技术不断融入住建行业，村镇建设紧紧拥抱新型城镇化和乡村全面振兴发展战略，利用现代化信息技术，推动其朝着资源更优化、建设运营效率更高、综合治理能力更强、生态环境更和谐可持续方面发展。在资源配置方面，逐步与大城市靠齐，正大力改善当前供水、供电、燃气、网络等公共服务领域的服务能力；在建设运营方面，开始利用各类工程项目管理平台，实现从设计、建设到竣工的全过程质量安全管控、进度计划管控以及投资管控，提升村镇建设安全管理；在城乡风貌提升方面，开始建设风貌整治提升项目管理系统，实现从项目创建、实施到验收的全过程进展管理；在绿色环保方面，坚持新型城镇化发展方针的绿色、低碳和可持续化发展方针，不断修复臭水沟、黑水体等污染源，不仅改善了农村地区的生产环境，更为当地居民提供了宜居舒适的生活空间。

2）"数字村镇"建设现状

目前，数字村镇建设响应国家乡村振兴战略和新型城镇化战略重要举措，通过数字化手段在推动农村地区社会经济发展方面取得了一系列显著成果。

国家层面：建立了全国农村危房改造信息系统、农村房屋安全隐患排查整治系统、全国自建房安全专项整治信息归集平台和全国房屋建筑和市政设施调查等系统平台，实现对既有房屋从巡查、排查、鉴定到危房改造的全过程管理；建立村镇建设管理平台和全国乡村建设评价管理系统，实现对乡村建设成效和乡村建设问题短板的评价；建立中国传统村落数字博物馆，充分体现数字化平台的多元化、综合性和强可视化特点，实现对传统村落的可视化传播。

各省市层面："数字农房"建设以浙江省为代表，构建了浙江省农村房屋全生命周期数字化管理系统，实现了农房从建房选址、便民服务、联合审批、施工过程监管到既有农房安全隐患自查、排查、巡查、鉴定、整治、执法的全过程管理，为居民提供了安全、可靠的居住环境，促进了农村地区经济社会的和谐稳定发展，为实现乡村振兴战略和美丽乡村建设目标奠定了坚实基础。"数字村庄"建设以湖北省为代表，构建了湖北乡村建设评价管理系统，实时收集与分析乡村建设的各类信息，帮助管理者对农村建设项目进行全面监督、评估和指导，推动湖北省乡村振兴战略的实施。"数字小城镇"建设以浙江省为代表，构建了浙江省现代化美丽城镇建设系统，聚焦小城镇"脏乱差"的治理，打造小城镇"环境美、生活美、产业美、人文美、治理美"浙江样板，为全国小城镇建设提供了更多浙江经验。目前，各省市学习先进经验，正在大力开展"数字村镇"的建设。

总体来看，"数字农房"正处在国家统筹向全国各地市逐步推进的阶段，住房和城乡建设部出台了相关指导意见，鼓励和引导地方政府加强农房信息化建设，推动既有农房和新建房屋安全管理向数字化、智能化方向发展，可以预见，随着乡村建设行动的深入实施，未来农房综合管理信息平台将在各省市得到更广泛的应用和推广，实现农房安全常态化管理。"数字村庄"以国家统筹为主，各省市结合实际情况，积极开展项目建设，在这一过程中，各地充分发挥自身优势，因地制宜地推进数字村庄建设，形成了多样化的发展模式。"数字小城镇"主要以各省市示范应用为主，依托自身的地理环境、文化特征、存在问题情况，打造独具特色的数字小城镇，比如未来小镇、美丽小镇、特色小镇等，为推动全国范围内的小城镇建设提供了可复制、可推广的成功案例和实践经验。

3)"数字村镇"建设存在问题

"数字村镇"建设在推动乡村现代化和促进城乡一体化方面发挥着积极作用，也面临着数据资源匮乏分散、高技术人才短缺、体制机制保障不力等挑战与问题。

数据资源匮乏分散方面：数据是数字村镇建设的重要资源，但是目前大部分地区信息化程度不高，导致大部分数据资源仍然以纸质文件的形式存在；有的省市即使已经建立了相关的信息系统，如农房审批系统、农房建设管理系统、村镇管理系统、小城镇信息管理系统等，也大部分因为建设的年代比较久远，导致系统壁垒比较严重，不利于数据的共享交换。

技术保障力量不够：受到农村地区地势环境、交通、经济影响，农村地区及其周边地区保留的人口大部分是老人和儿童，高技术人才一般会选择相对发达的地区，而数字村镇的发展离不开大量的高新技术人才，这让数字村镇的发展形成了恶性循环。

体制机制保障不力方面：数字村镇建设涉及的面比较广，包括农房、村镇和小城镇，因此在建设过程中涉及多个部门，比如自然资源部门、住建部门、农业农村部门等。目前，大部分省市尚未建立相关的跨部门协作机制、健康有序的监管机制以及长效的发展机制，将严重影响"数字村镇"相关项目的推进工作。

总体来看，以上问题不仅影响了"数字村镇"建设的效率与质量，还制约了"数字村镇"的推广应用。因此，引入新质生产力，加强顶层设计，培养专业人才，完善政策体系，推动"数字村镇"建设迈向新征程是当前建设和发展"数字村镇"的关键所在。

7.1.3 "数字村镇"新质生产力发展

在数字技术革命大背景下,新质生产力已经成为科技与生产深度融合的代表,是推动现代化进程的核心动力。它不仅改变了工业和服务业的发展模式,更深入地渗透到农业和乡村领域,为数字村镇建设提供强大支撑。

1)"数字村镇"新质生产力内涵解析

2023 年 12 月,中央经济工作会议指出,要以科技创新推动产业创新,特别是以颠覆性技术和前沿技术催生新产业、新模式、新动能,发展"新质生产力"。新质生产力是由技术革命性突破、生产要素创新性配置、产业深度转型升级而催生的当代先进生产力,它以劳动者、劳动资料、劳动对象及其优化组合的质变为基本内涵,以全要素生产率提升为核心标志。

推动数字村镇建设是加快发展新质生产力的重要举措。加快发展新质生产力一是要推动产业链供应链升级,二是积极培育新兴产业和未来产业,三是深入推进数字经济创新发展。其中,建设智慧城市、数字村镇是深入推进数字经济创新发展的重要举措之一。通过数字技术和信息化手段,在农业、农村和农民的生产生活中创造出全新的生产力形态,不仅有助于提升农民的生活质量,也有助于缩小城乡差距,实现城乡一体化发展。

2)"数字村镇"新质生产力发展路径

党的十八大以来,党中央高度重视数字乡村发展,制定出台了一系列数字乡村治理的政策文件。推进数字村镇建设、实现农业农村现代化,需要充分发挥新质生产力在村镇建设中的巨大潜力,从数字农房、数字村庄、数字小城镇的建设、治理和服务等方面进行传统方式的转换升级。

在数字农房方面,强调安全管控的重要性。施工现场采取人防与技防相结合的方式。人防方面,加强现场监管,通过定期巡检和突击检查,确保各项安全措施得到有效执行;技防方面,借助先进的传感器技术,对施工现场进行全方位监测。农房安全方面,引入传感器监测技术,对存在倾斜风险的房屋进行实时监测,同时建立安全模型,对存在风险隐患的房屋进行精准定位。通过机制与技术的创新将农房安全风险降到最低。

在数字村庄方面,关注数字村庄治理现代化、农产品电子商务化、村庄环境绿色发展、村庄文化数字化等的建设。建立农产品溯源体系,保障食品安全;借助现代化工具实现数字化农产品的生产、运输和销售;引入 VR、视频监控等实现传统村落保护展示与监控;村庄相关治理问题通过数字科技进行现代化治理,全面推进数字村庄建设。

在数字小城镇方面,关注提升小城镇的整体风貌。为此将采取一系列的措施,以实现政治效率、公共服务能力和小城镇建设全过程管理的全面提升。优化行政流程,减少不必要的环节,力求提高决策的效率和执行的速度;加强公共服务的投入,完善各类公共服务设施,提高服务质量;注重运用 BIM、CIM、IoT 等技术实现小城镇设施设计、建设、验收到运营的全过程管理。这些措施将为小城镇的发展注入新的动力,为居民提供更优质的生活环境。

7.1.4 "数字村镇"总体建设思路

"数字村镇"充分依托国家或各省市数字政府基础底座,以落实数字乡村建设行动、建设宜居宜业美丽村镇为目标，围绕"房、村、镇"，建成技术先进、数据赋能、灵活开放、安全可靠的"6 + 3 + 3"架构，如图 7-1 所示。实现"数字村镇"项目"可感知、可互联、可管理、可分析"。

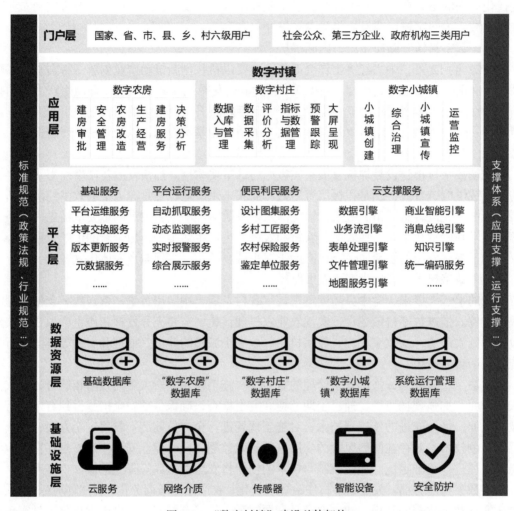

图 7-1　"数字村镇"建设总体架构

"6"是指面向国家、省（自治区、直辖市）、市（地区、州、盟）、县（区、旗、市）、乡（镇、街道）、村 6 级用户。

"3"是指面向社会公众、第三方企业、政府机构 3 类用户。

"3"是指聚焦"房、村、镇"3 个层面，构建涵盖"数字农房""数字村庄""数字小城镇"的数字村镇总体建设体系。

7.2　"数字村镇"保障体系建设

随着新一代数字技术的蓬勃发展和数字住建战略的全面推进，我国数字村镇建设步伐逐渐加快,数字村镇保障体系建设作为数字村镇发展中的关键一环,可在数字村镇建设中发挥引领性、支撑性作用。"数字村镇"保障体系主要围绕住房和城乡建设领域村镇建设管理工作,从机制体制和标准体系两个维度出发,建设覆盖农房建设管理、村庄建设管理、小城镇建设管理、数字政府等方面的保障体系,一定程度上解决行业难题和发展瓶颈,提升村镇建设管理和服务水平,为建设宜居宜业和美乡村提供坚实保障。

7.2.1 体制机制创新

机制体制创新是数字村镇建设工作的焦点之一,随着信息技术的飞速发展,数字化浪潮正以前所未有的速度席卷全球,在这一大背景下,数字村镇建设作为我国"数字住建"、乡村振兴战略的重要组成部分,正逐步成为推动农村经济社会发展、提升农民生活品质的重要引擎。数字村镇机制体制的创新,不仅是技术层面的革新,更是现有农村治理模式的深刻变革。自 2021 年以来,国家以及各省份已陆续打出一系列组合拳,加快推进村镇建设管理领域体制机制的不断完善。在国家层面,陆续出台《关于加强农村房屋建设管理的指导意见》《关于加强乡村建设工匠培训和管理的指导意见》《关于加快农房和村庄建设现代化的指导意见》《关于印发农房质量安全提升工程专项推进方案的通知》《关于做好农村低收入群体等重点对象住房安全保障工作的实施意见》《关于加强基层治理体系和治理能力现代化建设的意见》等一系列文件,明确了农房审批、农房建设、农房安全、村庄、集镇的规划建设等活动的管理要求,极大地促进了我国村镇、集镇规划建设管理行为的规范化和法治化。据不完全统计,浙江、四川、湖南、广东、山西等多个省份也陆续出台农房建设、乡村建筑工匠、村庄建设、小城镇建设等相关管理制度,积极推进村镇建设管理长效机制建设。

机制体制创新是数字村镇建设工作的焦点之一。传统的农村发展模式受限于体制机制的束缚,难以适应信息化时代的发展要求。因此,必须打破旧有的体制机制,建立适应数字化发展的新型体制机制,为数字村镇建设提供强有力的制度保障。根据政策指向并结合实际建设,数字村镇建设体制机制创新可从村镇治理、村镇服务、信息共享等方面进行机制创新。

1)村镇治理体制创新

通过数字化转型撬动村镇建设管理领域体制机制创新,在农房建设管理、村庄建设管理、集镇建设管理等重点核心领域,开展新建农房安全管理长效机制、既有农房安全常态化巡查机制、乡村建设评价管理机制、小城镇高质量发展机制等创新,实现从"好房子"到"好村镇"的延伸扩展,续写"千万工程"新篇章。

2)村镇服务体制创新

通过数字技术的运用,优化农村治理体系,实现政府、市场、社会多元主体的协同共治。利用大数据、云计算等技术手段,提高政策决策的科学性和精准性,提升政府服务效率和透明度。同时通过数字技术的普及和应用,提升乡村建筑工匠、免费图集、金融贷款、金融保险、第三方技术单位等公共服务水平。

3)信息共享机制创新

建立数据的开放共享机制、分类保护和分层供给机制以及数据应用的场景服务机制等。在县级层面建立数据共享机制,包括打通已有分散建设的涉农信息系统,建立标准化、规范化和可扩展的乡村要素资源数据目录，明确数据权属以及建立相关机制等。同时，国家和各省市区层面也需要建立以房为主线的数据共享汇交机制，明确数据权属和流转机制。

开展村镇建设管理机制体制改革创新是一项持续工作，是实现我国乡村治理体系变革的重要保障。通过机制体制的改革，推动我国村镇管理领域法规制度进一步优化完善，推进我国乡村治理体系和治理能力现代化。

7.2.2 标准体系建设

标准化在推进数字村镇建设中发挥着引领性、支撑性作用，着力健全数字村镇建设管理领域技术标准体系是建设数字村镇的必要工作。加强数字村镇标准体系建设，对于推动解决当前数字村镇领域信息系统、数据资源难以互联互通等问题，全面支撑村镇建设管理方式数字化转型具有重要意义。

我国在"数字村庄"这一板块的标准体系建设研究，目前已有比较深入的研究成果。2022年9月，为深入贯彻落实习近平总书记关于乡村振兴的重要指示批示精神，加快推动数字乡村标准化建设，指导当前和未来一段时间内数字乡村标准化工作，中央网信办、农业农村部、工业和信息化部、市场监管总局会同有关部门制定了《数字乡村标准体系建设指南》，计划到2025年，初步建成数字乡村标准体系。《数字乡村标准体系建设指南》提出了数字乡村标准体系框架，如图7-2所示。包括7个部分内容，一是基础与通用标准；二是数字基础设施标准；三是农业农村数据标准；四是农业信息化标准；五是乡村数字化标准；六是建设与管理标准；七是安全与保障标准。

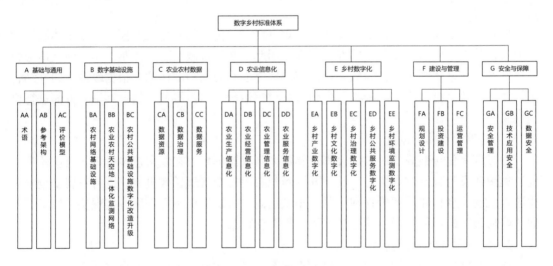

图7-2 数字乡村标准体系框架

"数字农房"和"数字小城镇"两个板块的标准体系目前尚未形成统一的研究成果，需要业内各方从顶层设计、平台建设、数据治理和应用体系等方面全盘考虑，加快重点领域标准制修订工作步伐，满足数字村镇建设需求，国家标准、行业标准应用多点突破，地方标准、团体标准研究同步实施，打造一批标准化应用样板，形成标准支撑和引领数字村镇发展的良好局面，指导和规范地方平台建设、数据汇聚、更新、利用、共享。

7.3 "数字农房"建设

7.3.1 乡村振兴背景下的农房管理现状与问题

1）"数字农房"定义

"数字农房"是一个以"房"为中心的信息化建设过程，通常是通过将网络信息化与农村宅基地审批及农房建设安全监管进行深度融合，实现农房选址、用地、规划、设计、建造、管理和使用、乡村建筑工匠、设计图集等方面的智慧化管理，以提高农村地区人们的住房条件、农房建设管理水平，赋能美丽乡村建设、开启乡村数字发展大门。

2）我国数字农房建设历程

农房体系构建是实施乡村振兴战略的重要一环，也是打造"乡村大花园"的"牛鼻子"。同时农房也是广大农民最关心的关键"小事"，只有守牢农房安全，才能让广大农民住得安心；只有提升农房风貌，才能广大农民住得舒心；只有激活农房资源，才能广大农民住得开心。"数字农房"建设是改善农村住房条件、提升我国乡村建设水平、推进乡村全面振兴的重要一环，也是国家现代化建设的重要内容。党中央、国务院相继印发了一系列纲要文件对加快提升农房数字化水平、加快推进农房和村庄建设现代化做出重要指示。

2021年6月22日，住房和城乡建设部、农业农村部、国家乡村振兴局联合印发《关于加快农房和村庄建设现代化的指导意见》明确提出：提升农房设计建造水平。加快农房和村庄建设现代化，完善农房功能，提高农房品质，加强农村基础设施和公共服务设施建设，对于整体提升乡村建设水平、建设美丽宜居乡村，提高农民居住品质、改善农民生产生活条件，不断增强农民群众获得感、幸福感、安全感具有重要意义。

2022年1月26日中央网信办等十部门印发《数字乡村发展行动计划（2022—2025年）》文件明确提出推动"互联网＋政务服务"向乡村延伸。建设农村工程建设项目管理信息化平台，实现农村工程建设项目"一网统管"和"一网通办"。

2022年5月23日发布的《关于印发〈乡村建设行动实施方案〉的通知》文件指出：实施数字乡村建设发展工程。推进乡村管理服务数字化，推进农村集体经济、集体资产、农村产权流转交易数字化管理。推动"互联网+"服务向农村延伸覆盖，推进涉农事项在线办理，加快城乡灾害监测预警信息共享。

2022年5月27日，国务院办公厅印发的《全国自建房安全专项整治工作方案的通知》指出建设城镇房屋、农村房屋综合管理信息平台，推进信息共享，建立健全全链条监管机制。

2022年12月22日，住房和城乡建设部等11部门印发《农房质量安全提升工程专项推进方案》文件指出：推进农房建设管理信息化建设。充分利用农村房屋安全隐患排查整治和第一次全国自然灾害综合风险普查成果，因地制宜建立农村房屋综合信息管理平台，推动实现农房建设全流程"一网通管"和"一网通办"，建设包括农村房屋空间属性信息、质量安全信息在内的行业及地方基础数据库，加强信息共享，为农村房屋建设管理和安全监管提供支撑。

2023 年 3 月 21 日，住房和城乡建设部等 15 部门印发《关于加强经营性自建房安全管理的通知》，明确要求统筹建设城镇房屋、农村房屋综合管理信息平台，逐步将经营性自建房用地、规划、设计、施工、竣工验收、改扩建和经营等环节信息以及房屋建成年代、结构类型、排查整治和安全鉴定等房屋安全状况纳入系统，形成房屋电子档案，定期更新数据。充分利用"大数据＋网格化"等技术手段，加强部门间数据互联互通和开放共享，提升数字化监管水平。

2024 年 4 月 12 日，住房和城乡建设部等 5 部门印发《关于加强农村房屋建设管理的指导意见》，明确提出了要提高农房建设管理信息化水平。各级住房城乡建设主管部门要会同有关部门统筹建立农房综合管理信息平台，建设包含空间地理信息、行政审批、设计建造和房屋安全状况等信息在内的农房全生命周期数据库，强化各层级系统的上下联动和部门间的信息共享，打通数据壁垒，着力提升农房质量安全监管的数字化、智慧化水平，推动实现农房建设管理"一网通办"。

3）我国数字农房建设现状

我国农村房屋量大面广，长期以来，以农民自建、自用、自管为主。随着经济社会发展和农民生活水平不断提高，新建农房面积越来越大，层数越来越高，用作经营性房屋的也越来越多，大量既有农房随着房龄的增长，安全隐患逐渐凸显。近年来农房安全事故时有发生，严重威胁农民生命财产安全。2019 年百色市酒吧屋顶坍塌事故造成 6 人死亡，87 人受伤，直接经济损失 1732.57 万元；2020 年泉州市欣佳酒店发生坍塌事故，造成 29 人死亡，42 人受伤，直接经济损失 5794 万元；2020 年临汾市聚仙饭店发生坍塌事故，造成 29 人死亡，28 人受伤，直接经济损失 1164.35 万元；2021 年郴州市村民自建房发生坍塌事故，造成 5 人死亡，7 人受伤，直接经济损失 734 万元；2021 年苏州市四季开源酒店辅房发生坍塌事故，造成 17 人死亡，5 人受伤，直接经济损失约 2615 万元。2022 年 4 月 29 日，湖南长沙居民自建房倒塌，造成重大人员伤亡。多起房屋安全事故造成重大生命财产损失。

党中央、国务院高度重视，为了全面消除自建房安全隐患，深入贯彻落实习近平总书记重要指示精神，贯彻落实党中央、国务院的决策部署，住房和城乡建设部会同应急管理部、自然资源部、农业农村部、市场监督管理局等部门，指导各地深入开展农村房屋安全隐患排查整治工作，完成全国 50 万个行政村、2.24 亿户农房的排查摸底和阶段性整治工作，消除了一批农房安全隐患，有效防范重大安全事故发生。

在试点工作层面，2019 年，住房和城乡建设部印发了《关于开展农村住房建设试点工作的通知》，旨在探索和总结适合中国农村地区的住房建设模式，提升农房建设质量和居住条件，支持乡村振兴战略。四川、河北、黑龙江等省份积极探索，打造了一批示范样板，形成了可推广模式。

在机制创新层面，为破解农村建房管理难题，浙江、广东、湖南、重庆创新管理机制走在了前列。浙江省出台全国首部规范农房安全管理的地方性法规《浙江省房屋使用安全管理条例》，制定政府规章《浙江省农村住房建设管理办法》，建立农房建设使用全生命周期管理制度，有效防范化解农房管理的系统性风险。目前，正在以施工许可和综合监管为抓手，开展农房建设管理体制机制改革，同步推动法规制度进一步优化完善。广东省茂名市大胆探索，围绕高水平打造乡村振兴"茂名样板"的目标要求，创新推出了"二十四字"方针工作机制，科学规划布局村庄建设，强化农房规划建设管控，全面推进乡村风貌提升，扮靓乡村"颜值"。湖南省溆浦县严格按照"一规定一意见一方案"要求，创新"三个三"工作举措，强化农村建房规划、设计、审批、施工、验收"全过程"监管，有力保障了农村住房"全生命周期"安全。重庆市梁平区住房和城乡建设委员会持续推进"三个一"农房建设管理模式，以"一张指南引导建房、一套标准规范建房、一个机制监管建房"，打造具有特色、风貌协调、环境舒适、现代宜居的农村住房，农房建设再次焕发了新的光彩，让群众的幸福感、获得感不断增强。

4）我国数字农房建设存在问题

农房建设管理是一项持续、动态的工作，农房和村庄建设现代化是乡村建设的重要内容。党的十八大以来，我国大力实施农村危房改造，全国建档立卡贫困户全部实现住房安全有保障，农村住房条件和居住环境明显改善，组织开展了多轮城乡危旧房排查和治理行动，农房管理取得了显著成效。同时也要看到，我国农房的设计建造水平亟待提高，农房建设管理仍然存在较多短板。以下是当前农房管理面临的主要问题：

（1）管理机制不完善

关于农房安全常态化巡查机制，农房安全定期体检制度，新建房批前审查现场检查、竣工验收相结合的监督机制，农房保险制度等相关机制体制不完善，导致房屋管理办法缺失。

（2）建房审批难

农民建房申请程序多、材料多、周期长，且建房指标难以保证，建房审批存在人情因素。

（3）建房管理难

农业农村和自然资源部门负责建房审批，由于乡村建筑工匠脱管等原因导致建设部门对房屋建设质量安全缺少有效抓手，房屋建设存在监管盲区。

（4）风貌管控难

建房过程中"带方案审批"、施工"三到场"制度落实不到位，农户、工匠按图施工落实不到位，造成城乡风貌脱管。

（5）安全管控难

农房量大面广，风险隐患管控不够动态、精准，防灾预警不够迅速、有效，造成房屋风险隐患。

（6）危房管理难

危房，尤其是用作生产经营的危房一旦倒塌，将造成涉及部门广、社会舆论大、改造程序多、困难群众补助慢等问题，给业务部门日常管理工作造成困境。

（7）闲置盘活难

农房闲置多与市场需求信息不对称，农房资源盘活利用渠道不畅，造成农民增收致富难。

7.3.2 "规、设、建、管、用"一体化引领农房管理数字化转型

为了解决农房审批、建设、风貌、安全等诸多问题，我们探索通过构思"规、设、建、管、用"一体化引领农房管理数字化转型的道路，以数字化改革为总抓手，全链条打通农房用地规划、建房审批、设计施工、不动产登记、使用安全、经营流转、拆除灭失等跨部

门业务环节,实现农房规划、设计、建造、管理和使用等各环节数字化管理,以提高农房建设管理水平,助推乡村振兴,为高水平建设美丽乡村提供有力支撑。以下是"规、设、建、管、用"一体化引领农房管理数字化转型的几个关键点:

规划(规)。农房建设应当符合村庄规划,坚持节约集约用地,不占或少占耕地。鼓励在尊重村民意愿的前提下,结合新村建设和旧村整治,因地制宜安全建设农房,严禁违背农民意愿合村并居搞大社区。通过数字化手段,对农房建设进行科学规划,宅基地选址应满足村庄规划、村庄布局,避让地震断裂带、地质灾害高易发区和隐患点、地下采空区、洪泛区等,确保农房建设与自然环境和乡村发展规划相协调。

设计(设)。制定农村住房设计导则,统一农村住房设计深度,规范农村住房设计。建立农村住房设计通用图集库更新机制,鼓励通过政府采购方式选择有建设工程设计资质的单位编制农村住房设计通用图集,为建房村民无偿提供图集适当修改服务,出具农村住房施工图。借助数字化平台,为农户提供在线图集选用、图集修改、限额施工图审查服务,满足村民个性化建房需求。

建造(建)。进行农房建设全过程监管,加强建设过程特别是重要节点的监督检查;乡镇政府(街道办事处)建立健全农村住房建设常态化管理制度并加强监督检查,发现违反规划、土地、质量安全管理等规定行为的,及时移交给相关部门依法查处。依托BIM(建筑信息模型)技术、物联网技术、数据库等信息化技术,对农房建造过程进行管理,提高施工质量和效率。

管理(管)。强化农房安全管理,通过政府购买服务等方式用好物业服务企业、房屋安全鉴定机构、乡村建设工匠等社会力量,建立多方参与的联防机制,及时发现农房使用安全隐患,督促指导农房所有权人、使用人履行房屋使用安全主体责任,将发现的违法线索及时移送有关部门依法查处。借助数字化技术,对农房分类按照不同频次建立网格化巡查任务清单,提升常态化巡查、整治、困难群众救助等工作效率。

使用(用)。农村住房用于生产经营前须进行房屋安全鉴定,对违反规定从事餐饮、民宿等生产经营活动的危房,市场监管、公安、消防、民政、教育、民宗等部门根据建设部门提供的C、D级危房数据暂缓对C、D级危房办理相关登记、审批手续。通过智能化技术归集和分析相关部门监管信息,及时发现经营房屋安全隐患,构建跨部门联合监测预警模型和处置闭环,高效发现、处置农房使用安全隐患。

7.3.3 "数字农房"综合信息管理系统建设

1)概述

"数字农房"以全国房屋建筑和市政设施调查系统和城乡自建房安全专项整治信息归集平台等已有数据为基础,以农房建设、管理为核心,拓宽房屋健康度自检、危房上报、在线委托鉴定、工匠管理能力,以提升对在建房屋建设全过程监管能力,以及对存量房从健康度风险预警、隐患排查、隐患鉴定、隐患整治到应急处置的全过程管理水平。

2)总体框架

"数字农房"综合信息管理系统是数字住建应用中数字村镇业务场景的重要组成部分,通过"数字农房"综合信息管理系统,构建"横向到边,纵向到底"的农村房屋建设管理工作体系,如图7-3所示。规范地方农村房屋综合管理信息系统设计、建设、运行和维护,着力提升农房质量安全监管的数字化、智慧化管理水平。"数字农房"综合信息管理系统将通过云计算、大数据、区块链等新技术、新手段、新模式实现突破。"数字农房"综合信息管理系统包括国家、省、市（州）、区（县）、乡镇、村多级管理体系，在农村房屋建设规划许可、开工查验、竣工验收、安全质量监督审核、使用过程安全巡查等基本信息、房屋动态安全监测、灾损安全应急处理等方面实现"全方位、全环节、全流程"立体监管，建立完善多级农村房屋综合管理信息库，安全全面感知、农村房屋综合工作协作平台。

以标准规范体系、政策制度体系、保障体系与安全保障运行维护体系四大体系为支撑，依托电子政务基础设施云平台，以灾害普查数据为基础，全面汇集农房地理空间、农房基础、农房安全、危房改造等数据建立农村房屋综合数据库。并以平台为支撑，面向国家—省—市（地区）—县（区、市）—乡（镇、街道）—村六级，政府、农户、第三方服务单位三级用户，建立"数字农房"综合信息管理系统，满足住房和城乡建设部门和其他授权部门及用户使用要求。

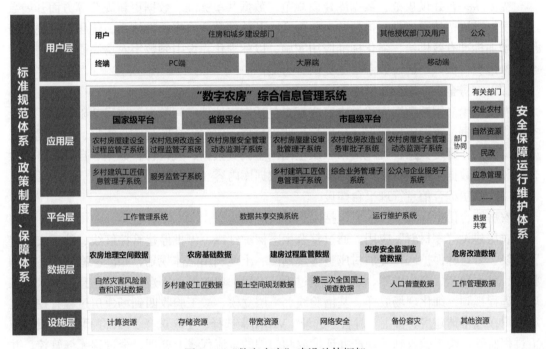

图 7-3 "数字农房"建设总体框架

基础设施层：依托网络基础设施、算力基础设施、应用基础设施，提供网络、存储、计算、安全、物联感知等基础支撑，并充分共享已有政务基础设施资源。

数据层：包括但不限于农房地理空间数据、农房基础数据、国土空间规划数据、审批审核数据、建房过程监管数据、农房安全管理数据、危房改造数据、困难群众数据、乡村建设工匠数据等，并提供共享开放的数据应用服务，与数字住建的统一数据中心保持数据互通。

平台层：通过工作管理系统、数据共享交换系统、运行维护系统等支撑数字农房用户体系管理、业务工作流、数据共享。

用户层：通过移动端、PC端、大屏端建设，主要为住房和城乡建设部门、其他授权部门及用户、社会公众提供农房服务。

标准规范体系、政策制度、保障体系：应建立统一的标准规范，指导"数字农房"综合信息管理系统的建设和管理，应与国家和行业数据标准与技术规范衔接。

应用层：针对农村房屋建设、农村房屋安全管理、危房改造、乡村建设工匠管理等应用，面向住建相关部门、企事业单位、社会公众提供应用服务。

安全保障运行维护体系：按照国家网络安全等级保护相关政策和标准要求，建立覆盖运行、维护、更新全过程的信息安全保障体系，保障平台网络、数据、应用及服务的安全稳定运行。

3）建设内容

数字农房综合信息管理系统主要建设标准规范体系、农房全生命周期数据库、农房综合信息管理平台三大块内容。

（1）标准规范体系建设

为推动数字农房信息化工作有序开展，指导当前和未来一段时间内数字农房标准化工作，需要从平台建设规范、数据库建设规范、数据共享标准、数据更新规范等方面开展数字农房标准规范体系建设，构建统一、融合、开放的数字农房标准体系，优化标准规划布局，增加标准有效供给，强化标准应用实施，以标准化建设引领数字农房高质量发展，为全面推进乡村振兴、建设数字中国提供有力支撑。

（2）农房全生命周期数据库建设

农房全生命周期数据库建设内容应至少包括农房地理空间数据、农房基础数据、国土空间规划数据、审批审核数据、建房过程监管数据、农房安全监测监管数据、乡村建设工匠数据、工作管理数据，宜包括第三次全国国土调查数据、人口普查数据、自然灾害风险普查和评估数据。各地可根据实际需求拓展数据库内容。

（3）农房综合信息管理平台建设

农房综合信息管理平台主要包括以下五大应用建设：

农房建设"零材料"应用。通过整合生态保护红线、停批停建管控红线、地质灾害避害红线、公益林保护区，叠加村庄整体规划图、土地利用总体规划，匹配家庭户籍、婚姻状态、名下房产、集中供养、是否享受过拆迁安置、房改补助等建房资格信息，接入施工现场远程视频，细化现场放样、基槽验线、一层立模、竣工验收四到场建房过程管控，实现农户在线申请建房、自主"避害"选址、VR图集选择、工匠选择、多部门联审联批、施工过程监管、竣工验收到不动产办证发放和门牌的全流程线上办理、全过程无缝管控，并通过房屋赋码实现对房屋的全生命周期管理。

安全管理应"零死角"应用。重点聚焦农房安全管控难的问题，依托全国房屋建筑和市政设施调查系统、城乡自建房安全专项整治信息归集平台、农村房屋安全隐患排查整治系统专项数据成果，通过房屋自身风险因素（如房龄、结构、是否加层改建等）、外部风险因素（如地质灾害、山洪、极端天气）对农房安全风险进行综合分析评价，开展农村房屋隐患排查、隐患判定、房屋鉴定、危房改造、抗震改造、整治销号、用途变更、改扩建、安全体检、应急处置等工作，实现常态化农房安全隐患排查整治和特殊事件农房安全预警"双管控"。建立农房安全管理档案，基于图斑、房屋赋码方法结合地理空间可视化展示方式，展示每栋房屋安全动态监测信息及农房安全动态台账综合分析。

农房改造"零距离"应用。重点聚焦危房管控难、程序多、补助慢等问题，在全国农村危房改造信息系统成果数据及民政部门的低收入群体档案信息基础上，拓展危房发现途径，通过日常巡查、农户自查等途径，实现宜居农房改造完成进度、项目台账管理，确保宜居农房改造工作部署到位、监管到位。实现对农村低收入群体危房的申请、鉴定、改造、审批等过程的信息采集和对改造施工、竣工验收、资金补助发放等环节的全过程监管，确保住有安居。

建房服务"零跑腿"应用。综合集成工匠服务、图集服务、金融贷款、金融保险、政策法规、建房知识、第三方技术等服务，农户在线完成信息服务咨询，真正实现"零跑腿"，推动城市要素向农村转移，切实解决农村建房难问题。工匠服务：乡村建筑工匠作为农房施工的主体，直接影响农房质量，应建立乡村建筑工匠名录，并面向乡村建设工匠开展乡村建设工匠培训工作，实现培训机构管理、乡村建设工匠档案管理、工匠承接项目信息、初次培训管理、继续教育管理、诚信管理、信用评价，为提高农房质量安全水平、全面实施乡村建设行动提供有力人才支撑。第三方技术服务：实现建筑企业、鉴定机构、设计企业及人员信息及承接项目管理。

服务监管应用。依据家庭用水用电、有线电视等信息分析本地常住人口变化，形成区域人员流动热力云图，实现村庄人口密度"云监管"，为交通、水电气等各类基础设施配套和教育、医疗、养老、商贸、文体等各类公共服务设施规划布点提供依据，为协调推进"以人为核心"的新型城镇化和乡村振兴提供决策参考。

7.3.4 "数字农房"建设成效

"数字农房"建设成果将惠及每一位居民，通过房屋建设审批、房屋巡查、隐患排查、房屋鉴定、危房整治等业务全流程网上办理，降低农房管理业务办理平均耗时，大大提高业务办理效率。"数字农房"的建设也有助于社会治理理念创新，通过及时、准确和完整地掌握农房全要素信息，辅助行业主管部门进行农房全生命周期闭环管理。"数字农房"建设成效具体体现在以下几方面：

1）规范农房建设体系，助力未来乡村建设

通过建设"数字农房"综合信息管理系统，打破原先农房审批、建设管理分离的现状，打破数据壁垒，实现农村建房审批、建设、办证等业务自然流转、数据无缝衔接、全流程监管，推动农房建设各类手续"一站式办理"，审批办证"零材料"，村民"零跑腿"就能实现"掌上"建房审批，实现审批留痕、全程可溯、建房监管"零盲区"，解决农房未批先建、违规超建、建房质量不高等问题，提高管理效率和服务效能。

2）农房质量安全全过程闭环监管

通过加强房屋建设和使用全生命周期的质量风险、安全隐患管控，消除风险隐患，预防主体结构倒塌事故，保障人民群众生命财产安全。借助"数字农房"综合信息管理系统，促进房屋安全管理模式由"治理"向"防范"、由"处理结果"向"消除隐患"、由"被动管理"向"主动管理"、由"事后管理"向"事前管理"转变，实现农房质量安全的全过程闭环监管，农房建设更加规范有序，农房安全风险得到有效管控，农房质量安全水平普遍提升。

3）农村建筑工匠队伍水平提升，降低农房建设质量安全风险

全面管控建房过程中最大的人为因素，实现安全生产、合规建造，将生产风险降到最低。通过社会信用评价记录管理，通过比学赶超，将农村工匠队伍逐步打造成新型产

业工人。

4）构建管理服务全链条，提升群众满意度幸福感

面向农户、工匠和第三方单位，提供全过程便民惠农服务。提供农房建设、危房改造、不动产权证、门牌等统一办理入口，支持在线自主选聘工匠、签订施工合同，实现零资料申请、"零跑腿"。解决农户建房申报资料收集难、多方管理审批耗时长等痛点，让群众的幸福感、获得感不断增强。

5）提升政务服务水平、加强政府运行能力

系统建成后，房屋建设审批、房屋巡查、隐患排查、房屋鉴定、危房整治等业务将实现全流程网上办理，由线下抱着材料多部门跑变为线上数据自动流转，大大提高业务办理效率，创新社会治理理念，提高管理效率。通过本项目的建设，将系统化、数字化、可持续发展、协同工作等管理理念和以人为本、多方参与、职能整合、全面协同的原则，与管理体制、管理技术创新及成熟的技术运用相结合，实现管理模式转变，将大大提高房屋管理效率，保证问题及时发现、任务准确派遣、问题及时处理。

7.4　"数字村庄"建设

1）"数字村庄"定义

数字村庄是伴随网络化、信息化和数字化在农业农村经济社会发展中的应用，以及农民现代信息技能的提高而内生的农业农村现代化发展和转型进程，既是乡村振兴的战略方向，也是建设数字中国的重要内容。因此，数字村庄本质上是利用现代新型数字化技术来构建现代化村庄的一种新模式，即依托互联网等现代信息技术，实现村庄生产、生活、治理等各方面的数字化发展。可见，数字村庄的核心是现代化村庄建设，其关键是互联网等现代数字化技术的应用。

2）"数字村庄"发展历程

数字村庄建设的历程可以追溯到世纪初的信息化浪潮。随着信息技术的迅猛发展和普及，农村地区的信息化建设逐渐受到重视。我国的数字乡村发展经历了三个阶段，从强化信息基础设施建设，到发展"互联网+"，再到依据"数字中国"建设发展数字化，最终实现乡村振兴。

2018 年，《中共中央　国务院关于实施乡村振兴战略的意见》《乡村振兴战略规划（2018—2022 年）》明确了乡村振兴阶段的任务和重大意义，将乡村发展列入了我国重要发展规划。2018 年 6 月 27 日，国务院常务会议聚焦"互联网 + 农业"，持续推进农业信息化发展，为数字乡村的发展奠定了能力基础。

2019 年中央一号文件强调"加强国家数字农业农村系统建设"。同年 5 月，在中共中央办公厅　国务院办公厅印发的《数字乡村发展战略纲要》中正式明确了数字乡村的概念，梳理了数字乡村发展步骤、要求和目标，明确了进一步解放和发展数字化生产力，注重构建集知识更新、技术创新、数据驱动于一体的乡村经济发展政策体系，建立层级更高、结构更优、可持续性更好的乡村现代化经济体系，以及灵敏高效的现代乡村社会治理体系，开启城乡融合发展和现代化建设新局面。

2020 年 1 月,农业农村部、中央网信办联合印发《数字农业农村发展规划(2019—2025年)》,提出要加快推动农业农村生产经营精准化、管理服务智能化、乡村治理数字化。

2021 年 2 月,《中共中央 国务院关于全面推进乡村振兴加快农业农村现代化的意见》提出,实施数字乡村建设发展工程。推动农村千兆光网、第五代移动通信(5G)、移动物联网与城市同步规划建设。完善电信普遍服务补偿机制,支持农村及偏远地区信息通信基础设施建设。加快建设农业农村遥感卫星等天基设施。发展智慧农业,建立农业农村大数据体系,推动新一代信息技术与农业生产经营深度融合。

2022 年,中共中央、国务院发布中央一号文件《关于做好二〇二二年全面推进乡村振兴重点工作的意见》,提出重点持续推进乡村产业数字化、数字化产业进乡村,要持续推进农村第一、二、三产业融合发展,重点发展农产品加工、乡村休闲旅游、农村电商等产业。

2023 年,中共中央、国务院发布《关于做好二〇二三年全面推进乡村振兴重点工作的意见》,指出必须坚持不懈把解决好"三农"问题作为全党工作的重中之重,举全党全社会之力全面推进乡村振兴,加快农业农村现代化。强国必先强农,农强方能国强。要立足国情农情,体现中国特色,建设供给保障强、科技装备强、经营体系强、产业韧性强、竞争能力强的农业强国。

2024 年,中央网信办等 11 部门联合印发的《关于开展第二批国家数字乡村试点工作的通知》指出,要按照推进乡村全面振兴、加快建设农业强国的部署要求,以学习运用"千万工程"经验为引领,以信息化驱动农业农村现代化为主线,探索形成数字乡村可持续发展模式,不断增强乡村振兴内生动力。

从系列政策中可以看出,在推动乡村振兴的进程中,数字村庄既是乡村振兴的战略方向,也是建设数字中国的重要内容,旨在通过将新一代信息技术应用于村庄生产生活,实施数字赋农战略,促进村庄数字经济发展,统筹数字化监管,促进村庄生态保护,加强数字化治理,推动现代化治理体系变革,提升惠民服务,实现村庄现代化生活,以数字化改革为抓手摆脱当前村庄发展困境,提供发力方向和具体实施路径,促进农业全面升级、农村全面进步、农民全面发展,赋能村庄全面振兴。

7.4.1 "数字乡村"背景下的村庄管理现状与问题

自 2018 年乡村振兴战略提出以来,各地纷纷开始数字乡村有关的试点建设活动,并取得了较为显著的成效。由于我国省份众多,地区之间存在着较为明显的异质性,且面临着发展不平衡、不协调等诸多问题。我国数字乡村发展仍然存在着诸多的问题,本节将围绕数字乡村背景下的村庄管理现状与问题进行分析,并提出相应的优化策略。

1)"数字乡村"背景下的村庄建设管理现状

乡村数字基础设施建设加快推进。农村网络基础设施实现全覆盖,农村通信难问题得到历史性解决。5G 加速向农村延伸,截至 2022 年 8 月,全国已累计建成并开通 5G 基站196.8 万个,5G 网络覆盖所有地级市城区、县城城区和 96% 的乡镇镇区,实现"县县通 5G"。截至 2022 年 6 月,农村互联网普及率达到 58.8%,与"十三五"初期相比,城乡互联网普及率差距缩小近 15 个百分点。

乡村融合基础设施建设全面展开。各地和有关部门大力推进农村公路、水利、电网等基础设施的数字化改造,乡村融合基础设施明显改善。农村公路数字化管理不断完善,2021

年已完成 446.6 万公里农村公路电子地图数据更新工作；数字孪生流域建设在重点水利工程先行先试，截至 2021 年底，全国县级以上水利部门应用智能监控的各类信息采集点达24.53 万处；农村电网巩固提升工程深入推进,2021 年全国农村地区供电可靠率达到 99.8%。

数字乡村建设的政策制度体系不断完善。数字乡村建设的政策制度体系不断完善，协同推进的体制机制基本形成，标准体系建设加快推进，试点示范效应日益凸显，数字乡村发展环境持续优化。自 2021 年起，党中央、国务院从法律、规划、行动计划等多个层面不断强化完善数字乡村政策制度体系。各地相继出台了配套规划和实施方案，推进数字乡村建设的政策制度体系不断完善。

2）"数字乡村"背景下的村庄管理存在不足

数据资源体系建设不够完善。数字乡村背景下的村庄管理运行和功能发挥，离不开村庄数据的采集、传输、归集、应用。当前，我国乡村的数据资源体系建设还不够完善，存在标准缺失、基础数据不足、数据传输共享难等问题，相关部门之间的信息尚未打通，形成了一定的信息孤岛。随着数字乡村建设的快速推进，各地的数智企业承建了地方的数字村庄管理平台建设项目，将自身的技术基础和数据标准应用到乡村信息基础设施建设中，各地政府的建设呈现出各自为政的发展态势，数据共享较难。数字乡村背景下的村庄管理数据庞大且归集困难，数字村庄应用效能也未能充分显现。

信息基础设施融合应用不足。数字乡村背景下的村庄管理建设发展，需要乡村信息基础设施在经济、生活、治理等全方位的融合应用，从而构建农业农村数字化转型的"数字底座"，实现动能转化。当下数字乡村信息基础设施的使用主要集中在农村电子商务领域，而在村庄管理、公共服务、乡村治理等方面融合应用的程度不足，乡村信息基础设施与场景应用未能有效结合，基于不同数据的设施集成融合水平程度也不够，进而导致数字村庄建设发展动能不足。

政府统筹规划普遍存在不足。数字村庄建设并不仅仅是将相关业务流程迁移到线上，其顶层设计不仅仅是平台的技术架构，更需要结合当地发展情况进行全方位、多维度、开放共享的创新设计，这对地方政府的协同能力、集约能力、创新能力以及共享能力提出了更高要求。尽管各地政府和相关企业在数字村庄建设方面进行了有益探索，但在应用实践过程中还是暴露了不少问题。在平台规划设计时缺乏必要的顶层架构设计，不少系统功能重复投入开发；在数字村庄建设过程中缺乏数据共享机制，普遍存在功能单一、覆盖范围小、数据闭塞等共性问题。

人才支撑水平有待提升。数字乡村背景下的村庄管理建设是一项融合信息科学技术发展与农业农村建设的系统性工作。然而，当前我国农村常住人口多为中老年人，整体受教育程度较低，缺乏数字化、智能化发展的认知和技能。此外，很多企业以及相关的研究机构在核心技术研发、自主创新水平等方面的水平较低，尚未深入研究数字村庄平台建设。综合来说，当前数字乡村建设存在着平台开发者、研究人员、实操人员等各个维度能力不足的问题。

3）数字乡村背景下的村庄管理解决方案

强化数据共建共治共享。数字村庄平台建设需要强大的算法、算力和算据，以及多源、异构、海量数据的管理工具。各地需要以数字化为抓手，通过挖掘海量村庄、农房以及小城镇数据中的价值，提供丰富的开发接口与主流计算框架，结合传感器、物联网、云计算、区块链以及 5G 技术，构建起共建共治共享的数据生态，进一步汇聚形成省、市、县、乡、村各级有关部门的数据，支持多部门并行部署，实现多层次、跨业务的用户需求，充分发挥信息化在推进乡村治理体系和治理能力现代化中的基础支撑作用。此外，通过优化村庄数据采集和共享，可以推动基层管理部门协同合作，而基层部门协同能够挖掘更多农业农村应用场景并提供相应的服务，这些场景和服务则会进一步沉淀相关数据，推动村庄建设更加数字化、智能化。

加快推进平台融合应用。《数字农业农村发展规划（2019—2025 年）》指出，数字乡村建设发展应以产业数字化、数字产业化为发展主线，以数字技术与农业农村经济深度融合为主攻方向，以数据为关键生产要素，着力建设基础数据资源体系，加强数字生产能力建设，加快农业农村生产经营、管理服务数字化改造。在数字村庄建设过程中，应根据农业农村各应用场景的需要，实现乡村信息基础设施建设与场景需求的融合发展，形成数字村庄"一张图""一键调度"等乡村治理相关部门。

不断创新强化顶层设计。数字乡村建设是一项长期的、系统的战略任务，数字乡村背景下的村庄管理建设需要推进新一代信息技术与治理现代化深入融合，始终坚持系统性的思维，强化顶层设计，从人民群众的使用场景和需求出发，链接线上线下各个渠道的数据生产资料，基于 GIS + BIM 和大数据技术，打造多场景、多业务协同、动态交互的村镇建设全景图，构建覆盖农村建设管理服务全领域内的数据汇集、数据存储、数据管理、数据分析展示、数据发布利用的一张图管理模式，提高村镇建设管理信息化、智能化程度，融入自然资源、农业、水利、交通、建设以及文旅等相关业务构成数字村庄平台底图，激发乡村治理活力。

多措并举加强人才支撑。通过开展培训、线下教学等形式来增强乡村基层工作人员对数字化平台的管理使用能力；针对数字乡村背景下的村庄管理，引入专业的运营人才和创新创业人才，驱动数字乡村建设实现更快速度、更高质量、更广辐射的发展进程。

7.4.2　"数字村庄"管理系统建设

近年来，国家发布了一系列相关政策来推动乡村现代化建设，如《关于开展国家数字乡村试点工作的通知》《乡村建设行动实施方案》等，要求把公共基础设施建设重点放在乡村，建设村庄网络以及村庄信息综合管理系统，持续改善农村生产生活条件，使乡村面貌不断向好发展。"数字村庄"管理信息系统应聚焦村庄基础设施、公共环境、建设管理、传统农耕文化载体等重点，构建带有空间位置信息的村庄建设数据库，在村庄建设管理、农村生活垃圾处理、传统村落保护管理、乡村建设评价等工作上提供数字化基础。在此背景下，开展"数字村庄"管理系统建设，助力数字村镇建设，促进村镇经济社会完成转型升级。

1）总体框架

"数字村庄"管理系统旨在将信息化系统及物联网应用中孤立存在的数据资源由领域内封闭转变为跨领域开放、由各种自有技术转变为标准化规范，并通过将分散的、小范围的信息化和物联网数据资源汇聚成共性服务资源群，形成统一的共性服务公共支撑体系，为各种数字村庄具体应用的共性需求实现提供全面支撑。在数字村庄建设发展过程中，打造综合管理系统，可集中实现对数字村庄应用的数据共享和开放、打破行业信息化系统和行业物联网应用分散部署及运行所形成的封闭系统,实现数字村庄公共信息资源的共享与开放,加强农村公共信息资源的有效利用。

"数字村庄"管理系统是实现各类数字村庄应用的系统基础,可按照"1 + 1 + 4 + N"的整体框架进行建设,如图7-4所示。即一套村庄建设与调查统计数据库、一个村庄综合管理平台、四个基础应用(包括村庄建设管理、农村生活垃圾治理、传统村落保护、村庄建设评价),另外还有N个基于村庄建设发展运营需要的拓展应用,包括产业管理、设施管理、文化体育党建服务等。

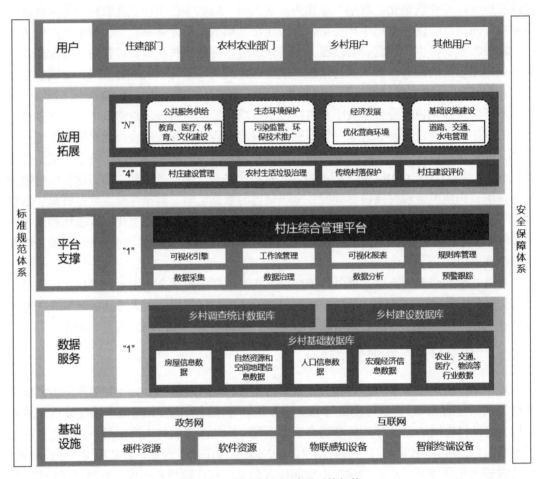

图7-4 "数字村庄"建设系统架构

2)"数字村庄"建设原则

以习近平新时代中国特色社会主义思想为指导,全面中共中央办公厅、国务院办公厅印发的《乡村建设行动实施方案》要求,紧紧围绕统筹推进"五位一体"总体布局和协调推进"四个全面"战略布局,坚持稳中求进工作总基调,牢固树立新发展理念,落实高质量发展要求,坚持农业农村优先发展,按照产业兴旺、生态宜居、乡风文明、治理有效、生活富裕的总要求,着力发挥信息技术创新的扩散效应、信息和知识的溢出效应、数字技术释放的普惠效应,加快推进农业农村现代化;着力发挥信息化在推进村庄治理体系和治理能力现代化中的基础支撑作用,繁荣发展村庄网络文化,构建村庄数字治理新体系;着力弥合城乡"数字鸿沟",培育信息时代新农民,走中国特色社会主义乡村振兴道路,让农业成为有奔头的产业,让农民成为有吸引力的职业,让农村成为安居乐业的美丽家园。

坚持党的领导,全面加强党对农村工作的领导,把数字村庄摆在建设数字中国的重要位置,加强统筹协调、顶层设计、总体布局、整体推进和督促落实。

坚持全面振兴,遵循乡村发展规律和信息化发展规律,统筹推进农村经济、政治、文化、社会、生态文明和党的建设等各领域信息化建设,助力乡村全面振兴。坚持城乡融合,创新城乡信息化融合发展体制机制,引导城市网络、信息、技术和人才等资源向村庄流动,促进城乡要素合理配置。

坚持改革创新,深化农村改革,充分发挥网络、数据、技术和知识等新要素的作用,激活主体、激活要素、激活市场,不断催生村庄发展内生动力。坚持安全发展,处理好安全和发展的关系,以安全保发展,以发展促安全,积极防范、主动化解风险,确保数字村庄健康可持续发展。

坚持以人民为中心,建立与村庄人口知识结构相匹配的数字村庄发展模式,着力解决农民最关心最直接最现实的利益问题,不断提升农民的获得感、幸福感、安全感。

3)"数字村庄"建设内容

一套村庄建设和调查统计数据库。依托于各地政务网、互联网等网络基础设施,软硬件支持环境,以及其他感知设备等作为基础支撑环境,搭建数据共享与能力平台,实现数字村庄相关数据的全汇聚,利用数据共享与交换体系,横向融通农业农村、商务、民政、公安、市场监管、自然资源等相关部门数据,汇聚形成省、市、县、乡、村各级有关农村生产、生活和管理的数据集,同时向上连通国家基础数据库,提供人口、生产信息、空间地理信息等基础数据,为数字村庄建设发展提供一致的、稳定的共享数据源,全面支撑数字村庄业务和应用,融合结构化和非结构化数据,着重解决数字村庄相关数据的汇聚、治理和应用问题。除村庄基础数据和业务数据外,还可用于村庄的调查工作数据采集、统计、汇总,支撑乡村建设评价工作。

一个村庄综合管理平台。平台可为整个数字村庄管理系统业务、后台管理、统一门户、可视化组件、数据分析处理等提供支撑。综合管理平台归集住建、民政、卫生、自然资源等多类别、多场景数据,基于 GIS + BIM,以及物联感知和大数据技术,打造多场景、多业务协同、动态交互的村庄综合管理全景图,覆盖村庄服务领域内的数据汇集、数据存储、数据管理、数据分析、数据发布、数据利用的一张图管理模式,为上层应用提供可视化管理、流程引擎、可视化分析报表、评价相关的规则指标管理等服务支撑,建设一个统一数据、统一底图、统一标准、统一服务的村庄综合管理平台,实现村庄管理的可视化、数字化、智能化。

四个综合应用系统包括村庄建设管理、农村生活垃圾治理、传统村落保护,以及村庄建设评价。"数字村庄"管理系统基于数据库汇聚的村庄各类数据以及平台提供的智能分析能力进行数据处理,根据"数字村庄"建设需求和内容,进行相关应用系统建设,实现村庄数字化运行和管理。

村庄建设管理系统以 GIS + CIM 为基础技术,以农房建设、项目建设管理为业务切入点,完善村庄规划、设计、施工、使用、经营、改扩建、变更用途以及房屋灭失等全过程业务应用。建设一张基于房普、自建房调查、村庄建设调查等数据的村庄建设基础底图,在该底图上汇总多项规划数据和要求，进行村庄规划编制。形成一套项目策划生成、实施建设和验收管理的项目全生命周期管理流程，在该过程中实现公众参与、公众监督，保证村民有效参与决议工作。另外还应针对农房的风险防控、建设管理、建设过程监督等多个场景提供数据采集、窗口受理、质量监管等功能。

农村生活垃圾治理针对生活垃圾处理、生活污水治理、垃圾堆放点监管等日常业务，提供日常巡检、监督作业、物联监测、智慧考评等功能，实现指标计算、指标预警、智能分析，经过智能分析形成问题清单，落实责任进行问题整改，最终形成"监测—管理—评价—整改"的一整套闭环。根据问题清单不仅要对垃圾处理作业流程进行整改，还要针对农村生活垃圾转运处置体系进行建设和整改，进一步完善"户集中、村收集、乡镇转运、市县处理"为主、"户集中、村收集、直收直运、市县处理"为辅的农村生活垃圾收运处置体系，确保农村生活垃圾能及时"收得起来、运得出去、处理得掉"。农村生活垃圾治理系统的建设要有效利用视频、物联网、人工智能、影像识别等信息技术手段，在"看不到、抓不到、管不到"的细节，对村庄的清扫保洁、生活垃圾转运、垃圾堆放点监管进行智能化管理。

传统村落保护应用系统是针对传统村落保护与利用的"底数差、抓手弱、魅力小"等现状问题，对标"看得到、护得住、用得好"的目标，提出"一张底图、多维监管、增强体验"的数字化对策。主要模块包括：①制定传统村落数据标准规范，构建全面、统一的传统村落数据库，建立"一数一源、按责维护、共建共享"的数据服务体系；②搭建传统村落集中连片地区的三级数字博物馆底座，绘制传统村落历史文化要素全图，实现对传统村落的监管保护；③横向系统对接，打通平台数据，形成横向联动。传统村落数字化系统应与文化保护、政府等相关平台衔接，与县农业农村局、县文广旅体局、名城古村老屋办等多主体联动，并面向公众开放数智博物馆和保护监督上报等功能，互通数据，共享信息，探索多平台、多主体间的共建共治共享，探索形成了传统村落数字化保护利用新模式；④实现有效运营，致力于打造集文创、民宿、餐饮、休闲等功能于一体的传统文化村落休闲旅游胜地，赋予消费新活力，助力村庄经济发展，在保护传统文化的同时，推动村落经济发展，实现文化传承与经济发展的双赢。

村庄建设评价应用系统是支撑乡村建设行动的重要工具。乡村建设行动需要构建一套"行动—评价—行动"的乡村建设闭环系统，形成"省—县—村"的资源配置与项目传导机制，探索具有中国特色的乡村建设模式。村庄建设评价应用系统应能够实现重要数据采集、分析评价、指导行动这样一整套流程功能，通过在线采集多渠道的评价数据，建立动态更新、多源融合的建设评价数据库，并将数据按主题、成体系地加以呈现，帮助各层级用户从不同角度查看、分析数据，聚焦乡村建设评价现状及趋势规律，推动建设评价工作信息化，较传统评价模式大幅提升工作效率，及时了解工作进展，加强数据资源的积累沉淀及深化利用，实现了评价数据的共用共享。

N项业务应用系统。村庄管理是一项细节多、内容杂、范围广的工作，它包含了村庄的基础设施建设、公共服务供给、生态环境保护和经济发展等村庄建设的方方面面。其一，平台涉及道路、交通、水电、通信等方面的建设管理。如何完善升级村庄基础设施，并对基础设施进行有效管理是业务系统规划的一个重要方向。其二，针对村庄教育、医疗、文化、体育等方面的服务进行管理，卫生诊所开设情况，当地学校分布情况，居民活动中心的体育设施安装以及文化科普培训等工作的开展进行管理。比如定期组织技能培训、体育娱乐比赛、党建学习大会；引导卫生诊所针对村民进行医疗体检工作等，来提升村民教育文化水平，满足村民医疗卫生需要，丰富村民体育娱乐生活。其三，生态环境保护方面，对于村庄内的公共卫生、卫生间建设、绿化建设、池塘河道卫生情况等进行跟踪监管。最后针对村庄经济发展，对当地产业进行统一管理，辅助村庄进行产业监管、产业升级、招商规划等。

7.4.3 "数字村庄"建设成效

目前，各地"数字乡村"建设工作以乡村建设评价工作为切入点，实现了评价数据的共用共享，提高了评价报告的格式的统一标准以及内容的质量，且逐步深入，遍地开花，各地积极寻求特色化的、本地化的"数字村庄"建设路径。但万变不离其宗，"数字村庄"建设仍要进一步深化研究方向，以形成全国乡村建设工作可借鉴的普适经验，为解决城乡区域发展不平衡问题、巩固脱贫攻坚成果、实现乡村振兴提供重要的参考资料。

1）数字村庄建设意义

推动数据融合，实现数据共享，建设村庄数据一张底图。通过搜集调查村庄概况、人口经济、房屋建筑、基础设施、公共环境、建设管理等相关指标，实现各市县（市、区、旗）的村庄建设数据共享，发挥统计调查服务乡村建设决策、制定乡村建设政策、谋划乡村建设项目的作用，全国村庄建设统计调查数据将作为开展乡村建设评价的基础数据。在当今信息化社会，数据已经成为驱动决策和推动社会进步的重要力量，建立一套完善的调查统计数据库，不仅有助于提升乡村治理的现代化水平，更能为乡村振兴、数字中国建设提供坚实的数据支撑。

实现村庄信息基础设施与村庄建设管理场景有效结合。农村生活垃圾治理系统即以信息化的手段推进"美丽乡村"工作，提升改善村容村貌，提高治理效率，实现垃圾治理的全流程监管，提高工作效率；还可以提升强化服务，增强村民环保意识和参与度，推动农村环境改善；另外，系统的建设还可以为村庄提供就业岗位，提高居民收入。根据村庄治理需要可以建设诸多业务系统，帮助村庄进行基础设施建设和管理，只有基础设施完善，才能吸引企业和投资者进驻，促进当地经济发展。同时，基础设施的完善也能提高村民的生活质量，增强他们的幸福感，提升对村庄的教育、医疗、文化、体育等方面的服务管理。只有提供优质的公共服务，才能满足村民的基本需求，提高他们的生活品质。此外，公共服务供给也是吸引人口流入的重要因素，有助于增强村镇的吸引力。从村庄方方面面进行管理，改善村庄环境，助力村庄实现现代化建设。

强化顶层设计，推动村庄建设统筹规划。村庄建设管理系统对村庄规划、建设、发展的全面监管，实现"地—房—人"一体的村庄建设管理模式，通过数字化的管理手段提高村庄安全监管水平，完善我国村庄基础设施建设。村庄建设管理系统着力于打造"规划先行，监管为重，多方参与"的管理模式，更方便地进行村镇规划工作，更有效地进行建设工程监管，更有效率地进行建设项目审批，同时可以让村民共同参与到村庄建设中来，提高管理效率，优化资源管理，提升基层服务质量。乡村建设评价信息系统建设极大地提升了全国乡村建设评价工作的效率，建立一套科学系统的乡村建设评价方法，通过智能分析手段及时找准问题、了解群众诉求，有针对性地提出解决方案，对村庄规划和发展提出进一步的改善措施，完善顶层规划。

提高传统村落保护技术水平，以文化促发展，以技术促改革，吸引高新技术人才入驻。在村庄开展传统村落保护为巩固脱贫攻坚成果、推进乡村全面振兴发挥了积极作用。传统村落是历史文化保护中极为关键的要素，是传承中华优秀传统文化的宝贵"基因库"。党的二十大报告指出，加大文物和文化遗产保护力度，加强城乡建设中的历史文化保护传承。在我国大力实施传统村落保护工程，各地在积极保护的基础上，随着科技的发展，数字技术的应用全面提升传统村落保护的信息化与智慧化水平，切实做到使其在保护中发展。通过数字化建设，可以更加有效、长久地保护、保留具有较高历史文化、建筑、艺术、民俗等研究价值的名镇、名村。充分、得当地运用数字技术，将使历史文化名镇、名村的保护与传承效果获得全方位提升。此外，使用数字技术能够及时发现村落遇到的病害，精确发现建筑及其地基的变形等问题，因而对历史文化名镇、名村的物理保护也更加科学。传统村落保护在不断推进中活化利用、以用促保，进一步增强了传统村落保护发展的内生动力，形成一批不同类型、不同特点的传统村落保护利用路径和方法，使传统村落焕发出新的生机和活力。

2）数字村庄建设的经济效益

"数字村庄"管理系统的建设实现了数字共享，纵向与横向互联互通。通过开展村庄建设统计调查，完成评价成果数据在区县、地市、省级、部级4个层面纵向和横向汇交，纵向与县、市（区）、省、部逐级汇交评价数据，横向与县、市（区）、省、部城乡建设管理部门共享评价数据，实现一次采集，多部门共享共用，充分挖掘数据潜在的价值。在线采集多渠道的乡村评价数据，解决数据来源复杂导致的采集、整理、分析难度大的问题，并能实时了解工作动态进展。

传统村落保护有利于发展文化旅游等特色产业，促进共同富裕。传统村落兼具文化价值和经济价值，村落公共资源属于集体成员共有，各地要明晰资源产权，让村民在村落发展中获得收益，通过发展传统村落文旅产业，与乡村振兴、国家生态产品价值实现机制试点、全域旅游规划紧密结合，发展文化创意产业和旅游产业。例如湖南省湘西州十八洞村通过"立足红色文化、绣好古色文化、用好绿色资源"的传统村落保护利用模式，种植猕猴桃、发展乡村旅游、开发蜂蜜等农产品，建成十八洞村山泉水厂，组建苗绣合作社，形成了互助合作共同发展的致富格局。2022年接待游客18.43万人次，旅游收入超1200万元，村人均收入由2013年的1668元增加到2022年的23505元。

乡村建设评价信息系统建设有效实现了效率提升、成本降低。乡村建设评价信息系统包括标准规范制定与数据建库、软件系统开发、配套软硬件基础资源建设，除试点阶段供102个部级样本区县使用外，在全面开展乡村建设评价时，也可提供至省级部署。在节约项目投资的同时，强化了国家对乡村建设评价工作的指导和监督管理。乡村建设评价信息系统支持了更大量的数据汇总、分析工作，并优化了问卷调查等表单设计，增设短板分析、短板改进（项目跟踪）等功能模块，为乡村建设评价工作提供了强有力的支持和便捷工具。

3）数字村庄建设的社会效益

"数字村庄"管理系统的建设有助于实现数字资源共享，赋能数字化建设总体规划。以村镇业务管理为核心进行数据统计并建立信息化平台，以省统建的模式开展地方工作，从宜居、农村垃圾治理、村镇一张图、特色村镇项目建设4个方面实现村镇建设中人控、技控、物控目标，保证建设监管质量，降低管理成本、提高数据质量、提升数据有效利用率。

通过传统村落保护应用系统的建设进一步完善了乡村基础设施和公共服务设施，并传承发展非物质文化遗产。传统村落既有古建筑等物质文化遗产，也有民风民俗、传统手工艺等非物质文化遗产，在推动传统村落保护的过程中，不少地区也传承和弘扬当地的优秀传统文化。比如，青海省黄南州开展"文化进万家——视频直播家乡年""新春非遗大集"线上活动"非遗购物节"等宣传展示活动。发布《神韵黄南·魅力非遗》宣传片，入选"文化和自然遗产日全国 25 部优秀非遗宣传短视频展播"名录；完成大型传统藏戏《意卓拉姆》，获评第十六届全国"五个一工程"项目；推动文艺轻骑兵下基层演出 60 场、戏曲进乡村演出活动 187 场。

乡村建设评价信息系统为开展乡村建设评价工作提供了重要支撑作用，极大地提升了数据采集效率，通过在线采集多渠道的乡村评价数据，建立动态更新、多渠道来源的乡村建设评价数据库，并将数据按类型、成体系地加以呈现，帮助各层级用户从不同角度查看、分析数据，聚焦乡村建设评价现状及趋势规律，提供丰富的图表呈现方式，支持均值、预警阈值等设定值限定，实现乡村建设评价信息化，及时了解工作进展，加强数据资源的积累沉淀及深化利用，全面掌握乡村建设状况和水平，深入查找乡村建设中存在的问题和短板，提出有针对性的建议，指导各地运用好评价成果，采取措施统筹解决评价发现的问题，提高乡村建设水平，缩小城乡差距，不断增强人民群众获得感、幸福感、安全感。

7.5 "数字小城镇"建设

7.5.1 "数字小城镇"的发展现状与问题

1）"数字小城镇"概念

数字小城镇作为"数字住建"和新型城镇化战略与乡村全面振兴战略中不可或缺的组成部分，通常是指利用现代化信息技术，聚焦城乡设计、建设、管理和服务，构建数字化应用，从而提升城乡居住品质，塑造城乡美丽风貌；保护并宣扬城市文化名城、历史文化名城、名镇、名村、文化街区、历史建筑等文化遗产，提升小城镇知名度；以及推动绿色建筑和生态城镇建设，提升城市基础设施和市政设施建设和管理效率的这一现代化建设进程。

2）我国数字小城镇建设历程

纵观我国数字小城镇的发展历程，既离不开信息技术的大力推动，更离不开国家发展战略及政策方针的大力支持。近年来，为了缩短城乡数字鸿沟，推动农村地区及其周边地区的大力发展，国家相继发布了系列发展纲要和政策文件推动小城镇的建设，以及小城镇的数字化转型和信息化发展。

数字小城镇的概念最早提出是在 2010 年代初期，当时，国家加大了对数字经济和新型城镇化战略的重视，数字乡村和数字小城镇的概念逐步广为流传。随后的几年间，乃至到目前，国家出台了大量的政策，来填补改革开放前计划经济体制下重工业优先发展"欠的账"。

2014 年 3 月，中共中央、国务院印发《国家新型城镇化规划（2014—2020 年）》，提出以解决当前资源短缺、生态环境脆弱、城乡区域发展不均衡的问题为目的，以城镇化发展为核心，推动大中小城市和小城镇协调发展。

2015 年 8 月，国务院印发《促进大数据发展行动纲要》，提出要发展农业农村大数据，推动大数据在城镇化过程中的应用，构建面向农业农村的综合信息服务体系，缩小城乡数字鸿沟，增强乡村社会治理能力，间接推动了数字小城镇概念的发展。

2016 年 7 月，中共中央办公厅、国务院办公厅印发《国家信息化发展战略纲要》，一方面要求促进城镇化和农村建设协调发展，另一方面要求建立支持农村和中西部地区宽带网络发展的长效机制，着力推进农村地区及其周边地区的经济发展水平和居住环境。

2016 年 12 月，国务院印发《"十三五"国家信息化规划》，要求着力开展农村信息素养知识宣讲和信息化人才下乡活动，为后面的农业生产自动化、农产品商品化、小城镇管理智能化提供支撑，促进农业转型升级和农民持续增收。

2017 年 7 月，国务院印发《关于印发新一代人工智能发展规划的通知》，提出要推动人工智能与各行业的创新融合，在小城镇发展方面，要构建智慧农业数字化应用，研究并建立农业智能传感与控制系统、智能化农业装备等，推动农业现代化发展。

2018 年 2 月，中央农村工作领导小组办公室印发《国家乡村振兴战略规划（2018—2022 年）》，提出要实施数字乡村建设行动，推动信息技术在农村基础设施建设、农村经济发展、农业数字化转型、乡村新业态中的广泛应用，助力乡村全面振兴。

2019 年 5 月，中共中央办公厅、国务院办公厅印发《数字乡村发展战略纲要》，提出要利用信息技术加快数字乡村建设，推动乡村振兴，提升农业农村现代化水平。

2022 年 7 月，国家发展和改革委员会印发《"十四五"新型城镇化实施方案》，提出"大中小城市和小城镇协调发展"的科学发展观，要求增强小城市发展活力，分类引导小城镇发展。

3）我国数字小城镇发展现状

随着改革开放及数字经济的快速增长，数字小城镇已经成为地方经济发展的中坚力量，特别是在促进城乡融合、拉动地方经济、缓解大城市压力、推动区域均衡发展等方面展现出其独特价值。因我国小城镇受早期政策、中期资金投入、近期技术利用等多方面因素影响，数字小城镇的发展呈现出多样性的特点，反映出国家在区域发展、新型城镇化战略和乡村振兴策略中的成效与挑战。

以北京、上海、深圳、杭州等小城镇为代表的综合引领型小城镇，以及以广州、杭州、南京等小城镇为代表的特色开拓型小城镇，在基础设施建设方面基本采用了现代化技术，在小城镇设计、建设、运营方面实现数字化，公共服务水平较高，居民生活水平较高，是新型城镇化建设的样板。这些地区的代表性数字应用包括：智慧道路、智慧燃气、智慧水务、智慧社区、智慧环保等。

以重庆、四川、云南等地为代表的发展滞后小城镇，基础设施还未进行全面覆盖，其发展的重心在于基础设施的信息化和农业现代化方面，近年来，这些地区的小城镇，紧紧拥抱西部大开发和"一带一路"方针政策，努力探索适合其自身特点的发展道路，如智慧化生态农业、智能化网红景点等，逐步改善当地社会经济环境。这些地区的代表性数字应用包括：基础设施智慧化、智慧农业等。

总体来看，数字小城镇建设已经成为推动经济增长、发展多元产业、提升综合竞争力和实现可持续发展的关键路径。国家层面，也制定了一系列的政策框架和行动指南，包括《国家新型城镇化规划（2021—2035 年）》《数字中国建设整体布局规划》《国家乡村振兴战略规划（2018—2022 年）》等重要战略方针，旨在鼓励并支持小城镇通过信息化手段改善当地居民的生活环境，促进城乡融合发展和经济社会全面转型升级。但实际情况是数字鸿沟现象在全国范围内普遍存在，呈现出区域发展的不均衡性，既有因充分应用信息化技术而欣欣向荣的典范，也有因信息化利用程度不足而发展滞后的例子。

4）我国数字小城镇发展遇到的问题

从宏观上看，我国数字小城镇，特别是位于偏远山区和农村地区的小城镇在发展中存在一些普遍性问题。主要表现在基础设施建设不足、数字技能缺乏、环境污染严重、人口流失严重、标准规范缺失等方面。

基础设施建设方面：一是网络设施覆盖不全面，时常出现网络信号不稳定、宽带速度慢、无线网络覆盖盲区多等问题，严重影响智慧道路、智慧燃气、智慧水务、智慧环保等数字化服务的普及和应用效率，阻碍了数字小城镇的现代化发展步伐。二是交通基础设施不发达，普遍存在规划建设跟不上社会经济发展、交通网络不完善、维护不足以及公共交通服务意识薄弱等问题，不仅影响居民日常出行，也制约了小城镇在交通运输、文化交流和对外服务等方面的发展。三是电力供应不稳定，存在电网老化、供电不稳定甚至频繁停电等问题，不仅对网络和通信设施造成一定冲击，影响信息的传播和推广；也限制了新能源设施设备的普及与推广，严重阻碍了数字经济的发展。四是水电气等社会公共服务设施匮乏、分布不均，不仅影响了居民的生活质量和幸福感，也限制了小城镇吸纳人才、保持人口稳定的能力。

数字技能方面：一是技术基础设施不足，由于小城镇经济发展水平较低，存在大量的网络基础设施、物联网传感设备、算力中心缺乏、不完善或维护滞后的情况，难以支撑小城镇数字化、智能化转型。二是居民数字技能缺乏，由于居民的抵触心理，以及教育资源欠缺、网络设施不完善和数字技能培训缺失等问题，当地居民往往缺少必备的数字技能。不仅限制了当地居民的收入增长，也制约了城乡经济的协同发展。三是专业人才流失严重，由于就业机会有限，高技术人才难以找到满意的工作岗位，即使找到了薪资待遇相对不错的工作，也可能会因为缺少高质量的学习培训机构，对职业晋升和发展不利，或因当时生活水平较低等原因难以保留。不仅影响了当地的经济发展和创新能力，也限制了小城镇在信息技术、环境保护、风貌提升等关键领域的服务质量，进一步制约了整体社会进步和小城镇数字化转型的步伐。

环境污染方面：随着数字小城镇发展，部分地区企业、居民的环保意识不强，出现了"五堆十乱"问题，以及生活垃圾乱堆乱放、污水直排、厕所污水任意排放等现象，对当地水环境、土壤、空气等造成了一系列负面影响。

人口流失方面：部分小城镇经济发展水平相对较低，导致就业机会有限，特别是对于年轻人来说，他们往往会为了更好的职业发展和生活条件迁移到大城市。同时，随着城镇化进程的推进，农业现代化减少了对劳动力的需求，农村剩余劳动力向城市转移成为趋势。人口流失导致小城镇劳动力短缺、人才结构老化，进一步制约了当地经济的发展，形成了负面循环。

标准规范缺失方面：目前，数字小城镇的建设指南、评价标准等尚未在全国层面形成统一，还处于各省市按照自身实际情况自行建设阶段，对于数据资源的汇聚、共享应用产生不利影响，不利于推动数字小城镇向更加健康、有序的方向发展。

5）数字小城镇建设解决方案

总体来看，数字小城镇面临的问题比较复杂，且问题间相互交织，共同制约了小城镇数字化转型和全面可持续发展。为了有效应对这些问题与挑战，需要综合施策，一是要加大投资力度完善基础设施、公共服务和标准规范建设；二是要制定针对性政策以吸引和留住人才，同步要加大教培力度，培育出当地自身的专业技术人才；最后要利用物联网、大数据、云计算等现代化技术优化城镇管理，推动小城镇经济社会的全面发展，提高居民的生活质量，实现区域平衡发展。

7.5.2　"数字小城镇"智慧管理系统建设

1）概念

数字小城镇智慧管理信息系统旨在通过物联网、人工智能、大数据分析等现代化技术打造一个集设计、建造、运营于一体，涵盖住建行业众多领域的智能化服务平台。该平台要能汇聚规划成果、审批文件、政策文件、技术规范等静态信息，以及道路、燃气、供水、污水等动态监测信息，建成小城镇综合管理数据库，通过大数据智能分析，把脉小城镇运行态势，监控小城镇异常问题，合理优化小城镇资源配置，提升公共服务水平。为小城镇能够迈向更加环保、可持续和宜居的智慧城镇发展道路奠定基础。

2）总体框架

系统以计算机硬件、网络通信平台、智能设备以及相对应的传感器为依托，以政策、法规、规范、标准以及安全体系为保障，采取"5+5+N"的架构模式，如图7-5所示，构建数字小城镇架构模式。"5"是指面向省（自治区、直辖市）、市（地区、州、盟）、县（区、旗、市）、乡（镇、街道）五级用户；"5"是指构建5个中心；"N"是指构建N个应用场景，实现小城镇智慧管理。"数字小城镇"建设总体架构如图7-5所示。

基础设施层：以电子政务云平台或信创平台为基础的系统软硬件以及网络基础设施。系统软件包括操作系统、数据库、服务中间件、安全防护软件等；系统硬件包括主机、物联传感设备、智能终端、安全防护等硬件设备；系统运行的环境为政务网。

数据资源层：作为整个系统的数据底座，主要通过前置机交换、接口对接或离线数据上传等方式，获取小城镇基础数据、设施建设数据、设施运行数据、风貌整治数据、历史文化保护数据和特色文化数据等。系统通过对这些数据资源进行封装，保障数据的安全性。

平台层：构建数据智能获取中心、地名地址匹配中心、大数据挖掘中心、公共服务中心、资源展示中心"5"个中心，实现小城镇多源数据的采集、清理、分析，提升数字小城镇的设计、建造、运营管理能力。

应用服务层：建设基础设施现代化管理、基础设施现代化运营管理、城乡风貌专项整治提升、历史文化名镇名村和街区保护、"数字小城镇"特色文化名片等"N"个场景，加速推进公共服务方式及内容创新，进一步促进资源共享和优化配置，全面助力数字小城镇向更智能、更精细化管理方向推进。

门户层：系统根据省（自治区、直辖市）、市（地区、州、盟）、县（区、旗、市）、乡

（镇、街道）五级用户的管理职责和应用需求，提供满足用户特定使用习惯的中屏、小屏系统界面。

图 7-5 "数字小城镇"建设总体架构

3）建设内容

数字小城镇智慧管理信息系统主要建设：小城镇建设信息采集分析管理体系、小城镇综合管理数据库和小城镇智慧化服务平台三大块内容。

（1）小城镇建设信息采集分析管理体系

主要是依据国家政策或行业标准，建立一套从信息采集、清洗、存储、分析、共享应用和监督评估的标准规范，要明确数据采集的内容、方式和频次，以及每类信息的清洗规则、存储方式、监督评估模型，并建立信息共享和公开机制，推动信息内循环，促进小城镇公共服务和民生服务可持续发展。

（2）小城镇综合管理数据库

建设小城镇基础信息库、基础设施建设库、风貌整治提升库、历史文化保护库、特色文化库，并开展建制镇市政基础设施统计调查，动态掌握建制镇水电气、通信网络、污水垃圾处理等设施的数量、规模、服务范围、空间位置、运行管护等数据信息，完善设施运行管护数据库，实现对小城镇各方面情况的全面了解和科学管理。

　　小城镇基础信息库主要包括小城镇的电子地图、影像图、行政区界线与行政区以及三区三线等数据。

　　基础设施建设库：主要包括了设施从立项、设计、施工到竣工移交各个阶段的材料，包括业务办理信息、设计图集信息、视频监控信息、物联网监测信息等。其中业务办理信息包括立项信息、基本建设程序信息、计划进度信息、投资信息、招标投标信息、合同信息、支付信息、施工人员信息、施工现场信息、验收信息等。设计图集包括初步设计、深化设计、施工图设计等；视频监控信息和物联网监测信息多为工地现场数据，包括实时视频、扬尘、噪声等信息。

　　设施运行维护库：主要包括水电气、通信网络、污水处理、垃圾处理等设施的实时运行监测信息。如实时的水质监测信息、燃气是否泄漏、通信是否中断、是否存在污染源、垃圾处理情况等信息。

　　风貌整治提升库：主要包括城乡风貌整治样板区从申报创建、审批、实施再到验收的全过程信息，其中包括了业务信息，如项目基本信息、编制成果信息、审批信息、实施过程信息、验收信息以及分析评价信息等。还包括一部分的周报材料、进展图片等信息。

　　历史文化保护库：主要包括历史文化名城、名镇、名村数据，文化街区数据，历史建筑数据，历史文化保护规划数据，历史文化保护认定审批数据等。

　　特色文化库：主要包括小城镇全景、历史文化、环境格局、民俗文化、旅游导览等信息。

　　（3）小城镇智慧化服务平台

　　主要建设数据智能获取中心、地名地址匹配中心、大数据挖掘中心、公共服务中心、资源展示中心"5"个中心和基础设施现代化管理、基础设施现代化运营管理、城乡风貌专项整治提升、历史文化名镇名村和街区保护、"数字小城镇"特色文化名片等场景内容。

　　数据智能获取中心：主要通过前置机、接口对接、离线数据上传等方式获取小城镇发展的基础信息，物联网设备运行信息，民意调查、征求意见等填报信息，以及政策法规、空间规划文本等纸质文件。

　　地名地址匹配中心：针对获取的不带位置坐标信息的数据，比如垃圾处理设备、污水处理设备、水环境监测设备以及设施审批建设数据等，利用地名地址匹配工具，通过自动匹配与人工相结合的方式，实现各类设施数据、审批及管理数据基于"一张图"的综合管理。

　　大数据挖掘中心：整合小城镇各类信息资源，通过高效的数据挖掘技术发掘有价值的数据模式和趋势。比如"脏乱差"高发路段和高发时段分析、污染溯源分析、市政设施老年化分析等，提升小城管理人员对居民生活质量的洞察力，提升行政决策效率和资源调配能力，促进经济社会发展与创新。

　　公共服务中心：建设集成多项数据服务和功能服务，以满足政务服务和居民、企业的多样化需求，包括空间数据服务、大数据挖掘服务和基础功能服务。

　　资源展示中心：一是构建设施建设运营场景，基于地图实现燃气、供水、污水管网，以及污水处理厂、垃圾处理厂、厕所等附属设施从设计、建设到建成的全时段相关信息的统计分析和综合展示，以及运行状况的实时监测，辅助小城镇管理者全面把控基础设施资产、市政设施资产的建设、运营、更新改造，为设施的改扩建打下坚实基础。二是打造城乡风貌样板区，实现城乡风貌整治提升项目从设计、建设、运营的全过程的进展情况、质量安全情况、投资情况信息展示，实现风貌整治提升项目信息"一屏掌控"。三是传承和宣扬历史文化遗产，实现历史文化名城、名镇、名村，历史文化建筑，历史文化街区信息，以及特色风貌、文化等信息的统计分析和综合展示，凸显小城镇文化艺术魅力，增进小城镇民族认同感。主要提供资源目录、常用工具、数据查询、数据统计、综合分析和专题图输出等功能。

基础设施现代化建设管理：围绕设施建设全生命周期管理，依托 BIM 实现城镇路网设施、市政管网设施、天然气基础设施、慢行交通网络、新能源充电桩、换电桩等基础设施及其配套设施从设计、施工、运营到更新改造的全过程进度、质量安全、投资成本管理，提升小城镇建设管理智能化水平。主要建设项目登记管理、建设程序管理、进度管理、投资管理、合同管理、设计管理、施工管理、验收管理和档案管理等模块。

城乡风貌整治提升管理：围绕"五堆十乱"和城镇垃圾乱堆乱放、污水直排、厕所粪污乱排等问题，通过数字化赋能，对城乡风貌整治提升项目从创建申报、审批实施到竣工验收全过程的进度情况、指标落实情况以及建设成效进行电子化监管与留痕，降低城乡风貌整治提升项目管理难度，提升多项目、多环节的并行管理能力，整体提升管理部门的智治水平。主要建设项目创建、项目审批、进度管理、竣工验收、分析评价等内容。

历史文化名镇名村和街区保护管理：依托 GIS 技术、三维可视化技术、物联网传感检测技术和影像对比技术等，实现对历史文化名城、名镇、名村，历史文化建筑，历史文化街区、文化遗迹、老街坊以及非物质文化遗产等宝贵资源的详尽记录，以及多维度、多时期动态跟踪监控，为保留城市历史文化记忆、塑造城镇风貌特色、推动城乡高质量发展奠定基础。主要建设历史文化名城专题、历史文化街区专题、历史文化名镇专题、历史文化名村专题、历史建筑专题等内容。

"数字小城镇"特色文化名片管理：通过移动端、微信公众号、微信小程序等渠道，利用 VR、AR 等技术，图文并茂展现小城镇文化、经济特色、品牌形象、文化内涵、优质地方、特色产品、特色景致、标志性建筑等信息，有助于弘扬历史文化遗产，提升小城镇社会地位，推动小城镇吸纳资金和人才的步伐，促进城镇可持续蓬勃发展。主要建设小城镇全景、历史文化、环境格局、民俗文化、旅游导览等内容。

"数字小城镇"现代化运营管理：通过安装视频摄像头、物联网传感设备实时掌握各类基础设施、公共服务设施及其配套设施的运行信息，比如道路信息、燃气流量信息、供水质量信息、"五堆十乱"信息，以及生活垃圾乱堆乱放、污水直排、厕所粪污乱排等信息，应用大数据分析，为小城镇资源调整、专项整治工作开展、设施性能调优等提供数据支撑，保障并提升"数字小城镇"设施运行效率和安全性能。主要建设智慧道路、智慧燃气、智慧水务、智慧环保等模块。

7.5.3 "数字小城镇"建设成效

在数字经济和新型城镇化发展背景影响下，部分发达地区数字小城镇建设在城镇治理优化、环境保护与可持续发展、文化传承与创新方面已经取得了显著的建设成效。

在城镇治理优化方面，数字小城镇采用智能监控、数据分析和云计算等现代信息技术，让城镇管理者能够实时监控市政设施状态、乱堆乱放情况，预测和响应各种社会公共事件，有效协调城镇资源，提升居民生活服务质量和民众幸福感，比如优化市政设施布局、增设垃圾桶、整治城乡风貌问题等。此外，居民还可以通过政务公开、局长信箱、投诉建议等端口更直接地参与到城镇设计、建设和管理过程中，提高了城镇治理的民主性和科学性。

在环境保护与可持续发展方面，数字小城镇引入生态环境监控系统，对垃圾乱堆乱放、水质环境污染、污染物排放情况、厕所粪污排放等进行实时监测和分析，不仅提升了污染源及时发现和处理的能力，还优化了资源分配，降低了能耗，提高了能源的回收和利用效率。同时，使用太阳能、风能等再生能源推动智慧照明、节能建筑、清洁能源等绿色技术的稳定健康发展，进一步协调人与自然的关系，减少城镇发展在自然环境中的足迹，为农村地区人们营造更加和谐、健康、舒适、宜居的生活环境。这些举措不仅有助于当地居民和企业绿色环保意识的提升，进一步减少环境污染，推动当地经济向绿色经济转型；更是为小城镇绿色、低碳、可持续发展贡献重要力量。

在文化传承与创新方面，数字小城镇通过构建当地数字博物馆，推广虚拟现实和增强现实等技术，结合传统的语言交流、文字表述、图片展示、摄影视频等展现方式，宣扬当地历史文化、建筑技艺、环境格局、旅游导览等信息，让当地文化遗产活化，激发文旅发展新业态，促进地方文化的现代表达和产品创新。这些努力不仅保留了当地传统文化的精髓，增强了非物质文化遗产的吸引力；提升了小城镇对外宣传的影响力，为小城镇历史文化遗产的保护和可持续发展开辟了新道路。

总体来看，数字小城镇建设在乡村振兴、数字经济和新型城镇化大背景下，正在不断提升城乡风貌的治理能力、环境的可持续发展能力、文化的创新能力，也为区域经济的均衡发展和可持续发展做出了积极贡献。后期，随着新型城镇化战略的持续推进，以及信息技术的不断进步，城乡一体化发展将持续深化，不仅将为我国城镇化发展注入新的活力，也为我国社会经济的统一发展提供动力。

7.6 "数字村镇"建设典型案例

7.6.1 全国乡村建设评价管理系统

1）项目概况

2021 年 2 月《国务院关于加快建立健全绿色低碳循环发展经济体系的指导意见》发布，提出改善城乡人居环境，建立乡村建设评价体系，促进补齐乡村建设短板。为深入学习贯彻习近平总书记关于乡村建设的重要指示精神，按照党中央、国务院关于推动城乡建设绿色发展和实施乡村建设行动的部署要求，建立乡村建设评价机制，推进实施乡村建设行动。2021 年 7 月 23 日，住房和城乡建设部印发了《关于开展 2021 年乡村建设评价工作的通知》（建村〔2021〕60 号），文件根据地方推荐，决定选取河北省平山县等 81 个县开展 2021 年乡村建设评价工作。2022 年 6 月 2 日，住房和城乡建设部印发了《关于开展 2022 年乡村建设评价工作的通知》（建村〔2022〕48 号），定于 2022 年继续开展乡村建设评价工作，将试点县扩展为 102 个。

2）项目应用技术内容

因为乡村建设评价工作涉及范围广、指标类型多、样本县大，各方面工作量巨大，参与单位包括了国家、省级。地市、县区不同部门的人员和各级专家团队，无论是行政还是技术方面的协调工作都十分困难，工作量巨大，因此亟须一个能够实现统筹协调的信息化系统的保障和支持。因为住房和城乡建设部紧密结合乡村建设评价工作具体要求，统筹建设了"乡村建设评价信息系统"，主要用于推进乡村建设评价工作。

乡村建设工作围绕着乡村发展水平、农房建设、村庄建设、县城（镇）建设四大核心目标，统计乡村建设过程中的指标数据，形成乡村建设成果数据。同时为各级专家对试点县乡村建设分析评价打下基础，提升乡村建设评价的信息化水平，全面掌握乡村建设状况和水平，深入查找乡村建设中存在的问题和短板，提出有针对性的建议，解决问题。

乡村建设评价系统应按照因地制宜、统筹规划、集约高效的原则，充分利用乡村建设评价指标填报数据以及第三方相关数据，建成"部—省—市—县"四级乡村建设评价体系和信息系统，汇聚多部门、多来源、多类型乡村建设数据，形成乡村建设评价数据资源库，建立"数据采集—分析评价—问题查找—意见反馈—跟踪解决"的全生命周期工作机制，支撑乡村建设工作全面开展，辅助各级工作人员开展乡村建设评价工作，实现乡村建设评价工作全过程、全业务信息化管理，为乡村建设工作提供决策依据。

乡村建设评价系统的建设围绕样本县报送评价指标数值和上传指标支撑台账数据，对样本县上报数据进行查看、汇总、分析，建立全国乡村建设评价工作的信息化报送和评价机制，如图7-6所示。乡村建设评价信息系统采用"一级系统，多级用户"建设模式，省级政府需要利用系统进行数据上报、统计分析、监测预警等工作，系统具备开放共享能力，供省级系统对接，如图7-7所示。对于部级的乡村建设评价信息系统来说，需要具备工作进度管理、数据采集、数据管理、查询展示、统计分析、综合评价、预警跟踪、系统管理、移动应用、大屏展示等多种功能，实现数据的采集、质检、分析、管理等，如图7-8所示。信息系统要汇聚多部门、多来源、多类型乡村建设数据资源库，辅助各级工作人员开展乡村建设评价工作，实现乡村建设评价工作全过程、全业务信息化管理，为乡村建设工作提供决策依据。

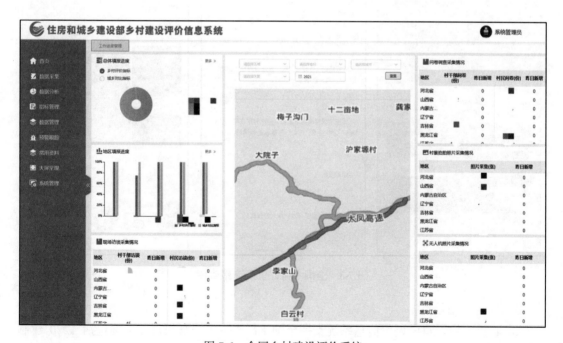

图7-6　全国乡村建设评价系统

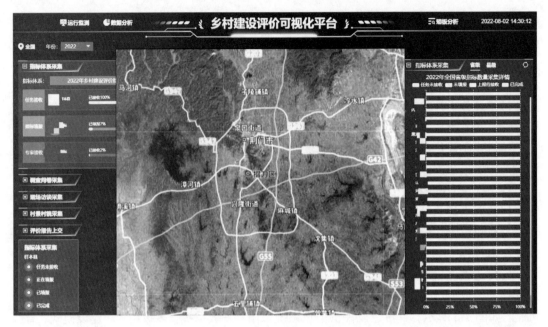

图7-7　全国乡村评价系统可视化平台

图7-8　全国乡村评价系统移动端

3）项目应用效益

2021年，乡村建设评价信息系统支持全国81县+2个县级市（范围包括1220建制镇，14170个行政村）、174位省级和部级专家、81位地方乡村建设管理人员以及村民和村干部等多主体、多方式参与到乡村建设评价工作。截至 2022 年底，乡村建设评价工作扩展至 102 个县，通过全国乡村建设评价系统，已完成指标采集数据 10940 条，其中乡村评价指标 9471 条，城乡对比指标 1469 条；问卷调查数据 203453 份，其中村民问卷 191194 份，村干部问卷 12259 份；现场访谈数据 4810 份，其中村民访谈 3589 份，村干部访谈 1221份；评价报告数据 151 份；村景照片 165125 张；无人机照片数据 7906 张；完成 102 个部级样本县、21 个省级样本县试运行；向 123 个样本区县人员集中培训，面向部、省、地市人员集中培训（指导乡村建设评价系统使用、指标数据采集工作业务指导）；系统累计访问66055 次，部级用户 6 人，省级用户 311 人，地方用户 137 人。系统入网运行后，用户覆盖全国范围，支持国家、省、地（市）、县（区）4 级用户体系，从全国层面全面加强对省、市级以及区县试点地区乡村建设评价工作的监督工作和数据管理，有效支撑乡村建设评价数据成果质量保证工作。

乡村建设评价系统的建设提高了乡村建设评价工作效率，多渠道在线收集数据，解决数据来源复杂导致的采集、整理、分析难度大的问题，及时了解工作动态；系统利用统筹规划、多级部署的方式节约县级开展乡村评价时的投入成本，同时也可在全国推广乡村评价时作为省级定制化部署的基础版本，节约投资；乡村建设评价系统的数据纵向在区县、地市、省级、部级四个层面进行逐级汇交，横向与县区、地市、省级、部级城乡建设管理部门共享数据，实现一次采集，多部门共享共用，充分挖掘数据潜在价值。

7.6.2 浙江省农村房屋全生命周期数字化管理系统

1）项目概况

建房是农民一辈子的大事，让农房建得方便、住得安全既是农民的心声也是总书记和党中央的要求。近年来浙江省农村居民生活水平日益提高，农村房屋新建或老房改扩建数量正在逐年递增，对现有的农村房屋建管方式带来巨大冲击，凸显出了一系列亟待破解的体制机制性问题。一是建房审批难，全省虽然大力推行"农民建房一件事"办事指南，但实际农民建房申请程序多、材料多、周期长，且建房指标难以保证，农民建房需求得不到有效满足；二是建房管理难，按照"谁审批谁负责，谁拥有谁负责，谁使用谁负责"的原则，目前由农业农村和自然资源部门负责建房审批，建设部门负责建房中的质量安全监管，但由于农房建设过程中建设部门缺少相应抓手，导致农房监管缺位，建房质量安全无法保证。三是风貌管控难，建设部门负责提供通用图集，但实际建房过程中"带方案审批"、施工"四到场"制度往往落实不到位，再加上农村建筑工匠往往不按图施工，造成农房风貌脱管。四是危房管控难，大部分危房均无人居住，只能腾空管控，造成安全隐患，同时危房发现不够动态化、精准化，防灾避灾预警不够迅速、有效，带来较大的安全生产风险。

系统性解决农房建设管理中存在的这些问题，让农户足不出户"零资料提交"享受高速建房、危房改造、生产经营申请服务，获取第三方单位提供的设计图纸和工匠服务，以及政府部门提供的设计审批、"四到场"监管和房屋安全实时监测等服务；让工匠得到更系统的培训，增强安全防范意识，提升房屋建设质量；让政府部门基于农房全生命周期数据，分析必要事项，优化审批流程，缩短办理时间，加强农房管控和监测，是提高农房品质、农村人居环境水平和乡村建设水平，助力乡村振兴、高质量发展推进共同富裕示范区建设的一项既重大又紧迫的任务。

浙江省委省政府围绕"四难问题"作出数字化改革决策部署，将本项目列入全省数字化改革重大应用"一本账S1"目录，要求项目按照《浙江省数字化改革总体方案》要求、结合《农民建房"一件事"办事指南（2020年修订版）》，通过多跨高效协同、工作闭环管理、场景动态联动的农房全生命周期管理机制，着力推进农房建设管理流程再造、制度重塑及整体优化，推动浙江省农房建设管理整体智治、高效协同，全力打造全国农房领域数字化改革先行地。

2）项目总体设计

依托浙江省政务云平台提供的计算资源、存储资源、网络资源、系统软硬件、数据安全交换、政务云及备份容灾等支撑环境，以信息化标准和安全体系为保障，构建浙江省农村房屋全生命周期数字化管理系统，如图7-9所示，全链条打通农房设计、审批、施工、验收、质量监管、隐患排查、防灾减灾、违章举报、工匠管理、经营审批、拆除灭失等环节，让农民群众"一机在手"就能办理农房相关的所有事项。

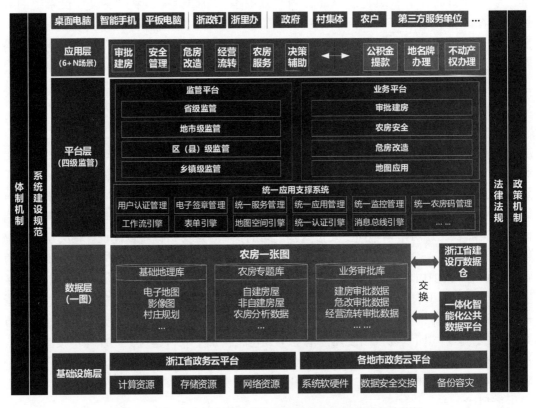

图7-9 浙江省农村房屋全生命周期数字化管理系统总体框架

基础设施层：充分利用浙江省政务云现有硬件和政务网络资源，实现对本项目建设的数据及系统的计算、存储、安全、网络和关联分析支撑。

数据层：通过与浙江省政务基础地理信息平台、浙江省住房和城乡建设厅数据仓对接，获取各个部门的户籍信息、房产信息、集中供养信息、拆迁供养信息、婚姻状态信息，以及地质灾害红线、公益林保护区等，通过与国土空间基础信息平台、省域空间治理数字化平台对接获取生态红线、村庄规划、土地利用总体规划、基础地理等数据，针对全省存量农房数据以及新增建设的农房数据，构建从农户申请、村镇审批、建设施工、竣工验收、办证发放等全流程的农房全生命周期数据库和相关的农房空间库、农房专题库、在建项目库、决策分析库、建房服务库、建房审批库、危房审批库、生产经营库、安全管理库。

平台层：围绕农房这件农民最关心的关键小事，打造"5＋1"个核心应用，主要建设建房审批、安全管理、危房改造、建房服务、生产经营和决策辅助，实现农村房屋全生命周期数字化管理。

应用层：根据数字化改革要求，本项目不仅可以满足省市县三级住建、农业农村、自然资源等部门关于农房"浙建事"的监管、治理要求，也能满足乡镇、村集体、农户、工匠、公众的申请、审批、应用需求。

3）项目应用技术内容

项目贯彻落实习近平总书记关于安全生产的重要指示批示精神、自建房专项整治工作要求，聚焦审批监管难、安全管理难、危房处置难等问题，面向政府、农户、市场三方主体，省、市、县、乡、村五级用户，打造建房审批"零材料"、安全管理"零死角"、危房改造"零距离"、生产经营"零成本"、建房服务"零跑腿"和决策辅助"云监管"六大核心场景，实现农房全生命周期管理及农房安全常态化管控。主要建设农房全生命周期数据库、省市县三级监管平台、农房业务平台、农房全生命周期"一张图"、两大服务平台对接集成（浙政钉、浙里办）。

农房全生命周期数据库：以"数据汇聚、整理、质检、关联入库、挖掘应用"为技术路线，针对全省存量农房数据以及新增建设的农房数据，构建从农户申请、村镇审批、建设施工、竣工验收、办证发放等全流程的农房全生命周期数据库，包含地理基础、建设农房、安全管理、决策分析、建房服务、建房审批、危房审批、经营审批、资格认证等子库。

省市县三级监管平台：面向省市县三级相关领导建立综合监管驾驶舱，对农房全生命周期各环节，以及相关的图籍档案、工匠信息、合同备案信息、相关机构等信息进行统计分析，并能基于浙江省住房和城乡建设厅一张图定位到地图上，为各有关部门对所属行业的农村房屋申请、审批、安全管理和防灾预警部门对危房精准定位、动态监测提供信息服务，如图 7-10 所示。主要建设驾驶舱大屏、审批建房监管、安全管理监管、危房改造监管、建房服务、辅助决策和综合管理应用等内容。

农房业务平台：结合各区县实际业务办理需求，重塑业务审批流程，打造核心业务审批模块，共享公安、民政、市场监管、建设等部门业务数据，以及自然资源、农业农村等部门的空间数据，依托数据关联和空间叠加等方式，提升核心业务的审批效率和精准率，如图 7-11 所示。主要建设内容包括：业务流程重塑、审批建房管理、农房安全管理、危房改造管理、通用审批功能、地图应用和物联网传感监控等。

农房全生命周期"一张图"：利用地理信息数据打造房屋全生命周期"一张图"，实现审批、在建、存量和消亡房屋的分布情况查看，以及基于某一房屋基本信息、视频监控信息和全生命周期信息的查询，如图 7-12 所示。

浙政钉服务平台集成：浙政钉治理端与地图结合，为工作人员提供监管、审批及房屋信息的查询、定位和展示功能，如图 7-13 所示。主要包括审批建房、农房巡查、综合监管三大模块建设。

浙里办服务平台集成：浙里办面向农户、工匠和第三方单位提供农房建设便民惠农服务，是农户百姓申请建房的直接入口，是工匠和第三方单位施工建房管理的直接入口，如图 7-14 所示。主要包含农房审批、农房服务、农房风貌三大板块。

图 7-10　综合监管页面

图 7-11　业务办理界面

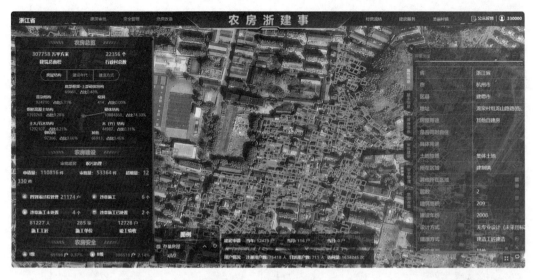

图 7-12　一张图综合展示

图 7-13　浙政钉服务平台集成

图 7-14　浙里办服务平台集成

浙江省临安区应用突破：临安作为全省农房浙建事系统唯一试点，自 2019 年开始探索农民建房"一件事"改革以来，通过实行"三带图四到场"管理机制、完善农房建设信息化管理机制、建立农房全生命周期综合管理服务机制、出台一系列资金扶持政策、培育一批轻钢农房建筑企业和技术队伍，精细化构建了全流程农房建设管理体系。目前临安正在进一步深化农房建设管理机制体制改革。在设计图集方面，进一步优化完善农房设计管理机制，采取"先使用、后编制"模式，年初发布图集，提供免费改图服务，年底选定年度通用图集，优化农房通用图集库更新机制。在乡村建筑工匠方面，会同人社等部门，进一步完善乡村建筑工匠管理长效机制，培育乡村建设工匠职业队伍。开展乡村建设工匠星级评定，择优选择乡村建设工匠承接小额工程。建立农村建筑工匠服务体系，由区住建部门牵头，区建筑工匠管理协会协助，吸纳建筑施工企业及设计、监理、测绘、检测、鉴定等相关单位和专家建立市场服务体系，规范农房建设领域行业管理。

4）项目应用效益

项目聚焦农民群众住房方面急难愁盼等问题，从信息化建设和法律法规保障两个层面出发，让农民群众住得既放心又舒心，目前项目已经在全省推广使用两年多时间，已创建

11.08 万个用户、系统访问量累计 117.1608 万人次、受理建房申请业务 6.3453 万件、完成 119.5679 万户农村自建房网格巡查、发现 5.6015 万户疑似危房、完成 2.7542 万户疑似危房的安全核查、完成 3.0983 万户风险房屋居住人员管理、完成汛期风险处置 814 户、完成 156 批次工匠培训通知及 2.6717 万个工匠在线报名培训、管理乡村建筑工匠 8.1 万人、管理设计图集 2.4286 万套、农户使用图集服务 2.1419 万次。在审批提速、监管增效、便民利民、安心惠民方面成效明显。

一是打造农民建房"一件事"。聚焦建房审批难，通过部门协同、数据共享、流程优化，实现农民足不出户办理建房手续，审批效率得到极大提升。申请"自动办"，打通农业农村、自然资源、公安、民政等部门系统，农户在线提出建房需求，系统综合户籍、人口、房产等数据自动判定建房资格；审批"透明办"多部门使用同一系统、基于相同信息实施联合审批，杜绝暗箱操作，流程和进度一目了然，审批公正、高效；服务"集成办"，建立全省农房设计通用图集库、农村建筑工匠库及图集使用、工匠信用评价机制，提供农房建设施工合同示范文本，农户在线自助选图、选工匠、签合同。

二是打造线上线下"闭环链"。聚焦安全管理难问题，将制度规则转化为在线流程，结合物联网、大数据等技术手段，打造线上线下相结合的高效闭环管理链。建房监管"零盲区"，建立"全程云上监管"与"节点到场监督"相结合的监管模式，通过到场打卡和在线记录，确保监督检查到位；安全巡查"零死角"，全面排查入库全省农房的结构、建造年代等信息，建立房屋安全预警模型以综合研判风险等级，分类确定基层网格员常态化巡查任务清单，建立精准、闭环的农房安全风险防范机制；应急处置"零时延"，与应急管理、气象等部门协同，第一时间获取灾害天气和应急响应信息，第一时间向属地政府和农户发出预警，并跟踪处置过程。

三是打造治理救助"全网通"。聚焦危房治理难，依托系统进一步提升危房发现和治理能力，建立"发现一户、改造一户、救助一户"的农村困难家庭危房改造救助制度，实现 35 万户农村困难家庭、28 万户一般困难家庭共计 63 万户危房"动态清零"。系统"全程管控"，加强农房安全隐患排查全过程管理，确保排查情况真实可靠，系统对初判存在隐患的农房自动发送房屋安全鉴定提示；农户"自主申报"，农户收到提示后，可在线申请房屋安全鉴定、危房改造救助，无需繁琐手续；政府"即时救助"，与民政大救助系统协同，自动判断是否符合救助条件，自动纳入保障范围，做到危改当月竣工、当月下发补助。

四是出台强有力的"法律法规"。颁布了全国首部规范农房安全管理的地方性法规《浙江省房屋使用安全管理条例》，制定政府规章《浙江省农村住房建设管理办法》，建立农房建设使用全生命周期管理制度，有效防范化解农房管理的系统性风险。目前，正在以施工许可和综合监管为抓手，开展农房建设管理体制机制改革，同步推动法规制度进一步优化完善。

7.6.3 湖北乡村建设评价管理系统

1）项目概况

为了更准确地把握乡村建设的现状和水平，深入分析存在的问题和不足，住房和城乡建设部自 2021 年起，选取全国多个样本县，以县域为基本单位，围绕让农民群众住上好房子，进而建设好村庄、好乡镇、好县城的目标，从农房建设、村庄建设、县镇建设、发展水平等多方面开展全面的乡村建设评价工作，明确要求"要在精准上下功夫，聚焦农民群众生产生活需要，完善评价内容，以县域为单元开展综合评价，以乡镇、村庄为单元开展细化评价，精准反映农民群众急难愁盼问题，形成问题清单。要在务实上下功夫，统筹谋划解决共性问题，逐项推进解决个性问题，通过一件一件抓落实，真正把农民群众关心的问题解决好，不断改善农民群众的生产生活条件。要在建章立制上下功夫，要总结评价工作经验做法，出台政策文件，使乡村建设评价制度化、规范化"。样本县根据实际评价结果，针对各类问题提出切实可行的建议，引导各地遵循乡村发展的内在规律，有序推进乡村建设。此外，通过合理利用评价结果，各地可以采取有效措施，统筹解决评价过程中发现的问题，从而不断提升乡村建设的质量，逐步缩小城乡之间的差距，进一步增强广大人民群众的获得感、幸福感和安全感。

以湖北省为例，自2021年远安县、孝昌县、罗田县三地被选为评价样本县以来，湖北省已经连续三年针对上一年度乡村建设评价报告中提出的问题，采取有针对性的措施，集中力量进行整改。同时建设湖北省乡村建设评价信息系统，利用信息化手段辅助评价工作开展，通过多种方式推动工作开展。通过"对症下药"，湖北省正在全力推动乡村建设工作，努力将样本县打造成全国乡村建设评价的"样本"。不仅有助于提升当地乡村建设的水平，也为其他地区提供了可借鉴的经验。

2）项目应用技术内容

目前通过开发"湖北省乡村建设评价信息系统"，已经辅助各样本县完成指标数据采集、录入，指标结果评价分析，以及评价结果的上报等工作。其中系统功能主要包含以下几个模块：

（1）数据入库与管理：将各样本县乡村现状信息纳入数据库中，为摸清湖北省乡村建设底数建立基础。

（2）数据采集：通过数据采集模块，用户可以完成评价指标的填报，开展问卷调查、现场访谈，实地记录乡村景象，跟踪采集工作进度，并对评价结果报告进行管理等，如图7-15所示。

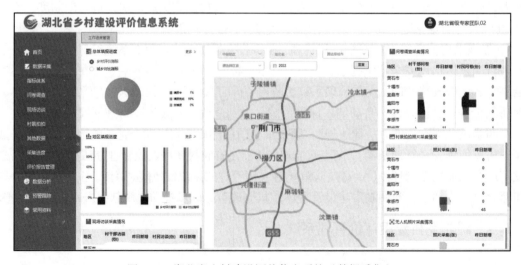

图7-15　湖北省乡村建设评价信息系统（数据采集）

（3）评价分析：进行乡村建设短板专项分析，面向省、市、县尺度，对各项城乡对比指标进行精准分析，提供具体到单个指标的短板分析功能，明确列出差距最大的某几项指标，生成短板分析专项报告，帮助各级主管部门达成"补短板、缩小城乡差距"的目标，如图 7-16 所示。

（4）指标与数据管理：系统支持各样本县根据当地实际情况自定义构建具有本地特色的地方指标体系，同时能根据不同访问对象设置问卷调查模板等内容，帮助样本县结合实际情况开展评价工作。

（5）预警跟踪：预警跟踪一方面可以查看全省各样本县评价工作开展的进度，另一方面可以根据评价结果标准区间查看各样本县评价结果中存在不足需要进行整改跟进的指标，并跟踪整改进度。

（6）大屏呈现：通过各类指标数据的集成统计，在大屏中，通过运行监测、数据分析、短板分析等多个模块浏览全省乡村评价整体情况。

图 7-16　湖北省乡村建设评价信息系统（评价分析）

3）项目应用效益

2024 年 1 月 21 日至 25 日，湖北省城乡建设发展中心组织党员干部和业务骨干，分成多个工作小组，前往样本县走村入户开展评价工作。工作组围绕把村民最关心、最直接、最现实的问题摸清、摸透的原则，不惧严寒，顶风冒雪深入乡镇、村庄踏勘，采取随机走访、面对面交流、实地查看等方式访民情、听民声，深入农户家中倾听群众心声，了解村民的烦心事、揪心事，耐心细致地向村民讲解有关政策，认真填写访谈问卷。目前，工作组已完成全部预定调研任务，完成所有样本县走访、村干部访谈、样本县入户调查和问卷填写，通过信息化系统收集湖北省样本县各村村干部问卷和村民问卷三千余份，为湖北省乡村建设评价工作提供有力的数据支撑。

湖北省乡村建设评价工作是全面掌握湖北乡村建设状况和水平，深入查找乡村建设中存在的问题和短板，提出有针对性的建议，指导运用好评价成果，提高乡村建设水平，缩小城乡差距，不断增强人民群众获得感、幸福感和安全感的重要举措。下一步，湖北省将认真整理、客观分析调研材料，撰写出高质量乡村建设评价报告，并以这次乡村建设评价工作为契机，持续破冰提能，努力让湖北省乡村建设评价工作质量位列全国第一方阵，乡村环境面貌进一步提升，让宜居宜业和美乡村的美好愿景逐步呈现。

7.6.4　惠州市房屋安全管理系统

1）项目概况

广东省惠州市房屋建设管理工作多依赖于国家部委的全国农村危房改造信息系统、农村房屋安全隐患排查整治系统等系统实现对存量房常态化安全巡查、隐患处置以及对危房改造的管理。但是某一栋房屋是否符合规划、是否违建、是否存在安全隐患、是否为危房、危房改造是否补贴及时等数据，惠州市住房和城乡建设局均未留存，给房屋常态化安全管理带来巨大阻力，且未对在建房屋的施工过程进行管理，存在安全管理缺失等问题。

为全面贯彻落实国家、广东省关于房屋安全管理工作的要求，围绕当前存在的问题，惠州市住房和城乡建设局通过建设惠州市房屋安全管理系统，全链条打通建房审批、设计施工、房屋建设管理、房屋安全排查、隐患整治、生产经营、拆除灭失等环节，实现对城乡自建房批、建、管、用全生命周期过程管理。进而建立多跨高效协同、工作闭环管理、场景动态联动的惠州市城乡房屋全生命周期管理机制，全面系统重塑惠州市城乡房屋建设管理体系。

2）项目总体设计

惠州市房屋安全管理系统的总体架构设计满足政务服务的"一网通办"、社会治理"一网统管"，政府运行"一网协同"、数据资源"一网共享"等要求，切实做好三网融合一网共享，实现与粤省事、省电子印章系统、粤政易等系统对接。同时，所建项目的技术架构遵循数字政府 2.0 的基础设施层、数据资源层、应用支撑层、业务应用层、用户交互层、网络安全、标准规范、运行管理五横三纵原则，支持 5G CPE 服务应用于移动端测试使用。

依托惠州市政务云平台提供的云资源环境，以政策法规、标准规范为保障，以房屋安全为着力点，建立惠州市房屋安全管理系统，面向三级（地市、区县、乡镇）三类（政府、群众、第三方服务单位）用户，构建"1 + 6 + 3"总体架构，如图 7-17 所示。实现对房屋的全生命周期管理。"1"即建设房屋总库，打造惠州市自建房一张图，实现自建房"一图管理，一屏呈现"。实现全市跨层级、跨地域、跨系统、跨部门的自建房数据互联互通、共建共享，自建房业务办理横向协同、纵向贯通；"6"是指建房审批零材料、危房改造零距离、自建房服务零跑腿、自建房安全管理零死角、生产经营自建房零成本和百千万工程"六大场景"；"3"是指三端，即监管端、业务端、服务端。全链条打通房屋设计、审批、质量监管、隐患排查、违章举报、工匠管理、经营审批、拆除灭失等环节，形成贯穿房屋建设和使用全生命周期的数字化管理与服务体系。

（1）五横

用户交互层：用户交互层是指面向群众、企业、公职人员和信息化支撑人员等用户对象，充分利用粤政易、粤省事等移动应用和中小屏渠道，触达"政府治理、社会共治、集约共建、统一风格"的交织互动体系，通过交互，能提升用户体验，增强用户的获得感。

应用层：基于已有政务信息系统，并对其逐步整合与提升，依托已有数字政府基础底座，以"可感、可视、可控、可治"为价值驱动，构建集"两级监管平台、业务工作平台、粤政易、粤省事、运维管理系统"于一体的惠州市房屋安全管理系统。

支撑层：依托数字政府改革建设成果，基于技术先进、开放、赋能、共享的基本原则，结合省域治理"一网统管"基础平台、业务应用专题建设需求，统筹规划提升应用支撑、数据支撑等通用支撑能力。应用支撑涉及统一身份认证、一码识物、融合通信平台等；数据支撑涵盖大数据中心门户、数据服务管理、大数据分析、数据治理与开发、数据共享交换、感知共享管理等。

数据层：依托市一体化政务大数据中心能力拓展，采用多源数据采集模式，形成汇聚库、基础库、主题库、专题库等的政务大数据库资源池，完善信息资源共享平台，建立政务数据采集、提供和维护长效机制，为政府治理提供数据支撑。

基础设施层：充分利用惠州市政务云平台建设基础和各项支撑能力，围绕业务需求，提升数字化基础设施能力，主要包括政务云、市县级网络、新一代宽带无线政务网等。

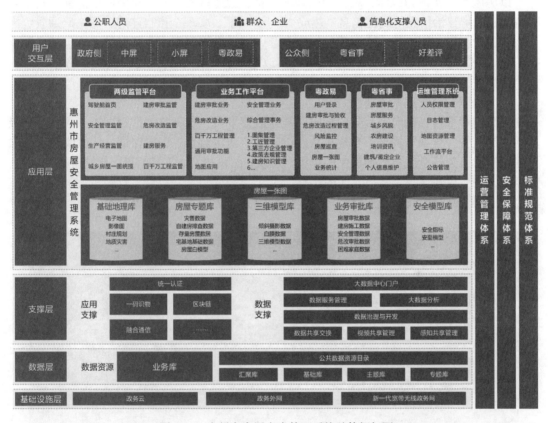

图 7-17 惠州市房屋安全管理系统总体框架图

（2）三纵

标准规范体系：按照数字政府标准规范体系，完善统一的数据、技术、工具等方面数字政府标准规范体系，研究出台含系统建设规范、数据库标准、数据共享标准、数据更新规范、系统运维规范等惠州市房屋安全管理系统技术标准规范，全面提升市域数字化治理的整体性、规范性。同时，各区县按照惠州市统一标准规范，加快建设完善本级惠州市房屋安全管理系统。

安全保障体系：在安全管理机制、保障策略、技术支撑等方面，完善全方位、多层次、一体化的数字政府安全防护体系，保障"惠州市房屋安全管理系统"技术架构各个层次的可靠、平稳、安全运行。

运营管理体系：基于数字政府管理架构，构建"惠州市房屋安全管理系统"运行管理服务体系，完成对技术架构各个层次系统的运行维护、业务运营、质量管理等工作，完善考核方式、考核制度和指标体系等绩效考核机制，保障"惠州市房屋安全管理系统"成果快速形成落地，形成数字政府改革建设的丰硕成果。

3）项目应用技术内容

本项目着力打造建房监管、安全管理、危房改造、建房服务、生产经营、百千万工程六大场景，打通自建房设计、审批、施工、验收、质量监管、隐患排查、防灾减灾、违章举报、工匠管理、经营监管等环节，实现对城乡自建房全生命周期安全管理。主要建设内容包括：惠州市自建房安全数据库建设、房屋安全管理系统建设。

（1）惠州市自建房安全数据库建设

以房屋空间实体为载体，融合房屋基本信息、隐患排查信息、建房审批信息、安全巡查信息、危房整治信息等属性信息，建成"一房一档"，实现全市自建房一图一码通管，为新农村建设提供数据支撑。主要建设房屋专题库、三维模型库、业务审批库（包括房屋审批信息、建房施工信息、安全管理信息、危房改造信息、生产经营信息、建房服务信息等）、安全模型库、基础地理库。

（2）房屋安全管理系统建设

两级监管平台：面向市、县两级政府统建监管平台，统一监管指标、统一数源，三级联动一屏监管，全面掌握全市自建房从建设审批、建房监管、房屋存量、危房改造、拆除重建和损毁灭失等全生命周期房屋的审批、建设、图籍档案、工匠信息、合同备案等信息，为全域未来乡村建设提供支持，如图 7-18 所示。主要建设用户登录、驾驶舱大屏、审批建房监管、安全管理监管、危房改造监管、建房服务、房屋一图统揽等内容。

图 7-18　惠州农房监管页面

业务工作平台：面向村镇基层单位，搭建标准版业务平台，统一业务流程统一办事制度，基层审批更有依据，农户建房更为便捷，如图 7-19 所示。主要建设核心业务办理、百千万工程管理、综合业务管理、数据管理、业务审批通用功能建设、地图应用等内容。

粤政易平台对接：面向各级政务人员提供在线审批、移动巡查、信息填报、风险处置等功能，如图 7-20 所示。包括施工巡查、四到场验收、危房业务审批、危房整治填报、危房巡查、日常巡查、风险事件处置等功能。

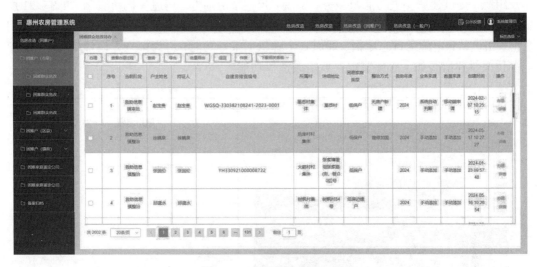

图 7-19　农房业务应用办理

图 7-20　粤政易平台集成应用

粤省事平台对接：面向农户、乡村建设工匠、第三方设计/建造/安全鉴定单位等公众群体及组织，提供建房相关功能及服务，实现"户主掌上通办、房屋一码统管"，如图7-21所示。为户主提供房屋危房改造申请、疑似安全隐患上报等功能；为乡村建设工匠提供注册登记、培训认证、施工日志填报、疑似安全隐患上报等功能；可为第三方设计/建造/安全鉴定单位提供建房服务、房屋鉴定、危房改造等功能。

图7-21　粤省事集成平台应用

4）项目应用效益

惠州市房屋安全管理系统主要实现在建房及存量房屋常态化安全管理。一方面以广东省实施"百千万工程"促城乡发展为契机，强化在建房屋监管过程管理，提升房屋质量安全风貌。另一方面开展既有房屋常态化安全管理，依托房屋安全模型，对房屋进行安全评估，对于被评估为中高风险的房屋，采用四级网格巡查模式，排查疑似危险房屋，引入第三方鉴定机构对房屋进行安全鉴定，完成对危房的整治及困难家庭的资金补助。项目的具体应用效益如下：

（1）建立部门多跨协同机制，实现线上业务高效协同

建立跨业务、跨部门、跨区域的多跨协同机制，协同农业农村、自然资源、民政、公安、市场监管局、文旅等部门，优化业务流程，形成贯穿危房改造、困难家庭补助、安全管理等全生命周期多跨协同业务场景，房屋业务办理横向协同、纵向贯通，实现政府线上全流程监管。

（2）强化农村建房过程管理，提高房屋建设质量

建立"三到场"管理、在建房屋施工巡查、施工日志管理等模块。横向打通农业农村、自然资源、水利、应急、交通、市场监管等部门，纵向协同地市、区县、乡镇住建部门，提供现场打卡、现场情况填报、日志填报、问题上报等功能，支持乡镇问题整改通知单下发、多部门协同问题处置以及问题整改复查的闭环管理，从源头管控房屋建设安全。

（3）房屋安全鉴定前置，保障经营性房屋安全可靠

一方面实现既有生产经营性房屋的房屋安全鉴定分析，将未出具房屋安全鉴定结果或鉴定结果为 C 级或 D 级的房屋推送到市场监管部门进行房屋安全鉴定处理，同步接收市场监管部门对于经营性房屋的房屋安全鉴定报告或危房处置结果；另一方面在市场监管部门办理经营许可时，推送房屋鉴定成果，对于未出具房屋安全鉴定结果或鉴定结果为 C 级或 D 级的房屋进行预警提醒，保障经营性房屋安全可靠。

（4）采取"人防 + 技防"的方式，提升远程监控能力

聚焦提高工作自动化、智能化水平，助力提升新形势新发展下的惠州市房屋安全管理工作信息化水平。一方面以系统为抓手，实现信息采集、数据排查归集、数据质量管控以及普查任务管理，有力提高工作效率和质量。二是搭建房屋鉴定机构闭环工作体系，将房屋安全鉴定结果记录并上传至平台，形成鉴定机构数据档案。实现对施工现场的安全设施、安全标识、临时搭建以及现场作业情况进行监控，借以促进和提高安全文明施工的管理效果。

（5）搭建数字化信息平台，实现房屋安全一体化监管

面向市、县、乡镇政府管理人员，建设 PC 端监管平台，实现全域房屋一图统揽、安全风险一屏预警、多级联动一屏监管。面向市、县、乡镇业务办理人员，基于粤省事，实现安全巡查、危房改造、生产经营等业务的在线办理；面向群众、工匠及第三方机构等，基于粤政易，实现房屋安全信息自主上报、房屋安全鉴定办理。通过三端应用建设，创新房屋安全管理新模式，为全域房屋建设、安全管理提供支持。

（6）建立房屋安全管理机制，精准锁定存量房屋安全

一是建立房屋安全预警模型：重点聚焦房屋安全管控难的问题，采用"人防 + 技防"双保障体系，以房屋自身安全为基础，增加房屋生产经营环境同时考虑台风、山洪等外部风险环境，再辅以技术措施，形成房屋安全预警模型。

二是存量房屋安全风险分析：以灾害普查数据为底座，依托房屋安全预警模型，对全

市房屋调查数据进行大数据分析，依据健康度模型进行"四色图"分级管理，精准锁定重点安全防控对象，联动应急指挥平台，及时消除房屋安全隐患，减少人力、物力、财力的盲目投入；在突发事件情况下，提前发出预警，做好群众转移和应急抢险准备，真正实现房屋安全动态管理，最终实现常态化房屋安全隐患排查和特殊事件房屋安全预警"双管控"。

三是借助多方力量，确保房屋安全工作抓严抓实抓到位：通过房屋排查、房屋安全预警模型分析、群众自行上报、政府例行检查等发现隐患信息，由区县、地市逐级对排查信息进行批次抽查。对存在风险的房屋，短信通知户主发起危房改造申请，线上选择鉴定机构进行现场鉴定，建设部门协同农业农村、自然资源、公安、民政、水利、应急、交通、市场监管等部门，对 C、D 级房屋分类处置，实现危房从发现、鉴定、整治、补助全过程闭环管理。

（7）构建房屋时空一张图，实现房屋全生命周期管理

基于数据库技术，从房屋安全管理角度出发，全面梳理房屋数据资产，实现数据可见、可查、可共享。全面采集自建房排查数据、灾害普查数据、疑似危房数据、重点管控房屋数据、危房数据，以及行政区划数据、基础地理数据等数据，编制资源目录，建成惠州市房屋总库，以"房屋码"为基础，打造房屋一张图，实现房屋从申请审批、施工建设、问题闭环处置、竣工验收、危房改造到生产经营的全生命周期信息综合管理，最终实现惠州市房屋"一图管理，一屏呈现"。建立横向联动、纵向贯通的数据共享交换体系，实现跨层级、跨地域、跨系统、跨部门、跨业务的房屋数据互联互通、共建共享。

（8）建成房屋"一房一档"，实现房屋一图一码通管

以"房屋码"为基础，形成全过程电子档案，逐步形成房屋基本信息、隐患排查信息、建房审批信息、安全巡查信息、危房整治信息综合执法信息、生产经营信息等全过程"一房一档"信息，实现房屋一图一码通管，为城乡建设提供数据支持。

第8章 实施保障

8.1 概述

在"数字住建"的顶层设计和整体布局背景下，实施保障是确保"数字住建"建设深入推进，推动住房和城乡建设事业高质量发展的关键环节。本章将从三个核心方面展开讨论：一是优化创新发展环境。创新发展环境的构建与优化是激发"数字住建"建设活力的基础条件。良好的创新环境能够吸引人才、促进技术突破，为"数字住建"的持续发展提供动力源泉；二是构建"数字住建"标准体系。强有力的组织机制和标准化的数据资源是"数字住建"建设的能力和资源基础。通过建立统一的标准体系，可以实现数据的互通互联，提高资源利用效率，为数字化转型提供有力支撑；三是筑牢信息安全保障体系。有效的信息安全保障体系是"数字住建"建设的前提和基础。在数字化进程中，确保信息系统和数据安全至关重要，需要建立全面的安全防护机制。

本章将深入探讨这三个方面，总结实施保障工作的重点和发展方向。通过这些措施，促进数字技术与城乡建设业务的深度融合，确保"数字住建"建设在良好的环境、标准和安全保障下稳步前进，保障"数字住建"各项任务的顺利推进，最终实现住房和城乡建设事业的数字化转型和高质量发展。

8.2 优化数字住建创新发展环境

8.2.1 概念与价值

优化数字住建创新发展环境是指从政策机制、资金投入、人才培育、产业生态等多个关键维度着手，构建有利于"数字住建"创新发展的总体环境和条件。

优化"数字住建"创新发展环境有利于汇聚资源要素、激发创新动能，对于引领"数字住建"建设质量和水平持续提升具有重要意义：一是健全"数字住建"建设的政策法规，并推动工作机制创新。清晰界定发展方向与重点领域，通过加大财税、金融政策的支持力度，为创新主体创造良好环境，确保其发展有明确的政策指引与充足的资源保障；二是在保障网络安全的前提下，充分调动市场主体所拥有的资金、技术及人才优势，提升"数字住建"集约高效的建设水平，实现资源的优化配置与高效利用；三是积极支持构建以安全可靠为核心的应用创新生态，借助工程建设来推动信息技术的创新应用，促进产业的融合与升级。四是鼓励地方充分发挥试点示范地区的引领作用，开展"数字住建"的创新试验试点工作。让这些地区先行先试，探索出有效的发展模式和方法，进而形成一系列可推广、可复制的成功经验与做法。

8.2.2 强化组织领导和资金人才投入

为确保"数字住建"创新发展环境的优化，必须从以下几个方面强化组织领导和资金人才投入：

一是加强组织领导。要建立健全高效的领导机制，明确各级政府和相关部门的职责分工，形成上下联动、协同推进的工作格局。设置专门的领导小组和协调机构，定期召开会议，研究解决"数字住建"发展中的重大问题，确保各项工作有序推进。

二是资金投入方面，加大财政支持力度，确保"数字住建"项目有充足的资金保障。鼓励各级政府设立专项资金，引导社会资本积极参与，通过多渠道、多层次的资金支持，推动项目实施的连续性和稳定性。同时，探索多种融资模式，如政府与社会资本合作（PPP）、产业基金等，拓宽融资渠道，提升资金使用效率。

三是人才培养和引进方面，要注重高层次、复合型人才的引进和培育。通过制定优惠政策，吸引国内外优秀人才加入"数字住建"领域。加强与高校、科研院所的合作，建立产学研结合的培养机制，为"数字住建"发展提供源源不断的人才支持。开展多层次、多种形式的培训，提升现有人员的专业素养和创新能力。

四是建立完善的人才激励机制，制定科学合理的评价体系，激发人才的创新活力和积极性。对在"数字住建"建设中作出突出贡献的个人和团队，给予表彰和奖励，形成良好的激励导向，营造尊重人才、重视创新的良好氛围。

综上所述，通过强化组织领导和加大资金人才投入，能够为"数字住建"的创新发展提供坚实的保障。只有在强有力的组织领导下，结合充足的资金支持和高素质的人才队伍，才能确保"数字住建"建设高效推进，实现住房和城乡建设事业的数字化转型和高质量发展。

8.2.3 加强工作机制改革创新

一是推动机制创新，优化工作流程，精简审批程序，提高行政效能。通过简化手续和流程，可以减少不必要的繁琐步骤，提高工作效率和服务质量。与此同时，推动数字化技术在审批和管理过程中的应用，利用大数据、人工智能等技术手段，实现审批环节的智能化和自动化，进一步提升行政效能。

二是建立健全监督考核机制，对各项工作的推进情况进行动态监测和评估，确保各项任务按时保质完成。制定科学合理的考核指标和评估标准，对各级部门的工作绩效进行全面考核和评估，及时发现和解决存在的问题，确保各项工作有序推进。同时，强化监督问责机制，对在工作中出现失误或渎职的行为进行严肃处理，形成有效的约束和激励机制。

三是注重跨部门协作和信息共享，打破信息孤岛，实现资源的高效配置和利用。通过建立统一的信息平台和数据交换机制，促进各部门之间的信息互通和资源共享，提升整体工作的协调性和联动性。加强与相关部门的沟通协作，形成合力，共同推动"数字住建"建设的深入开展。

四是积极探索和推广创新实践，总结和提炼成功经验和做法，形成可复制、可推广的工作机制和模式。鼓励各地因地制宜，结合自身实际情况，探索具有地方特色的"数字住建"建设路径和方法。通过开展试点示范，总结经验，推广成功模式，推动"数字住建"建设在全国范围内的全面展开和深入推进。

综上所述，加强工作机制改革创新，是优化"数字住建"创新发展环境的重要举措。通过机制创新、监督考核、跨部门协作和信息共享等多方面的努力，能够有效提升工作效率和服务水平，为"数字住建"建设提供坚实的保障，推动住房和城乡建设事业的数字化转型和高质量发展。

8.2.4　推动行业数字化产业发展

推动行业数字化产业发展是实现"数字住建"建设目标的重要举措。通过提升行业的数字化水平，可以促进产业的转型升级，提高资源利用效率和管理水平，推动住房和城乡建设事业的高质量发展。

一是大力推动信息技术在行业中的应用。鼓励企业和机构积极采用大数据、云计算、物联网、人工智能等先进技术，提升生产管理的智能化和自动化水平。通过信息技术的应用，可以实现对生产过程的实时监控和优化，提高生产效率和产品质量。同时，要积极探索和推广基于数字技术的新型业务模式和服务模式，提升企业的核心竞争力。

二是构建完善的数字化产业生态。促进上下游企业、科研院所、行业协会等多方协同合作，形成创新资源共享和协同发展的良好局面。通过构建产业联盟、创新平台等方式，推动产业链各环节的协同创新和资源整合，提升整体产业的竞争力和创新能力。同时，要加大对中小企业的扶持力度，帮助其提升数字化水平，共享数字化发展的红利。

三是加强标准体系建设。制定和推广行业数字化标准，确保各类数字化技术和应用的规范化和标准化。通过建立统一的标准体系，可以实现数据的互通互联，提高资源利用效率，促进产业的协同发展。同时，要积极参与国际标准的制定和推广，提升我国在全球数字化产业中的话语权和影响力。

四是加强政策支持和引导。政府应加大对数字化产业发展的支持力度，通过财政补贴、税收优惠、金融支持等多种方式，鼓励企业进行数字化转型和创新。要制定和实施有利于数字化产业发展的政策法规，为产业的发展提供良好的政策环境。同时，要加强对数字化产业的监管和引导，确保其健康有序发展。

综上所述，通过推动行业数字化产业发展，可以有效促进"数字住建"建设目标的实现。通过提升行业的数字化水平，构建完善的产业生态，制定和推广标准体系，以及加强政策支持和引导，能够推动住房和城乡建设事业的数字化转型和高质量发展，实现产业的转型升级和可持续发展。

8.3　构建数字住建标准体系

8.3.1　概念与价值

数字住建标准体系作为"数字住建"建设的重要保障和总体架构支撑，是"数字住建"

建设所涉及的相关标准归集而成的有机整体，旨在发挥标准引领作用，利用新一代数字技术驱动住房城乡建设领域高质量发展。

推进数字住建标准体系构建，具有多重意义：一是响应数字化建设发展要求。中央网络安全和信息化委员会、中共中央及国务院出台的相关规划为数字建设指明方向，"数字住建"作为落实数字中国的重要举措，住房和城乡建设部高度重视并做出部署。数字住建标准体系能将数字化要求贯穿于住房和房地产等四大板块；二是落实标准化改革发展要求。相关规划和指导意见指出数字领域法规和标准规范尚不健全，要求建立健全数据治理制度和标准体系。构建数字住建标准体系符合这一要求；三是支撑"数字住建"顶层设计。"数字住建"是"十四五"重点工作，通过顶层设计规划，发挥标准规范作用，聚焦行业需求构建标准体系，确保其战略指引性等特性，有效支撑顶层设计和有序建设；四是指导住建信息化标准发展。在摸清住建信息化特点等基础上构建标准体系，明确方针目标和边界范围，制定年度计划，指导相关标准的研编工作，推进信息化标准化水平。

8.3.2 开展数字住建标准体系研究

构建标准体系是运用系统论指导标准化工作的一种方法，是开展标准体系建设的基础和前提，也是编制标准、制（修）订规划和计划的依据。开展数字住建标准体系专题研究，是数字住建标准体系建设的关键和基础，主要包含以下几方面工作：

一是明确数字住建标准体系建设总体思路。数字住建标准体系涉及数字技术与住建行业的融合，是复杂系统工程，需要系统谋划和顶层设计。重点是突出数字化，将大数据、云计算、区块链、人工智能等技术运用于住房、城乡建设、建筑业等领域，实现业务数字化转型，促进高质量发展。目前，数字住建标准体系处于起步阶段，需要界定边界范畴，升级融合既有标准体系，处理与 CIM、BIM 等体系的关系。各地应通过培训、调研、咨询等方式深入理解《"数字住建"建设整体布局规划》，因地制宜构建标准体系，促进科学健康发展。重庆市率先开展了市本级数字住建标准体系构建工作，有一定借鉴意义。

二是摸清既有住建信息化相关标准体系现状。在标准化改革发展下，各地积极探索信息化标准。住房和城乡建设部标准定额研究所于 2019 年出版《住房和城乡建设领域信息化标准体系研究》，通过梳理信息化技术标准，预测未来技术发展趋势，将"住房和城乡建设信息化标准体系"抽象为业务应用和信息化服务两个方面。在数字中国建设背景下，数字住建是住建信息化的升级和发展，重点落实顶层规划，反映住建领域数字化发展要求，与新技术、新方法的应用密切相关。目前，住房和城乡建设部信息技术应用标准化技术委员会负责的工程建设国家标准、行业标准和产品标准共 80 项，其中已发布的有 38 项国家、行业标准和 34 项产品标准。

三是编制数字住建标准体系结构图和明细表。构建标准体系主要表现为编制结构图和明细表。数字住建标准体系结构框架设计的关键是理解数字时代的核心要义，将数字技术与住建业务融合，根据《"数字住建"建设整体布局规划》等要求，明确概念内涵、业务体系、目标用户、应用场景和数字化技术手段，建立业务模型并形成结构框架。在此基础上，按照模型细化框架，遵循实用性、完备性、合理性、精简性和扩展性等原则，形成标准体系明细表，指导数字时代住房和城乡建设领域信息化标准发展。图 8-1 为数字住建业务模型。

图 8-1　数字住建业务模型

8.3.3　制定住建领域急需数字化标准

标准体系是编制标准制（修）订规划和计划的依据。标准体系表是一定范围内包含现有、应有和预计制定标准的蓝图。为有效推进数字住建建设，应遵循问题导向、需求导向、目标导向，按照《"数字住建"建设整体布局规划》，围绕数字住建规划所涉及的数字基础和核心应用等重点任务，梳理现有标准情况和需求，与时俱进、查漏补缺、制定计划、形成清单，近期阶段以 2027 年底为节点，研究制定住建领域急需的数字化标准。

一是基础支撑方面。围绕数字基础设施、数字资源体系、安全保障等，以共性支撑为基础，重点推进数据收集、数据治理、数据应用、数据分类分级和数据安全等基础性标准研编，加快制定相关标准规范，以助力打造"数字住建"底座，深化信息系统整合，形成数据、技术、应用与安全协同发展的生态系统。如制定《数字住建基础平台数据共享交换标准》，规范部—省—市三级平台对接方式、数据共享交换内容及共享交换机制，指导省级数字住建基础平台、市级数字住建基础平台建设，加快形成三级互联互通、数据同步、业务协同的平台体系。

二是数字住房方面。应围绕住房全生命周期管理，统筹推进住房领域系统融合、数据联通，促进集分析研判、监管预警和政务服务于一体的综合应用，健全数字住房标准统一管理，大力提升住房领域智慧监管、智能安居水平。如规划提及的保障性住房建设、"平急两用"公共基础设施建设、城中村改造等"三大工程"，应加快制定相关标准，确保"平急两用公共基础设施管理系统"等高效运行。

三是数字工程方面。以关键技术为核心，开展智能建造软件、硬件产业研究，深入调研供应链现状，打造核心技术标准，研制感知互联、实体映射、多维建模、仿真推演、可视化、虚实交互等技术与平台标准。以融合应用为导向，推进智能建造在勘察设计、部品部件生产、工程施工、项目运维等环节应用，开展典型应用场景的标准研制。如建筑工程全生命周期智能建造应用统一数据交换标准及相关数据标准是当前亟需制订和完善的标准，以解决建筑工程全生命周期中各阶段的数据互联互通、共享集成等问题，推动建筑行业的可持续发展。

四是数字城市方面。围绕宜居、韧性、智慧城市建设，统筹规划、建设、治理三大环节，加大新型城市基础设施建设力度，实施城市基础设施智能化建设行动和城市更新行动，推动城市运行管理服务"一网统管"，推进城市运行智慧化、韧性化。如在城市运管服标准体系已发布的情况下，应优先考虑城市运行管理服务平台系列标准的编制工作，进一步规范平台的应用体系、数据体系、管理体系建设内容和建设标准，以指导部、省、市三级城市运行管理服务平台的建设和运行，推动形成全国"上下贯通、数据共享、业务协同"的城市运行管理服务工作体系。

五是数字村镇方面。为构建智管宜居的数字村镇，深入实施数字乡村建设行动，按照房、村、镇三个层面，整合现有信息数据，统筹推进信息化建设和数字化应用，构建"数字农房""数字村庄""数字小城镇"，助力建设宜居宜业美丽村镇。因此，应优先考虑数字农房等相关平台的标准立项、编制工作，以指导信息平台的建设，实现数据和业务的上下贯通。

8.3.4 加强数字住建标准实施监督

根据《质量强国建设纲要》的要求，我们要深化标准化运作机制的创新，持续提升标准的供给质量和效率。在这一背景下，必须加强对数字住建相关标准的实施和监督管理，通过标准化推动数字住建的规范化发展，加快促进住建业务和数据的融合进程。

一是完善实施监督机制。各地、各部门加强数字住建标准的监督，应健全相关机构，完善部门合作、专家支撑等机制，强化标准实施的指导、推动、协调和服务职责，提升标准化治理水平，发挥标准委员会和专家的作用。应加大标准的培训和宣传，发挥重点标准试点的示范作用，提高实施率。建立标准实施信息反馈机制，畅通反馈渠道，发挥政府、企业、用户等不同主体的作用，加强舆论和社会监督，收集各方意见，优化标准制（修）订，确保数字技术在住建领域的高效、安全和合规应用，推动产业健康发展。

二是创新实施监管手段。发挥好既有标准年度评审的抓手作用，在住房和城乡建设部标准定额司、标准定额研究所的指导下，常态化地系统梳理当前数字住建相关的国家和行业标准，明确监督重点，保障住建行业数字化转型。积极开展数字住建标准相关专题调研活动，跟踪标准化改革以来地方、协会、企业等开展的数字住建相关团体标准的制定情况，了解行业整体标准化动态。此外，还可以充分发挥媒体作用，确保监管的全面性和时效性；建立标准管理信息库等，体现数字化特色，提高监管效率。

三是强化标准动态管理。数字化技术日新月异，为适应这一快速变化的环境，应尽快建立标准实施状况评估制度，并加强动态监管。特别是对于数字住建领域的基础支撑和核心应用内容，需对已实施的标准进行全面评估。从先进性、科学性、协调性和可操作性等多个维度，系统地审视这些标准的实际应用效果。通过开展废旧标准的立制修订工作，及时更新和完善现有标准，以保证数字住建相关标准的有效执行。此外，必须确保这些标准在实际应用中具有高度的适用性和科学性，从而推动数字住建行业的持续健康发展。

8.4 筑牢信息安全保障体系

8.4.1 概念与价值

习近平总书记提出的网络强国战略思想，为构建信息安全保障体系指明了方向。在此战略思想引领下，建立制度规范、技术防护、运行管理三位一体的安全保障体系，是全方位落实网络和数据安全责任，有效抵御各类安全威胁与风险，保障信息系统稳定运行和数据安全传输的重要举措。

在住房和城乡建设行业信息化发展中，筑牢信息安全保障体系的意义重大：一是坚持安全发展理念，构建系统性安全体系。从整体规划出发，统筹考虑信息安全的各个环节，确保安全策略的一致性和有效性；二是坚持源头治理，提升技术保障能力。加大对信息安全技术研发的投入，采用先进的加密、认证、监测等技术手段，防范潜在的安全威胁；三是坚持全面治理，构建多层次保障体系。涵盖制度规范、人员管理、技术防护、应急响应等多个层面，形成全方位的安全防护网络；四是坚持合作共赢，推动国际交流与合作。借鉴国际先进经验，与其他国家共同应对全球性的信息安全挑战。

8.4.2　健全信息安全制度规范体系

一是加快跟进网络安全法律法规实施细节。跟进网络安全法律法规的实施细节至关重要，有助于确保企业在数字化时代的网络环境中安全运营，并遵守相关法规。重点举措包括：法规宣导和培训，应定期组织员工进行网络安全法规宣导和培训，可聘请具有执法监督权力的机关单位人员进行授课和普及；制定内部政策和流程，行业内各组织应依据国家和行业顶层法律法规制定内部网络安全政策和流程，员工在遵守政策流程的同时，也实现了对法律法规细节的深入理解。

二是严格落实网络安全等级保护制度。严格落实网络安全等级保护制度（简称等保2.0）是建立制度规范体系完善的重要组成部分。网络安全等级保护制度的实施，有利于规范行业内网络安全管理行为，提高网络安全防护水平，保障信息系统的安全运行。应持续加强对行业内各级单位的监督检查和评估考核，确保各项安全保护措施有效落实和执行。

三是加强关键信息基础设施安全保护制度的落地执行。落实关键信息基础设施安全保护制度是建立完善制度规范体系的重要举措之一，有利于规范行业关键信息基础设施的安全防护水平。包括建立完善的制度体系和规范要求，明确各级单位安全管理责任和任务，严格落实关键信息基础设施的安全保护要求和措施，包括安全评估和风险评估、安全监测和预警、安全防范和防护、安全事件应急处理等；建立健全实施机制和程序，建立安全保护管理机构和组织机构、明确责任主体和责任分工、制定安全保护方案和应急预案、开展安全保护培训和演练；持续加强对各级单位的监督检查和评估考核，建立健全监督检查机制，定期对关键信息基础设施安全保护工作进行检查和评估。

四是持续推进网络安全审查制度。落实确定审查对象、审查标准、审查程序、审查机构和审查结果等内容。根据审查对象的不同，将审查内容分为网络信息系统审查、技术设备审查和网络安全产品审查，制定相应的审查标准和规范要求，明确审查程序和审查机构。建立安全审查管理机构和组织机构、明确审查责任主体和责任分工、制定安全审查方案和实施细则、开展安全审查培训和演练等。加强对各级单位的监督检查和评估考核，建立健全监督检查机制，定期对网络安全审查工作进行检查和评估，形成发现问题—落实整改闭环。

五是强化数据全生命周期安全保护机制。执行数据全生命周期安全保护机制对加强数据安全管理、保障数据完整性、保护用户隐私具有重要意义，包括建立包括数据采集、存储、处理、传输和销毁等环节的安全措施和管理要求，建立健全实施机制和程序，建立数据安全管理机构和组织机构、明确责任主体和责任分工、制定数据安全管理方案和实施细则、开展数据安全培训和演练等；加强各级单位的监督检查和评估考核，建立健全监督检查机制，定期对数据全生命周期安全保护工作进行检查和评估，发现问题限时整改，形成闭环。

六是持续落实数据分类分级保护制度。数据分类分级保护制度指对数据按照其重要性和敏感程度进行分类和分级，并采取相应的安全保护措施，以确保数据的安全保密、完整性和可用性。包括完善行业数据分类和分级、安全保护措施、数据安全管理和监督检查等标准；加强各级单位的监督检查和评估考核，建立健全监督检查机制，定期对数据分类分级保护工作进行检查和评估。

8.4.3 加固信息安全技术防护体系

一是网络基础设施安全防护。网络基础设施是构建信息系统的基石，对于当前不断变化的信息架构而言，基础设施的安全性仍然是决定信息系统安全的关键要素。我们应加强密码应用，尤其在城市基础设施信息系统、为社会服务的政务信息系统、行业性业务系统和办公系统中，密码应用的强化具有重要意义，能够提升系统的安全性和可信度。同时，建立密钥管理系统，为城市物联网的信息安全提供基础保障；完善安全技术能力体系，组织建设和运行行业关键信息基础设施网络安全防护、数据安全保护、监测预警和应急处置等技术措施，从而提升安全风险协同防范能力；进行风险评估，对住建行业相关信息系统进行全面的风险评估，深入了解系统面临的威胁和脆弱性，针对性地进行整改，提升信息系统的安全保障能力。

二是终端安全防护。除了传统的 PC、移动终端，在住建领域存在大量的物联网终端，具有数量巨大、原生安全缺陷较为显著的特点。包括传统终端安全防护，应用最佳安全实践，具体有操作系统安全设置、用户权限管理、安装统一集中管理的终端管理类安全软件、及时执行漏洞扫描和不定时更新，提升用户安全意识等；物联网终端安全防护，因物联网终端本身使用裁剪后的操作系统运行，且算力有限，不适宜加装后天的防护软件。故可通过如 PKI/CPK 等技术路线提供强身份认证做网络准入控制和设备身份鉴别，具备防物理破坏或在物理破坏后可停止运行的功能，使用 5G 定制网等方式确保对物联网终端的访问不出园区。

三是网络安全防护。网络构成了信息系统的血脉，网络防护是老生常谈的话题，但是仍需要注重做好网络设备安全加固，网络设备是构建网络基础设施的核心组成部分，应做好设备更新与维护，应用最佳安全实践配置，做好网络设备集中化监控与管理；网络架构安全设计，网络架构是构建网络的框架和基础，应做好分割网络区域、实施网络隔离、构建多层次的纵深防御体系。

四是数据安全防护。数据作为核心的信息化资产，是网络安全保障体系的保护核心。数据安全防护包括数据分类分级，形成"核心、重要和一般数据"的清单；制定数据安全保护策略，执行各类数据安全控制措施；部署数据安全控制措施，包括加密、脱敏和访问控制；建立数据安全态势管理能力，通过智能化平台对数据安全风险进行管控。

五是应用安全防护。应用安全防护是确保应用程序免受恶意攻击和安全漏洞利用的关键措施。它涵盖了应用程序的设计、开发、部署和运维各个环节。加强应用安全可以有效保护应用程序和用户数据，防止数据泄露、篡改和未经授权访问等风险。具体措施包括加固商用密码安全、上线前的安全评估（如代码审计、漏洞检测、渗透测试）、实施安全左移策略、开发阶段的安全设计和测试、软件供应链安全审查，以及运行时的安全监控与响应措施。

六是安全监测与应急响应。安全监测与应急响应旨在通过持续监测网络安全态势、及时发现安全事件和威胁、有效响应安全事件和应对攻击，保障信息系统和网络的安全稳定运行。具体包括建立多层次、全方位的安全监测体系，包括实时监测、定期检测和事件响应等环节，覆盖网络设备、系统应用、数据流量等层面；建立健全安全事件响应机制，明确安全事件的分类和级别，制定相应的应急响应预案和流程，明确各级责任人和响应措施；加强安全事件实时监测和分析，及时发现网络异常行为和安全事件迹象，快速定位安全威胁和攻击来源；定期评估安全监测与应急响应工作的效果和成效，收集用户反馈意见和安全事件处理情况，及时调整和改进监测与响应策略和措施。

8.4.4 优化信息安全运行管理体系

一是注重供应链安全管理。提升供应链安全管理是优化运行管理体系、提高整体网络安全水平的重要措施。重点举措包括：制定供应链安全评估标准和流程，明确供应商准入标准、安全评估指标和评估方法；加强对供应链物理环境的安全监控和管理，包括仓库、运输车辆、生产设备等；加强对供应链员工的安全意识教育和培训；建立供应链安全事件特别是软件供应链安全应急响应机制，明确安全事件的报告和处理流程，提前做好应急预案和应急资源准备。

二是建设网络安全专业化队伍。网络安全的本质是人与人的对抗，加强网络安全专业化队伍的建设，是开展网络安全工作的先决条件，重点举措包括建立完善的教育培训计划，包括网络安全基础知识培训、专业技能培训和实践操作训练等；建立科学的招聘选拔机制，根据岗位需求和能力要求，选拔具有网络安全专业知识和技能的人才；建立科学合理的绩效考核激励机制，根据员工的工作表现和成果，及时给予奖励和晋升；组织实战演练训练活动，模拟真实的安全攻击和事件响应场景；整合外部安全资源，如安全培训机构、安全研究机构和安全厂商等，邀请专家学者进行安全技术培训和经验分享。

三是加强网络安全宣传与教育。网络安全宣传与教育旨在提高员工的安全意识、培养正确的安全行为习惯、传播网络安全知识，从而有效预防各类网络安全威胁和风险。重点举措包括：制定全面的网络安全宣传与教育计划，如确定宣传活动主题、时间安排、宣传渠道和宣传内容等；开展网络安全意识教育活动，通过举办安全知识讲座、发布安全警示通报等形式，提高员工和用户的安全意识；发布网络安全行为规范，明确各级员工和用户在使用网络资源时应遵守的行为规范和安全准则；利用企业内部交流平台、公告栏、电子邮件等宣传渠道，定期发布网络安全宣传信息和安全提示；开展网络安全宣传周、安全知识竞赛、网络安全演练等活动。

四是强化运维人员管理。运维人员管理是优化运行管理体系的重要方式，直接关系整个网络的稳定和安全。运维人员作为网络安全的重要保障力量，其管理水平和能力直接影响到网络的运行质量和安全性。管理重点举措包括规范运维人员的岗位职责和工作流程，明确各岗位的责任和权限，建立健全的运维人员管理制度和流程；对运维人员进行资质认证和专业培训，取得相关的技术资质和证书；加强对运维人员的安全意识培训和教育，提高其对网络安全风险和威胁的认识和理解能力；不断优化运维工作流程和管理机制，提高运维效率和服务质量，缩短故障处理时间；加强对运维人员的安全监管和审计，建立健全的运维日志和操作记录，定期进行安全审计和检查。

8.5　总结与展望

过去几年，数字住建在标准体系研究、发展环境创新和信息安全保障方面取得了显著进展。在优化创新发展环境方面，关键核心技术（如建筑领域的关键软件和 BIM 技术）加快研发应用，显著提高了工程管理的精准度与效率；在标准体系方面，持续优化完善，有力促进了平台建设与数据管理的规范化，保障了信息系统的高效衔接；在信息安全保障体系方面，信息安全保障体系日益健全，有效增强了网络安全防护能力，提升了数据管理水平，降低了系统安全风险。

展望未来，创新发展环境的培育将成为重点，进一步激励更多技术创新和应用探索，加速行业的数字化转型升级；数字住建的标准体系建设将持续深化，紧跟行业发展动态，及时更新技术与数据标准，满足不断变化的市场需求；信息安全保障将进一步强化，引入更前沿的技术与管理手段，为网络、数据和应用的稳定运行筑牢防线。

附　录

序号	章节	案例名称	案例应用单位	案例研发单位
1	3.5.1	住房和城乡建设部数字住建基础平台	住房和城乡建设部	国泰新点软件股份有限公司
2	3.5.2	湖北省"智慧住建"综合管理平台	湖北省住房和城乡建设厅	国泰新点软件股份有限公司
3	3.5.3	安徽省城乡规划建设综合管理平台	安徽省住房和城乡建设厅	国泰新点软件股份有限公司
4	3.5.4	南京市智慧城建综合管理平台	南京市城乡建设委员会	国泰新点软件股份有限公司
5	3.5.5	济南市"智慧住建"综合管理平台	济南市住房和城乡建设局	国泰新点软件股份有限公司
6	3.5.6	鄂尔多斯市城市信息模型（CIM）平台	鄂尔多斯市住房和城乡建设局	启迪数字城市科技有限公司
7	3.5.7	上合示范区 CIM 基础平台	中国-上海合作组织地方经贸合作示范区管理委员会	青岛市勘察测绘研究院
8	3.5.8	株洲市天空地一体化房屋安全监测	株洲市住房和城乡建设局	航天宏图信息技术股份有限公司
9	4.5.1	青岛胶州市老旧小区改造	胶州市住房和城乡建设局	海纳云物联网科技有限公司
10	4.5.2	淮安市淮阴区黄河花园老旧小区改造	淮安市淮阴区房和城乡建设局	中国电信股份有限公司 中电鸿信信息科技有限公司
11	4.5.3	浙江杭州杨柳郡未来社区	杭州市上城区人民政府彭埠街道办事处	联通（浙江）产业互联网有限公司 绿城理想生活服务集团有限公司 中国联合网络通信有限公司智能城市研究院
12	4.5.4	浙江黄龙云起智慧社区示范项目	中海物业管理有限公司	中移（杭州）信息技术有限公司
13	4.5.5	江苏省苏州市张家港市数字家庭试点项目	张家港市房产管理中心	中外建信息技术有限责任公司
14	5.6.1	全生命周期数字化管理案例——西安公共卫生中心EPC项目	西安市第八医院	中建三局数字工程有限公司
15	5.6.2	全建设周期数字化管理案例——中建壹品·汉芯公馆	中建壹品投资发展有限公司	中建三局数字工程有限公司
16	5.6.3	两场联动与智慧监管案例——数字化模板无人工厂	北京京投交通枢纽投资有限公司	北京建工智数技术有限公司
17	5.6.4	两场联动与智慧监管案例——青岛市智慧化工地管理服务平台	青岛市住房和城乡建设局	广联达科技股份有限公司

续表

序号	章节	案例名称	案例应用单位	案例研发单位
18	5.6.5	智能建造与建筑工业化协同发展案例——东湖实验室一期	中信工程设计建设有限公司	中信智教（武汉）科技有限公司
19	5.6.6	建筑领域低碳数字化案例——零碳会村综合运营管理平台	安吉县天荒坪镇人民政府	北京构力科技有限公司
20	6.6.1	合肥市智能化城市安全运行管理平台	合肥市城乡建设局	中国电信股份有限公司 北京辰安科技股份有限公司 合肥泽众城市智能科技有限公司
21	6.6.2	亳州市城市基础设施生命线安全工程（一期）实践案例	亳州市城市管理局	中国电信股份有限公司 北京辰安科技股份有限公司 合肥泽众城市智能科技有限公司 亳州泽众城市智能科技有限公司
22	6.6.3	广西壮族自治区城市体检信息平台及城市信息模型（CIM）基础平台	广西壮族自治区住房和城乡建设信息中心	中设数字技术有限公司 中国城市发展规划设计咨询有限公司 广西壮族自治区城乡规划设计院
23	6.6.4	广州CIM＋名城信息管理平台	广州市规划和自然资源局 广州市住房和城乡建设局	广州市城市规划设计研究院 广州市城市规划勘测设计研究院 广州思勘勘测绘技术有限公司
24	6.6.5	青岛市城市运行管理服务平台	青岛市综合行政执法支队	北京数字政通科技股份有限公司
25	6.6.6	沈阳市城市运行管理服务平台	沈阳市数字化城市管理服务中心	北京数字政通科技股份有限公司
26	7.6.1	全国乡村建设评价管理系统	住房和城乡建设部村镇建设司	奥格科技股份有限公司
27	7.6.2	浙江省农村房屋全生命周期数字化管理系统	浙江省住房和城乡建设厅	北京建设数字科技股份有限公司
28	7.6.3	湖北乡村建设评价管理系统	湖北省住房和城乡建设厅及市州住建系统	奥格科技股份有限公司
29	7.6.4	惠州市房屋安全管理系统	惠州市住房和城乡建设局	中国移动通信集团广东有限公司惠州分公司